# 传感器与传感网技术应用

组　编　北京新大陆时代教育科技有限公司
主　编　李喜英　赵赞甲　高晓惠
副主编　梁　爽　李公昕　万　曦　袁凯峰
　　　　周　桐　覃　琳　李　裕
参　编　杨　爽　冯　皓　李　征　张全红
　　　　琚兰兰　郭丽君　李　煜　王灿田
　　　　彭坤容　蔡　敏　韦颖颖

電子工業出版社
Publishing House of Electronics Industry
北京 · BEIJING

## 内容简介

本书为传感网应用开发职业技能等级证书的书证融通教材，以智能交通灯系统、楼道灯光系统、智能防盗系统、农业大棚监测系统、基于Wi-Fi技术的智能热水器、基于RS485总线的商超环境监测系统、基于CAN总线的汽车监测系统、深井水位监测系统这八个当代物联网领域的典型应用的设计与实现为目标，聚焦物联网领域紧缺的中等技能型人才的培养。八个项目基于实用、够用、系统、有效的原则，由浅入深地将常用的传感网理论与构建方法、传感器原理及应用等知识和技能与职业能力、工作任务相对接，形成可操作性强的知识和技能体系，以真实的体验激发学生的兴趣，以“行动导向教学法”有效开展“做中学、做中教”的教学活动，培养学生的岗位职业能力，快速提升学生的物联网设计与装调技能。

本书内容丰富，结构新颖，文字通俗易懂，所有项目均设有配套资源。

本书适合作为职业院校电子信息类专业传感器与传感网技术应用课程的教材，也可作为相关领域科技工作者和工程技术人员的参考书。



**图书在版编目（CIP）数据**

传感器与传感网技术应用 / 李喜英，赵赞甲，高晓惠主编. —北京：电子工业出版社，2021.3

ISBN 978-7-121-40738-3

Ⅰ. ①传… Ⅱ. ①李… ②赵… ③高… Ⅲ. ①无线电通信－传感器－中等专业学校－教材 Ⅳ. ①TP212

中国版本图书馆CIP数据核字（2021）第042347号

责任编辑：白　楠
印　　刷：大厂回族自治县聚鑫印刷有限责任公司
装　　订：大厂回族自治县聚鑫印刷有限责任公司
出版发行：电子工业出版社
　　　　　北京市海淀区万寿路173信箱　邮编：100036
开　　本：787×1 092　1/16　印张：20　字数：566.4千字
版　　次：2021年3月第1版
印　　次：2023年12月第6次印刷
定　　价：58.00元

凡所购买电子工业出版社图书有缺损问题，请向购买书店调换。若书店售缺，请与本社发行部联系，联系及邮购电话：（010）88254888，88258888。

质量投诉请发邮件至zlts@phei.com.cn，盗版侵权举报请发邮件至dbqq@phei.com.cn。

本书咨询联系方式：（010）88254583，zling@phei.com.cn。

# 前　　言

物联网以“物物相关”为目标，是当前最具发展潜力的产业之一，将有力带动产业转型升级，引领新兴产业发展，引发社会生产和经济发展方式的深度变革。通信网络、传感器、执行器等在物联网生态系统中占有举足轻重的地位。

本书具有以下特色。

（1）以书证融通为出发点，对接行业发展。本书结合“职业教育综合改革方案”等国家战略，落实“1+X”证书制度，参考国家专业教学标准，围绕书证融通模块化课程体系，对接行业发展的新知识、新技术、新工艺、新方法，聚焦传感网应用开发的岗位需求，将新型传感网技术与传感器技术课程的内容相结合，通过典型工作领域、工作任务、职业能力展现完整的传感网及传感器的技能和知识体系，促进学生高效学习。

（2）以职业能力为本位，对接岗位需求。本书强调以能力作为教学的基础，而不以学历或学术知识体系为基础，将行业要求的基本能力作为教材内容的最小组织单元，培养岗位所需职业能力。

（3）以行动导向为主线，对接工作过程。本书根据职业院校学生的生活实践和认知规律，精选了八个能全面涵盖典型传感网和传感器技术的应用场景，按照“任务描述与要求、任务分析与规划、知识储备、任务实施、任务检查与评价、任务小结”的思路，开展“教、学、做”一体的职业能力培养，使学生通过动手实践形成职业技能、习得专业知识。

（4）以典型项目为主体，驱动课程教学实施本书采用项目化的方式，将岗位典型工作任务与行业企业真实应用相结合，学生在学习过程中可了解相关岗位的典型工作任务。

（5）以立体化资源为辅助，驱动教学效果提升本书以“信息技术+”助力新一代信息技术专业发展，满足职业院校学生多样化的学习需求，配备了丰富的微课视频、PPT、教案、工具包等资源，读者可扫描前言最后的二维码浏览。

（6）以校企合作为原则，驱动应用型人才培养。本书由郑州市电子信息工程学校、郑州市信息技术学校、河南省经济管理学校、海南省银行学校等多所学校联合北京新大陆时代教育科技有限公司共同开发，充分发挥校企合作优势，利用企业对于岗位需求及专业技能的认知，结合院校教材开发与教学实施的经验，保证了本书的适应性与可行性。

本书参考学时为108学时。

本书由北京新大陆时代教育科技有限公司提供真实项目案例、分析岗位典型工作任务等，李喜英负责统稿并编写项目一、项目八，李公昕编写项目二，张全红编写项目三，冯皓编写项目四，李征编写项目五，杨爽编写项目六，梁爽编写项目七，赵赞甲、高晓惠、万曦、袁凯峰、周桐、覃琳、李裕等负责信息化资源的制作，张全红、琚兰兰、郭丽君、李煜、王灿田、彭坤容、蔡敏、韦颖颖参与教材的编写及资源的制作。

受本书篇幅所限，每个任务的“任务拓展”和“延伸阅读”模块也放到了二维码中。

由于编者能力和水平有限，加之时间仓促，书中不妥之处在所难免，恳请读者批评指正。

编者

本书配套资源

# 目　　录

# 项目一 智能交通灯系统

## 引导案例

城市道路交错分布，汽车数量巨大，交通压力繁重，交通灯是重要的交通指挥系统。恰当装设智能管控的交通灯，根据交通动态合理切换交通灯信号，可有效改善交通状况，提高道路使用效率，减少交通事故的发生。常见的交通灯有红绿灯、方向指示灯、车道信号灯、人行横道信号灯，以及事故多发路段提醒来往车辆小心驾驶的闪光警告信号灯等。

智能交通灯系统如图 1-0-1 所示，其由微控制器（MCU）、指示灯、按键、上位机等组成。许多方案中的微控制器采用单片机，指示灯多采用功耗低、寿命长的 LED 显示模块，按键用于突发交通事故时调整交通指挥系统的工作状态，通过上位机可远程监管智能交通灯的工作情况。

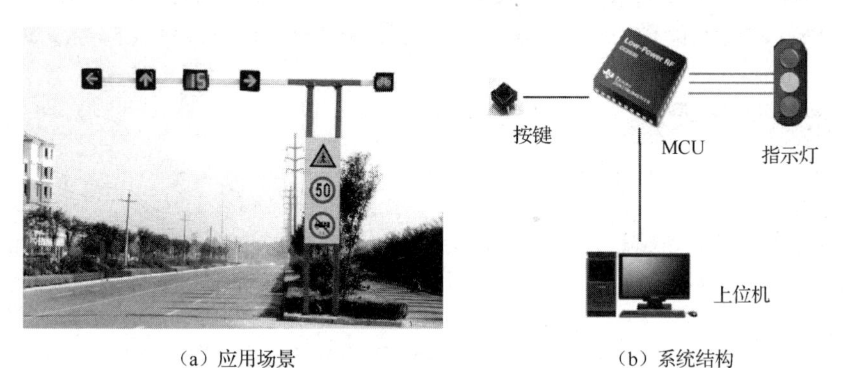


（a）应用场景　　（b）系统结构

图 1-0-1　智能交通灯系统

面向教学，本项目在 NEWLab 平台上安装 ZigBee 模块来模拟智能交通灯系统，如图 1-0-2 所示，实现交通灯检测、信号时序精准的正常通行指挥、远程上位机指令控制或本地按键控制的突发事故限行模式和正常通行指挥模式切换等功能。系统运行效果可通过扫描二维码观看本书配套资源中的演示视频。

模拟智能交通灯系统涵盖 CC2530 单片机开发环境的搭建、利用 CC2530 的 I/O 端口实现交通灯亮灭控制、按键控制模式切换、中断方式按键控制、利用定时/计数器生成时序准确的交通灯信号、远程主机经串行通信实现系统控制等知识与技能。本项目学习目标如图 1-0-3 所示。

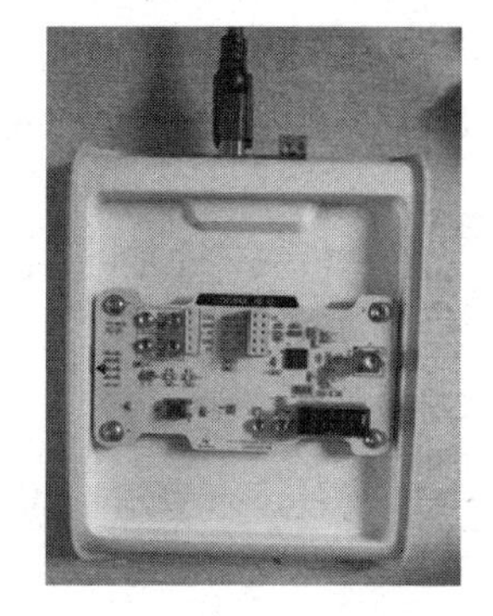

图 1-0-2　模拟智能交通灯系统

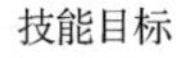

知识目标

- 了解单片机的基本概念、性能、应用与发展
- 了解CC2530的内部结构、引脚功能
- 了解IAR、CC Debugger、SmartRF的功能及应用
- 理解中断的概念与CC2530的中断控制逻辑
- 了解CC2530定时/计数器的工作原理、使用方式
- 了解CC2530的串口配置、收发处理过程
- 了解CC2530的数模、模数转换方法

技能目标

- 能搭建开发环境、创建工程、调试代码、仿真测试与下载程序
- 能操作GPIO端口实现数据输入与输出
- 能完成CC2530的定时、计数、中断程序设计
- 能完成CC2530的串口通信
- 能进行模数转换编程与控制

学习目标

情感目标

- 树立文明交通、环保节能的意识
- 在解决实际问题的过程中获取知识

专业素养

- 具备相关资料的查阅和解读能力
- 具备灵活应对要求、分析与规划的能力

图 1-0-3　本项目学习目标

# 任务一　CC2530 开发环境搭建

## 职业能力目标

- 了解单片机的概念、应用与发展，理解 CC2530 的内部结构、引脚定义、I/O 端口的用法。
- 了解 IAR、CC Debugger、SmartRF 等软件的用法，能够快速搭建 CC2530 开发环境。
- 能正确创建和配置 CC2530 工程，完成程序编辑与调试，熟练完成程序烧写。

## 任务描述与要求

任务描述：

新大陆科技有限公司承接了某市道路智能交通灯系统改造项目，考虑到节约、环保的要求，改造前计划对智能交通灯系统中原有的交通灯进行电气性能检测，确定需要更新的交通灯数量。

任务要求：

- 进行智能交通灯硬件电路分析，设计交通灯测试流程，完成代码设计。
- 搭建 CC2530 开发、烧写和应用测试环境。
- 建立智能交通灯硬件检测项目，完成程序的编辑与调试。

## 任务分析与计划

根据所学相关知识，完成本任务的实施计划。

| 项目名称 | 智能交通灯系统 |
| --- | --- |
| 任务名称 | CC2530 开发环境搭建 |
| 计划方式 | 分组完成、团队合作、分析调研 |

续表

| 计划要求 | 1．能建立主机与 ZigBee 模块的连接<br>2．能搭建 IAR 开发环境<br>3．能创建工作区和项目，完成参数设置<br>4．能完成交通灯状态检测项目的创建和调试<br>5．能分析项目的执行结果，归纳所学的知识与技能 |
|---|---|
| 序　号 | 主 要 步 骤 |
| 1 | |
| 2 | |
| 3 | |
| 4 | |
| 5 | |
| 6 | |
| 7 | |
| 8 | |

## 知识储备

### 1．单片机的概念、应用领域及发展趋势

1）单片机的概念

单片机（Single-Chip Microcomputer）是把中央处理器（CPU）、随机存储器（RAM）、只读存储器（ROM）、多种 I/O 端口、定时/计数器、中断系统等集成到一块集成电路芯片上而构成的小而完善的微型计算机系统。简单地讲，单片机就是一个微型计算机系统集成电路芯片。有些单片机内部还集成了显示驱动电路、模拟多路转换器、A/D 转换器、脉宽调制电路等模块。

2）单片机的应用

单片机运算能力强、体积小、功能完善、可靠性高、能耗低，在仪器仪表、家用电器、医用设备、航空航天、专用设备的智能化管理及过程控制等领域都有广泛应用，当今几乎所有的电子产品、机械产品中都集成有一个或多个单片机芯片。

（1）家用电器。

现代智能化家用电器都是单片机和家电系统融合的产物，电饭煲、洗衣机、电冰箱、空调、数字电视、音响、电子秤等都采用了单片机。单片机强大的数据处理能力及其与传感器和外设的交互能力使洗衣机能自动计算注水量、选择最佳水流、确定洗涤动作和洗涤时间，使微波炉可以识别食物的种类、选择加热时间和温度，使电冰箱能够识别食物的种类和保鲜程度、自动选择温度。

（2）可穿戴设备。

智能手表、手环、健康监视器、智能眼镜等可穿戴设备中都应用了单片机。如图 1-1-1 所示，手环中的单片机除处理传感器采集到的佩戴者的运动步数、卡路里消耗量、血氧和心率数值等信息生成健康统计数据外，还监控自身传输网络、调节传输节奏、控制设备能耗，实现手环低功耗运行，从而使得手环的待机时间相当可观。

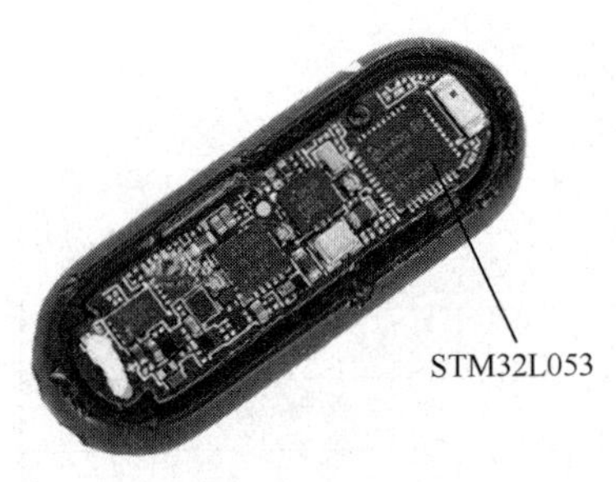


图 1-1-1　手环中单片机的应用

（3）智能语音系统。

越来越多的包含语音识别装置的智能产品面市，而语音识别装置通过单片机实现语音信号的采集和输出播报。例如，在智能家居系统中实现用语音调控室内灯光、控制家用电器开关、采集室内环境参数等；在智能车载系统中实现道路名称提取、距离提醒语音信息播报和自动导航，带给用户便捷、舒适的体验。

（4）网络和通信。

新型单片机普遍具备 RS485、RS422、SPI、$I^2C$ 等接口，高端的单片机还设有 CAN 工业总线、IDE、USB 等接口，为计算机网络和通信设备间的互联提供基础。手机、电话机、共享单车、楼宇自动呼叫系统等各种基于通信系统的智慧应用都通过单片机实现了智能控制。

（5）智能仪器及工业控制。

单片机可以对各类传感器采集的数据进行接收和处理，完成电压、电流、功率、湿度、温度、频率、流量、速度、压力、厚度、长度、角度等的测量，如生活和生产中常用的电压表、功率计、示波器、分析仪等智能化、数字化、微型化的精密仪器仪表。采用单片机控制的仪器仪表功能更多，性能更强。单片机还可应用于信号检测系统、数据采集系统、无线感知系统、测控系统、机器人等工业控制系统。

3）单片机的发展趋势

物联网、智能制造等新型应用对单片机的需求越来越多，要求也越来越高，单片机的内部结构、功耗、电源电压、制造工艺等发生了巨大变化。

（1）内部结构的进步。

单片机内部集成的部件越来越多。一般的单片机集成了定时/计数器、数模转换器、串行通信接口、看门狗（Watch Dog）定时器、LCD 控制器等。Motorola 公司的 68HC08AZ 系列单片机与 Infineon 公司的 C515C 系列、C167CS-32FM 系列单片机集成了 CAN 模块，C167CS-32FM 有两个 CAN 模块，构建控制网络或局域网极为方便，可实现复杂控制系统。

应用单片机实现的变频系统也是最具经济效益的嵌入式控制系统。Fujitsu 公司的 MB89850 系列、MB89860 系列单片机，Motorola 公司的 MC68HC08MR16、MR24 系列单片机内置了专用变频控制的脉宽调制控制电路，用于实现多通道输出的脉宽调制。

Infineon 公司的 TC10GP 与 Hitachi 公司的 SH7410、SH7612 等高档单片机，基于系统级芯片（SoC）的概念，采用一个微控制器和 DSP 核、一个数据和程序存储器核、外围专用集成电路（ASIC）的三核结构，具有非常高的性能和强大的功能。

（2）封装、功耗及电源电压的进步。

单片机的封装技术发展迅速，大量单片机已经采用了复合贴片封装工艺，体积大大减小。Microchip 公司的 8 引脚单片机 PIC12F617 在 3mm×3mm 微型 DFN 中封装了 0.5～2KB 程序存储器、25B～128KB 数据存储器、6 个 I/O 端口、1 个定时器、4 通道 A/D 转换器，完全可以满足一些低档系统的要求。

很多单片机设置了等待、暂停、空闲、节电、睡眠等工作方式，功耗越来越小。TI 公司的 MSP430 系列单片机设有 LPM1、LPM3、LPM4 三种低功耗方式，在 LMP1 方式下振荡器频率为 1～4MHz，CPU 不工作，即便外围电路工作时功耗也只有 50μA；在 LMP3 方式下振荡器频率为 32kHz，功耗只有 1.3μA；在 LMP4 方式下，CPU、外围电路及振荡器都不工作，功耗只有 0.1μA。

扩大电源电压范围和在较低电压下维持工作是单片机发展的目标之一。普通单片机的电源电压在 3.3～5.5V，Fujitsu 公司的 MB89130 系列单片机可以在 2.2～6V 电源电压下工作，TI 公司的 MSP430X11X 系列单片机的工作电压低至 2.2V。

（3）制造工艺的进步。

目前单片机基本上都采用 CMOS 技术，光刻工艺普遍达到 0.6μm，个别达到 0.35μm 甚至 0.25μm，大大地提高了单片机的内部密度和可靠性。

（4）嵌入式系统及其与 Internet 的连接。

单片机可以嵌入任何微型或小型仪器或设备，形成嵌入式系统，故称嵌入式微控制器。嵌入式系统和 Internet 连接已成趋势。为使单片机控制的机床、门锁等嵌入式设备和 Internet 相连，要求为嵌入式微控制器设计专用网络服务器，通过标准网络浏览器完成过程控制。

**测一测**

（1）简述单片机的构成。

（2）总结单片机得到广泛应用的原因，并结合实例进行分析。

**想一想**

试分析单片机的发展趋势对其应用的影响。

### 2．CC2530

CC2530 是采用业界标准的增强型 8051 CPU、集成 ZigBee/IEEE 802.15.4 高效射频收发器的单片机，内置 8KB SRAM、大容量可编程 Flash。CC2530F32/F64/F128/F256 等型号中 F 后的数字即表示其 Flash 容量，依次为 32KB、64KB、128KB、256KB。CC2530 如图 1-1-2 所示。

图 1-1-2 CC2530

CC2530 内部结构如图 1-1-3 所示，浅色部分进行数字信号处理，深色部分进行模拟信号处理，过渡色部分则实现数字信号和模拟信号的转换与处理。图中用虚线框将整个系统划分为 4 个功能模块。其中，框 A 包含时钟和电源管理模块，框 B 包含 8051 CPU 核心和存储器相关模块，框 C 包含无线收发模块，框 D 包含 CC2530 与其他外设间的连接模块。

CC2530 包含：21 个通用 I/O 引脚；闪存控制器；5 个 DMA 控制器；4 个常规定时器，即 1 个 IEEE 802.15.4 MAC 定时器、1 个 16 位定时器、2 个 8 位定时器；1 个具有捕获功能的睡眠定时器；1 个看门狗定时器；2 个串行通信接口 USART0、USART1；8 通道 12 位 ADC；AES 加密/解密协处理器。

CC2530 具有一个兼容无线收发器，其中 RF 内核控制模拟无线模块，提供一个连接无线外设的端口，可以发送命令、读取状态、操纵外设。

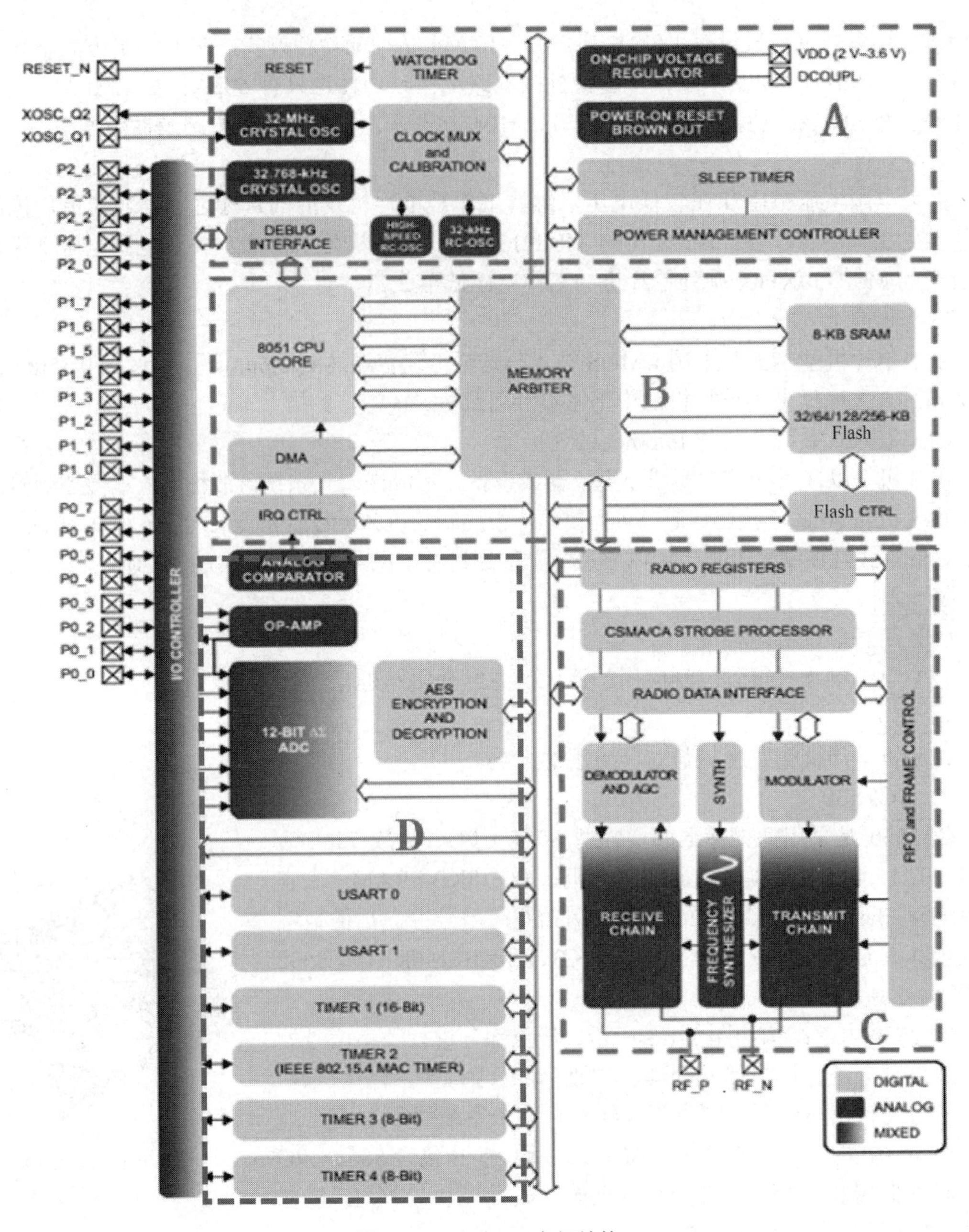


图 1-1-3　CC2530 内部结构

测一测

在图 1-1-3 中能找到 CC2530 的哪些部件和通信接口？

想一想

CC2530F32/ F64/ F128/ F256 等型号中 F 后的数字表示什么？

3．以 CC2530 为核心的 ZigBee 模块

本项目采用 NEWLab 平台中的 ZigBee 模块构建智能交通灯系统。ZigBee 模块内置了 CC2530，该模块如图 1-1-4 所示，其上有两个指示灯可用于模拟交通灯。

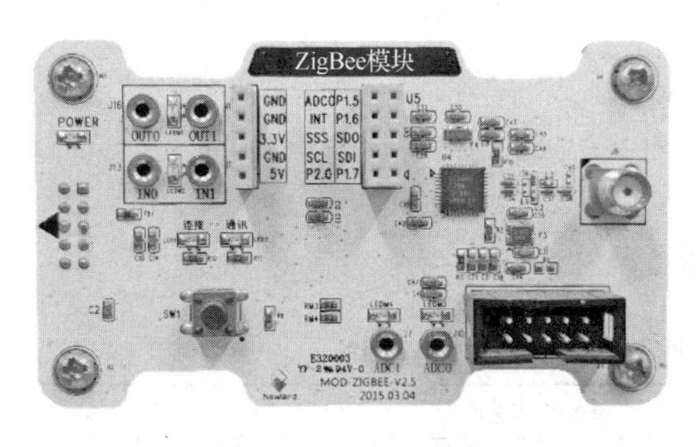

图 1-1-4　ZigBee 模块

CC2530 采用高性能、低功耗且具有代码预取功能的 8051 CPU，具有 2.4GHz RF 收发器，集成了 ADC 模块、USART 接口等，支持 ZigBee 协议栈的无线网络开发平台，可以实现高性价比、高集成度的 ZigBee 解决方案，适用于照明系统、低功耗无线传感网络、家庭/楼宇自动化等物联网工程。

**4．交通灯测试应用设计**

交通灯的逻辑控制必须根据系统的硬件电路来设计。

智能交通灯系统采用 ZigBee 模块上的“连接”指示灯模拟待检测的红灯，指示灯连接电路如图 1-1-5 所示。该指示灯在 CC2530 的 P1_0 引脚输出高电平时点亮，输出低电平时熄灭。

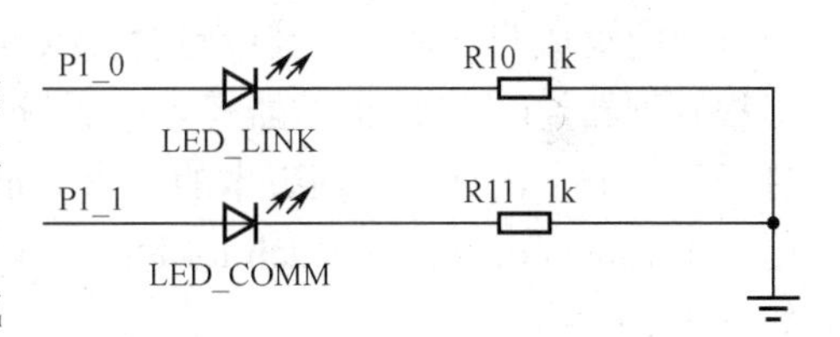


图 1-1-5　指示灯连接电路

为检测“连接”指示灯能否持续工作且迅速完成状态切换，须设置 CC2530 的 P1_0 引脚处于通用 I/O 方式，并由程序控制按固定时间间隔交替向该引脚输出高、低电平，使指示灯闪烁。因为单片机须进行 I/O 操作，所以控制程序可分为 I/O 端口设置和指示灯闪烁控制两部分。

1）I/O 端口配置

第一步，进行端口功能选择。

为驱动指示灯亮灭，I/O 端口应处于 GPIO 模式。CC2530 复位后 I/O 端口默认为 GPIO 模式。

第二步，进行 I/O 端口方向选择。

GPIO 模式的端口还要进一步设置相应的 PxDIR 寄存器来设定端口的 I/O 方向。将 P1DIR 中 P1_0 相应位置 1，即设置其为输出方式，具体采用指令 P1DIR | =0x01 通过或运算将其置 1。

2）指示灯闪烁控制

采用反复执行指示灯点亮→延时→指示灯熄灭→延时的简单逻辑来进行指示灯的工作状态控制。

**5．控制程序的编辑、调试与下载**

在计算机上安装 IAR Embedded Workbench for 8051 来搭建开发环境，可用 CC2530 仿真器/调试器或 SmarRF04EB 将 ZigBee 模块连接到计算机的 USB 接口，进行代码的高速下载、在线调试。

## 任务实施

### 设备与资源准备

任务实施前必须先准备好以下设备和资源。

| 序　号 | 设备/资源名称 | 数　量 | 是否准备到位 |
|---|---|---|---|
| 1 | ZigBee 模块 | 1 | |
| 2 | CC Debugger | 1 | |
| 3 | IAR 安装包 | 1 | |
| 4 | CC_Debugger_win_64bit_x64.exe | 1 | |
| 5 | Setup_SmartRFProgr_1.12.7.exe | 1 | |

### 1. 搭建 IAR 开发环境

IAR Embedded Workbench 简称 IAR，是瑞典 IAR Systems 公司为微处理器开发的一个使用方便的集成开发环境，其中包含 IAR 的 C/C++编译器、汇编工具、库管理器、文本编辑器、工程管理器、C-SPY 调试器等，广泛应用于嵌入式应用编程开发，在低功耗物联网传感器项目开发中非常流行。不同版本的 IAR Embedded Workbench 支持不同种类的微处理器，本书采用 IAR Embedded Workbench for 8051，以支持采用 8051 CPU 的 CC2530 的项目。IAR 主界面如图 1-1-6 所示。

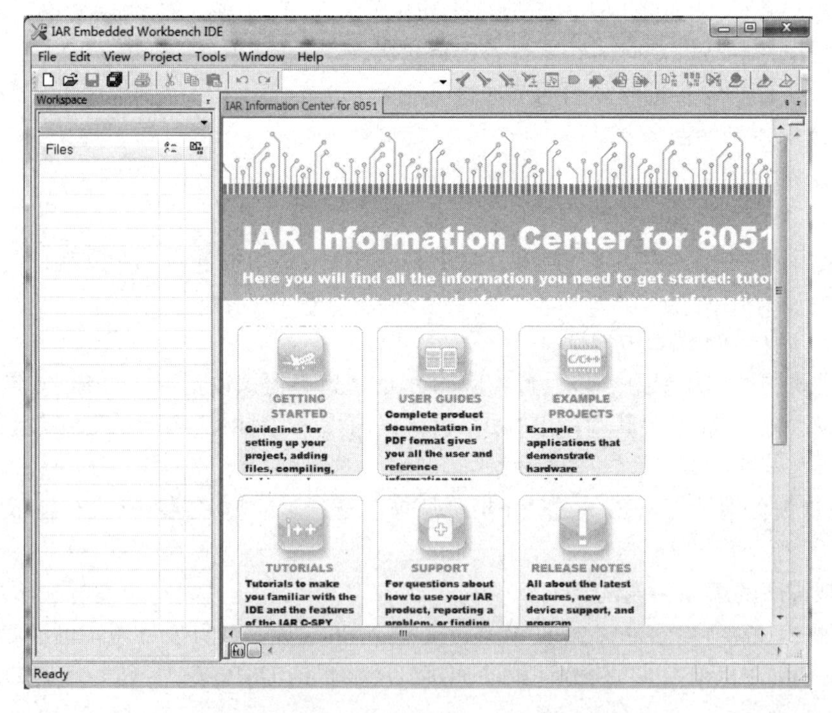


图 1-1-6　IAR 主界面

下面介绍 IAR 的安装。

（1）双击 IAR 开发环境安装包中 ew8051 目录下的可执行文件，进入安装过程。安装时必须在图 1-1-7（a）所示界面中选中“Install a new instance of this application”，之后依次单击界面 1～3 中的“Next”按钮，在界面 4 中选中“I accept the terms of the license agreement”，即同意条款，单击“Next”按钮。

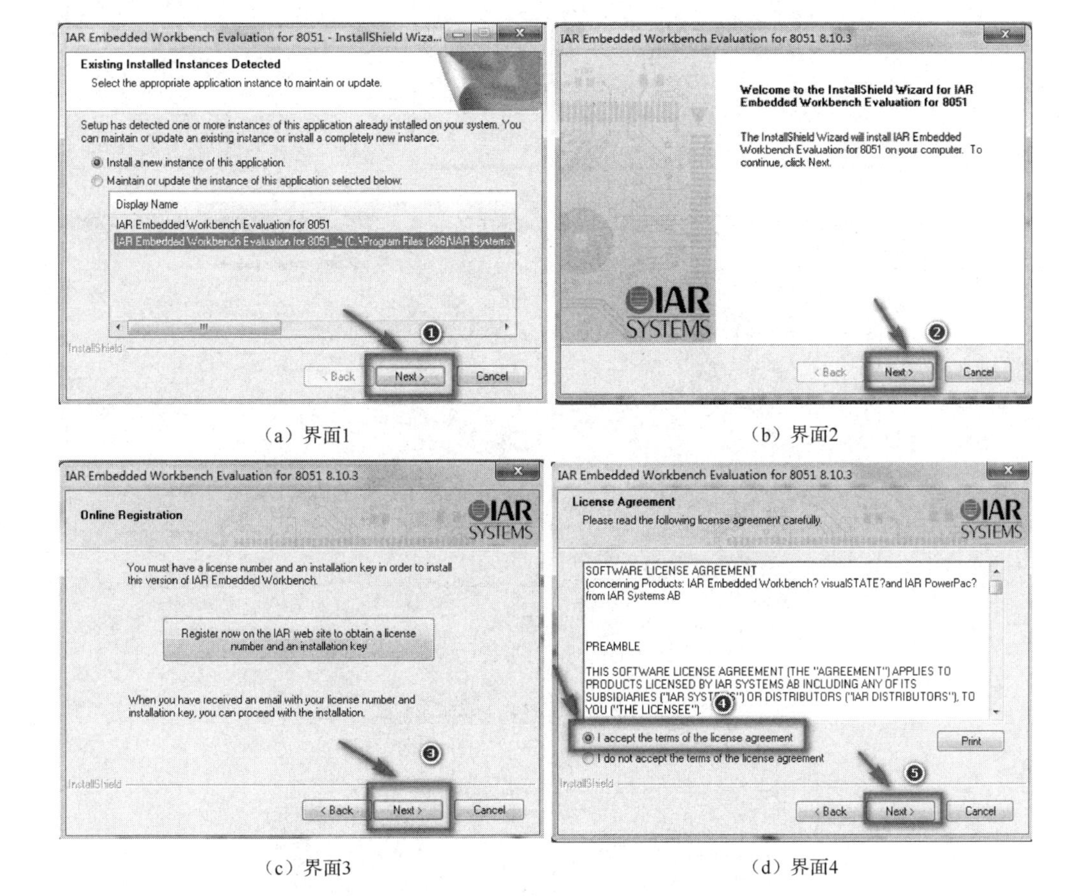


（a）界面1　（b）界面2

（c）界面3　（d）界面4

图 1-1-7　IAR 安装过程 1

（2）在图 1-1-8 所示界面 5 中输入开发者的“Name”“Company”“License”后，单击“Next”按钮；在界面 6 中输入“License Key”后单击“Next”按钮，按界面提示等待，直至界面 8 出现，单击“Finish”按钮。

要将 IAR 开发的程序及 HEX 文件下载到 CC2530，须用 CC Debugger 建立计算机与 ZigBee 模块的连接。安装 CC Debugger 驱动程序，使用 SmartRF Flash Programmer 完成芯片程序烧写。

**2．创建工程**

下面以建立交通灯测试项目为例，介绍 IAR 的使用方法。

1）新建工作区

IAR 工程须在工作区（Workspace）中操作，所以先创建工作区。IAR 启动时自动新建一个工作区，也可选择菜单命令“File”→“New”→“Workspace”新建工作区，如图 1-1-9 所示。

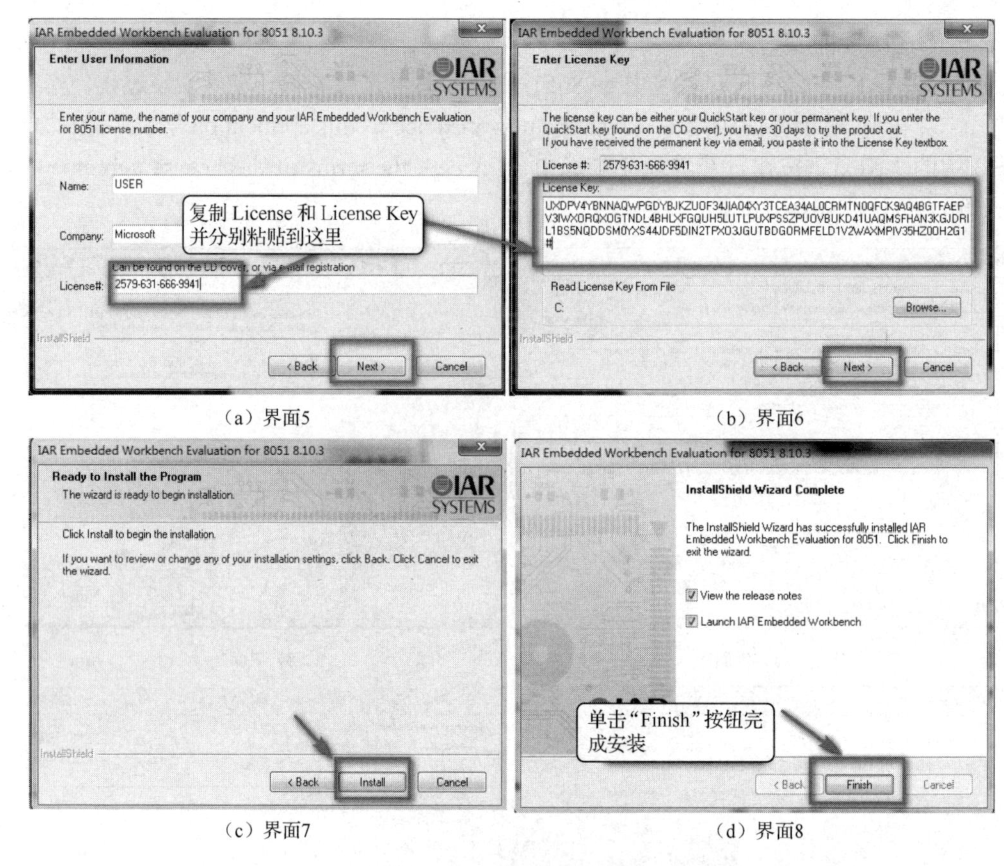


（a）界面5　（b）界面6

（c）界面7　（d）界面8

图 1-1-8　IAR 安装过程 2

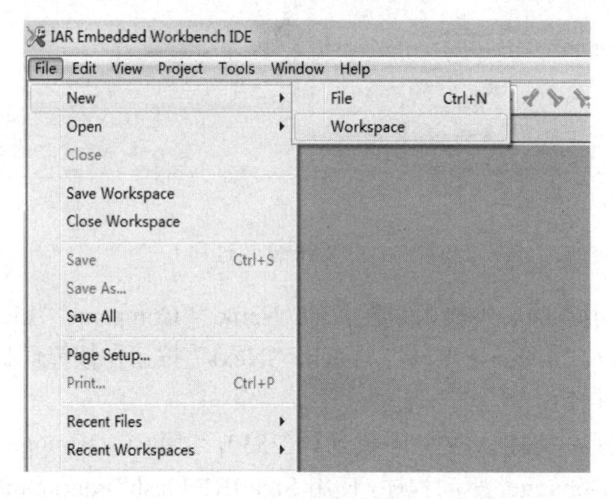


图 1-1-9　新建工作区

2）在工作区中新建工程

选择菜单命令“Project”→“Create New Project”，工程创建界面如图 1-1-10 所示。

CC2530 项目开发采用默认设置即可，单击“OK”按钮。本例保存位置选择“搭建 ZigBee 开发环境”目录，输入文件名（此处文件名为 test），工程存放目录中会创建扩展名为.ewp 的工程文件，以及存放工程设置参数和调试结果的 settings 和 Debug 文件夹。

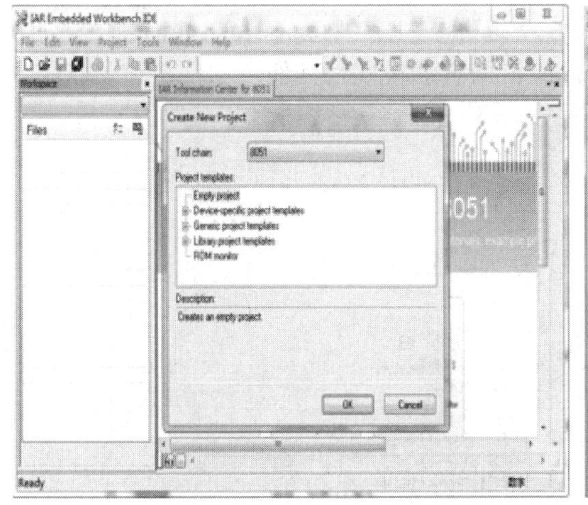

图 1-1-10　工程创建界面

3）新建文件

选择菜单命令“File”→“New File”或单击工具栏上的 图标，新建文件，并将文件命名为“test.c”保存在当前工程目录“搭建 ZigBee 开发环境”中，然后在“Workspace”窗格中右击，选择“Add”→“Add "test.c"”命令，将 test.c 文件添加到工程中，如图 1-1-11 所示。

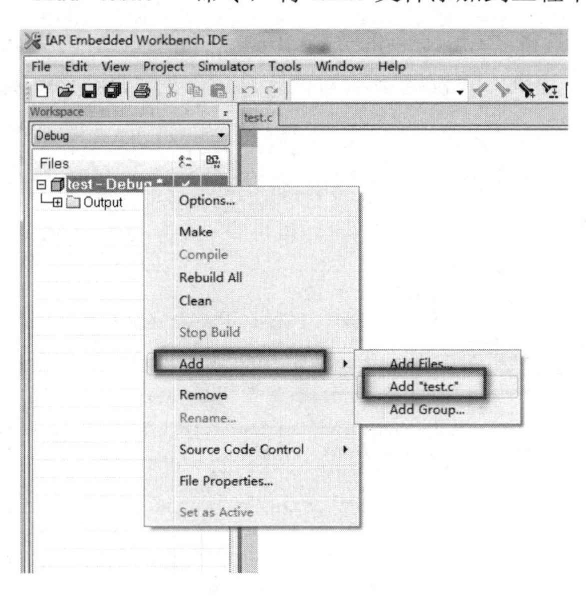


图 1-1-11　添加文件

4）保存工作区

选择菜单命令“File”→“Save Workspace”或单击工具栏中的 图标可保存工作区。首次保存工作区时，须保证工程路径一致。

**3. 配置工程**

选择菜单命令“Project”→“Options”，打开工程设置对话框。

1）“General Options”

如图 1-1-12 所示，选择“Target”选项卡，单击“Device information”的“Device”项选

择按钮，在默认目录“C:\...\8051\config\devices\”下选择子目录“Texas Instruments”中的文件“CC2530F256.i51”，“CPU core”设置为“Plain”，即普通模式，其他选项保持默认状态。

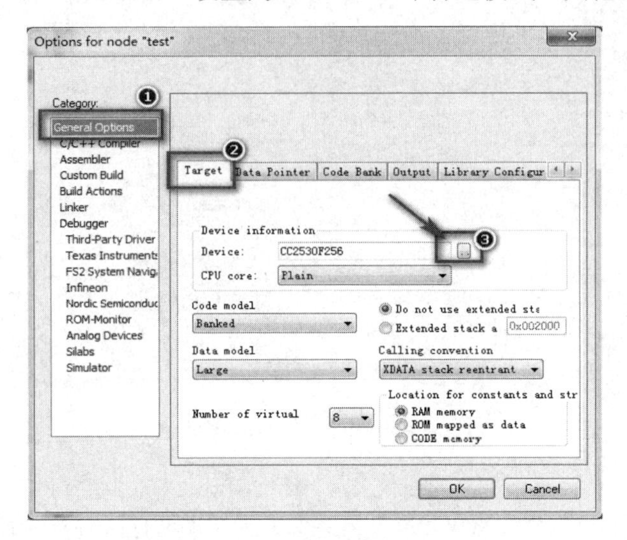


图 1-1-12 “General Options”

2）“Linker”

如图 1-1-13 所示，选择“Linker”的“Config”选项卡，选中“Linker configuration file”的“Override default”复选框，并设定该项为默认目录下的“lnk51ew_cc2530F256_banked.xcl”文件。

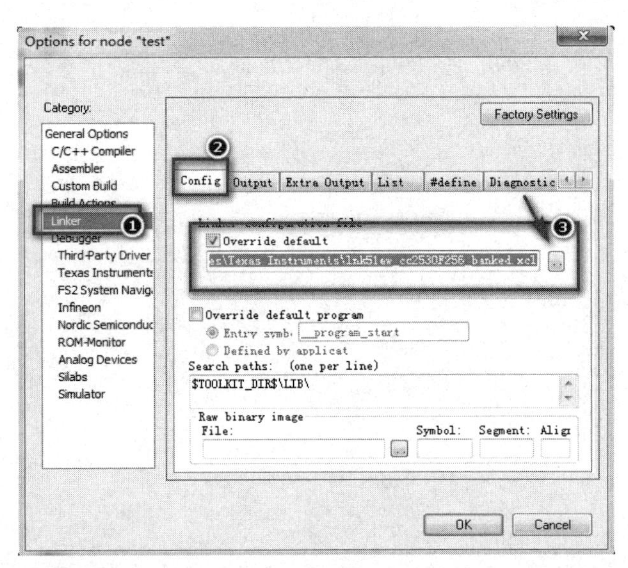


图 1-1-13 “Linker”

3）“Debugger”

选择“Debugger”→“Setup”选项卡，如图 1-1-14 所示，“Driver”选择“Texas Instruments”，设置好后单击“OK”按钮，最终创建的项目即可下载至 CC2530 执行。若要在 IAR 中进行仿真调试，则“Driver”应选择“Simulator”。

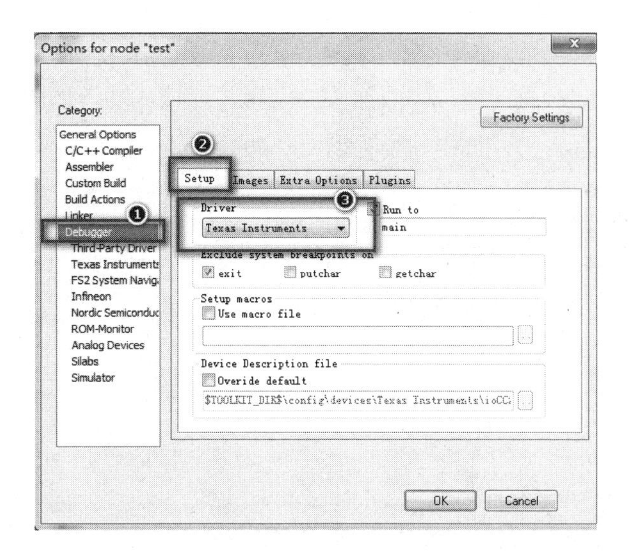


图 1-1-14 “Debugger”

### 4．创建工程及源文件

test.c 文件的代码如下。

```
1.   #include <ioCC2530.h>            //包含 CC2530 基本头文件
2.   #define RedLED P1_0              //P1_0 控制 LED1
3.   void delay(unsigned int i)       //声明延时子程序 delay
4.   {
5.   unsigned int j,k;
6.   for (k=0;k<i;k++)
7.   {
8.      for (j=0;j<500;j++);
9.   }
10.  }
11.  void main(void)
12.  {
13.    unsigned int k;
14.    P1DIR |= 0X01;                 //将 P1DIR 的 0 号位置 1，即定义 P1_0 为输出端口
15.    while(1)                       //主循环
16.    {
17.      RedLED =1;                   //点亮 RedLED
18.      delay(1000);
19.      RedLED =0;                   //熄灭 RedLED
20.      delay(1000);
21.    }
22.  }
```

CC2530 程序第 1 行必须包含 ioCC2530.h，其中进行 P1DIR 等特殊功能寄存器（SFR）的地址映射。第 3～10 行定义了延时子程序 delay，第 14 行完成端口方向选择，第 15～21 行实现指示灯交替点亮、熄灭的控制。

### 5．项目编译及连接

依次单击工具栏 和 图标或选择菜单命令“Project”→“Compile”和“Project”→

“Make”进行代码的编译与连接，若“Messages”区最下方显示内容不是“Errors0, Warnings0”，则表明程序有语法错误，须进行修改，直至程序编译、连接成功，如图 1-1-15 所示。

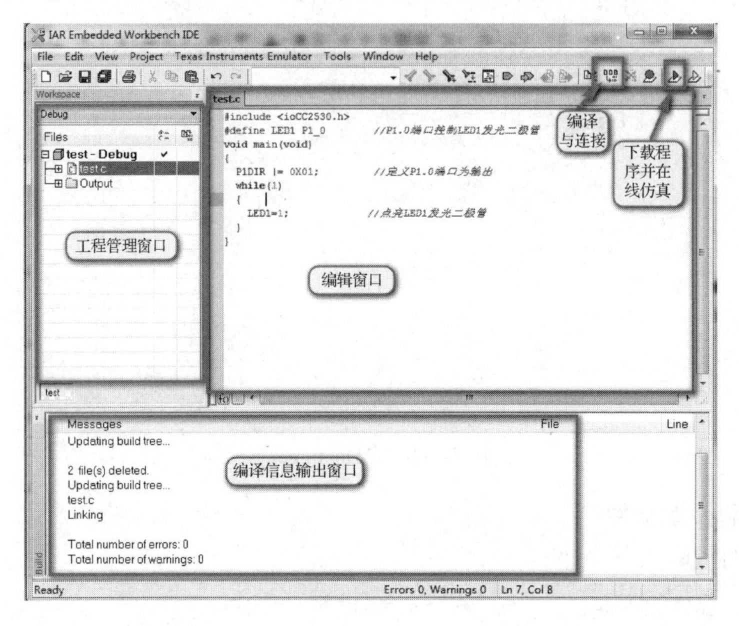


图 1-1-15　程序的编译、连接

## 6．下载程序

1）IAR 开发环境与 ZigBee 模块连接设置

把 ZigBee 模块装入 NEWLab 平台，用下载线将 CC Debugger 和计算机 USB 接口相连，如图 1-1-16 所示。如图 1-1-17 所示，在“设备管理器”中可以看到成功识别 CC Debugger。

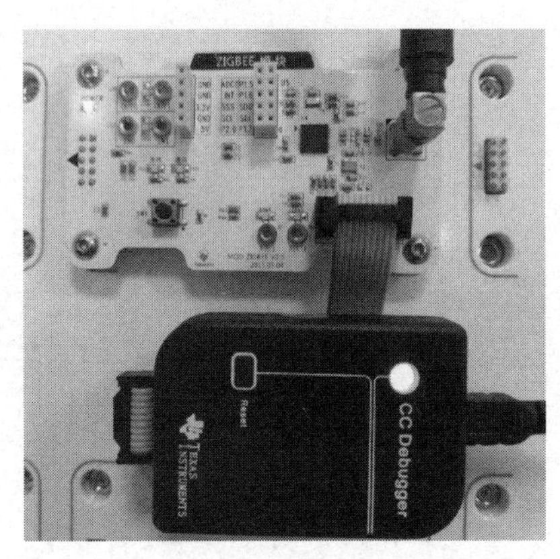


图 1-1-16　连接硬件

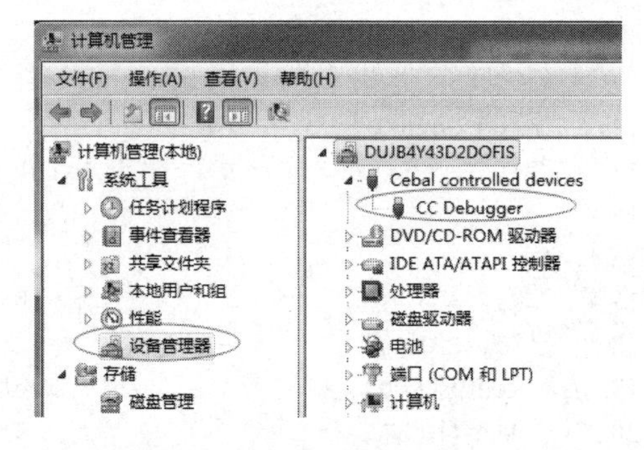


图 1-1-17　成功识别 CC Debugger

2）程序下载与调试

单击 IAR 工具栏中的图标或选择菜单命令“Project”→“Download and Debug”，下载程序到 CC2530，此时应按下 CC Debugger 上的“Reset”键，将模块进行重置，进入调试状态，IAR 调试界面如图 1-1-18 所示。

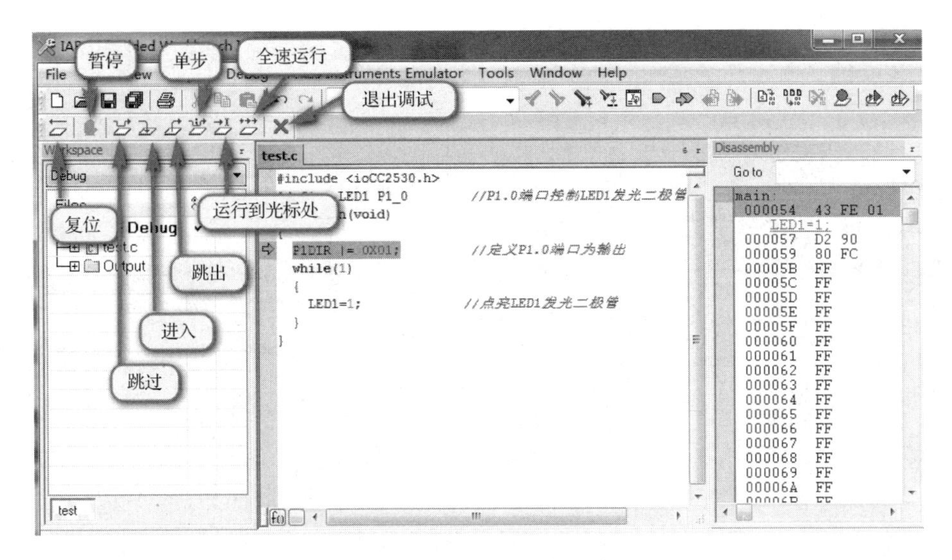


图 1-1-18 IAR 调试界面

单击单步图标可逐条执行代码，观察指示灯的亮灭；单击复位图标可返回主程序第一条指令；单击进入图标可以跟踪执行子程序；单击跳出图标可以返回子程序调用位置；单击全速运行图标可自动完成程序的完整流程。可以灵活应用上述图标进行程序的调试，在 IAR 中即可看到仿真过程，ZigBee 模块上的指示灯状态也在同步变化，显示设备检测过程。

此外，利用 SmartRF Flash Programmer 也能将 IAR 生成的 HEX 文件烧写到单片机中。双击安装包进行安装，如图 1-1-19 所示。

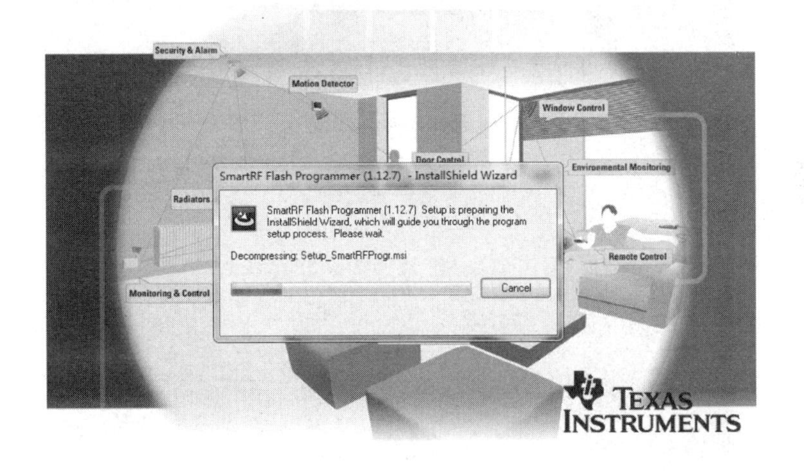


图 1-1-19 安装 SmartRF Flash Programmer

（1）在 IAR 中配置工程选项，使其编译、连接后输出 HEX 文件。

选择菜单命令“Project”→“Options”，再选择“Linker”项，按图 1-1-20 所示进行设置。

在“Output”选项卡中，设置“Format”选项区，启用 C-SPY 进行调试。在“Extra Output”选项卡中，指定扩展名为.hex，将“Output format”设置为“intel-extended”。

完成这两步设置后，单击“OK”按钮，进行程序的重新编译，生成的 HEX 文件在“\Debug\Exe\”目录中。

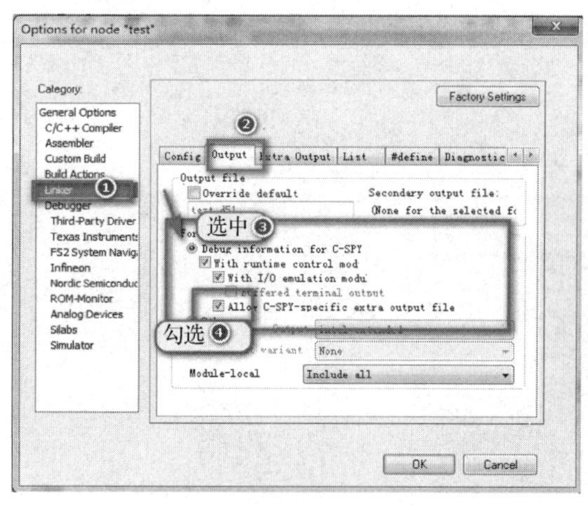


（a）“Output”选项卡

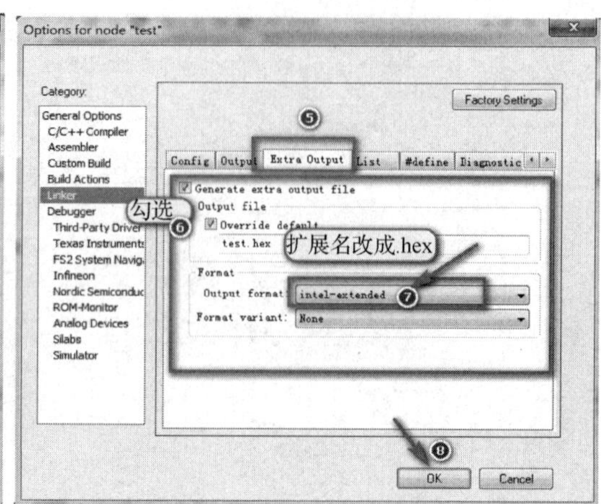


（b）“Extra Output”选项卡

图 1-1-20　设置项目输出 HEX 文件

（2）烧写 HEX 文件到 CC2530 中。

启动 SmartRF Flash Programmer，如图 1-1-21 所示，设置参数，“Flash image”设置为 HEX 文件的存放路径，“Actions”中选中“Erase, program and verify”，单击“Perform actions”按钮即执行下载功能。当软件提示“Erase, program and verify OK”时，表示程序下载完成，否则应检查设备连接情况、端口识别情况，确保连接正常后再进行尝试。

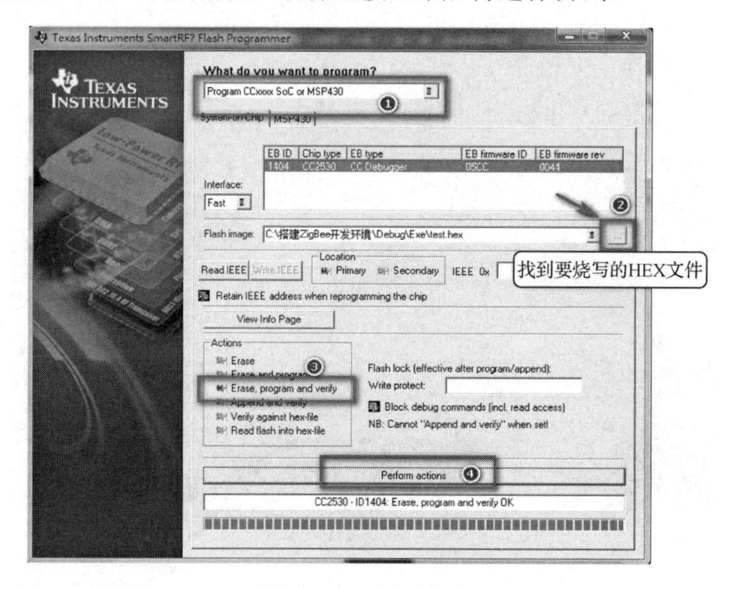


图 1-1-21　设置参数

综上所述，IAR 可完成仿真程序调试，使用 SmartRF Flash Programmer 可将 HEX 文件烧写到 CC2530 中。至此，我们完成了 IAR 开发环境的搭建，并以智能交通灯系统的指示灯检测为例，完成了 IAR 项目建立、开发和程序下载练习。

**7．结果验证**

程序烧写后，利用 IAR 的调试工具对程序进行调试。

（1）单击单步图标，逐条执行代码，观察指示灯的亮灭。

（2）使 ZigBee 模块断电后再通电，执行 CC2530 中的程序，观察指示灯的亮灭。

### 任务检查与评价

完成任务后，进行任务检查与评价，任务检查与评价表在本书配套资源中。

### 任务小结

知识与技能提升

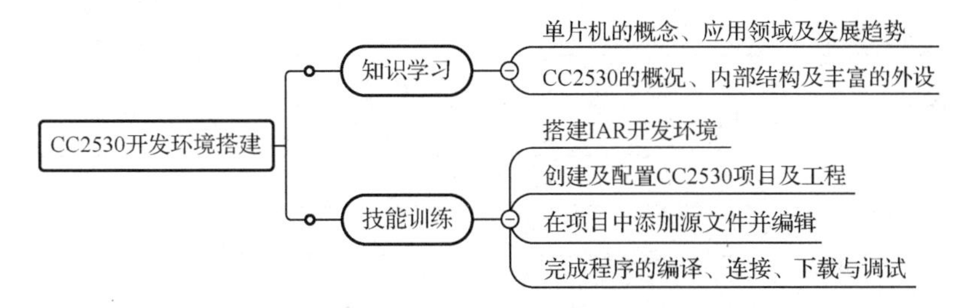


## 任务二　按键控制交通灯

### 职业能力目标

- 了解 CC2530 引脚功能，理解数字 I/O 端口的 GPIO 工作方式、相关 SFR 描述，熟练掌握数字 I/O 端口工作方式的配置方法。
- 理解轮询式按键控制的原理和控制程序的设计方法。
- 理解 CC2530 的中断概念、中断系统的组成，掌握通过中断实现按键控制的方法。
- 能快速、准确地在 IAR 开发环境中完成应用项目创建、开发与调试。

### 任务描述与要求

任务描述：

交通管制需要从正常通行指挥模式切换为限行指挥模式。本任务实现智能交通灯系统中按键控制的工作模式切换，如从正常通行状态快速切换至十字路口双向红灯同时长亮的限行状态，以及快速切换回正常通行状态。

任务要求：

- 进行电路分析，完成 I/O 端口的配置。
- 完成正常通行控制和限行控制模块的开发。
- 采用轮询方式完成按键控制的交通灯模式切换。
- 采用中断方式完成按键控制的交通灯模式切换。

## 任务分析与计划

根据所学相关知识，完成本任务的实施计划。

| 项目名称 | 智能交通灯系统 |
|---|---|
| 任务名称 | 按键控制交通灯 |
| 计划方式 | 分组完成、团队合作、分析调研 |
| 计划要求 | 1. 利用 ZigBee 模块搭建智能交通灯系统，基于两种按键控制方式完成任务<br>2. 在 IAR 开发环境中创建工作区、项目，完成项目参数设置<br>3. 完成两种方案的源文件编辑与编译<br>4. 测试、调整方案，完成相应功能 |
| 序　号 | 主 要 步 骤 |
| 1 | |
| 2 | |
| 3 | |
| 4 | |
| 5 | |
| 6 | |
| 7 | |
| 8 | |

## 知识储备

### 1. CC2530 引脚说明

CC2530 为 6mm、40Pin 的正方形芯片，引脚分布如图 1-2-1 所示，分为电源线引脚、控制线引脚、I/O 端口引脚三类，其中 AVDD1～6 为模拟电源引脚，DVDD1～2 为数字电源引脚，GND 为接地引脚。CC2530 部分引脚功能见表 1-2-1。

表 1-2-1　CC2530 部分引脚功能

| 引　脚 | 名　称 | 类　型 | 功　能 |
|---|---|---|---|
| 26 | RF_N | RFIO | RX 过程中向低噪声放大器输出负向射频信号，TX 过程中 PA 输入负向射频信号 |
| 25 | RF_P | RFIO | RX 过程中向低噪声放大器输出正向射频信号，TX 过程中 PA 输入正向射频信号 |
| 33 | P2_3 | 数字 I/O | 用作数字端口或连接 32.76kHz XOSC |
| 32 | P2_4 | 数字 I/O | 用作数字端口或连接 32.76kHz XOSC |
| 22 | XOSC_Q1 | 模拟 I/O | 32MHz XOSC 引脚 1 或外部时钟接入 |
| 23 | XOSC_Q2 | 模拟 I/O | 32MHz XOSC 引脚 2 |

续表

| 引　脚 | 名　称 | 类　型 | 功　能 |
|---|---|---|---|
| 30 | RBIAS | 模拟 I/O | 参考电流的外部精密偏置 |
| 28 | AVDD1 | 模拟电源 | 连接 2～3.6V 模拟电源，为模拟电路供电 |
| 27 | AVDD2 | 模拟电源 | 连接 2～3.6V 模拟电源，为模拟电路供电 |
| 24 | AVDD3 | 模拟电源 | 连接 2～3.6V 模拟电源 |
| 29 | AVDD4 | 模拟电源 | 连接 2～3.6V 模拟电源 |
| 21 | AVDD5 | 模拟电源 | 连接 2～3.6V 模拟电源 |
| 31 | AVDD6 | 模拟电源 | 连接 2～3.6V 模拟电源 |
| 40 | DCOUPL | 数字电源 | 连接 1.8V 数字电源去耦，不使用外部电路 |
| 39 | DVDD1 | 数字电源 | 连接 2～3.6V 数字电源，为引脚供电 |
| 10 | DVDD2 | 数字电源 | 连接 2～3.6V 数字电源，为引脚供电 |
| 1～4 | GND | 接地 | 接地 |
| 20 | RESET_N | 数字输入 | 复位信号输入，低电平有效 |

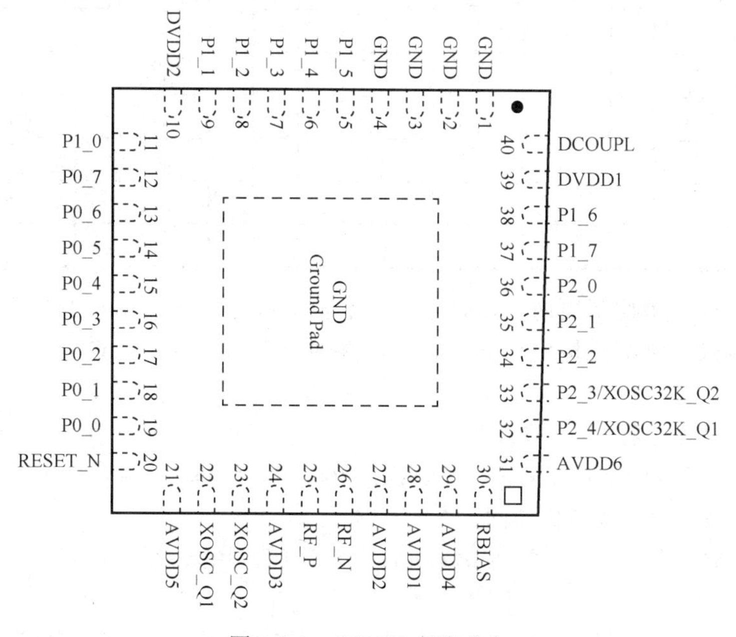


图 1-2-1　CC2530 引脚分布

**测一测**

CC2530 的 P1 端口和 P2 端口有什么相同之处和不同之处？

**想一想**

什么是 GPIO？CC2530 为什么有很多 GPIO 引脚？

### 2．CC2530 的 GPIO 端口的配置与应用

CC2530 的数字 I/O 引脚有 21 个，功能分配见表 1-2-2。P0、P1 都为 8 位数字 I/O 端口；P2 仅 5 位，有 2 位可用于仿真和连接晶振信号。通过特殊功能寄存器可设置 I/O 端口为 GPIO（通用输入/输出）端口，或者 ADC、定时/计数器、USART 等外围设备的 I/O 端口。

表 1-2-2　数字 I/O 引脚功能分配

| 功　能 | P0 | | | | | | | | P1 | | | | | | | | P2 | | | | |
|---|---|---|---|---|---|---|---|---|---|---|---|---|---|---|---|---|---|---|---|---|---|
| | 7 | 6 | 5 | 4 | 3 | 2 | 1 | 0 | 7 | 6 | 5 | 4 | 3 | 2 | 1 | 0 | 4 | 3 | 2 | 1 | 0 |
| ADC | A7 | A6 | A5 | A4 | A3 | A2 | A1 | A0 | | | | | | | | | | | | | |
| USART0_SPI | | | C | SS | MO | MI | | | | | | | | | | | | | | | |
| Alt1 | | | | | | | | | | | MO | MI | C | SS | | | | | | | |
| USART0_UART | | | RT | CT | TX | RX | | | | | | | | | | | | | | | |
| Alt1 | | | | | | | | | | | TX | RX | RT | CT | | | | | | | |
| USART1_SPI | | | MI | MO | C | SS | | | | | | | | | | | | | | | |
| Alt2 | | | | | | | | | MI | MO | C | SS | | | | | | | | | |
| USART1_UART | | | RX | TX | RT | CT | | | | | | | | | | | | | | | |
| Alt2 | | | | | | | | | RX | TX | RT | CT | | | | | | | | | |
| TIMER1 | | 4 | 3 | 2 | 1 | 0 | | | | | | | | | | | | | | | |
| Alt2 | 3 | 4 | | | | | | | | | | | | 0 | 1 | 2 | | | | | |
| TIMER3 | | | | | | | | | | | | 1 | 0 | | | | | | | | |
| Alt2 | | | | | | | | | 1 | 0 | | | | | | | | | | | |
| TIMER4 | | | | | | | | | | | | | | 1 | 0 | | | | | | |
| Alt2 | | | | | | | | | | | | | | | | | | 1 | | | 0 |
| 32kHz XOSC | | | | | | | | | | | | | | | | | Q1 | Q2 | | | |
| DEBUG | | | | | | | | | | | | | | | | | | | DC | DD | |

SFR 是存放控制微控制器内部器件的命令、数据或运行状态信息的特殊功能存储单元，有特定名称，可以按字节或按位访问。设计程序时须包含头文件 ioCC2530.h 以支持对 SFR 的访问。

1）GPIO 端口寄存器

与 GPIO 端口相关的寄存器有 Px、PxSEL、PxDIR、PxINP 共 4 种，其中 x 取值为 0～2，这些寄存器均可按寄存器或按位访问。

Px 是数据端口寄存器，与数字 I/O 引脚一一对应，用来设定端口的输出或获取端口的输入。

GPIO 端口的工作方式通过改写 PxSEL、PxDIR、PxINP 等来设置。PxSEL 实现端口功能选择，设置端口为 GPIO 或外设功能。PxDIR 在端口选为 GPIO 时设置数据传输方向为输入或输出。PxINP 在端口设置为 GPIO 的输入端口时，根据系统的电路连接情况设置输入模式是上拉、下拉或三态。

本书中，寄存器访问模式有如下几种：R/W—可读可写、R—只读、W—只写、R0—读 0、R1—读 1、W0—写 0、W1—写 1、H0—硬件清除、H1—硬件设置。

（1）PxSEL。

P0SEL、P1SEL、P2SEL 均为 8 位。

P0SEL、P1SEL 可读可写，用法相同，实现 P0、P1 各个 I/O 端口的功能选择，各位名称为 SELPx_[7:0]。例如，SELP0_1 为 0 时 P0_1 为 GPIO 端口，为 1 时 P0_1 为外设功能。CC2530 复位后 PxSEL 所有位清 0，P0、P1 端口默认为 GPIO 端口。P2SEL 功能较为复杂，位功能描述见表 1-2-3。P2_2 和 P2_1 除具有 DEBUG 功能外，仅有 GPIO 功能，无外设功能，无须在 P2SEL 中设置；P2SEL 的 D2～D0 实现端口 2 的功能选择，D6～D3 实现 P1 外设优先级控制。通过设置 PERCFG 分配两个外设到 P1 端口的相同引脚时，通过 D6～D3 可进行外设优先级的设置，实现对两个外设响应次序的指定。

表 1-2-3　P2SEL 位功能描述

| 位 | D7 | D6 | D5 | D4 | D3 | D2 | D1 | D0 |
|---|---|---|---|---|---|---|---|---|
| 名称 | — | PRI3P1 | PRI2P1 | PRI1P1 | PRI0P1 | SELP2_4 | SELP2_3 | SELP2_0 |
| 访问 | R0 | R/W | R/W | R/W | R/W | R/W | R/W | R/W |
| 描述 | 未用 | 0：USART0 优先<br>1：USART1 优先 | 0：USART1 优先<br>1：定时器 3 优先 | 0：定时器 1 优先<br>1：定时器 4 优先 | 0：USART0 优先<br>1：定时器 1 优先 | P2_4 功能选择 | P2_3 功能选择 | P2_0 功能选择 |

（2）PxDIR。

P0DIR、P1DIR、P2DIR 均为 8 位。

P0DIR、P1DIR 包含 P0、P1 端口方向选择位，可读可写，用法相同，各位名称为 DIRPx_[7:0]，因各位功能一致，故不再单独列表区分。当 P0、P1 端口设为 GPIO 端口时，用其进一步设置各 I/O 引脚的数据传输方向，如设置 P0DIR[D0]为 0 则 P0_0 为输入，为 1 则 P0_0 为输出。CC2530 复位后 PxDIR 所有位清 0，即 P0、P1 端口均为输入状态。

P2DIR 功能较为复杂，位功能描述见表 1-2-4。

表 1-2-4　P2DIR 位功能描述

| 位 | D7 | D6 | D5 | D4 | D3 | D2 | D1 | D0 |
|---|---|---|---|---|---|---|---|---|
| 名称 | PRI0P1 | PRI0P0 | — | DIRP2_4 | DIRP2_3 | DIRP2_2 | DIRP2_1 | DIRP2_0 |
| 访问 | R/W | R/W | R0 | R/W | R/W | R/W | R/W | R/W |
| 描述 | P1 外设优先级控制 | | 未使用 | P2_4 方向 | P2_3 方向 | P2_2 方向 | P2_1 方向 | P2_0 方向 |

通过设置 PERCFG 分配多个外设到 P0 端口的相同引脚时，可用 P2DIR 的 D7、D6 进行外设优先级的控制，其功能描述见表 1-2-5。

表 1-2-5　P2DIR 的 D7、D6 的位功能描述

| D7 D6 | 外设优先级次序（由高到低） |
|---|---|
| 0　0 | USART0、USART1、定时器 1 |
| 0　1 | USART1、USART0、定时器 1 |
| 1　0 | 定时器 1 通道 0～1、USART1、USART0、定时器 1 通道 2～3 |
| 1　1 | 定时器 1 通道 2～3、USART0、USART1、定时器 1 通道 0～1 |

（3）PxINP。

所有数据 I/O 端口处于 GPIO 输入时，须根据电路情况通过 PxINP 设置端口输入模式。

P0INP、P1INP 用法较为相似，P0INP[7:0]、P1INP[7:2]分别设置 P0、P1 相应位，取 0 时为上拉/下拉模式，取 1 时为三态模式，P1INP[1:0]未用。P2INP 各位功能分为两种情况，D0～D4 控制 P2_0～P2_4 的输入模式，0 为上拉/下拉，1 为三态；D5～D7 设置 P0、P1 和 P2 端口输入方式，0 为上拉，1 为下拉。系统复位时 PxINP 清 0，即所有端口均默认为上拉/下拉模式，P1、P2 端口输入时为上拉状态。

2）GPIO 端口的应用

（1）GPIO 端口的配置。

I/O 端口配置如图 1-2-2 所示。设置过程如下。

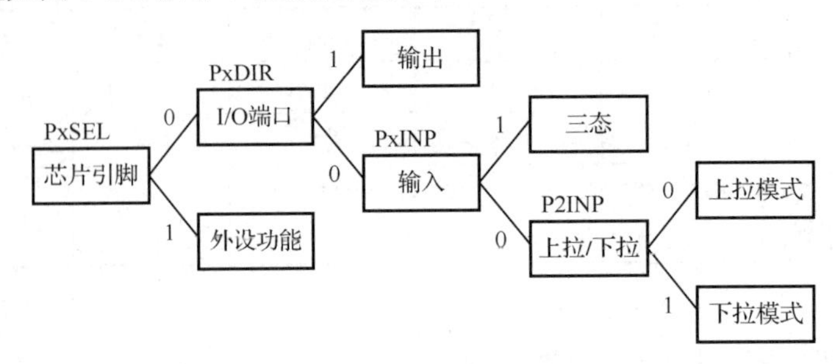


图 1-2-2　I/O 端口配置

步骤 1：进行端口功能选择。

设置 PxSEL（其中 x 为 0～2），指定 I/O 引脚输入/输出类型，0 为 GPIO，1 为外设功能。

步骤 2：设置输入/输出方向。

在 GPIO 模式下设置 PxDIR（其中 x 为 0～2），指定引脚输入/输出方向，0 为输入，1 为输出。

步骤 3：设置输入模式。

在 GPIO 模式下引脚设为输入状态时，通过 P2INP 设定各端口输入模式，0 为上拉，1 为下拉。

（2）寄存器位设置。

操作 1：将指定位清 0，其他位保持。

通过运算“寄存器&=~常量”可将寄存器指定位清 0、其他位保持，其中常量在清 0 的位上取 1，其他位上取 0；仅将寄存器第 n 位清 0 也可采用运算“寄存器&=~(0x01<<(n))”。

操作 2：将寄存器位置 1，其他位保持。

让寄存器参与运算“| =常量”可将寄存器指定位置 1，且不影响其他位的值，其中常量在置 1 的位上取 1；仅将寄存器的第 n 位置 1 也可采用“寄存器 |= (0x01<<(n))”。

（3）GPIO 端口配置示例。

**【例 1.2.1】** 要求配置 P0 端口的低四位为数字输出功能，第 5 位为数字输入且采用上拉方式接按键，试明确各 SFR 寄存器的取值并写出配置过程。

解：步骤 1：进行端口功能选择。据题意应使 P0SEL=0x00，即可执行 P0SEL&=~0xFF。

步骤 2：设置输入/输出方向。据题意应使 P0DIR=0x0F，即可先执行 P0DIR|=0x0F 设置低四位为输出，再执行 P0DIR&=~0xF0 设置高四位为输入。

步骤 3：设置输入模式。据题意须将 P0INP[7:4]和 P2INP[5]清 0，即 P0INP&=~0xF0，

P2INP&=~0x20。

（4）轮询式按键控制。

通过 GPIO 模式的 I/O 端口输入外部按键的状态，触发功能执行是一种常用的方式。按键控制电路如图 1-2-3 所示，P1_2 引脚接按键 KEY1，引脚输入按键状态时经上拉电阻接 3.3V 电源。

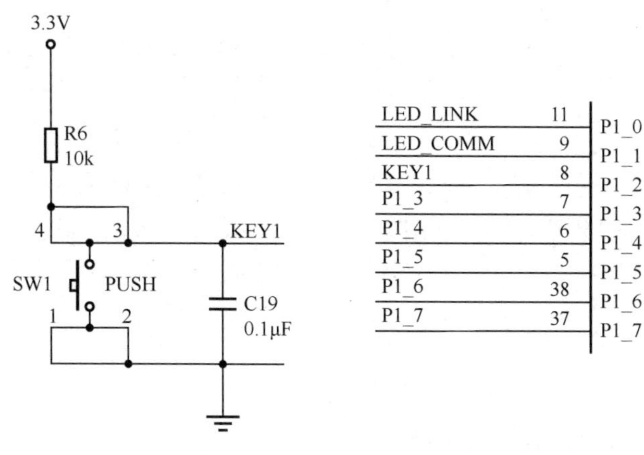


图 1-2-3　按键控制电路

轮询方式是单片机检测按键信号、选择功能执行的一种简单易行的方式。CC2530 轮询方式实现按键输入与检测分为两步。

步骤 1：初始化按键接入端口为 GPIO 模式且方向为输入，并按具体电路指定引脚输入为上拉、下拉或三态模式。例如，ZigBee 模块中单片机引脚 P1_2 为上拉模式。

步骤 2：在主函数中构建循环不断读取端口输入的电平值，判断按键是否按下并选择执行动作。

按键通常选用机械弹性开关，机械触点闭合时不会迅速、稳定地接通，断开时也不会立刻断开。在闭合及断开的瞬间都伴随 0.1～1s 的抖动。单片机机器周期多小于 1μs，即一次按键动作会被单片机多次检测导致误判。检测按键信号时应进行去抖处理，而采用软件方式去抖简单，应用广泛。具体过程为：按键未按下时端口输入高电平，当端口输入出现低电平时则可能为按键按下，经延时后再次检测，即经去抖处理后确认该端口仍为低电平，再认定按键按下的动作。

**【例 1.2.2】** 设硬件系统如图 1-2-3 所示，按键控制电路和图 1-1-5 所示的 LED 连接。现编程实现：初始化时按键 SW1 为断开状态，指示灯熄灭；按键 SW1 每按下一次，P1_0 引脚所连 LED_LINK 状态切换一次。综合本小节 I/O 端口的配置及轮询式按键控制的相关知识，具体实现程序如下。

```
1.    #include "ioCC2530.h"
2.    #define LED_LINK P1_0
3.    #define SW1 P1_2
4.    void main()
5.    {
6.      P1SEL &= ~0x07;                    //设置 P1_0、P1_1 和 P1_2 引脚为通用 I/O 引脚
7.      P1DIR |= 0x03;                     //设置 P1_0、P1_1 引脚为输出引脚
```

```
8.     P1DIR &= ~0x04;                //设置P1_2引脚为输入引脚
9.     P1INP &= ~0xFF;                //设置P1端口所有引脚使用上拉或下拉
10.    P2INP |= 0x40;                 //设置P1端口所有引脚使用上拉
11.    P1DIR |= 0X01;                 //将P1DIR的0号位置1，即定义P1_0引脚为输出引脚
12.    while(1)
13.    {
14.        if(SW1 == 0)
15.        {                          //发现SW1有低电平信号
16.            Delay(100);            //调用延时函数，进行按键去抖
17.            if(SW1 == 0)           //延时去抖后，确认按键
18.            {
19.                while(SW1 == 0);   //等待SW1松开
20.                LED_LINK = ~ LED_LINK;   //将LED状态取反
21.            }
22.        }
23.    }
```

**测一测**

（1）CC2530的I/O端口有哪些用法？

（2）简述PxSEL、PxDIR、PxINP的功能。若要使P1_2引脚为GPIO模式的输出引脚，如何进行设置？若要使P1_2引脚为GPIO模式的下拉输入引脚，如何进行设置？

**想一想**

分析轮询方式按键信号检测的过程，对去抖的延时有什么要求？

### 3．CC2530中断系统

单片机与外设间的交互主要有轮询和中断两种方式。轮询方式如前面介绍的按键检测过程，工作效率低，不能迅速响应紧急事件。

1）简介

中断是指系统在程序正常运行期间检测到特殊的或未预料到的紧急事件，使CPU暂时中断正在执行的程序，转去执行特殊的中断服务程序，完成紧急事件的处理，处理完毕后又返回原执行程序中断处继续执行或调度新的进程的过程。

为解决通信、定时管理等突发事件，CC2530设有外部中断、定时中断、串口中断、RF中断等18个中断源。每个中断源都有明确的命名和功能描述，可按具体应用需求定义中断响应时的处理程序，即中断服务函数。每个中断服务函数的入口地址即相应中断源对应的固定的入口地址（中断向量）。当CPU响应中断请求时，就会暂停当前的程序执行，然后跳转到该入口地址执行代码。

CC2530中断源概况见表1-2-6。

实现中断控制的SFR可按寄存器访问，也可按位访问。按位访问时各位均与中断源对应，具有规则命名。

**表1-2-6　CC2530中断源概况**

| 中断号 | 中断名称 | 中断描述 | 中断向量 | 中断屏蔽位 | 中断标志位 |
|---|---|---|---|---|---|
| 0 | RFERR | RF发送完成或接收FIFO溢出 | 03H | IEN0.RFERRIF | TCON.RFERRIF |
| 1 | ADC | ADC转换结束 | 0BH | IEN0.ADCIE | TCON.ADCIF |

续表

| 中断号 | 中断名称 | 中断描述 | 中断向量 | 中断屏蔽位 | 中断标志位 |
|---|---|---|---|---|---|
| 2 | URX0 | USART0 接收完成 | 13H | IEN0.URX0IE | TCON.URX0IF |
| 3 | URX1 | USART1 接收完成 | 1BH | IEN0.URX1IE | TCON.URX1IF |
| 4 | ENC | AES 加密/解密完成 | 23H | IEN0.ENCIE | S0CON.ENCIF |
| 5 | ST | 睡眠计数器比较 | 2BH | IEN0.STIE | IRCON.STIF |
| 6 | P2INT | I/O 端口 2 外部中断 | 33H | IEN2.P2IE | IRCON2.P2IF |
| 7 | UTX0 | USART0 发送完成 | 3BH | IEN2.UTX0IE | IRCON2.UTX0IF |
| 8 | DMA | DMA 传送完成 | 43H | IEN1.DMAIE | IRCON.DMAIF |
| 9 | T1 | 定时器 1 捕获/比较/溢出 | 4BH | IEN1.T1IE | IRCON.T1IF |
| 10 | T2 | 定时器 2 | 53H | IEN1.T2IE | IRCON.T2IF |
| 11 | T3 | 定时器 3 捕获/比较/溢出 | 5BH | IEN1.T3IE | IRCON.T3IF |
| 12 | T4 | 定时器 4 捕获/比较/溢出 | 63H | IEN1.T4IE | IRCON.T4IF |
| 13 | P0INT | I/O 端口 0 外部中断 | 6BH | IEN1.P0IE | IRCON.P0IF |
| 14 | UTX1 | USART1 发送完成 | 73H | IEN2.UTX1IE | IRCON2.UTX1IF |
| 15 | P1INT | I/O 端口 1 外部中断 | 7BH | IEN2.P1IE | IRCON2.P1IF |
| 16 | RF | RF 通用中断 | 83H | IEN2.RFIE | S1CON.RFIF |
| 17 | WDT | 看门狗定时溢出 | 8BH | IEN2.WDTIE | IRCON2.WDTIF |

2）中断控制

（1）中断请求与标志位设置。

中断源提出中断请求时，CPU 会设置中断源对应中断标志位，记录有中断请求未处理。若已使能该中断，系统会自动调用中断服务程序进行事件处理且将中断标志位清 0，即表示中断请求已处理。

中断系统通过 P0IFG、P1IFG、TCON、S0CON、IRCON 等 SFR 存储 18 个中断源的请求标志。标志位为 1 表示有中断请求未处理，为 0 表示无未处理中断请求。SFR 中的中断标志位见表 1-2-7。

**表 1-2-7　SFR 中的中断标志位**

| P0IFG——P0 端口中断标志位 | | | | |
|---|---|---|---|---|
| 位 | 名　称 | 复　位 | 读/写 | 描　述 |
| 7:0 | P0IF_[7:0] | 0x00 | R/W | P0_7～P0_0 引脚输入中断请求标志位 |
| P1IFG (0x8A)——P1 端口中断标志位 | | | | |
| 位 | 名　称 | 复　位 | 读/写 | 描　述 |
| 7:0 | P1IF_[7:0] | 0x00 | R/W | P1_7～P1_0 引脚输入中断请求标志位 |
| P2IFG——P2 端口中断标志位 | | | | |
| 位 | 名　称 | 复　位 | 读/写 | 描　述 |
| 7:5 | — | 000 | R0 | 未用 |
| 4:0 | P2IF_[4:0] | 00000 | R/W | P2_4～P2_0 引脚输入中断请求标志位 |

续表

| TCONTCON——中断标志寄存器 | | | | |
|---|---|---|---|---|
| 位 | 名　称 | 复　位 | 读/写 | 描　述 |
| 7 | URX1IF | 0 | R/WH0 | USART1 RX 中断标志位 |
| 6 | — | 0 | R0 | 未用 |
| 5 | ADCIF | 0 | R/WH0 | ADC 中断标志位 |
| 4 | — | 0 | R0 | 未用 |
| 3 | URX0IF | 0 | R/WH0 | USART0 RX 中断标志位 |
| 2 | IT1 | 0 | R/W | 保留。必须一直设为 1，设为 0 将使能低级中断检测 |
| 1 | RFERRIF | 0 | R/WH0 | RF TX/RX FIFO 中断标志位 |
| 0 | IT0 | 0 | R/W | 保留。必须一直设为 1，设为 0 将使能低级中断检测 |
| S0CON——中断标志寄存器 | | | | |
| 位 | 名　称 | 复　位 | 读/写 | 描　述 |
| 7:2 | — | 000 | R/W | 未用 |
| 1 | ENCIF_1 | 0 | R/W | AES 中断标志位。ENCIF_1、ENCIF_0 有一个为 1 即会引发 AES 协处理器进行中断服务，且将 ENCIF_1、ENCIF_0 同时清 0 |
| 0 | ENCIF_0 | 0 | R/W | AES 中断标志位。ENCIF_1、ENCIF_0 有一个为 1 即会引发 AES 协处理器进行中断服务，且将 ENCIF_1、ENCIF_0 同时清 0 |
| S1CON——中断标志寄存器 | | | | |
| 位 | 名　称 | 复　位 | 读/写 | 描　述 |
| 7:2 | — | 000 | R/W | 未用 |
| 1 | RFIF_1 | 0x00 | R/W | RF 中断标志位。RFIF_1、RFIF_0 有一个为 1 即会引发无线设备服务，且将 RFIF_1、RFIF_0 同时清 0 |
| 0 | RFIF_0 | 000 | R/W | RF 中断标志位。RFIF_1、RFIF_0 有一个为 1 即会引发无线设备服务，且将 RFIF_1、RFIF_0 同时清 0 |
| IRCON——中断标志寄存器 | | | | |
| 位 | 名　称 | 复　位 | 读/写 | 描　述 |
| 7 | STIF | 0 | R/W | 睡眠定时器中断标志位 |
| 6 | — | 0 | R/W | 未用 |
| 5 | P0IF | 0 | R/W | P0 端口中断标志位 |
| 4 | T4IF | 0 | R/W | 定时器 4 中断标志位 |
| 3 | T3IF | 0 | R/W | 定时器 3 中断标志位 |
| 2 | T2IF | 0 | R/W | 定时器 2 中断标志位 |
| 1 | T0IF | 0 | R/W | 定时器 1 中断标志位 |
| 0 | DMAIF | 0 | R/W | DMA 传送完成中断标志位 |
| IRCON2——中断标志寄存器 | | | | |

续表

| 位 | 名　称 | 复　位 | 读/写 | 描　述 |
|---|---|---|---|---|
| 7:5 | — | 000 | R/W | 未用 |
| 4 | WDTIF | 0 | R/W | 看门狗定时器中断标志位 |
| 3 | P1IF | 0 | R/W | P1 端口中断标志位 |
| 2 | UTX1IF | 0 | R/W | USART1 TX 中断标志位 |
| 1 | UTX0IF | 0 | R/W | USART0 TX 中断标志位 |
| 0 | P2IF | 0 | R/W | P2 端口中断标志位 |

（2）中断使能处理。

CC2530 GPIO 引脚处于输入状态即可输入中断请求，可读写 IENx、PxIEN 等 SFR（x 取 0～2）使能中断源，屏蔽或开启中断请求的响应。中断使能寄存器 IENx 中各中断源均有 1 位使能位，0 为禁止中断，1 为使能中断。中断使能寄存器位定义见表 1-2-8。

**表 1-2-8　中断使能寄存器位定义**

| IEN0（中断使能寄存器 0） | | | | |
|---|---|---|---|---|
| 位 | 名　称 | 复　位 | 读/写 | 描　述 |
| 7 | EA | 0 | R/W | 总中断 |
| 6 | — | 0 | R0 | 未用 |
| 5 | STIE | 0 | R/W | 睡眠定时器 |
| 4 | ENCIE | 0 | R/W | AES 加密 |
| 3 | URX1IE | 0 | R/W | USART1 RX |
| 2 | URX0IE | 0 | R/W | USART0 RX |
| 1 | ADCIE | 0 | R/W | ADC |
| 0 | FRERRIE | 0 | R/W | RF TX/RF FIFO |
| IEN1（中断使能寄存器 1） | | | | |
| 位 | 名　称 | 复　位 | 读/写 | 描　述 |
| 7 | — | 0 | R0 | 未用 |
| 6 | — | 0 | R0 | 未用 |
| 5 | P0IE | 0 | R/W | P0 |
| 4 | T4IE | 0 | R/W | 定时器 4 |
| 3 | T3IE | 0 | R/W | 定时器 3 |
| 2 | T2IE | 0 | R/W | 定时器 2 |
| 1 | T1IE | 0 | R/W | 定时器 1 |
| 0 | DMAIE | 0 | R/W | DMA 传输 |
| IEN2（中断使能寄存器 2） | | | | |
| 位 | 名　称 | 复　位 | 读/写 | 描　述 |
| 7 | — | 0 | R0 | 未用 |

续表

| 位 | 名　称 | 复　位 | 读/写 | 描　述 |
|---|---|---|---|---|
| 6 | — | 0 | R0 | 未用 |
| 5 | WDTIE | 0 | R/W | 看门狗 |
| 4 | P1IE | 0 | R/W | P1 |
| 3 | UTX1IE | 0 | R/W | USART1 TX |
| 2 | UTX0IE | 0 | R/W | USART0 TX |
| 1 | P2IE | 0 | R/W | P2 |
| 0 | DMAIE | 0 | R/W | RF |

GPIO 端口 P0、P1、P2 的引脚均可作为外部中断输入引脚，但除用 IENx 进行使能外，还要通过 PxIEN 中端口对应的屏蔽位做屏蔽解除，通过 PICTL 设置各端口采集中断信号的边沿。端口中断相关寄存器位定义见表 1-2-9。

**表 1-2-9　端口中断相关寄存器位定义**

| P0IEN——P0 端口中断屏蔽寄存器 | | | | |
|---|---|---|---|---|
| 位 | 名　称 | 复　位 | 读/写 | 描　述 |
| 7:0 | P0_[7:0]IEN | 0x00 | R/W | P0_7～P0_0 中断使能，0 为禁止中断，1 为使能中断 |
| P1IEN——P1 端口中断屏蔽寄存器 | | | | |
| 位 | 名　称 | 复　位 | 读/写 | 描　述 |
| 7:0 | P1_[7:0]IEN | 0x00 | R/W | P1_7～P1_0 中断使能，0 为禁止中断，1 为使能中断 |
| P2IEN——P2 端口中断屏蔽寄存器 | | | | |
| 位 | 名　称 | 复　位 | 读/写 | 描　述 |
| 7:6 | — | 00 | R0 | 未使用 |
| 5 | DPIEN | 0 | R/W | USB D+中断使能，0 为禁止中断，1 为使能中断 |
| 4:0 | P2_[4:0]IEN | 0 | R/W | P2_4～P2_0 中断使能，0 为禁止中断，1 为使能中断 |
| PICTL——I/O 中断端口触发沿设置 | | | | |
| 位 | 名　称 | 复　位 | 读/写 | 描　述 |
| 7 | PADSC | 0 | PADSC | I/O 引脚在输出模式下的驱动能力控制 |
| 6:4 | — | 000 | R0 | 未使用 |
| 3 | P2ICON | 0 | R/W | P2_4～P2_0 的中断触发，0 为上升沿触发，1 为下降沿触发 |
| 2 | P1ICONH | 0 | R/W | P1_7～P1_4 的中断触发，0 为上升沿触发，1 为下降沿触发 |
| 1 | P1ICONL | 0 | R/W | P1_3～P1_0 的中断触发，0 为上升沿触发，1 为下降沿触发 |
| 0 | P0ICON | 0 | R/W | P0_7～P0_0 的中断触发，0 为上升沿触发，1 为下降沿触发 |

通过上述寄存器，CC2530 进行中断使能设置的步骤如下。

步骤 1：开总中断。令 IEN0.EA=1。

步骤 2：使能中断源。设置 IENx 相应位为 1。

步骤 3：若中断信号采用通用 I/O 端口引脚输入，还要设置 PxIEN 中对应位，解除中断屏蔽，且在 PICTL 中设置中断触发选用上升沿还是下降沿。

**【例 1.2.3】** 若 P1_1 引脚连接外部中断输入，且中断触发选用上升沿，请查阅中断控制相关 SFR 的描述表格，写出中断初始化过程。

解：步骤 1，开总中断，即令 IEN0.EA=1 或 IEN0 |= 0x80。

步骤 2，使能中断源，使 IEN2 |=0x10，即 IEN2[4]=1。

步骤 3，解除 I/O 引脚中断屏蔽，设置 P1IEN |= 0x02，即 P1IEN[1]=1；设置中断触发方式，PICTL& = ~ 0x02，即 PICTL[1]清 0。

（3）中断优先级处理。

发生突发事件时，多个中断源可能陆续向系统提出多个中断请求，一旦一个中断服务开始执行，它只能被优先级更高的请求打断。中断优先级决定对多路中断的响应次序。CC2530 将中断源分为中断第 0 组至中断第 5 组，共 6 组，记作 IPG0～IPG5，每组各三个中断源，见表 1-2-10。

**表 1-2-10　中断源分组情况**

| 组　别 | 中　断　源 | | |
|---|---|---|---|
| IPG0 | RFERR | RF | DMA |
| IPG1 | ADC | T1 | P2INT |
| IPG2 | URX0 | T2 | UTX0 |
| IPG3 | URX1 | T3 | UTX1 |
| IPG4 | ENC | T4 | P1INT |
| IPG5 | ST | P0INT | WDT |

中断源组的优先级分为 4 级，即 0～3 级，0 级最低，3 级最高。用寄存器 IP1 和 IP0 来设置各组优先级时，IPx_[5:0]分别为 IPG5～IPG0 的优先级设置位，IP1 存高位，IP0 存低位。中断源分组优先级设置见表 1-2-11。

**表 1-2-11　中断源分组优先级设置**

| IP1_x | IP0_x | 优　先　级 | 优 先 顺 序 |
|---|---|---|---|
| 0 | 0 | 0 | 低 |
| 0 | 1 | 1 | ↓ |
| 1 | 0 | 2 | ↓ |
| 1 | 1 | 3 | 高 |

**【例 1.2.4】** 初始化 IP1 为 0x05、IP0 为 0x03，则第 0 组优先级为 3，第 1 组优先级为 1，第 2 组优先级为 2，其他组优先级为 0。当系统陆续收到多个中断请求时，按优先级响应的顺序为：第 0 组（RFERR，RF，DMA），第 2 组（URX0，T2，UTX0），第 1 组（ADC，T1，P2INT），第 3 组（URX1，T3，UTX1），第 4 组（ENC，T4，P1INT），第 5 组（ST，P0INT，WDT）。

**【例 1.2.5】** 令 P1 端口输入中断（P1INT）优先级为 3 级，串口 0 接收中断（URX0）优先级为 2 级，定时器 1（T1）中断优先级为 1 级，应如何进行 IP1 和 IP0 的初始化？

解：因为P1INT属于第4组中断，URX0属于第2组中断，T1属于第1组中断，见表1-2-12，所以IP1=0x14，IP0=0x11。

表1-2-12　中断分组优先级设置示例

| 寄存器 | D7 | D6 | D5 | D4 | D3 | D2 | D1 | D0 |
|---|---|---|---|---|---|---|---|---|
| IP1 | 0 | 0 | 0 | 1 | 0 | 1 | 0 | 0 |
| IP0 | 0 | 0 | 0 | 1 | 0 | 0 | 0 | 1 |

3）中断服务函数

中断请求到来时，CPU 把主程序断点存入堆栈，按中断源对应中断向量转入中断服务函数。执行中断服务函数后，主程序断点出栈，继续执行主程序。中断处理过程如图1-2-4所示。

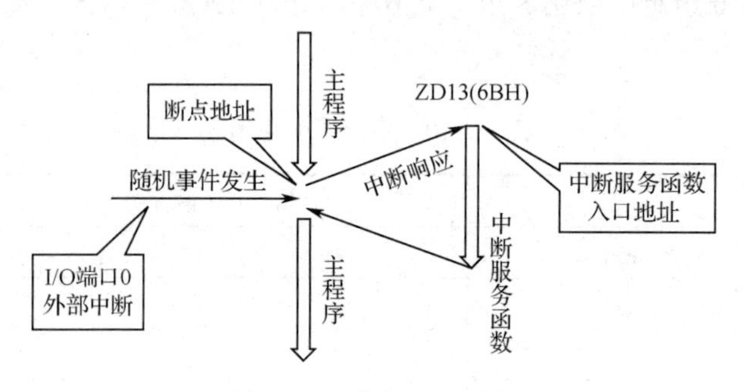


图1-2-4　中断处理过程

定义中断服务函数的格式如下：

```
#pragma vector = <中断向量或中断名称>
__interrupt void <函数名称>（void）{
  函数体
}
```

语句说明如下。

① 中断服务函数定义必须以语句 #pragma vector = <中断向量或中断名称> 打头。<中断向量或中断名称>指定中断服务函数对应哪个中断源。

② 必须用__interrupt 关键字将函数指定为中断服务函数，<函数名称>可以自定义，但必须为没有参数和返回值的函数。

注意：定义中断服务函数时，格式必须正确，中断向量要和中断源对应，而且函数中必须清除中断标志位，以避免CPU反复响应中断。

**测一测**

（1）若P0_3引脚连接外部中断输入，且中断触发选用下降沿，请查阅中断控制相关SFR的描述表格，写出中断初始化过程。

（2）令串口0接收中断（URX0）优先级为3级，定时器1（T1）中断优先级为2级，P1端口输入中断（P1INT）优先级为1级，应如何进行IP1和IP0的初始化？

**想一想**

为什么要清除中断标志位？什么时候清除？

本任务实现特殊情况发生时从正常通行模式快速切换至限行模式。ZigBee 模块及相关电路如图 1-2-5 所示。

图 1-2-5　ZigBee 模块及相关电路

### 4．数字 I/O 端口配置

ZigBee 模块上的 LED_LINK 模拟红灯、LED_COMM 模拟绿灯，相连引脚 P1_0、P1_1 应工作于 GPIO 输出状态，与按键 SW1 相连的 P1_2 引脚须为 GPIO 模式输入状态、上拉方式。应通过 SFR 对 I/O 端口操作方式进行设置。本任务中 I/O 端口定义和初始化部分程序如下。

```
1.  void initial_GPIO()
2.  {
3.      P1SEL &= ~0x07;                //步骤 1，进行端口功能选择
4.      P1DIR |= 0X03;                 //步骤 2，设置输入/输出方向
5.      P1DIR &= ~0X04;
6.      P1INP &= ~0X04;                //步骤 3，设置端口输入模式
7.      P2INP &= ~0x40;
8.  }
```

配置各端口 I/O 方式后，P1_0、P1_1 输出 1（即高电平）则 LED 点亮，输出 0（即低电平）则 LED 熄灭；SW1 闭合时 P1_2 输入低电平，SW1 未闭合时 P1_2 输入高电平。

### 5．正常通行模式和限行模式的实现

#### 1）单片机中的延时处理

单片机控制中经常遇到需要 CPU 过一段时间再去做某件事的情况，可以通过延时处理解决。延时分为软件延时和硬件延时两种方法。本任务采用软件延时方法，即定义延时函数 delay() 执行具有固定延迟时间的循环来实现交通灯时序的控制。CC2530 开发中可采用的两个延时程序如下。

（1）循环体为空的延时程序。

```
1.  void delay(unsigned int i) //声明延时程序
2.  {
3.      unsigned int j,k;
4.      for (k=0;k<i;k++)
5.      {
6.          for (j=0;j<500;j++);
7.      }
8.  }
```

（2）循环执行汇编指令“NOP”的延时程序。

```
1.   void delay(unsigned int time)
2.   {
3.        unsigned int i;
4.        unsigned char j;
5.        for(i = 0;i < time;i++)
6.             for(j = 0;j < 480;j++)
7.             {
8.       //汇编语言空操作指令 NOP 占 1 个指令周期
9.       //C 语言中用 asm 嵌入执行
10.            asm("NOP"); asm("NOP");    asm("NOP");
11.            }
12.   }
```

2）正常通行模式和限行模式功能设计

采用 P1_0、P1_1 所连 LED 分别模拟某方向交通灯系统中的红灯、绿灯。指挥车辆正常通行时，两个 LED 按固定时序交替亮灭，交通灯的工作时序可参考真实情况设计。在突发状况下须使交通暂停，可通过 P1_2 相连的按键 SW1 使指示灯切换到绿灯灭、红灯亮的模式。十字路口两个方向指示灯的控制可通过用更多端口控制更多指示灯进行扩展。

为实现正常通行模式，定义 Routine()函数控制指示灯交替点亮，发出正常通行指挥信号；为实现限行模式，定义 Forbid()函数控制该方向红灯亮、绿灯灭，禁止该方向车辆通行。两个函数如下。

```
1.   void Routine(void)            //定义红灯和绿灯交替点亮，指挥车辆正常通行
2.   {
3.        LED_RED=1;   LED_GREEN=0;          delay(500);
4.        LED_RED=0;   LED_GREEN=0;          delay(100); `
5.        LED_RED=0;   LED_GREEN=1;          delay(500);
6.        LED_RED=0;   LED_GREEN=0;          delay(100);
7.   }
8.   void Forbid (void)            //定义红灯亮，禁止车辆通行
9.   {
10.      LED_RED=1;   LED_GREEN=0;          delay(2000);
11.  }
```

### 6．按键检测与响应方式

智能交通灯系统在正常状态下执行 Routine()函数，发生特殊事件时则通过按键 SW1 进入 Forbid()函数定义的限行状态。为实现功能切换，按键检测与响应可通过轮询和中断两种方式实现。

1）轮询方式

轮询方式是在主函数 main()中构建循环，不断读取端口输入的电平值，判断按键是否按下。这种方式简单易行，完成正常通行模式和限行模式切换的程序如下。

```
1.   void main(void)
2.   {
```

```
3.      ...
4.      LED_RED=0;    LED_GREEN=0;          //熄灭所有指示灯
5.      while(1)                            //程序主循环
6.      {
7.        if(SW1 = = 1)                     //查询按键状态为未按下
8.           Routine();                     //调用 Routine()函数，指挥交通正常运行
9.        else                              //查询按键状态，按键被按下
10.         {
11.              delay(100);                //延时，进行去抖
12.              if(SW1 = = 0)              //经过延时后按键仍处于按下状态
13.              {
14.                 Forbid();               //调用 Forbid()函数，发出限行信号
15.              }
16.         }
17.     }
18. }
```

2）中断方式

应用中断方式检测和响应紧急事件，无须占用 CPU 一直进行信号检测，提高了 CPU 利用率，且响应速度远高于轮询方式。通过中断方式完成正常通行模式和限行模式切换，重点在中断使能和中断子程序的定义与调用上，具体程序如下。

```
1.  void initial_interrupt()  //中断使能函数
2.  {    EA = 1;                              //使能总中断
3.       IEN2 |= 0X10;                        //使能 P1 端口中断源
4.       P1IEN |= 0X04;                       //使能 P1_2 中断
5.       PICTL |= 0X02;                       //P1_2 中断触发方式为下降沿触发
6.  }
7.  #pragma vector = P1INT_VECTOR             //指定中断向量为 P1INT_VECTOR
8.  __interrupt void P1_ISR(void)             //定义中断服务函数
9.  {    if(P1IFG==0x04)                      //判断 P1_2 产生中断时调用 Forbid()函数
10.        Forbid();
11.      IRCON2 &=~0x08;                      //清除 P1 端口中断标志位
12.      P1IFG = 0x00;                        //清除 P1_2 中断标志位
13.  }
14. void main(void)
15. {   initial_GPIO();                       //GPIO 初始化
16.     initial_interrupt();                  //中断初始化
17.     while(1)                              //正常执行状态可响应中断
18.     {
19.     Routine();
20.     }
21. }
```

任务实施前必须先准备好以下设备和资源。

| 序　　号 | 设备/资源名称 | 数　　量 | 是否准备到位 |
|---|---|---|---|
| 1 | ZigBee 模块 | 1 | |
| 2 | CC Debugger | 1 | |
| 3 | 具备 IAR 开发环境的计算机 | 1 | |

### 1. 创建工程、修改工程配置

工作区、项目的创建，以及工程选项配置的操作方法详见任务一。

### 2. 编写、分析、调试程序

1）轮询方式程序

```
1.  #include "ioCC2530.h"
2.  #define LED_RED    (P1_0)                    //交通灯端口定义
3.  #define LED_GREEN    (P1_1)
4.  #define SW1    (P1_2)                        //SW1 端口定义
5.  void delay(unsigned int time)
6.  {
7.      unsigned int j,k;
8.      for (k=0; k<time;k++)
9.      {
10.         for(j=0;j<500;j++);
11.     }
12. }
13. void Routine(void)                           //定义红灯和绿灯交替点亮，指挥车辆正常通行
14. {
15.         LED_RED=1;    LED_GREEN=0;          delay(500);
16.         LED_RED=0;    LED_GREEN=0;          delay(100);
17.         LED_RED=0;    LED_GREEN=1;          delay(500);
18.         LED_RED=0;    LED_GREEN=0;          delay(100);
19. }
20. void Forbid (void)                           //定义红灯亮，禁止车辆通行
21. {
22.        LED_RED=1;    LED_GREEN=0;
23.         delay(2000);
24. }
25. void main(void)
26. {
27.        //步骤 1，进行端口功能选择
28.        P1SEL &= ~0x07;                       //设置 P1_0～P1_2 引脚为通用 I/O 引脚
29.        //步骤 2，设置输入/输出方向
30.        P1DIR |= 0x03;                        //设置 P1_0、P1_1 引脚为输出引脚
```

```
31.         P1DIR &= ~0x04;                //设置 P1_2 引脚为输入引脚
32.         //步骤 3，设置端口输入模式
33.         P1INP &= ~0xFF;                //设置 P1 端口所有引脚使用上拉或下拉
34.         P2INP |= 0x40;                 //设置 P1 端口所有引脚使用上拉
35.         LED_RED=0;   LED_GREEN=0;      //熄灭所有指示灯
36.         while(1)                       //程序主循环
37.         {
38.           if(SW1 == 1)                 //查询按键状态为未按下
39.               Routine();               //调用 Routine()函数，指挥交通正常运行
40.           else                         //查询按键状态，按键被按下
41.             {
42.                 delay(100);            //延时，进行去抖
43.                 if(SW1 == 0)           //经过延时后按键仍处于按下状态
44.                 {
45.                     Forbid();          //调用 Forbid()函数，发出限行信号
46.                 }
47.             }
48.         }
49.   }
```

2）中断方式程序

```
1.    #include <ioCC2530.h>
2.    #define LED_RED (P1_0)               //交通灯端口定义
3.    #define LED_GREEN (P1_1)
4.    #define SW1    (P1_2)                //SW1 端口定义
5.    void initial_GPIO()
6.    {
7.         P1SEL &= ~0x07;                 //设置 P1_0、P1_1、P1_2 引脚为 GPIO 引脚
8.         P1DIR |= 0X03;                  //设置 P1_0、P1_1 引脚为输出引脚
9.         P1DIR &= ~0X04;                 //设置 P1_2 引脚为输入引脚
10.        P1INP &= ~0X04;                 //P1_2 引脚为上拉/下拉模式
11.        P2INP &= ~0x40;                 //设置 P1 端口所有引脚使用上拉
12.        P1=0X00;                        //关闭 LED
13.   }
14.   void delay(unsigned int time)
15.   {
16.        unsigned int i;
17.        unsigned char j;
18.        for(i = 0;i < time;i++)
19.            for(j = 0;j < 240;j++)
20.            {
21.                asm("NOP"); asm("NOP");   asm("NOP");
22.            }
23.   }
24.   void Routine(void)                   //定义红灯和绿灯交替点亮，指挥车辆正常通行
25.   {
26.         LED_RED=1;   LED_GREEN=0;         delay(500);
```

```
27.         LED_RED=0;   LED_GREEN=0;           delay(100);
28.         LED_RED=0;   LED_GREEN=1;           delay(500);
29.         LED_RED=0;   LED_GREEN=0;           delay(100);
30.   }
31.   void Forbid (void)                        //定义红灯亮，禁止车辆通行
32.
33.   {
34.       LED_RED=1;   LED_GREEN=0;
35.         delay(2000);
36.   }
37.   //中断使能函数
38.   void initial_interrupt()
39.   {     EA = 1;                             //使能总中断
40.         IEN2 |= 0X10;                       //使能P1端口中断源
41.         P1IEN |= 0X04;                      //使能P1_2引脚中断
42.         PICTL |= 0X02;                      //P1_2引脚中断触发方式为下降沿触发
43.   }
44.   #pragma vector = P1INT_VECTOR             //指定中断向量为P1INT_VECTOR
45.   __interrupt void P1_ISR(void)             //定义中断服务函数
46.   {     if(P1IFG&0x04)                      //判断P1_2产生中断时调用Forbid()函数
47.           Forbid();
48.         IRCON2 &=~0x08;                     //清除P1端口中断标志位
49.         P1IFG = 0x00;                       //清除P1_2中断标志位
50.    }
51.   void main(void)
52.   {   initial_GPIO();                       //GPIO初始化
53.       initial_interrupt();                  //中断初始化
54.       while(1)                              //正常执行状态可响应中断
55.       {
56.       Routine();
57.       }
58.   }
```

### 3．程序编译、下载、调试

编译无错后，下载程序到 ZigBee 模块。

### 4．结果测评与分析

在烧写程序后重新启动 ZigBee 模块，观察模拟系统中的 LED_RED、LED_GREEN 的工作时序。

1）轮询方式按键控制的检测

按下 SW1 键且使其维持按下状态 1s 以上，观察红灯亮、绿灯灭模式，即限行模式，并进行该模式的时序分析；按键释放后，观察系统的工作状态，即正常通行模式。

2）中断方式按键控制的检测

按下 SW1 键，稍等后立即释放，观察红灯亮、绿灯灭模式，即限行模式，并进行该模式的时序分析；按键释放后，观察系统的工作状态，即正常通行模式。

分析两种按键控制方式在操作上的差异，并进行性能上的对比。

## 任务检查与评价

完成任务后，进行任务检查与评价，任务检查与评价表在本书配套资源中。

## 任务小结

### 知识与技能提升

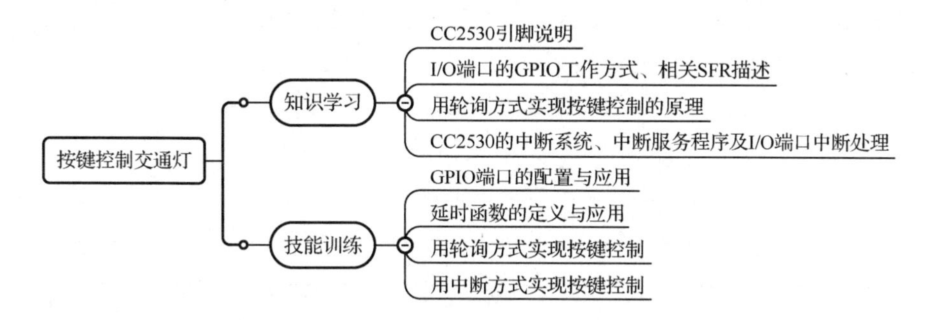


# 任务三　定时器控制交通灯

## 职业能力目标

- 了解 CC2530 定时/计数器的工作模式，熟练掌握相关寄存器及其工作模式配置。
- 能够完成计数、定时及指定时序的输出信号生成。
- 完成具有精准时序的交通灯控制程序的开发与调试。

## 任务描述与要求

任务描述：

在任务二中，智能交通灯正常交通指挥功能、特殊情况限行功能都采用了很难精准把控时间的软件延时，切换功能时按键触发还存在误操作的可能。本任务利用 CC2530 的定时/计数器完成具有准确时序的智能交通灯信号控制。

任务要求：

- 完成智能交通灯系统的装配。
- 编写具有准确时序的交通灯控制程序。

## 任务分析与计划

根据所学相关知识，完成本任务的实施计划。

| 项目名称 | 智能交通灯系统 |
|---|---|
| 任务名称 | 定时器控制交通灯 |
| 计划方式 | 分组完成、团队合作、分析调研 |
| 计划要求 | 1. 利用 ZigBee 模块搭建智能交通灯系统<br>2. 编写完整的交通灯控制程序<br>3. 在 IAR 开发环境中创建工作区、项目，完成项目参数设置<br>4. 完成源文件编辑与编译<br>5. 测试、调整方案，实现具有准确时序的智能交通灯信号控制 |
| 序　　号 | 主 要 步 骤 |
| 1 | |
| 2 | |
| 3 | |
| 4 | |
| 5 | |
| 6 | |
| 7 | |
| 8 | |

### 1. 定时/计数器概述

定时/计数器是一种能够对内部时钟信号或外部输入信号进行计数，当计数值达到设定要求时向 CPU 提出中断处理请求，从而实现定时或者计数功能的外设。CC2530 中用 TIMER 命名定时/计数器。

1）定时/计数器的功能

定时/计数器进行定时和计数时不用 CPU 过多参与，其功能有定时、计数、捕获、比较、PWM（图 1-3-1）。

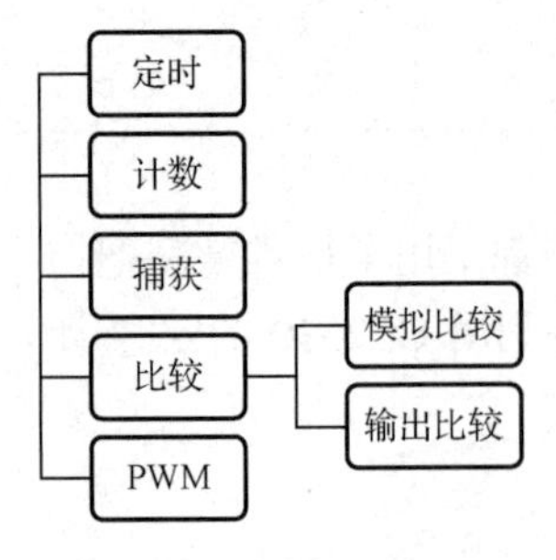


图 1-3-1　定时/计数器的功能

定时功能是对周期性信号进行计数，此时输入信号一般采用单片机内部时钟信号。通过设置计数目标值准确控制定时时间，可以实现精确的延时和定时控制。计数功能是对非周期性信号进行计数，可进行外部事件计数，如信号计数、产品计数、转数统计等，此时输入信号多来自外部开关型器件或传感器。捕获功能是对非周期性信号进行计数，并在外部信号的有效状态下触发，读取计数器的计数值，换算成时间，可以测得外部输入脉冲的脉宽、周期、频率等。比较功能分为两种，一种是模拟比较，即比较两组输入电压的大小；另一种是输出比较，即在对输入信号计数的过程中，当计数值达到预设目标值时向 CPU 提出中断请求或改变 I/O 端口输出电平的方式。PWM 功能是对固定时间间隔的信号进行计数，预设占空比和周期的信号在 I/O 端口输出可控制 LED 亮度或电机转速等。

2）CC2530 定时/计数器

CC2530 包含 5 个定时/计数器，即定时器 1（TIMER 1）、定时器 2（TIMER 2）、定时器 3（TIMER 3）、定时器 4（TIMER 4）和睡眠定时器（SLEEP TIMER），功能各异。

（1）定时器 1。

定时器 1 包括一个 16 位计数器，支持典型的定时/计数功能，可以对信号上升沿、下降沿或任何边沿输入进行捕获，具有 5 个独立的输出比较通道，各通道均对应一个 I/O 端口；支持自由运行、模、正计数/倒计数三种模式，可采用内部时钟的 1、8、32、128 分频信号作为计数信号，可因捕获、比较、计数溢出产生中断请求，具有 PWM 和 DMA 触发功能。定时器 1 功能最全，是应用中的首选对象。

（2）定时器 2。

定时器 2 主要为 IEEE 802.15.4 的 CSMA/CD 协议及其 MAC 层提供定时、计数功能，故称 MAC 定时器，一般开发中不建议使用。

（3）定时器 3 和定时器 4。

定时器 3 和定时器 4 都包括一个 8 位计数器，支持比较和 PWM 功能，具有两个独立的比较通道，各通道均对应一个 I/O 端口。

（4）睡眠定时器。

该定时器包括一个 24 位计数器，运行在 32kHz 时钟频率下，能够产生中断请求和 DMA 触发，主要用于设置系统进入和退出低功耗睡眠模式，还用于低功耗模式下维持定时器 2 的定时工作。

3）CC2530 定时/计数器的工作模式

定时/计数器的核心是一个可增可减的计数器，最基本的动作是计数。每输入一个信号，计数器就自动加 1 或减 1；当计数值减到 0 或增至指定值而溢出时，CC2530 自动设置定时/计数中断标志位且产生中断请求。计数信号可以是周期性的内部时钟信号，也可以是非周期性的外部输入信号。

CC2530 的 5 个定时/计数器虽然功能各异，但都有自由运行、模、正计数/倒计数三种工作模式。下面以 16 位的定时器 1 为例，对三种工作模式加以介绍。

（1）自由运行模式（Free-Running Mode）。

计数从 0x0000 开始，计数目标值固定为 0xFFFF。启动后计数值在系统内部每个时钟分频信号边沿加 1。当计数值达到 0xFFFF 而溢出时，定时器 1 中断标志位 T1IF 和溢出中断标志位 OVFIF 被置 1，中断使能时 CPU 收到中断请求并进行处理，同时自动重新载入 0x0000 并开始新一轮的递增计数（图 1-3-2）。自由运行模式可用于产生固定时间间隔的频率信号。

（2）模模式（Modulo Mode）。

该模式与自由运行模式相似，计数值从 0x0000 开始，在每个活动时钟边沿加 1，当计数值达到 T1CC0（定时器 1 目标值）寄存器保存的值时溢出，设置 T1IF 和 OVFIF，中断使能时 CPU 收到中断请求并进行处理，同时计数器自动重新载入 0x0000 并开始新一轮的递增计数（图 1-3-3）。模模式的计数周期不限制为 0xFFFF，可由用户自行设定，以实现自定义的精确定时。

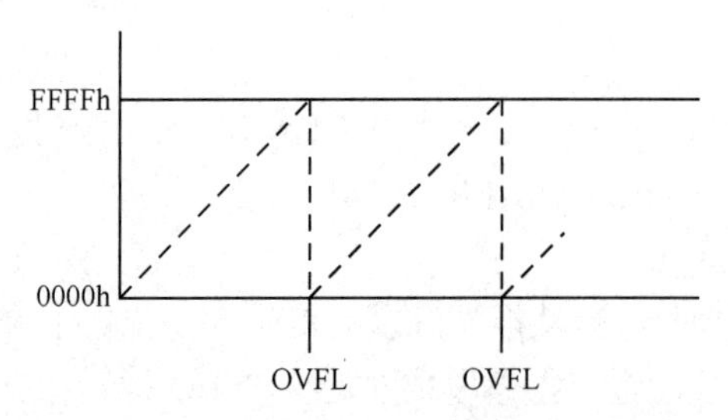


图 1-3-2　定时/计数器的自由运行模式

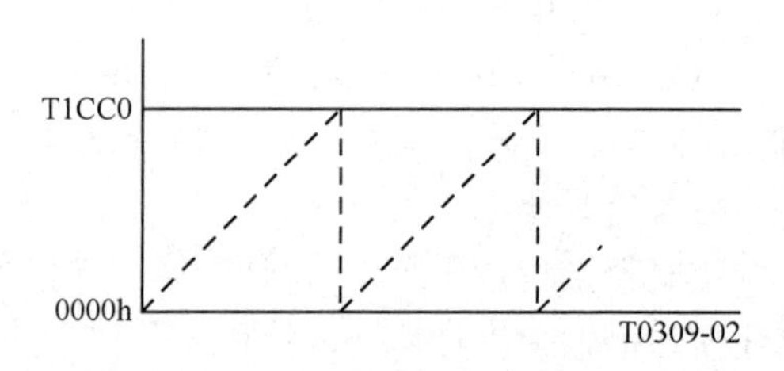


图 1-3-3　定时/计数器的模模式

（3）正计数/倒计数模式。

计数器反复从 0x0000 开始，正计数到 T1CC0 后再倒计数回 0x0000。当计数器归零时，设置标志位 T1IF 和 OVFIF，中断使能时 CPU 收到中断请求并进行处理（图 1-3-4）。该模式用于周期对称的脉冲输出或允许中心对齐的 PWM 输出，计数周期不限制为 0xFFFF。

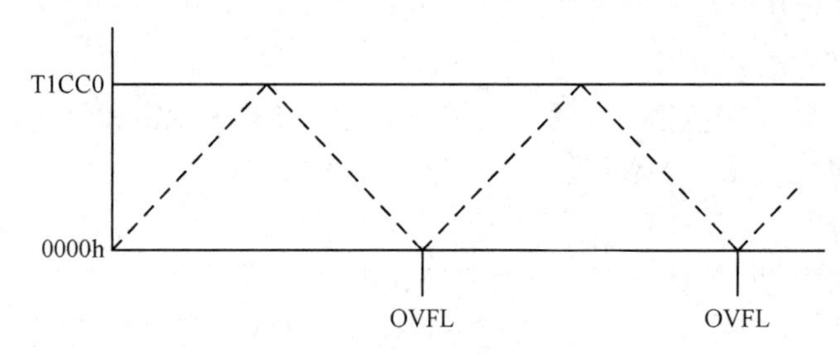


图 1-3-4　定时/计数器的正计数/倒计数模式

测一测

CC2530 的 5 个定时/计数器有什么不同？

想一想

定时/计数器的三种工作模式各用于哪些场合？

### 2．定时/计数器相关寄存器及配置

定时器 1 功能最全，以其为例来说明定时/计数器的应用方法。

1）定时器 1 相关寄存器

定时器 1 相关寄存器定义见表 1-3-1。

**表 1-3-1　定时器 1 相关寄存器定义**

| T1CNTH——定时器 1 计数器高位 | | | | |
|---|---|---|---|---|
| 位 | 名　称 | 复　位 | 读/写 | 描　述 |
| 7:0 | CNT [15:8] | 0x00 | R | 存储计数值高 8 位。读取 T1CNTL 时，T1CNTH 也被缓存 |
| T1CNTL——定时器 1 计数器低位 | | | | |
| 位 | 名　称 | 复　位 | 读/写 | 描　述 |
| 7:0 | CNT [7:0] | 0x00 | R/W | 存储计数值低 8 位。向其中写任何值时都导致计数器被清 0，所有通道的输出引脚初始化 |

续表

| T1CTL——定时器 1 控制 | | | | |
|---|---|---|---|---|
| 位 | 名　称 | 复　位 | 读/写 | 描　述 |
| 7:4 | — | 00 | R0 | 未使用 |
| 3:2 | DIV[1:0] | 00 | R/W | 分频器划分值。在活动时钟边沿更新计数器，具体如下：<br>00：标记频率/1<br>01：标记频率/8<br>10：标记频率/32<br>11：标记频率/128 |
| 1:0 | MODE[1:0] | 00 | R/W | 定时器 1 模式选择。定时器操作模式通过下列方式选择：<br>00：暂停运行<br>01：自由运行，从 0x0000 到 0xFFFF 反复计数<br>10：模，从 0x0000 到 T1CC0 反复计数<br>11：正计数/倒计数，从 0x0000 到 T1CC0 反复计数，并且从 T1CC0 倒计数到 0x0000 |
| TIMIF——定时器 1、定时器 3、定时器 4 中断屏蔽标志 | | | | |
| 位 | 名　称 | 复　位 | 读/写 | 描　述 |
| 7 | — | 0 | R0 | 未使用 |
| 6 | VFIM | 1 | R/W | 定时器 1 溢出中断使能。0 表示中断禁止，1 表示中断使能 |
| 5 | T4CH1IF | 0 | R/W | 定时器 4 通道 1 中断标志。0 表示无请求未处理，1 表示有请求未处理 |
| 4 | T4CH0IF | 0 | R/W | 定时器 4 通道 0 中断标志。0 表示无请求未处理，1 表示有请求未处理 |
| 3 | T4OVIF | 0 | R/W | 定时器 4 溢出中断标志。0 表示无请求未处理，1 表示有请求未处理 |
| 2 | T3CH1IF | 0 | R/W | 定时器 3 通道 1 中断标志。0 表示无请求未处理，1 表示有请求未处理 |
| 1 | T3CH0IF | 0 | R/W | 定时器 3 通道 0 中断标志。0 表示无请求未处理，1 表示有请求未处理 |
| 0 | T3OVIF | 0 | R/W | 定时器 3 溢出中断标志。0 表示无请求未处理，1 表示有请求未处理 |
| T1STAT——定时器 1 状态 | | | | |
| 位 | 名　称 | 复　位 | 读/写 | 描　述 |
| 7:6 | — | 00 | R0 | 未使用 |
| 5 | OVFIF | 0 | R/W | 定时器 1 溢出中断标志位。当计数器在自由运行或模模式下达到最终计数值时，或者在正计数/倒计数模式下达到零时，该位被设置为 1 |
| 4:0 | CH[4:0]IF | 0000 | R/W0 | 定时器[4:0]通道 4 中断标志位，通道中断条件发生时置 1，写操作无影响 |

续表

| T1CC0H——定时器 1 通道 0 捕获/比较值高位 | | | | |
|---|---|---|---|---|
| 位 | 名　称 | 复　位 | 读/写 | 描　述 |
| 7:0 | T1CC0[15:8] | 0x00 | R/W | 当 T1CCTL0.MODE = 1（比较模式）时，对该寄存器执行写操作，会导致 T1CC0[15:0]的值更新写入延迟到 T1CNT = 0x0000 |
| T1CC0L——定时器 1 通道 0 捕获/比较值低位 | | | | |
| 位 | | 复　位 | 读/写 | 描　述 |
| 7:6 | | 00 | R0 | 未使用 |
| 5:3 | | 000 | R/W | 比较模式的选择，000 为发生比较时输出端置 1，001 为发生比较时输出端清 0，010 为比较时输出翻转，其他模式较少使用 |
| 2 | | 0 | R/W | 捕获或比较的选择，0 为捕获，1 为比较 |
| 1:0 | | 00 | R/W | 捕获模式的选择，00 为不捕获，01 为上升沿捕获，10 为下降沿捕获，11 为上升沿和下降沿都捕获 |

时钟分频相关寄存器见表 1-3-2。

**表 1-3-2　时钟分频相关寄存器**

| CLKCONCMD——时钟频率控制 | | | |
|---|---|---|---|
| 位 | 复　位 | 读/写 | 描　述 |
| 7 | 0 | R/W | 32MHz 时钟振荡器选择，0 为 32MHz RC 振荡器，1 为 32MHz 晶振 |
| 6 | 0 | R/W | 系统时钟选择，0 为 32MHz 晶振，1 为 16MHz RC 振荡器。当 D7 为 0 时，D6 必须为 1 |
| 5:3 | 000 | R/W | 定时器输出标记。000 为 32MHz，001 为 16MHz，010 为 8MHz，011 为 4MHz，100 为 2MHz，101 为 1MHz，110 为 500kHz，111 为 250kHz。默认为 001。需要注意的是，当 D6 为 1 时，定时器频率最高为 16MHz |
| 2:0 | 000 | R/W | 系统主时钟选择，000 为 32MHz，001 为 16MHz，010 为 8MHz，011 为 4MHz，100 为 2MHz，101 为 1MHz，110 为 500kHz，111 为 250kHz<br>当 D6 为 1 时，系统主时钟频率最高为 16MHz |
| CLKCONSTA——时钟频率状态 | | | |
| 位 | 复　位 | 读/写 | 描　述 |
| 7 | 0 | R/W | 当前 32MHz 时钟振荡器选择，0 为 32MHz RC 振荡器，1 为 32MHz 晶振 |
| 6 | 0 | R/W | 当前系统时钟选择，0 为 32MHz 晶振，1 为 16MHz RC 振荡器 |
| 5:3 | 000 | R/W | 当前定时器输出标记，000 为 32MHz，001 为 16MHz，010 为 8MHz，011 为 4MHz，100 为 2MHz，101 为 1MHz，110 为 500kHz，111 为 250kHz |
| 2:0 | 000 | R/W | 当前系统主时钟选择，000 为 32MHz，001 为 16MHz，010 为 8MHz，011 为 4MHz，100 为 2MHz，101 为 1MHz，110 为 500kHz，111 为 250kHz |

定时器 1 的计数溢出信号是通过中断来处理的，请查阅 IEN1、IRCON、IP_IPG 寄存器的定义了解定时/计数器中断的使能、标志位和中断优先级设置。

2）定时/计数器的应用方法

定时/计数器与 CPU 之间存在交互关系，定时/计数器启动后进入预设的工作模式，计数达到设定目标值时系统会自动设置中断标志位且向 CPU 发出中断请求，中断使能情况下 CPU 响应并进行处理，实现计数或定时类型的功能。定时/计数器的工作过程如图 1-3-5 所示。

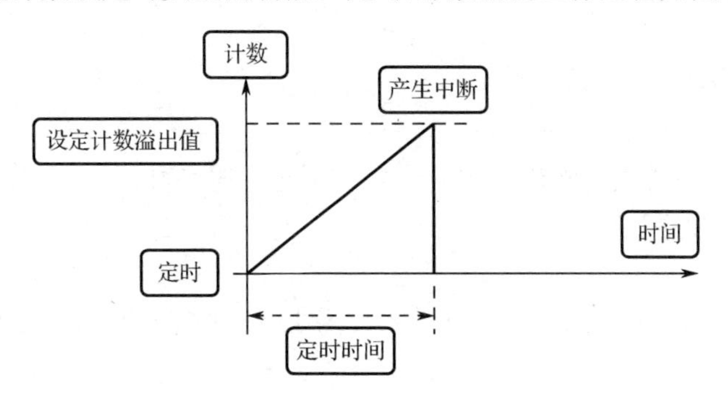


图 1-3-5 定时/计数器的工作过程

（1）定时/计数器初始化设置。

定时/计数器工作前要通过初始化 SFR 设置中断请求的处理和工作模式，步骤如下。

步骤 1：设置定时器 1 的分频系数。须通过 T1CTL[3:2]设定。

步骤 2：设置定时器 1 的最大计数值。须通过寄存器 T1CC0L 和 T1CC0H 设定。

步骤 3：设置定时器 1 的相关中断，如 T1OVFIM 溢出中断、T1IE 使能中断。

步骤 4：开启总中断，即 EA = 1。

步骤 5：设置定时器 1 的工作模式，即写入 T1CTL[1:0]。一旦设置了定时器 1 的工作模式，定时器 1 就会启动进入计数状态。定时器 1 启动后，在不断重复的计数过程中周期性地发出中断请求，系统响应中断请求，执行中断服务程序。

（2）定时器 1 最大计数值设定。

定时器 1 共有 5 对 T1CCxH 和 T1CCxL 寄存器，分别对应通道 0～通道 4。以定时器 1 通道 0 模模式定时过程为例，使用 T1CC0H、T1CC0L 存储 16 位最大计数值，其计算可以采用下式：

$$\text{最大计数值} = \text{定时时长}/\text{计数周期}$$

**【例 1.3.1】** CC2530 选择系统时钟为 16MHz，分频系数为 128，要定时 0.1s，计算最大计数值。

解：

$$\text{最大计数值}=\frac{\text{定时时长}}{\text{计数周期}}=\frac{0.1}{\frac{1}{16\text{M}}\times 128}=12500=0\text{x}30\text{D}4$$

较长周期的动作执行可在中断服务程序中以对中断溢出次数累计的方式实现，如例 1.3.1 每 0.1s 定时溢出一次，要实现间隔 5s 的周期性动作，则中断服务函数设计如下。

```
1.   #pragma vector=T1_VECTOR       //计数溢出中断处理，注意指定中断向量
2.   __interrupt void T1_ISR()
3.   {
4.     IRCON=0;                     //清除中断标志位
```

```
5.     if(count > 50)          //对以 0.1s 为间隔的溢出动作计数，满 50 次即 5s，执行一次有效动作
6.     {
7.       count=0;
8.       …                     //执行有效动作
9.     }
10.    else
11.      count++;
12.  }
```

定时/计数器在各种模式下都进行重复计数，通过定时功能可以实现时间精确的重复性动作，如交通灯的信号时序处理等。

**测一测**

CC2530 选择系统时钟为 32MHz，分频系数为 128，要定时 0.5s，最大计数值为多少？

**想一想**

根据例 1.3.1 的定时要求，若使定时器 1 以模模式进行计时，应怎样进行定时器 1 的初始化？

### 3．系统搭建与硬件电路分析

智能交通灯系统硬件结构及电路如图 1-3-6 所示，将其固定在 NEWLab 平台上。系统结构同项目一任务二，指示灯端口分布、状态设置描述见项目一任务二。

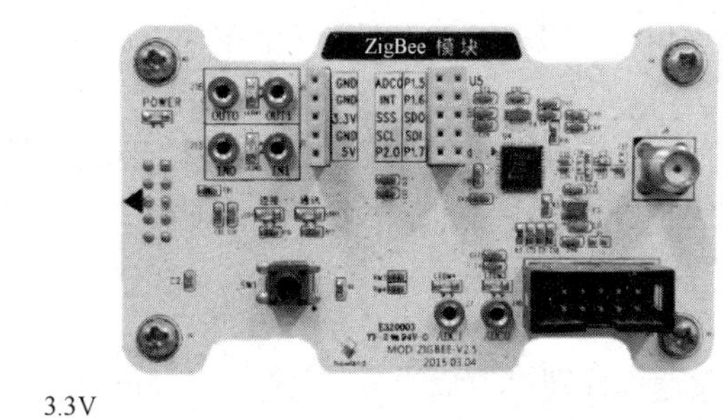


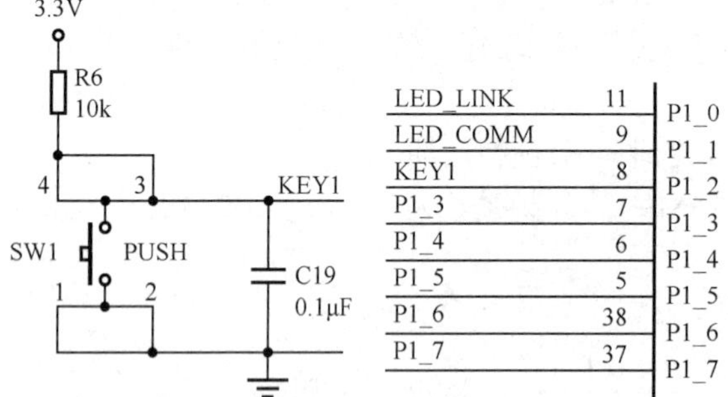


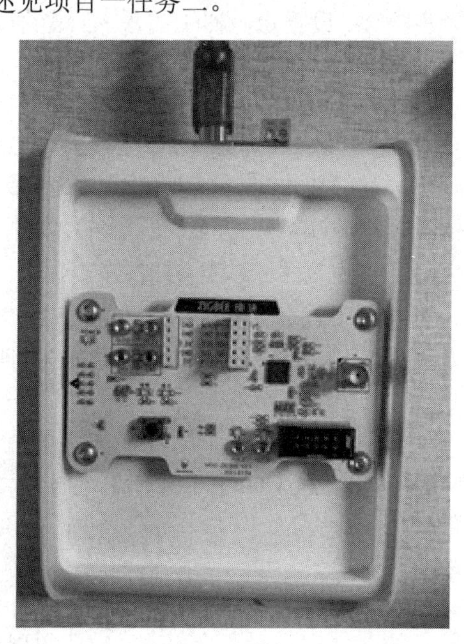

图 1-3-6　智能交通灯系统硬件结构及电路

### 4．交通灯时序控制

系统中通过定时器 1 准确控制红、绿两个信号灯的工作时序，图 1-3-7 为车流量较小的路口东西向信号灯的时序。

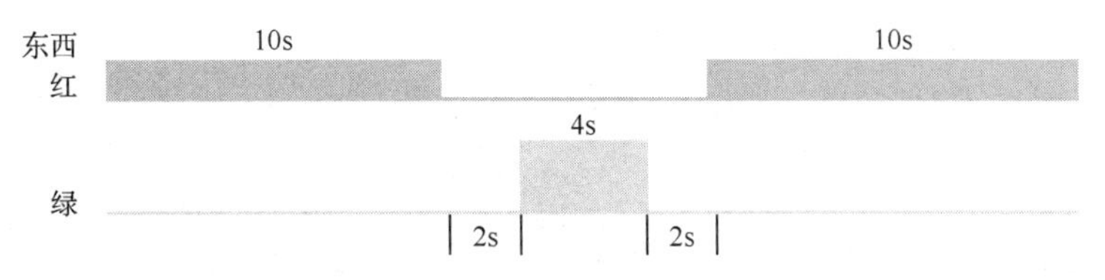


图 1-3-7　车流量较小的路口东西向信号灯的时序

信号灯一个周期为 18s，红灯亮 10s，绿灯亮 4s，两者之间设 2s 的切换间隔。按信号灯时序控制要求，计划使功能全面的定时器 1 工作于模模式下，以 0.01s 为定时周期进行计时。系统时钟仍选择 32MHz，分频系数为 8，以 0.01s 为定时周期，定时器最大计数值计算如下：

$$最大计数值 = \frac{定时时长}{计数周期} = \frac{0.01}{\frac{1}{32M}\times 8} = 40000 = 0x9C40$$

1）定时器 1 工作状态初始化

用定时器 1 精确计时要设置系统晶振频率、使能定时器中断、设置定时器工作模式，并根据需要设置计数目标值等。以下函数完成定时器 1 工作状态初始化。

```
1.   void Init_Timer1()                    //初始化函数，进行中断使能、初始化及模式设置
2.   {
3.   IEN1|=0x02;
4.   TIMIF|=0x40;                          //使能定时器 1 溢出中断
5.   EA=1;
6.   T1CC0H =0x9C;
7.   T1CC0L=0x40
8.        T1CCTL0 |= 0x04;                 //开启通道 0 的比较模式
9.   T1CTL=0x06;                           //设置工作模式为模模式
10.  }
```

2）定义中断服务函数，实现交通灯时序控制

系统主控制流程中将交通灯初始化为红灯亮、绿灯灭。中断服务函数的入口指定为中断向量 T1_VECTOR，即定时器 1 中断向量，响应定时器 1 以 0.01s 为间隔重复产生的计数溢出中断标志设置动作。中断请求发生时，函数首先清除通道中断标志及定时器 1 中断标志位，之后通过整型全局变量 count 累计定时器 1 中断溢出次数。count 达到 1800 时即一个信号周期，按信号灯时序设计翻转 LED_RED 状态且将 count 清 0，进入下一个信号周期。未满一个信号周期，即 count 不足 1800 时，若计时至 10s，即 count 等于 1000，则红灯状态翻转；若计时至 12s 或 16s，即 count 等于 1200 或 1600，则绿灯先后进行两次状态翻转，即维持 4s 点亮操作。具体代码如下。

```
1.   #pragma vector=T1_VECTOR
2.   __interrupt void T1_ISR()
3.   {
4.     T1STAT &= ~0x01;                    //清除定时器 1 通道 0 中断标志
5.     IRCON=0;
6.     if(count > 1800)
7.     {
8.       count=0;
```

```
9.          LED_RED=! LED_RED;
10.     }
11.     else
12.     {
13.         if (count==1000) LED_RED=! LED_RED;
14.         if (count==1200 || count==1600 ) LED_GREEN=! LED_GREEN;
15.         count++;
16.     }
17. }
```

3）交通灯控制主程序的设计

主程序中须先进行晶振频率设置，待晶振稳定后再进行定时器 1 初始化、I/O 端口初始化，之后在主循环中捕捉反复出现的定时器 1 计数溢出信号，在精确的定时功能下卡准时间点调整交通灯时序即可。具体代码如下。

```
1.  void main()
2.  {
3.      CLKCONCMD &=~0x7F;              //晶振频率设置为 32MHz
4.      while(CLKCONCMD&0x40);          //等待晶振稳定
5.      inital_t1();                    //初始化定时器
6.      inital_GPIO();                  //初始化 I/O 端口
7.      while(1);
8.  }
```

测一测

补充端口宏定义、I/O 端口初始化部分，整理出完整的交通灯控制程序。

想一想

（1）采用定时器 1 自由运行模式如何实现本任务中红绿灯时序的设置？

（2）采用正计数/倒计数模式可以实现本任务中红绿灯的时序控制吗？

### 设备与资源准备

任务实施前必须先准备好以下设备和资源。

| 序　号 | 设备/资源名称 | 数　量 | 是否准备到位 |
|---|---|---|---|
| 1 | ZigBee 模块 | 1 | |
| 2 | CC Debugger | 1 | |
| 3 | 具备 IAR 开发环境的计算机 | 1 | |

### 1. 创建工程、修改工程配置

工作区创建、项目创建、工程选项配置等均与项目一任务一相同。

2．分析、编写、调试程序

整个程序中依次包含交通灯和按键相连的 I/O 端口宏定义；在初始化函数 Init_Timer1()中完成定时器1在模模式下进行0.01s定时的相关设置；在定时器中断服务函数Timer1_Sevice()中清除中断标志，并通过对累计计数值的判定完成工作时序的准确控制；通过函数 Init_Port()进行 LED 和按键相连的 I/O 端口工作状态设置和系统启动时的初始状态设置。

```
1.  #include "ioCC2530.h"
2.  #define LED_RED (P1_0)                  //交通灯端口定义
3.  #define LED_GREEN (P1_1)
4.  #define SW1   (P1_2)                    //SW1 端口定义
5.  unsigned int count=0;
6.  void Init_Timer1()                      //定时器 1 初始化函数
7.  {
8.     T1CTL = 0x06;                        //分频系数为 8，模模式
9.     T1CC0L = 0x40;                       //设置最大计数值的低 8 位
10.    T1CC0H = 0x9C;                       //设置最大计数值的高 8 位，即最大计数值为 0x9C40
11.    T1CCTL0 |= 0x04;                     //开启通道 0 的输出模式
12.    T1IE = 1;                            //使能定时器 1 中断
13.    T1OVFIM = 1;                         //使能定时器 1 溢出中断
14.    EA = 1;                              //使能总中断
15. }
16. #pragma vector = T1_VECTOR              //定时器 1 服务函数
17. __interrupt void Timer1_Sevice()
18. {
19.    T1STAT &= ~0x01;                     //清除定时器 1 通道 0 中断标志
20.    IRCON=0;
21.    if(count > 1800)
22.    {
23.       count=0;
24.       LED_RED=! LED_RED;
25.    }
26.    else
27.    {
28.       if (count==1000) LED_RED=! LED_RED;
29.       if (count==1200 || count==1600 ) LED_GREEN=! LED_GREEN;
30.       count++;
31.    }
32.  }
33. void Init_Port()                        //端口初始化函数
34. {
35.       P1SEL &= ~0x07;                   //设置 P1_0～P1_2 引脚为通用 I/O 引脚
36.       P1DIR |= 0x03;                    //设置 P1_0、P1_1 引脚为输出引脚
37.       P1DIR &= ~0x04;                   //设置 P1_2 引脚为输入引脚
38.       P1INP &= ~0xFF;                   //设置 P1 端口所有引脚使用上拉或下拉
39.       P2INP |= 0x40;                    //设置 P1 端口所有引脚使用上拉
40.       LED_RED=1;   LED_GREEN=0; //交通灯状态初始化，红灯亮，绿灯灭
41. }
42. void main()
```

```
43.  {
44.      CLKCONCMD &=~0x7F;              //晶振频率设置为32MHz
45.     while(CLKCONCMD&0x40);          //等待晶振稳定
46.     Init_Port();
47.     Init_Timer1();
48.     while(1);
49.  }
```

**3．程序编译与下载**

编译无错后，下载程序到 ZigBee 模块中，方法参考任务一。

**4．结果测评与分析**

烧写程序后重新启动 ZigBee 模块，参考图 1-3-8，利用计时设备测量 LED_RED、LED_GREEN 的工作时序是否与预设一致。

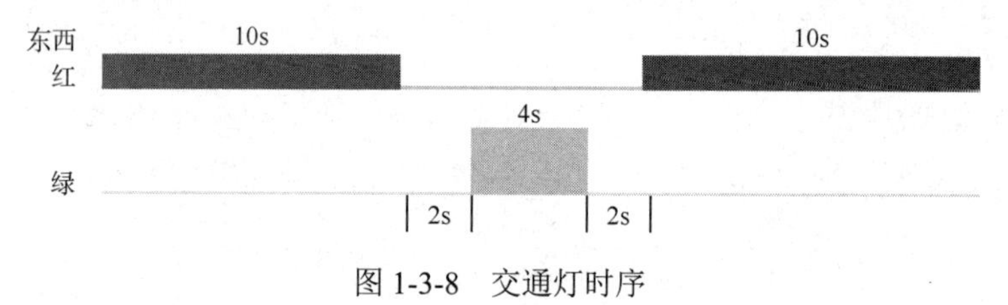


图 1-3-8　交通灯时序

## 任务检查与评价

完成任务实施后，进行任务检查与评价，任务检查与评价表存放在本书配套资源中。

## 任务小结

**知识与技能提升**

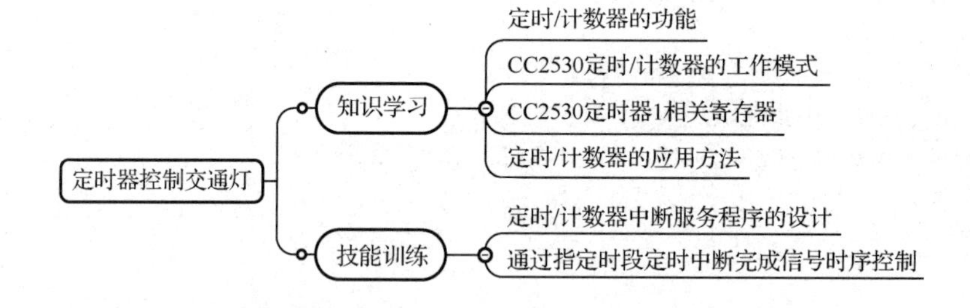


# 任务四　串口控制交通灯

## 职业能力目标

- 理解串行通信的原理，了解 MAX232 芯片、RS232 接口，掌握通信转换的方法。

- 掌握主机与 CC2530 之间串口通信建立和配置的方法。
- 掌握串口通信中数据收发的实现方法及典型应用的设计方法，完成主机下达指令、控制交通灯模式切换的功能。

## 任务描述与要求

任务描述：

利用 ZigBee 模块上的按键控制交通灯模式切换，操作局限于指挥现场，不够合理。智能交通灯系统可与主机通信，结合摄像头等监控设备的支持，由主机根据路况迅速下达指令，控制交通灯进行模式切换。

本任务要求系统经串口接收远程主机下达的指令“r”时，切换至正常模式（Routine）；接收指令“f”时，切换至限行模式（Forbid）。

任务要求：

- 建立主机与智能交通灯系统间的串行通信，搭建完整的交通灯工作与控制系统。
- 完成指令发送与交通灯状态检测功能。
- 编写主机远程串行控制的交通灯管理程序。
- 烧写、测试程序，实现交通灯远程控制。

## 任务分析与计划

根据所学相关知识，完成本任务的实施计划。

| 项目名称 | 智能交通灯系统 |
|---|---|
| 任务名称 | 串口控制交通灯 |
| 计划方式 | 分组完成、团队合作、分析调研 |
| 计划要求 | 1．了解 CC2530 异步串行通信的数据收发、通信连接、相关寄存器描述、通信配置等内容，建立主机远程下发指令控制交通灯模式切换的系统结构和程序代码<br>2．应用 ZigBee 模块搭建智能交通灯系统<br>3．在 IAR 开发环境中创建工作区、项目，完成项目参数设置<br>4．完成源文件编辑与编译<br>5．测试、调整方案，建立可远程控制的智能交通灯系统 |
| 序　　号 | 主 要 步 骤 |
| 1 | |
| 2 | |
| 3 | |
| 4 | |
| 5 | |
| 6 | |
| 7 | |
| 8 | |

1．CC2530 与外设间的串行通信

根据连线结构和传送方式，CC2530 与外设之间的数据通信可以分为并行通信和串行通信两种。并行通信和串行通信如图 1-4-1 所示。

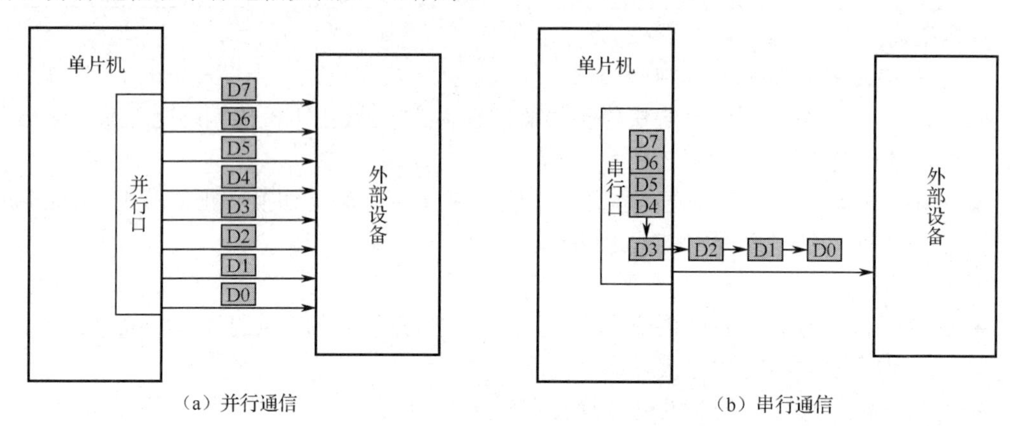


图 1-4-1　并行通信和串行通信

1）并行通信与串行通信

并行通信是指数据的各位同时发送或接收，每个数据位使用单独的导线，并行传输的位数和数据线数相等的通信方式。并行通信传输速率大，效率高，但需要的数据线较多，成本高，干扰大，可靠性差，一般适用于短距离通信，多用于计算机内部各部件之间的数据交换。

串行通信是指通信双方遵守时序，按位进行数据传输的一种通信方式。数据逐位、有序发送或接收，每位数据占据固定的时间长度，可使用少数几条通信线路完成系统间的信息交换。串行通信需要的数据线少，成本低，但传输速率小，效率低，特别适用于主机与主机、主机与外设之间的远距离通信。

串行通信又分为同步串行通信和异步串行通信。CC2530 提供 USART0 和 USART1 两个串行通信接口，它们能够分别运行于同步 SPI 模式或者异步 UART 模式。

（1）同步 SPI 模式。

SPI（Serial Peripheral Interface）即串行外围设备接口，它能使 MCU 与各种外围设备以串行方式进行通信，主要应用在 EEPROM、Flash、实时时钟、A/D 转换器、数字信号处理器和数字信号解码器之间。SPI 是一种全双工高速连续串行传送数据的同步通信总线，只占用芯片的 4 个引脚，节省 PCB 空间，简单易用，越来越多的芯片集成这种通信协议。

CC2530 的 SPI 通信支持主从方式，在一个主机和一个或多个从机之间建立通信，需要 4 根线：串行时钟线（SCK）、主机输入/从机输出数据线（MISO）、主机输出/从机输入数据线（MOSI）和低电平有效的从机选择线（SS）。

在同步 SPI 模式串行通信中主机和从机用同一个时钟，不需要产生标准时钟。通信时主机和从机间以帧为单位进行信息传输，一次通信只传送一帧信息。SPI 工作原理如图 1-4-2 所示。同步串行通信的帧包括同步字符、数据块和校验字符。同步字符位于帧首，由双方约定，用于确认数据块的开始。接收设备持续对线路采样，在接收到的字符与同步字符比对成功后才将其后的数据块加以存储。

同步串行通信传输速率大，可用于点对多点传输，但要求收发双方的时钟严格同步，对硬件要求高。

图 1-4-2 SPI 工作原理

（2）异步 UART 模式。

异步通信时，数据通常以字符或者字节为单位组成帧，有固定的格式，异步通信帧格式如图 1-4-3 所示。

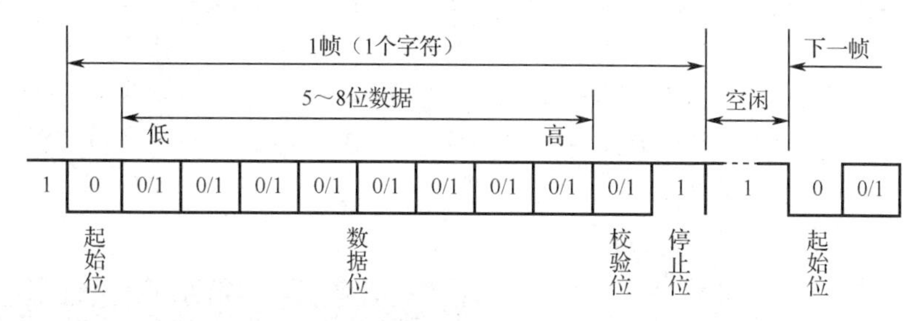

图 1-4-3 异步通信帧格式

异步通信帧由起始位、数据位、校验位（可选）和停止位（高电平）组成。起始位用于标记帧传送的开始，接收端检测到传输线上发送过来的字符帧起始位（低电平）时，确定发送端已开始发送数据。数据位紧随起始位之后，可以是 5～8 位，低位在前，高位在后。校验位可选，用于供双方按约定对数据进行正确性检查，可设定为奇校验、偶校验、无校验等。停止位是 1、1.5 或 2 位的低电平信号，信号长度由双方约定，接收端接收到该位时即知一帧已经传送完毕。停止位后，线路处于高电平，表示线路处于空闲状态，位数可变，用于填充帧间的空隙。

异步串行通信一次传送一帧。发送端发完一帧后，可经过任意长的时间间隔再发送下一帧；接收端通过传输线逐帧接收。发送端和接收端可以按各自的时钟来控制数据的发送和接收，双方时钟源相互独立，互不同步。异步串行通信简单，允许双方时钟有一定误差，但效率较低，只适用于点对点传输。

2）CC2530 的串行通信接口

USART 即通用同步/异步收发器，俗称串口，用于串行通信。CC2530 设有两个串行通信接口，即 USART0、USART1，二者功能相同，能够运行于异步 UART 模式或者同步 SPI 模式。

串口引脚 RX 表示接收，TX 表示发送。通过 PERCFG[1:0]可设置 USART1、USART0 与外部 I/O 引脚按 Alt1、Alt2 两种位置关系对应，0 为 Alt1，1 为 Alt2。Alt1 指定 RX0 在 P0_2、TX0 在 P0_3、RX1 在 P0_5、TX1 在 P0_4，Alt2 指定 RX0 在 P1_4、TX0 在 P1_5、RX1 在 P1_7、TX1 在 P1_6。串口与 I/O 端口对应关系见表 1-4-1。

**表 1-4-1 串口与 I/O 端口对应关系**

| 外设功能 | | P0 | | | | | | | | P1 | | | | | | | |
|---|---|---|---|---|---|---|---|---|---|---|---|---|---|---|---|---|---|
| | | 7 | 6 | 5 | 4 | 3 | 2 | 1 | 0 | 7 | 6 | 5 | 4 | 3 | 2 | 1 | 0 |
| USART0 UART | Alt1 | | | RT | CT | TX | RX | | | | | | | | | | |
| | Alt2 | | | | | | | | | | | TX | RX | RT | CT | | |
| USART1 UART | Alt1 | | | RX | TX | RT | CT | | | | | | | | | | |
| | Alt2 | | | | | | | | | RX | TX | RT | CT | | | | |

2．CC2530与主机的连接及信号转换

主机串行通信接口为RS232接口，无法与CC2530的串行通信接口直接建立连接，需要借助MAX232解决两者之间的信号差异。

1）RS232接口

RS232接口采用负逻辑，规定-5～-15V低电平表示逻辑“1”，+5～+15V高电平表示逻辑“0”。为提高抗干扰能力、增大通信距离，RS232接口将计算机内部的TTL电平转换为RS232C电平。

RS232接口通常为9针的D型插头，又称DB9接口，如图1-4-4所示。RS232电缆两端分为公头（DB9针式）和母头（DB9孔式）。注意，DB9接口中公头和母头的引脚排列顺序不同。

图1-4-4 RS232接口

RS232接口引脚定义见表1-4-2。其中2号引脚RXD（接收数据）、3号引脚TXD（发送数据）、5号引脚GND（接地）在通信中尤为重要，RS232接口只需3根电线即可收发数据。

表1-4-2 RS232接口引脚定义

| 引脚编号 | 信号名 | 功能说明 |
|---|---|---|
| 1 | +5V | 外接5V辅助电源，可不用 |
| 2 | RXD | RS232信号接收 |
| 3 | TXD | RS232信号发送 |
| 4 | DTR | 数据终端准备好 |
| 5 | GND | 信号地 |
| 6 | DSR | 数据设备准备好 |
| 7 | RTS | 请求发送 |
| 8 | CTS | 允许发送 |
| 9 | 未用 | 不用 |

2）MAX232及主机与CC2530间的信号转换

CC2530的串口采用的是TTL电平，即+5V表示1，0V表示0，与RS232的电气特性不匹配，经该接口与主机通信时必须进行输入/输出电平转换。

MAX232（图1-4-5）是美信（MAXIM）公司专为RS232标准串口设计的单电源电平转换芯片，内含一个电容性电压发生器。

图 1-4-5 MAX232

单片机与主机建立的串行通信连接电路如图 1-4-6 所示。MAX232 的引脚 T2IN、T2OUT 实现单片机向主机的数据传送，引脚 R2IN、R2OUT 实现单片机从主机接收数据。

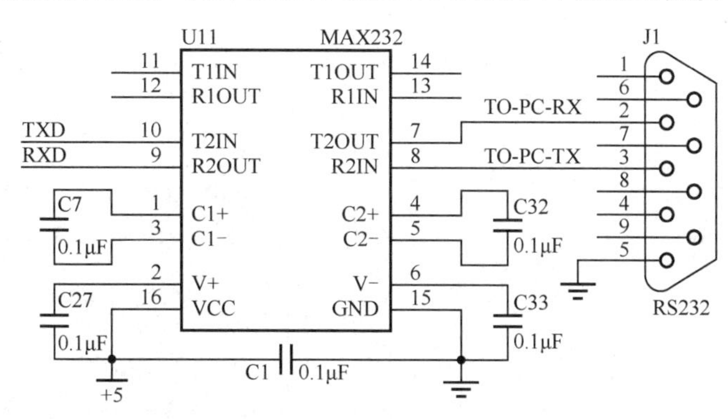


图 1-4-6 单片机与主机建立的串行通信连接电路

### 3. CC2530 串口相关寄存器及串行通信配置

CC2530 串口引脚位置指定在通用数字 I/O 端口，通信方式的选择、同步通信时钟设置、异步通信的帧格式设置等都通过相关寄存器进行初始化。

1）CC2530 串口相关寄存器

CC2530 串口 USART0、USART1 对应波特率控制寄存器 UxBAUD、控制和状态寄存器 UxCSR、UART 控制寄存器 UxUCR、通用控制寄存器 UxGCR、接收/发送数据缓冲寄存器 UxDBUF 等一系列 SFR，其中 x 取 0 与 1。以下以 USART1 为例进行串口应用讲解，USART1 相关寄存器见表 1-4-3。

表 1-4-3 USART1 相关寄存器

| U1CSR——控制和状态寄存器 | | | | |
|---|---|---|---|---|
| 位 | 名　称 | 复　位 | 读/写 | 描　述 |
| 7 | MODE | 0 | R/W | 工作模式选择，0 为 SPI 模式，1 为 UART 模式 |
| 6 | RE | 0 | R/W | UART 接收器使能，0 为禁用接收器，1 为接收器使能 |
| 5 | SLAVE | 0 | R/W | SPI 主/从模式选择，0 为 SPI 主模式，1 为 SPI 从模式 |
| 4 | FE | 0 | R/W0 | 帧错误检测，0 为无错误，1 为出错 |

续表

| 位 | 名　称 | 复　位 | 读/写 | 描　述 |
| --- | --- | --- | --- | --- |
| 3 | ERR | 0 | R/W0 | 奇偶错误检测，0 为无错误出现，1 为出现奇偶校验错误 |
| 2 | RX_BYTE | 0 | R/W0 | 字节接收状态，0 为没有收到字节，1 为准备好接收字节 |
| 1 | TX_BYTE | 0 | R/W0 | 字节传送状态，0 为字节没有被传送，1 为写到数据缓冲区的字节已经被发送 |
| 0 | ACTIVE | 0 | R | USART 接收/传送主动状态，0 为 USART 空闲，1 为 USART 忙碌 |
| U1UCR——UART 控制寄存器 | | | | |
| 位 | 名　称 | 复　位 | 读/写 | 描　述 |
| 7 | FLUSH | 0 | R0/W1 | 清除单元。设置后会立即停止当前操作，并且返回单元的空闲状态 |
| 6 | FLOW | 0 | R/W | UART 硬件流使能。用 RTS 和 CTS 引脚选择硬件流控制的使用。0 表示硬件流控制禁止，1 表示硬件流控制使能 |
| 5 | D9 | 0 | R/W | UART 奇偶校验位。当使能奇偶校验时，写入 D9 的值决定发送的第 9 位的值，如果收到的第 9 位不匹配收到字节的奇偶校验，则在接收时报告错误。如果使能奇偶校验，那么该位设置以下奇偶校验类别：0 表示奇校验，1 表示偶校验 |
| 4 | BIT9 | 0 | R/W | UART 9 位数据使能。当该位是 1 时，使能奇偶校验位传输（即第 9 位）。如果通过 PARITY 使能奇偶校验，则第 9 位的内容是通过 D9 给出的。0 表示 8 位传送，1 表示 9 位传送 |
| 3 | PARITY | 0 | R/W | UART 奇偶校验使能。除了为奇偶校验设置该位用于计算，其他情况下必须使能 9 位模式。0 表示禁用奇偶校验，1 表示奇偶校验使能 |
| 2 | SPB | 0 | R/W | UART 停止位的位数。选择要传送的停止位的位数，0 表示 1 位停止位，1 表示 2 位停止位 |
| 1 | STOP | 0 | R/W | UART 停止位的电平必须不同于起始位的电平，0 表示停止位低电平，1 表示停止位高电平 |
| 0 | START | 0 | R/W | UART 起始位电平。0 表示起始位低电平，1 表示起始位高电平 |
| U1DBUF——接收/发送数据缓冲寄存器 | | | | |
| 位 | 名　称 | 复　位 | 读/写 | 描　述 |
| 7:0 | DATA[7:0] | 0 | R/W | USART 接收和传送数据，写数据时写入内部传送寄存器，读取时数据来自内部数据寄存器 |

续表

| U1GCR——通用控制寄存器 | | | | |
|---|---|---|---|---|
| 位 | 名　称 | 复　位 | 读/写 | 描　述 |
| 7 | CPOL | 0 | R/W | SPI 时钟极性，0 为负时钟极性，1 为正时钟极性 |
| 6 | CPHA | 0 | R/W | SPI 时钟相位 |
| 5 | ORDER | 0 | R/W | 传送位顺序，0 为 LSB 先传送，1 为 MSB 先传送 |
| 4:0 | BAUD_E[4:0] | 0000 | R/W | 波特率指数值。BAUD_E 和 BAUD_M 决定了 UART 波特率和 SPI 的主 SCK 时钟频率 |
| U1BAUD——波特率控制寄存器 | | | | |
| 位 | 名　称 | 复　位 | 读/写 | 描　述 |
| 7:0 | BAUD_M[7:0] | 0x00 | R/W | 波特率小数部分的值。BAUD_E 和 BAUD_M 决定了 UART 的波特率和 SPI 的主 SCK 时钟频率 |

2）串行通信控制

进行串口通信要求通信双方先设定满足传输要求的统一的系统时钟，然后初始化串口相关寄存器，完成其他通信参数的设置。

（1）通信波特率的计算及设置。

CC2530 系统时钟采用高速晶振，串口运行在 UART 模式时，用内部的波特率发生器设置 UART 波特率。波特率由 U1GCR 寄存器中的 BAUD_E 和 U1BAUD 寄存器中的 BAUD_M 共同决定。波特率计算公式如下：

$$\text{波特率}=\frac{(256+\text{BAUD\_M})\times 2^{\text{BAUD\_E}}}{2^{28}}\times F$$

式中，$F$ 为单片机的系统时钟频率，可取 16MHz 或 32MHz，具体在 CLKCONCMD 寄存器中设置。

系统时钟采用 32MHz 晶振时，常用的波特率设置见表 1-4-4。

**表 1-4-4　32MHz 系统时钟常用的波特率设置**

| 波特率（bit/s） | UxBAUD.BAUD_M | UxGCR.BAUD_E | 误差（%） |
|---|---|---|---|
| 2400 | 59 | 6 | 0.14 |
| 4800 | 59 | 7 | 0.14 |
| 9600 | 59 | 8 | 0.14 |
| 14400 | 216 | 8 | 0.03 |
| 19200 | 59 | 9 | 0.14 |
| 28800 | 216 | 9 | 0.03 |
| 38400 | 59 | 10 | 0.14 |
| 57600 | 216 | 10 | 0.03 |
| 76800 | 59 | 11 | 0.14 |
| 115200 | 216 | 11 | 0.03 |
| 230400 | 216 | 12 | 0.03 |

（2）串口初始化。

串口 USART0 初始化代码如下。首先完成 32MHz 晶振设置，等待晶振稳定；然后指定 USART0 采用位置并将相应引脚设置为外设接口；接下来设置 UART 通信模式、数据帧格式、串口通信波特率；最后设置收发模式，清除 USART0 中断标志并使能中断，串口通信自动启动，进入数据收发状态。

```
1.  void initial_usart ()
2.  {
3.    CLKCONCMD &=~0x7F;          //晶振设置为 32MHz
4.    while(CLKCONSTA&0x40);      //等待晶振稳定
5.    CLKCONCMD &= ~0x47;
6.    PERCFG=0;                   //指定 USART0 采用位置 1
7.    P0SEL|=0x3C;                //指定 USART0 引脚为外设接口
8.    P2DIR &= ~0xC0;             //指定 P0 端口优先
9.    U0UCR |= 0x80;              //禁止流控，8 位数据，清除缓冲器
10.   U0CSR|=0x80;                //用于发送数据
11.   //U0CSR|=0xC0;              //用于接收数据
12.   U0GCR = 9;                  //指定波特率，BAUD_E=9，BAUD_M=59，即波特率为 19200
13.   U0BAUD=59;
14.   UTX0IF=0;                   //清除 USART0 中断标志
15.   URX0IF = 0;                 //清除 RX 接收中断标志
16.   IEN0=0x84;                  //使能总中断和 USART0 中断
17. }
```

（3）利用串口完成数据发送。

下面介绍通过串口进行数据发送的函数，其中数据采用字符形式。先将数据写入寄存器 UxDBUF，之后数据被自动送至 TXDx 引脚，开始逐位进行串行数据传输且设置 UxCSR 中的 ACTIVE 位为高电平；当传送结束时，ACTIVE 位变回低电平，UxCSR 中的 BYTE 位被置 1，记录传送完成。UxDBUF 为双缓冲寄存器，数据发送启动后立即触发 TX、设置中断标志位 UTX0IF 且卸载数据缓冲器，确保在发送当前字节的同时新的字节能被写入数据缓冲器 UxDBUF，支持数据的连续串行传输。

以下函数用于字节型数据的串行发送。

```
1.  void UR0SendByte(unsigned char dat)
2.  {
3.    U0DBUF = dat;               //将要发送的 1 字节数据写入 U0DBUF
4.    while(!UTX0IF);             //等待 TX 中断标志，即数据发送完成
5.    UTX0IF = 0;                 //清除 TX 中断标志，准备下一次发送
6.  }
```

以下函数用于字符串型数据的串行发送，其中采用循环方式组织字符序列的顺序化处理。

```
1.  void usart_tx_string(char *data_tx,int len)
2.  {
3.    unsigned int j;
4.    for(j=0;j<len;j++)
5.    {
6.      U0DBUF = *data_tx++;
```

```
7.          while(UTX0IF==0);                     //等待发送完成
8.          UTX0IF=0;                             //清除中断标志位
9.      }
10. }
```

（4）数据接收中断服务函数。

在 UART 串行通信中，首先将 UxCSR.RE 位置 1，启动 UART 数据接收，串口即在输入引脚 RXDx 监测有效起始位，且 UxCSR.ACTIVE 位被置 1；当检测出有效起始位后，经引脚 RXDx 接收到的数据就以字节为单位被存入接收寄存器 UxDBUF，且将 UxCSR.RX_BYTE 位置 1。接收动作完成时串口发出接收中断请求，设置中断标志位 URXxIF，同时将 UxCSR.ACTIVE 位变为低电平。

串行通信的数据接收通过中断来实现，以串口 USART0 为例，其中断向量为 0x3B，也可使用宏定义 URX0_VEXTOR。系统响应中断请求时，在中断服务函数中先手动清除接收中断标志位 URX0IF，再将数据从缓冲寄存器 UxDBUF 中转存到字节型变量 temp 中，最后将变量 RX_flag 置 1，告知主函数数据接收操作已完成。串行通信传输的字符型数据可解读为应用中的控制指令，以下示例程序包含了串行通信数据接收中断函数定义、指令解读及控制指示灯响应指令的程序。其中，中断服务函数 UART0_ISR()实现数据接收，ExecuteTheOrder()函数解读收到的数据并进行简单的 LED 控制。

```
1.      #pragma vector=URX0_VECTOR
2.    __interrupt void UART0_ISR(void)
3.    {
4.      URX0IF=0;   temp=U0DBUF;   RX_flag=1;
5.    }
6.    void ExecuteTheOrder()
7.    {
8.      if (RX_flag == 1)
9.        {
10.         RX_flag=0;
11.         switch(temp)
12.         {
13.         case '1':LED1=1;break;
14.         case '2':LED1=0;break;
15.           }
16.       }
17. }
10.
```

**测一测**

详细描述 CC2530 的串口进行异步串行通信的初始化过程。

**想一想**

CC2530 串口相关寄存器包含哪些内容？结合串口数据收发过程，总结其用法。

本任务采用 ZigBee 模块模拟交通灯系统，并通过 CC2530 的串口与主机建立通信。CC2530 有两个串口，采用异步串行通信可完成字符及字节型数据的传输，可支持应用系统中的简短指令传输。

智能交通灯系统启动后立刻通过串口向主机发送信息“智能交通灯系统开启并进入正常

状态”，然后交通灯模块按主机下达的指令切换模式。交通灯模块收到主机下达的指令“r”时，切换至正常模式，并向主机发送信息“切换为正常状态”；收到指令“f”时切换至限行模式，并向主机发送信息“切换为限行状态”。应用中通过远程主机下发简短指令控制模式切换，可使系统快速按交通动态合理做出调整，并可在远程主机上实时监测交通灯的工作状态。

**4. 系统搭建及串行通信连接**

智能交通灯系统所采用的 ZigBee 模块及相关电路参见任务一。将 ZigBee 模块安装在 NEWLab 平台上后，须用串行通信电缆把 NEWLab 平台与主机相连，并在通电后将旋钮旋至“通讯模式”，使 ZigBee 模块与主机建立串行通信通道（图 1-4-7）。

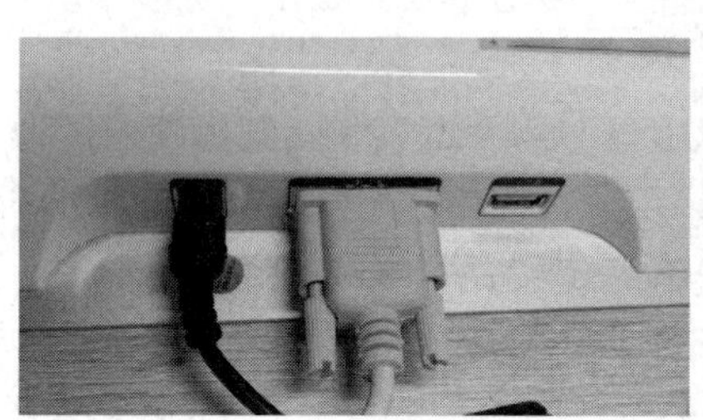

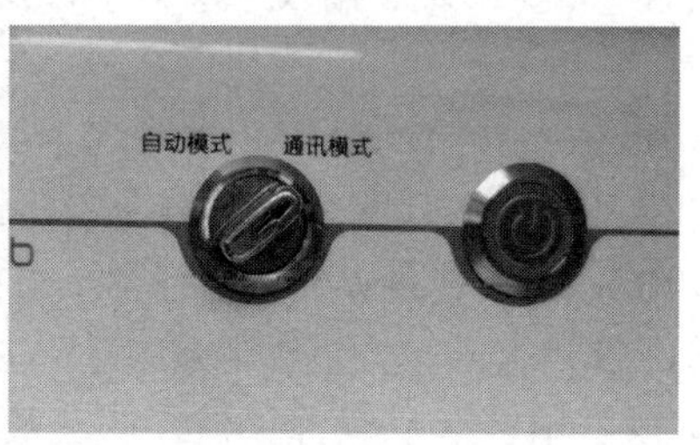


图 1-4-7　建立串行通信通道

NEWLab 平台内置了 MAX232 等转换芯片，可将 CC2530 串口输出的 TTL 电平转换为 RS232 接口的电平。CC2530 通过串口 USART0 实现与主机的通信。

**5. 串口通信初始化**

交通灯系统中两个 LED 的连接电路、相连引脚及引脚状态设置均与任务三相同。本任务重点解决串行通信中的 USART0 初始化。根据任务要求，具体配置过程如下。

步骤 1：查阅 ZigBee 模块电路图可知 CC2530 连接 32MHz 晶振，即 CLKCONCMD &=~0x7F。

步骤 2：为避免与 LED 占用引脚冲突，USART0 引脚须选用位置 Alt1，并设置 I/O 模式及优先使用情况，即 PERCFG=0，P0SEL|=0x3C，P2DIR &= ~0xC0。

步骤 3：设置通信波特率为 19200。

步骤 4：指定帧格式，清除缓冲器，禁止流控，配置为字符收发方式，即 U0CSR|=0x80。

步骤 5：设置通信模式，使系统启动后即准备好向主机发送数据。

步骤 6：清除 USART0、RX 接收中断标志，使能总中断和 USART0 中断，使串口进入通信状态。

串口初始化代码如下。

```
1.  void initial_usart ()
2.  {
3.     CLKCONCMD &=~0x7F;              //晶振设置为 32MHz
4.     while(CLKCONSTA&0x40);          //等待晶振稳定
5.     CLKCONCMD &= ~0x47;
6.     PERCFG=0;                       //指定 USART0 采用位置 1
7.     P0SEL|=0x3C;                    //指定 USART0 引脚为外设接口
8.     P2DIR &= ~0xC0;                 //指定 P0 端口优先
9.     U0UCR |= 0x80;                  //禁止流控，清除缓冲器
```

```
10.     U0CSR |=0x80;                //用于发送数据
11.     U0GCR = 9;                   //指定波特率，BAUD_E=9，BAUD_M=59，即波特率为 19200
12.     U0BAUD=59;
13.     UTX0IF=0;                    //清除 USART0 中断标志
14.     URX0IF = 0;                  //清除 RX 接收中断标志
15.   0IEN0=0x84;                    //使能总中断和 USART0 中断
16. }
```

6．数据发送与接收

智能交通灯系统与主机的交互既有单字符型指令，又有字符串型指令，因此分别定义单字符发送和字符串发送两个函数，数据发送与接收流程如图 1-4-8 所示。

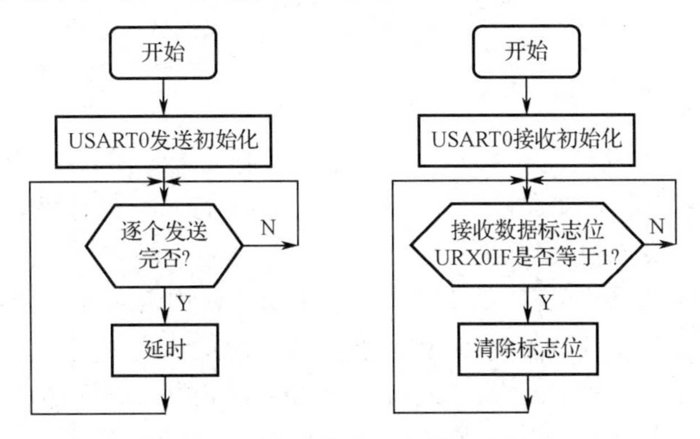


图 1-4-8 数据发送与接收流程

以下为 CC2530 端定义的单字符型和字符串型两类数据的发送函数。本任务中智能交通灯系统与主机间的通信属于一问一答式。因此，CC2530 每次发送数据后都要执行指令 U0CSR|=0xC0 使其转到数据接收状态。

```
1.  void usart_tx_char(char data_tx)
2.  {
3.      U0DBUF = data_tx;
4.      while(UTX0IF==0);            //等待发送完成
5.      UTX0IF=0;                    //清除中断标志位
6.      U0CSR|=0xC0;                 //使能串口接收功能
7.  }
8.  void usart_tx_string(char *data_tx,int len)
9.  {
10.   unsigned int j;
11.   for(j=0;j<len;j++)
12.   {
13.     U0DBUF = *data_tx++;
14.     while(UTX0IF==0);            //等待发送完成
15.     UTX0IF=0;                    //清除中断标志位
16.   }
17.   U0CSR|=0xC0;
18. }
```

每次数据发送完毕后，系统执行延时动作进入空闲状态或执行其他动作，等待主机经串口发来指令，引发接收中断。这部分工作由主函数完成。串口采用中断服务函数 UART0_ISR()读取接收到的数据，接收数据时判定 URX0IF 是否为 1，为 1 则表示数据已被接收并存入 UxDBUF 中，取完数据后清除标志位。

```
1.    #pragma vector=URX0_VECTOR
2.    __interrupt void UART0_ISR(void)
3.    {
4.      URX0IF=0;
5.      temp=U0DBUF;
6.      RX_flag=1;
7.    }
```

**7．主函数设计**

智能交通灯系统与主机轮流向对方发送数据，控制交通灯进行模式切换。为防止无效指令导致误操作或多余动作，使交通灯时序紊乱，程序中进行了交通灯模式记忆、解析判定与选择，这些均在主函数 main()中实现。

主函数 main()中先初始化 LED 的 I/O 端口和串口，调用 Routine()函数使交通灯初始状态为正常通行状态；然后执行 U0CSR|=0x80，设置串口为发送状态并向主机发送启动时的上报信息；接下来，通过命令序列“zt='r'; kzfold='f'; kzfnew='r';”进行交通灯工作模式记录，为指令是否产生有效动作的判定做准备；最后，在主循环中完成指令解析、执行模式切换、更新模式记录、向主机上报交通灯状态等功能。主函数的具体代码如下。

```
1.   void main()
2.   {
3.      initial_GPIO();                          //初始化 LED 的 I/O 端口
4.      initial_usart ();                        //初始化串口
5.      Routine();
6.      U0CSR|=0x80;
7.      usart_tx_string(data,sizeof(data));      //输出系统提示
8.      zt='r';  kzfold='f';  kzfnew='r';        //进行状态记录
9.     while(1)
10.    {
11.       switch (zt)
12.       {
13.       case 'r': Routine();break;
14.       case 'f':Forbid();break;
15.       }
16.       if(RX_flag == 1)
17.       {
18.          RX_flag=0;  kzfnew=temp;
19.        }
20.        U0CSR|=0x80;                          //使 UART 通信处于数据发送状态
21.        if (kzfnew!='r' && kzfnew!='f')
22.          {
```

```
23.             usart_tx_string("输入指令错----",sizeof("输入指令错----"));
24.         }
25.         else if (kzfnew!=kzfold)
26.         {
27.             if (kzfnew =='r')
28.             {
29.                 usart_tx_string("将切换至正常模式----",sizeof("将切换至正常模式----"));
30.                 kzfold=kzfnew;
31.                 zt='r';
32.             }
33.             else if(kzfnew=='f')
34.             {
35.                 usart_tx_string("将切换至限行模式----",sizeof("将切换至限行模式----"));
36.                 kzfold=kzfnew;
37.                   zt='f';
38.             }
39.         }
40.         U0CSR|=0xC0;
41.     }
```

上述代码中直接给出了主机下发的指令和交通灯上报的信息文本。这一部分可以通过宏定义常量方式进行优化，从而使程序逻辑更加清晰。

设备与资源准备

任务实施前必须先准备好以下设备和资源。

| 序　　号 | 设备/资源名称 | 数　　量 | 是否准备到位 |
|---|---|---|---|
| 1 | ZigBee 模块 | 1 | |
| 2 | CC Debugger | 1 | |
| 3 | 具备 IAR 开发环境的主机 | 1 | |
| 4 | 两端为 DB9 接口的串行通信电缆 | 1 | |

**1．创建工程、修改工程配置**

工作区创建、项目创建、工程选项配置方法详见任务一。

**2．编写、分析、调试程序**

参考前面给出的变量定义、延时函数、I/O 端口初始化函数、串口通信初始化程序、数据收发程序、主函数，整理出完整的程序，并进行程序调试。调试程序时应注意串口初始化、新旧状态的标记与区分、交替收发数据时 U0CSR 的处理等关键部分。

```
1.  #include <ioCC2530.h>
2.  #define LED_RED (P1_0)                          //交通灯端口定义
3.  #define LED_GREEN (P1_1)
4.  char data[]="交通灯模式控制系统默认运行于正常通行状态---";
5.  char name_string[20];
6.  char kzfold,kzfnew,zt;
7.  unsigned char temp,RX_flag,counter=0;
8.  void delay(int n)
9.  {
10.    unsigned int j,k;
11.    for(k=0;k<n;k++)
12.      for(j=0;j<500;j++);
13. }
14. void initial_GPIO()
15. {
16.    P1SEL &= ~0xFF;                             //设置 P1_0 和 P1_2 引脚为通用 I/O 引脚
17.    P1DIR |= 0x03;                              //设置 P1_0、P1_1 引脚为输出引脚
18.    LED_RED=0;   LED_GREEN=0;                   //熄灭所有指示灯
19. }
```

### 3. 程序编译与下载

项目编译无错，生成 HEX 文件后，通过 SmartRF Flash Programmer 将程序烧写到 ZigBee 模块中。

### 4. 程序调试与结果测评

完成程序烧写后，在主机上打开“设备管理器”，查看串口通信电缆在主机上连接的端口号。启动“串口调试小助手”软件，设置连接参数，端口号与串口电缆占用的端口号相同，此处为“COM1”；设置波特率为 19200，校验位、数据位、停止位等帧格式与 ZigBee 模块设定相同。反馈结果如图 1-4-9 所示。

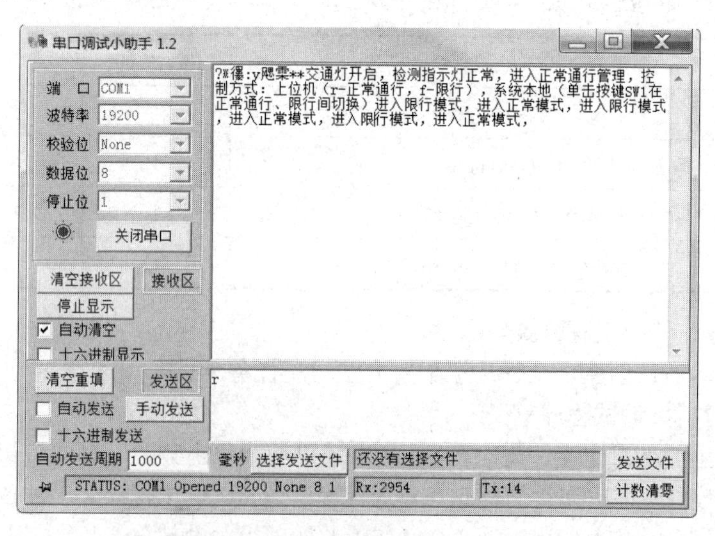


图 1-4-9　反馈结果

## 任务检查与评价

完成任务后，进行任务检查与评价，任务检查与评价表在本书配套资源中。

## 任务小结

### 知识与技能提升

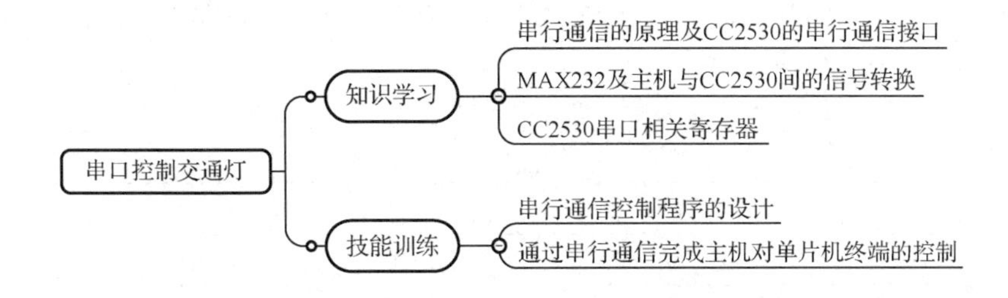


# 任务五 实现智能交通灯系统

## 职业能力目标

- 能综合运用 CC2530 的各种功能构建应用体系。
- 能熟练完成智能交通灯系统功能模块设计。
- 能熟练运用 IAR 开发环境进行复杂项目的开发和联调。

## 任务描述与要求

任务描述：

本任务要求将前面构建的交通灯测试、限行控制、时序精准的正常通行控制三个功能模块集中起来，使交通灯既支持本地按键 SW1 在紧急情况下控制的正常通行模式和限行模式的切换，又支持按主机下发的指令“r”“f”在正常通行模式和限行模式间切换。

任务要求：

- 分析交通灯的功能及控制模式，合理设计交通灯工作状态转换方式。
- 定义交通灯控制逻辑，建立交通灯控制模块。
- 综合运用 I/O 端口、中断、定时器等，优化系统各项功能。
- 编写完整的交通灯控制程序，熟练应用 IAR 开发环境完成项目的建立、开发、调试与测试。

## 任务分析与计划

根据所学相关知识，完成本任务的实施计划。

| 项目名称 | 智能交通灯系统 |
|---|---|
| 任务名称 | 实现智能交通灯系统 |
| 计划方式 | 分组完成、团队合作、分析调研 |
| 计划要求 | 1．完成交通灯的功能及控制模式的分析，选择各项功能的实现方式<br>2．规划 GPIO 端口的应用，实现按键输入、交通灯控制和串口通信等功能<br>3．完成程序的编辑及调试<br>4．测试、调整方案，建立完整的智能交通灯系统 |
| 序　　号 | 主 要 步 骤 |
| 1 | |
| 2 | |
| 3 | |
| 4 | |
| 5 | |
| 6 | |
| 7 | |
| 8 | |

## 知识储备

在 NEWLab 平台上放置以 CC2530 为内核、带有两个指示灯的 ZigBee 模块来模拟智能交通灯系统硬件体系。智能交通灯系统综合了 CC2530 的 GPIO、中断、串行通信等内容，业务逻辑较复杂。本项目中的前四个任务针对各功能模块的设计给出了初步方案。

### 1．前期方案归纳分析

任务一实现交通灯检测功能时，采用简单的重复点亮操作检测了一个 LED 的性能，其中 delay()函数实现的延时具有随意性，观察结果较为困难。

任务二通过 CC2530 的 I/O 端口输出高、低电平控制交通灯的亮灭；信号的工作时序控制通过软件延时方式实现，给出了两种采用双层循环模式的延时函数，一种是执行空循环但时长不易控制的延时函数，另一种是用 asm("NOP")语句嵌入时长为一个指令周期的汇编空指令、具有较精确时间控制的延时函数；在功能方面，定义了红绿灯周期亮灭的正常通行模式和红灯长亮、绿灯长灭的限行模式，并设计了轮询和中断两种按键控制方式来控制模式切换。

任务三针对交通灯的时序精确控制，采用定时/计数器按精确时间间隔发出计时中断请求，采用中断请求次数累计和分情况处理的方式实现精确到毫秒级的交通灯时序控制，使方案具有实用性。

任务四通过 CC2530 的串口与主机串口间的异步串行通信，实现交通灯工作状态上报主机，以及主机下发指令控制交通灯进行模式切换，融合了I/O端口应用、中断技术和多模式系统状态控制逻辑等知识，建立了远程主机对交通灯的联网控制。

**2. 系统结构及功能整合**

智能交通灯系统结构如图1-5-1所示，它综合了前面四个任务用到的硬件，将主机、本地系统及通信平台三部分结合起来，构建可以支持多种工作模式、多种控制策略的功能体系。在功能设计上，设置系统启动时自动进入交通灯检测模式，检测后进入正常通行模式，特殊情况下进入限行模式等。检测模式要求有序检测所有信号灯。正常通行模式的信号时序要精准，为节省调试时的观察时间，本任务设定一个信号周期为10s，正常通行模式信号灯时序如图1-5-2所示。限行模式采用红灯长亮、绿灯长灭的方式。

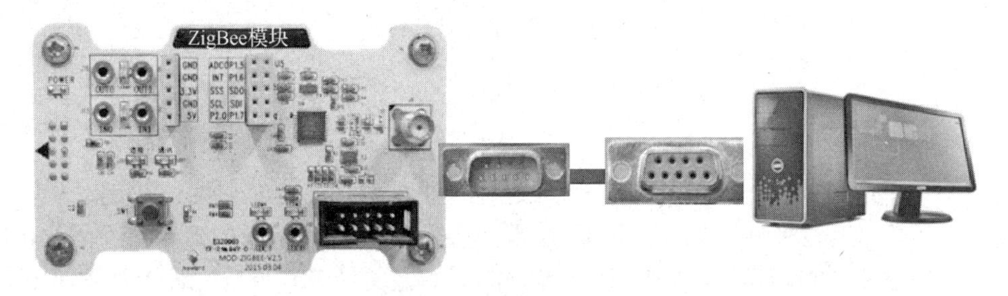


图1-5-1　智能交通灯系统结构

系统支持在本地通过按键SW1控制交通灯在正常通行模式和限行模式间切换，也支持主机下发指令控制交通灯在正常通行模式和限行模式间迅速切换。系统的工作状态转换过程如图1-5-3所示。

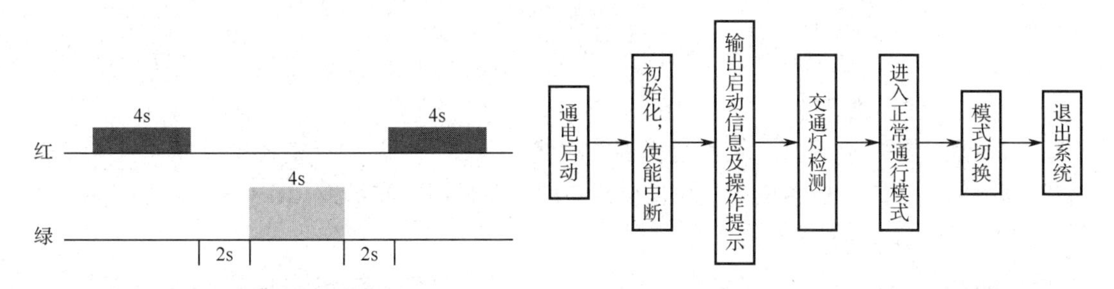


图1-5-2　正常通行模式信号灯时序　　图1-5-3　系统的工作状态转换过程

前四个任务的功能还要优化，多个模块的I/O端口配置、使用和功能实现等有待整合。为降低系统复杂度，使程序逻辑清晰，本任务将程序分解成多个函数封装实现。

**测一测**

尝试编写综合交通灯时序控制和按键控制的中断初始化处理程序。

**想一想**

智能交通灯系统控制程序可分解成哪些函数？

**3. 系统控制变量设计**

程序中的常量有LED_RED、LED_GREEN、SW1，字符串型变量qdtx1、zlErr、jrzc、jrcs、jrxx用于存储系统提示信息，字符型变量oldzt、newzt用于记录交通灯状态，整型变量count_t1_IT用于对定时器1的定时中断进行计数，temp、RX_flag用于实现串口通信的数据转存和通信结束状态标记。具体代码如下。

```
1.  #include <ioCC2530.h>
2.  #define LED_RED (P1_0)                          //交通灯端口定义
3.  #define LED_GREEN (P1_1)
4.  #define SW1 (P1_2)                              //SW1 端口定义
5.  char qdtx1[]="交通灯开启\n";char qdtx2[]="检测指示灯正常\n 进入正常通行管理\n
6.  控制方式：上位机（r-正常通行，f-限行）\n
7.  系统本地（按下按键 SW1 在正常通行、限行间切换）";
8.  char zlErr[]="输入指令错\n";
9.  char jrzc[]="进入正常通行模式\n";
10. char jrcs[]="进入检测模式\n";
11. char jrxx[]="进入限行模式\n";
12. char oldzt=0,newzt=0;
13. unsigned int count_t1_IT=0;
14. unsigned char temp,RX_flag;
```

### 4．延时函数

交通灯系统通过延时检测进行按键去抖处理，即在足够的延时后确认按键动作。按键抖动一般会持续约 0.1s，不用准确计时；系统启动时对 LED 工作状态的检测也不需要精准控制亮灭时间。为这两项功能设计了延时函数 delay()，其定义如下。调用时设置参数 n 的值，可以适当控制延时长短。

```
15. void delay(int n)
16. {
17.    unsigned int j,k;
18.    for(k=0;k<n;k++)
19.       for(j=0;j<400;j++);
20. }
```

### 5．系统工作模式设计

系统共设计检测、限行、正常通行三种模式。其中，正常通行模式要根据具体车流量准确进行信号时序控制。检测模式与限行模式中的延时采用延时函数 delay()。交通灯检测模块对两个 LED 都进行检测。限行模式使红灯长亮、绿灯长灭。

```
21. void testLed()                                  //流水灯式点亮所有 LED，测试其工作状态
22. {
23.    unsigned int i;
24.    for (i=0;i<5;i++)
25.    {
26.       LED_RED =1;   delay(400);                 //点亮 LED_RED
27.       LED_RED =0; delay(400);                   //熄灭 LED_GREEN
28.       LED_GREEN   =1; delay(400);               //点亮 LED_RED
29.       LED_GREEN =0;   delay(400);               //熄灭 LED_GREEN
30.    }
31. }
32. void forbid()
33. {
34.    LED_RED=1;   LED_GREEN=0;
35. }
```

### 6．GPIO 端口初始化

GPIO 端口初始化程序如下。

```
36.  void initial_GPIO()
37.  {
38.    P1SEL &= ~0xFF;                    //设置 P1_0 和 P1_2 引脚为通用 I/O 引脚
39.    P1DIR |= 0x03;                     //设置 P1_0、P1_1 引脚为输出引脚
40.    P1DIR &= ~0x04;                    //设置 P1_2 引脚为输入引脚
41.    P1INP &= ~0xFF;                    //设置 P1 端口所有引脚使用上拉或下拉
42.    P2INP |= 0x40;                     //设置 P1 端口所有引脚使用上拉
43.  }
```

### 7．正常通行模式的实现

采用 CC2530 的定时器 1 实现交通灯时序精准控制。通过设置系统时钟、分频系数，计算并设定计数值，使定时器 1 工作于模模式，实现毫秒级定时。可以设置不同的计时时长来控制定时精确度。

① 定时器 1 初始化函数 Init_Timer1()，指定计数初值、工作模式等。

② 启动和停止函数 start_Timer1()、stop_Timer1()，start_Timer1()需要将交通灯状态重置，建立正常的时序。

③ 定时器 1 中断服务函数 Timer1_Sevice()，实现交通灯正常通行模式的时序控制。

```
44.  void Init_Timer1()                   //定时器 1 初始化函数
45.  {
46.    T1CC0L = 0x40;                     //设置最大计数值的低 8 位
47.    T1CC0H = 0x9C;                     //设置最大计数值的高 8 位
48.    T1CCTL0 |= 0x04;                   //开启通道 0 的比较模式
49.    T1CTL = 0x06;                      //分频系数是 8，采用模模式
50.    start_Timer1();
51.  }
52.  void start_Timer1()
53.  {
54.    LED_RED =1;                  //熄灭 LED_RED、LED_GREEN
55.    LED_GREEN    =0;
56.    count_t1_IT=0;
57.    T1OVFIM = 1;                 //使能定时器 1 溢出中断
58.    T1IE = 1;                    //使能定时器 1 中断
59.  }
60.  void stop_Timer1()
61.  {
62.    T1OVFIM = 0;                 //禁止定时器 1 溢出中断
63.    T1IE = 0;                    //禁止定时器 1 中断
64.  }
65.  #pragma vector = T1_VECTOR
66.  __interrupt void Timer1_Sevice()
67.  {
68.    T1STAT &= ~0x01;             //清除定时器 1 通道 0 中断标志
```

```
69.      IRCON=0;
70.      count_t1_IT++;
71.      if(count_t1_IT > 1000)
72.      {
73.        count_t1_IT=0;
74.        LED_RED=! LED_RED;
75.      }
76.      else
77.      {
78.        if (count_t1_IT==400) LED_RED=! LED_RED;
79.        if ((count_t1_IT==500)||(count_t1_IT==900 )) LED_GREEN=! LED_GREEN;
80.      }
81.  }
```

8．主机与交通灯模块间的串行通信

为实现交通灯状态上报和主机指令下发，设计了串口参数初始化函数 initial_usart()、单字符发送函数 usart_tx_char()和字符串发送函数 usart_tx_string()。

```
82.  void initial_usart()
83.  {
84.    PERCFG&=~0xFF;                          //USART0 选择位置 1，即采用 P0 的 2、3、4、5 引脚
85.    P0SEL|=0x3C;
86.    P2DIR &= ~0xC0;
87.    U0GCR = 9;                              //设置波特率为 19200
88.    U0BAUD=59;
89.    U0UCR |= 0x80;                          //禁止流控，采用 8 位数据，清除缓冲器
90.    U0CSR|=0x80;                            //设置 UART 模式为发送状态
91.    IEN0=0x04;                              //使能 USART0 中断
92.  }
93.  void usart_tx_char(char data_tx)          //定义函数发送单字符
94.  {
95.    U0DBUF = data_tx;
96.    while(UTX0IF==0);                       //等待发送完成
97.    UTX0IF=0;                               //清除中断标志位
98.    U0CSR|=0xC0;
99.  }
100. void usart_tx_string(char *data_tx,int len)  //定义函数发送字符串
101. {
102.   unsigned int j;
103.   for(j=0;j<len;j++)
104.   {
105.     U0DBUF = *data_tx++;
106.     while(UTX0IF==0);                     //等待发送完成
107.     UTX0IF=0;                             //清除中断标志位
108.   }
109.   U0CSR|=0xC0;
```

```
110. }
111. #pragma vector=URX0_VECTOR
112. __interrupt void UART0_ISR(void)
113. {
114.     URX0IF=0;
115.     temp=U0DBUF;
116.     RX_flag=1;
117.     if(RX_flag == 1)
118.     {
119.         RX_flag=0;
120.     }
121.     U0CSR|=0x80;                           //设置 UART 模式为发送使能
122.     if (temp!='r' && temp!='f')
123.     {
124.         usart_tx_string(zlErr,sizeof(zlErr));
125.         return ;
126.     }
127.     oldzt=newzt;
128.     if (temp=='r')      newzt=0;     else       newzt=1;
129.     if ( oldzt!=newzt)
130.     {
131.         if (newzt==0)                      //指令为切换至正常通行模式
132.         {
133.             usart_tx_string(jrzc,sizeof(jrzc));
134.              start_Timer1();               //定时器启动，进入正常通行模式时序控制
135.         }
136.         else
137.         {
138.             usart_tx_string(jrxx,sizeof(jrxx));   //指令为切换至限行模式
139.             stop_Timer1();                //定时器停止
140.             forbid();                     //进入限行模式
141.         }
142.     }
143.     U0CSR|=0xC0;                           //UART 模式为接收使能
144. }
```

串口中断服务函数 UART0_ISR()将主机下发的指令先存储到临时变量 temp 中，然后解析。若非有效指令，即字符“r”或“f”，则向主机反馈出错信息“输入指令错”；若是有效指令，则更新状态记录变量 oldzt、newzt，对系统状态进行跟踪，并比较新模式和旧模式是否相同，若不同则执行模式切换，若相同则忽略该指令，防止因多余的切换造成系统时序错乱。其中，切入、切出正常通行模式均通过调用 start_Timer1()、stop_Timer1()函数来进行定时/计数器的管控，定时开启则正常通行模式开启，定时终止则正常通行模式终止。

### 9. 按键检测与模式切换控制

系统以串口中断的方式实现按键触发的模式切换。串口对应的 P1 端口的初始化和中断使

能由函数 initial_P1_interrupt()完成。按键引起的中断响应和处理由中断服务函数 P1_ISR()来实现，识别出按键中断时，通过命令“oldzt=newzt; newzt=1-newzt;”实现模式切换。

```
145. void initial_P1_interrupt()
146. {
147.    IEN2 |= 0X10;                          //使能 P1 端口中断源
148.    P1IEN |= 0X04;                         //使能 P1_2 引脚中断
149.    PICTL |= 0X02;                         //P1_2 引脚中断触发方式为下降沿触发
150. }
151. #pragma vector = P1INT_VECTOR          //指定中断向量为 P1INT_VECTOR
152. __interrupt void P1_ISR(void)          //定义中断服务函数
153. {
154.    if(P1IF!=0x00)                         //判断 P1 端口有没有中断请求
155.    {
156.         oldzt=newzt;   newzt=1-newzt;
157.         U0CSR|=0x80;                      //设置 UART 模式为发送使能
158.         if (newzt==0)
159.            {
160.               usart_tx_string(jrzc,sizeof(jrzc));
161.               start_Timer1();
162.            }
163.            else
164.            {
165.               usart_tx_string(jrxx,sizeof(jrxx));
166.               stop_Timer1();
167.               forbid();
168.            }
169.          U0CSR|=0xC0;                      //UART 模式为接收使能
170.          P1IFG = 0x00;                     //清除 P1_2 引脚中断标志位
171.      }
172.      P1IF = 0x00;                         //清除 P1 端口中断标志位
173. }
```

### 10．多路中断的优先级设置及总中断使能

系统整合后，P1 端口响应按键、定时器 1 进行定时、USART0 与主机通信要同时处理。根据交通指挥的要求，当系统进入以定时器 1 定时控制的正常通行模式后，可响应按键和串行传送的主机指令，执行中断服务程序并切换模式，考虑到按键解决本地紧急情况的需要，三路中断的响应次序为按键、USART0、定时器 1，三者分别在第 4 组、第 3 组、第 1 组，故通过 IP1、IP2 设置各组中断源优先级：第 4 组为 3 级，第 2 组为 2 级，第 1 组为 1 级，其他组为 0 级。由于各中断源在初始化时均使能了各自的中断源，最后执行指令“EA=1;”使能总中断后，系统即开始响应各路中断，实现触发式控制。

```
174. void InterruptEn()
175. {
```

```
176.    IP1=0x24;     //设置中断优先级
177.    IP0=0x22;     //P1 所在组为 3 级，USART0 所在组为 2 级，定时器 1 所在组为 1 级，其他组为 0 级
178.    EA=1;
179. }
```

**11．主函数设计**

按功能分组采用函数进行代码模块化封装后，模块间形成松耦合关系。主函数的流程变得十分清晰，如图 1-5-4 所示。

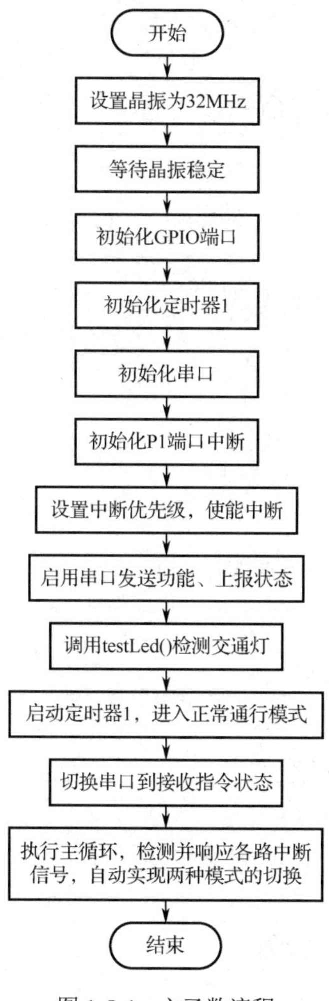


图 1-5-4　主函数流程

```
180. void main()
181. {
182.    CLKCONCMD &=~0x7F;              //晶振设置为 32MHz
183.    while(CLKCONSTA&0x40);          //等待晶振稳定
184.    CLKCONCMD &= ~0x47;
185.    initial_GPIO();
186.    Init_Timer1();
```

```
187.    initial_usart();
188.    initial_P1_interrupt();
189.    InterruptEn();
190.    U0CSR|=0x80;
191.    usart_tx_string(qdtx1,sizeof(qdtx1));
192.    usart_tx_string(qdtx2,sizeof(qdtx2));
193.    testLed();
194.    start_Timer1();
195.    newzt=0;
196.    U0CSR|=0xC0;
197.    while(1);
198.  }
```

测一测

写出本任务中应用定时器 1 在模模式下计时 10ms 的计数目标值的计算过程。

想一想

为什么定时器 1 可以实现毫秒级定时？

## 任务实施

### 设备与资源准备

任务实施前必须先准备好以下设备和资源。

| 序　　号 | 设备/资源名称 | 数　　量 | 是否准备到位 |
|---|---|---|---|
| 1 | ZigBee 模块 | 1 | |
| 2 | CC Debugger | 1 | |
| 3 | 具备 IAR 开发环境的主机 | 1 | |

#### 1．创建工程、修改工程配置

工作区创建、项目创建、工程选项配置方法详见任务一。

#### 2．编写、分析、调试程序

将本任务完整代码分为 9 个模块，逐一录入。代码量较大，分析、调试时应注意模块的数据一致性和前后关系处理。

#### 3．程序编译、下载、调试

编译无错后，进行程序下载与调试。本任务代码较多，语法错误、语义错误的排除具有一定难度，可通过设置断点、单步调试、进入子程序跟踪等方式进行调试。

#### 4．结果测评与分析

在主机上打开“设备管理器”，查看串口通信电缆在主机上分配的端口号，然后启动“串口调试小助手”软件，设置端口号，此处为“COM1”，设置波特率为 19200，与 ZigBee 模块相同。检查校验位、数据位、停止位等帧格式与 ZigBee 模块设定相同后，打开串口，建立与

CC2530 的通信。反馈结果如图 1-5-5 所示。

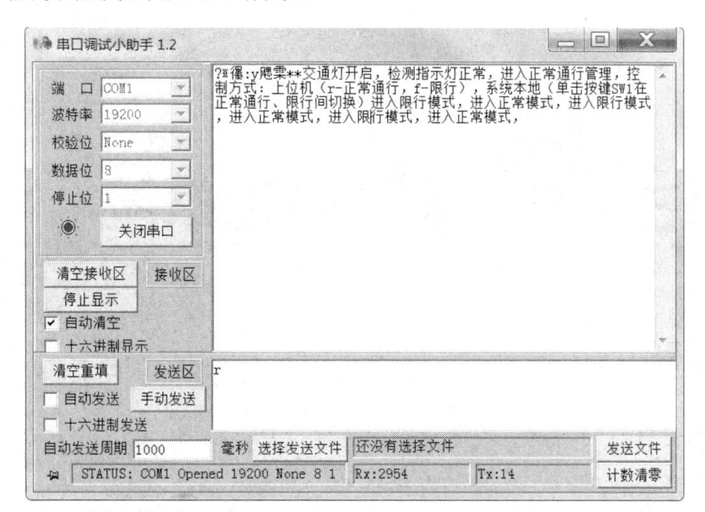


图 1-5-5　反馈结果

## 任务检查与评价

完成任务后，进行任务检查与评价，任务检查与评价表在本书配套资源中。

## 任务小结

### 知识与技能提升

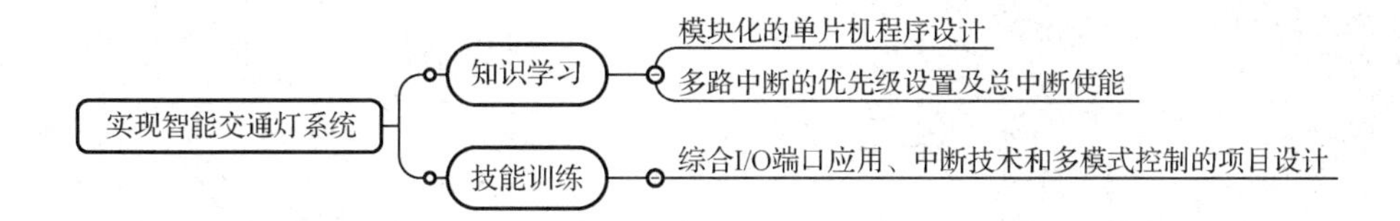

# 项目二 楼道灯光系统

## 引导案例

随着国家城镇化建设的推进，城市基础设施建设全面改善，老旧小区改造进入加速期，各地社区正在实施的点亮楼道灯光工程成为便民惠民的热点项目。

点亮楼道灯光工程实际上就是对楼道灯光系统进行改造升级，使其能够根据外界环境的变化实现自动控制。

本项目使用 NEWLab 平台中的声音传感模块和温度/光照传感模块采集环境信息，用以 CC2530 单片机为核心的 ZigBee 模块控制 LED，搭建的楼道灯光系统应用场景如图 2-0-1（a）所示，系统结构如图 2-0-1（b）所示。声音传感模块和温度/光照传感模块采集数据并输入单片机，光照度数据经串口发送到主机实时显示。系统根据光照度和声音传感模块采集的音量值实现自动控制。

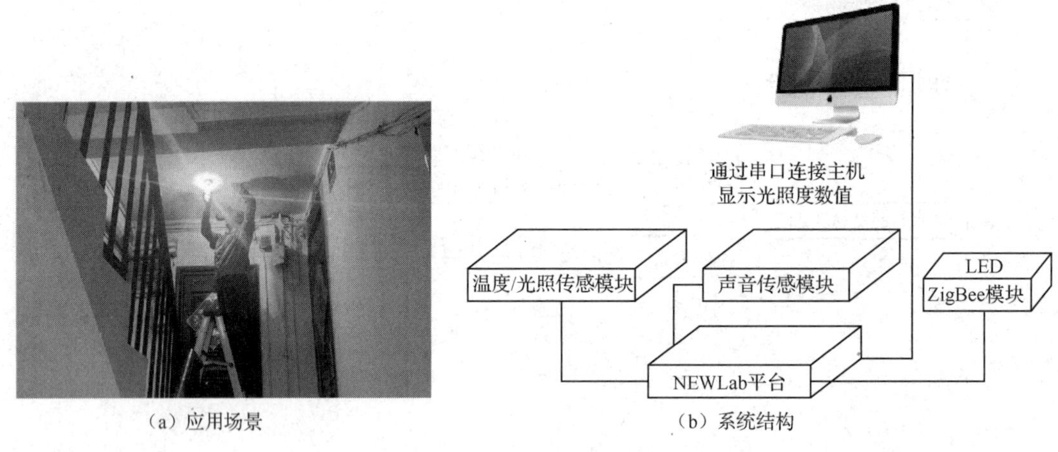


（a）应用场景　　（b）系统结构

图 2-0-1　楼道灯光系统

本项目综合运用了 CC2530 单片机中断控制、延时、I/O 端口、数据采集、A/D 转换等知识。楼道灯光系统实物图如图 2-0-2 所示，系统运行效果可通过微信扫码观看演示视频。

本项目学习目标如图 2-0-3 所示。

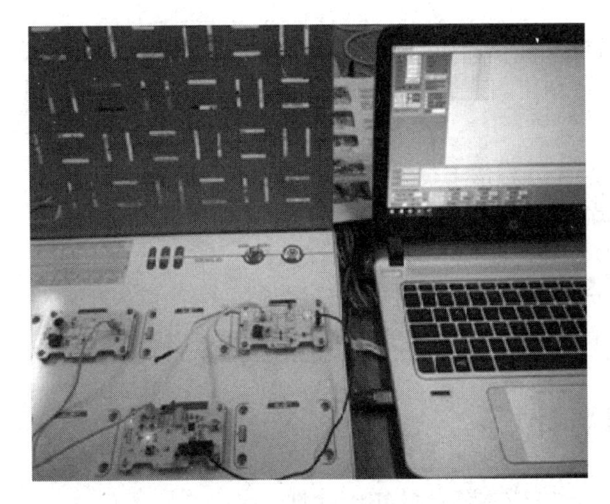

图 2-0-2 楼道灯光系统实物图

知识目标

- 了解开关量、数字量、模拟量传感器的分类和选型
- 了解声音传感器、光照传感器的结构和工作原理
- 了解声音传感器、光照传感器技术手册的查阅方法

技能目标

- 能够识别声音传感器、光照传感器
- 能够搭建声光控楼道灯光系统
- 能够熟练掌握程序编译、调试、下载方法
- 能够完成楼道灯光系统程序的编译和调试

图 2-0-3 本项目学习目标

# 任务一 使用声音传感器控制楼道灯

## 职业能力目标

- 了解开关量、数字量、模拟量传感器的分类和选型。
- 能够识别声音传感器，能够查阅声音传感器技术手册。
- 能够熟练使用相关设备，正确采集声音传感器数据。
- 学会安装、调试控制设备和执行设备。

## 任务描述与要求

任务描述：

某小区楼道灯开关存在问题，楼道灯总是不能正常打开和关闭。晚上居民上下楼时常有踩空、磕碰、摔倒等情况发生，存在安全隐患；白天灯常亮现象严重，造成能源浪费。小

区物业现委托新大陆科技有限公司对楼道灯光系统进行改造，要求改造后的新系统环保且便捷。鉴于以上需求，计划使用声音控制系统实现楼道灯开关自动控制。

**任务要求：**

- 使用 ZigBee 模块搭建楼道灯光系统。
- 使用声音传感模块采集楼道内的声音信号，通过声音信号控制楼道灯开关状态的切换，即有声时灯亮，照明一段时间后熄灭。
- 使用 IAR 开发环境完成程序的开发与调试。
- 完成程序烧写，实现楼道灯光系统自动控制功能。

## 任务分析与计划

根据所学相关知识，完成本任务的实施计划。

| 项目名称 | 楼道灯光系统 |
|---|---|
| 任务名称 | 使用声音传感器控制楼道灯 |
| 计划方式 | 分组完成、团队合作、分析调研 |
| 计划要求 | 1．了解传感器的定义、分类与应用<br>2．能搭建硬件系统，建立主机与 ZigBee 模块的连接<br>3．能创建工作区和项目，完成项目参数设置及程序下载与测试<br>4．能分析项目的执行结果，归纳所学的知识与技能 |
| 序　　号 | 主 要 步 骤 |
| 1 | |
| 2 | |
| 3 | |
| 4 | |
| 5 | |
| 6 | |
| 7 | |
| 8 | |

## 知识储备

### 1．传感器

信息时代已经来临，数之不尽的信息系统被应用于生活的各个领域，而构建信息系统必须先获取准确、可靠的信息。现代传感器技术是获取自然界、生产、生活中的信息的主要途径，随着物联网技术的落地，传感器的应用也成为必然，且已渗透到工业生产、海洋探测、环境保护、资源调查、医学诊断、生物工程、新能源、新材料等各个领城。

1）传感器的定义

通俗地讲，传感器是一种检测周边环境的物理变化，将感受到的信息转换成电信号输出的装置。传感器是信息系统的重要组成部分，信息系统与人体的对应关系如图 2-1-1 所示。其中，传感器对应人的五官，所以又称电五官。传感器是实现自动检测和自动控制的首要环节，在高温、高湿、深井、高空、高精度、高可靠性、远距离、超细微等场景中的能力远超人类感官。

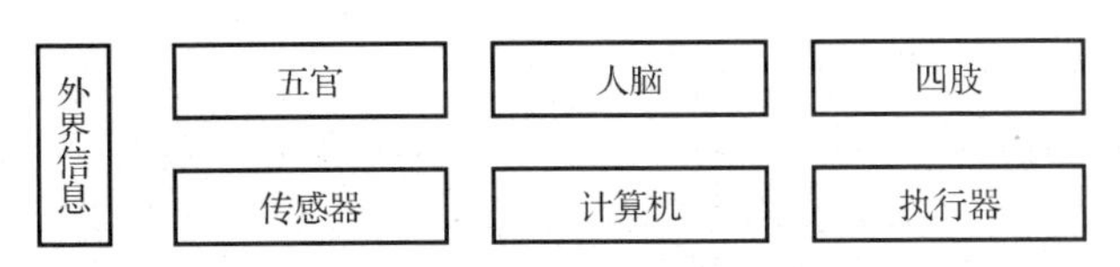


图 2-1-1 信息系统与人体的对应关系

国家标准 GB 7665—2005 给出的传感器定义如下：传感器是能感受被测量并按照一定的规律转换成可用输出信号的器件或装置，通常由敏感元件和转换元件组成。

该定义包含以下几层意思。

（1）传感器是一种检测装置，主要完成特定的测量任务，能感受到被测信息并能将信息按一定规律转换为电信号或其他所需形式的信息输出，以满足信息传输、处理、存储、显示、记录和控制等要求。

（2）传感器是一种中间件，其主要检测人体不易精确感知的物理量、化学量、生物量等，其输出为电信号。

（3）传感器的输入量和输出量存在一定对应关系，且具有一定的精确度。

传感器组成框图如图 2-1-2 所示，主要由敏感元件、转换元件和转换电路三部分组成。

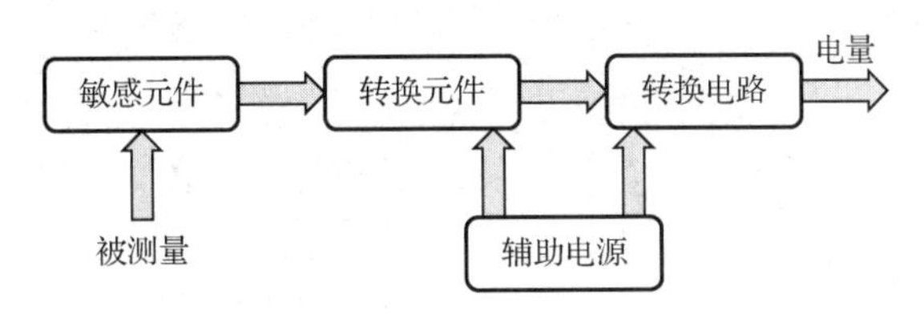


图 2-1-2 传感器组成框图

表 2-1-1 列出了几种典型传感器。

**表 2-1-1 典型传感器**

| 类 型 | 用 途 | 应 用 实 例 |
|---|---|---|
| 温湿度传感器 | 检测温度、湿度 | 家庭、工厂、温室大棚 |
| 光照传感器 | 检测光照度的变化 | 防盗照明、自动控制百叶窗 |
| 加速度传感器 | 测算施加在传感器上的加速度 | 智能手机、健身追踪器 |
| 测距传感器 | 测量传感器与障碍物之间的距离 | 激光测距仪、倒车雷达 |
| 图像传感器 | 将感光面上的图像转换为与之成比例的电信号 | 数码相机、智能手机和其他电子光学设备 |
| 声音传感器 | 接收声波 | 声控开关 |

2）传感器的分类

目前尚无对传感器的统一分类标准，以下三种分类标准认可度较高。

（1）按检测的物理量可将传感器分为位移、力、速度、温度、流量、气体成分等传感器。

（2）按输出信号的性质可将传感器分为模拟量、数字量和开关量等传感器。

（3）按工作原理可将传感器分为电阻、电容、电感、电压、霍尔、光电、光栅热电偶等传感器。

传感器分类见表 2-1-2。

表 2-1-2 传感器分类

| 转换形式 | 中间参量 | 转换原理 | 传感器名称 | 测量项目 |
|---|---|---|---|---|
| 电参数 | 电阻 | 移动电位器触点改变电阻 | 电位器传感器 | 位移 |
| | | 改变电阻丝或电阻片的尺寸 | 电阻应变传感器、半导体应变传感器 | 微应变、负荷、力 |
| | | 电阻的温度效应 | 热丝传感器 | 气流速度、液体流量 |
| | | | 电阻温度传感器 | 温度、热辐射 |
| | | | 热敏电阻传感器 | 温度 |
| | | 电阻的光敏效应 | 光敏电阻传感器 | 光照度 |
| | | 电阻的湿敏效应 | 湿敏电阻传感器 | 湿度 |
| | 电容 | 改变电容的几何尺寸 | 电容传感器 | 力、压力、负荷、位移 |
| | | 改变电容的介电常数 | | 液体、厚度、含水量 |
| | 电感 | 改变磁路几何尺寸、导磁体位置 | 电感传感器 | 位移 |
| | | 涡流去磁效应 | 涡流传感器 | 位移、厚度、硬度 |
| | | 压磁效应 | 压磁传感器 | 力、压力 |
| | | 互感效应 | 差动变压传感器 | 位移 |
| | | | 旋转变压传感器 | |
| | 频率 | 改变谐振回路中的固有参数 | 振弦式传感器 | 压力、力 |
| | | | 振筒式传感器 | 气压 |
| | | | 石英谐振传感器 | 力、温度等 |
| 电能量 | 电动势 | 温差电动势 | 热电偶 | 温度 |
| | | 霍尔效应 | 霍尔传感器 | 磁通、电流 |
| | | 电磁感应 | 磁电传感器 | 速度、加速度 |
| | | 光电效应 | 光电池 | 光照度 |
| | 电荷 | 辐射电离 | 电离室 | 离子计数、放射强度 |
| | | 压电效应 | 压电传感器 | 动态力、加速度 |

3）传感器的选择

传感器种类繁多，做出合理的选择具有一定的难度。实际应用中须根据测量对象、测量环境和对结果精确度的要求选择性能匹配的传感器，具体可参照以下原则。

（1）根据测量对象和测量环境确定传感器的类型。

同一物理量的测量可能会有工作原理不同的多种传感器可以选用，选择时要根据传感器量程的大小、应用环境对传感器尺寸的要求、测量对象是否允许接触、信号的引出方法、成本等来确定传感器的类型。

（2）灵敏度。

灵敏度是指传感器在稳态工作情况下输出变化量与输入变化量之间的比值，是输出/输入特性曲线的斜率。实际应用中希望在线性范围内传感器的灵敏度高一些，尽量扩大输出信号，便于进行信号处理。但要注意，提高传感器的灵敏度，会使外界噪声更易混入和放大，影响测量精度。因此，传感器灵敏度的选择须综合考虑信号检测和噪声抑制的需要。

（3）频率响应特性。

传感器的频率响应特性决定了可检测的信号频率范围。频率响应高，可检测的信号频率范围就大，但传感器信号检测时总有一定的响应延迟。频率低的传感器机械系统的惯性较大，受结构特性的影响，可测信号的频率较低。选择传感器时，其频率响应必须与待测量允许的频率范围相符才可进行不失真测量，实际应用中希望延迟越小越好。

（4）线性范围。

传感器的线性范围是指输出与输入成正比的范围，即两者呈线性关系。传感器的线性范围越大，其量程越大，并且能保证一定的测量精度。传感器的实际特性曲线通常不是一条直线。实际测量中为使仪表刻度均匀，常用拟合直线代表实际特性曲线。

（5）稳定性。

传感器使用一段时间后，仍能保持性能不变的能力称为稳定性。影响传感器稳定性的因素有本身结构及使用环境。因此，要使传感器具有良好的稳定性，必须使其具有较强的环境适应能力。

**2．声音传感器**

声音以波的形式在空气等介质中传播，不同声音的频率不同，人和一些动物的发声和听觉的频率范围如图 2-1-3 所示。人耳的听觉范围为 20Hz～20kHz，动物的听觉范围比人类大。声音传感器又称声敏传感器，是一种将在气体、液体或固体中传播的机械振动转化为电信号，再将电信号输送给后续处理电路以实现数据采集的器件或装置。工业生产等场景中，为利用声音信号作为控制源实现自动控制，常用声音传感器作为自动控制系统的“耳朵”。

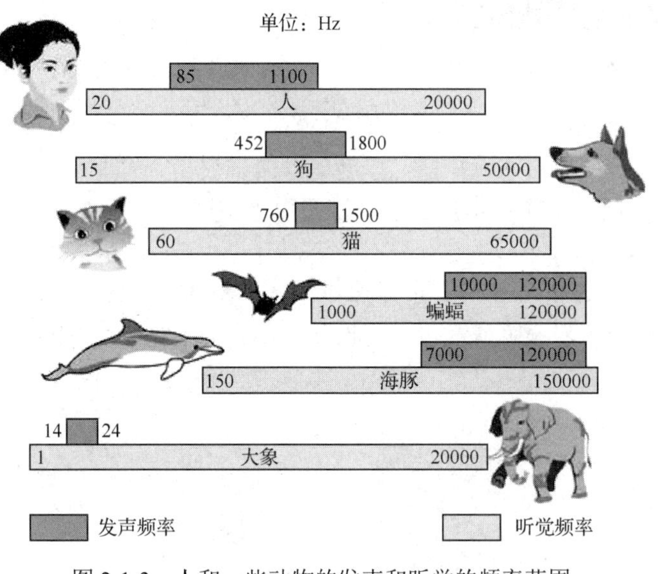


图 2-1-3 人和一些动物的发声和听觉的频率范围

1）工作原理

声音测量属于非电量测量，如图 2-1-4 所示，测量中声音传感器起声电转换的作用，先将外界作用于其上的声音信号转换成相应的电信号，然后将所得的电信号输送给电测系统进行测量。

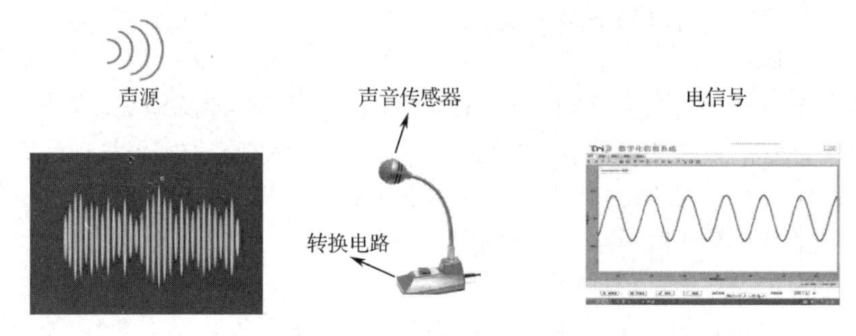


图 2-1-4　声电转换示意图

常用的声音传感器按转换原理大体可分为 3 类，即压电式、电容式和电动式。典型应用有驻极体电容式传声器、压电驻极体电声器件和动圈式传声器。它们具有结构简单、使用方便、性能稳定可靠、灵敏度高等优点。

（1）压电驻极体电声器件。

压电驻极体电声器件是利用压电效应进行声电转换的传感器，其转换器为 30～80μm 厚的多孔聚合物压电驻极体薄膜。其实物及结构如图 2-1-5、图 2-1-6 所示。

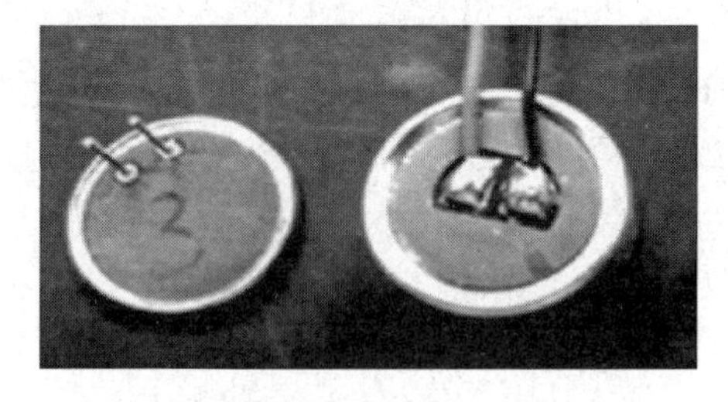

图 2-1-5　压电驻极体电声器件实物

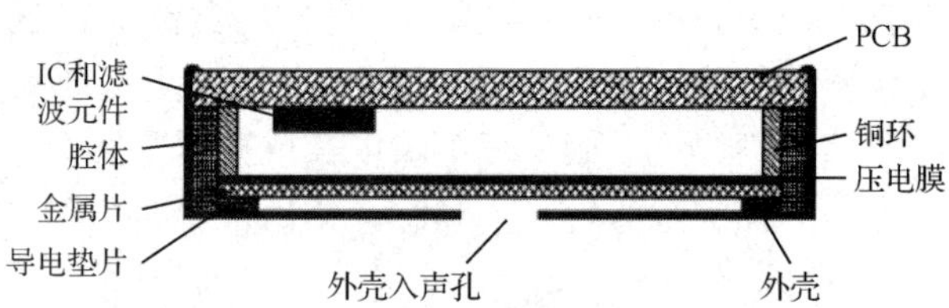


图 2-1-6　压电驻极体电声器件结构

压电驻极体电声器件采用压电式驻极体薄膜，可靠性有保证，方便大规模生产，制造工艺简单，成本低廉。薄膜原料来源广泛，厚度可以做到很小，大大减小了体积，易于满足对尺寸的要求，可广泛应用于电声、水声、超声与医疗等领域。

（2）驻极体电容式传声器。

驻极体电容式传声器俗称咪头，是一种声电转换器件。其内部采用了可储存电荷的驻极体材料（俗称永电体）作为振膜或背极，因此无须外加极化电源。驻极体电容式传声器内置了场效应管，因此输出灵敏度得到了大幅提升。其实物如图 2-1-7 所示。

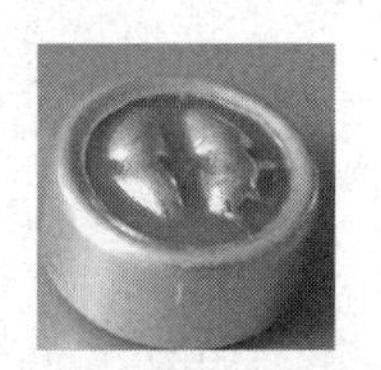

图 2-1-7　驻极体电容式传声器实物

（3）动圈式传声器。

动圈式传声器最常见的应用是如图 2-1-8 所示的话筒，其主要由膜片、永久磁铁和线圈组成。当外界声音传入话筒时，在声波的推动下，膜片带动位于线圈中的两个探针做切割磁感线的振动，线圈的两端便会产生感应电动势。

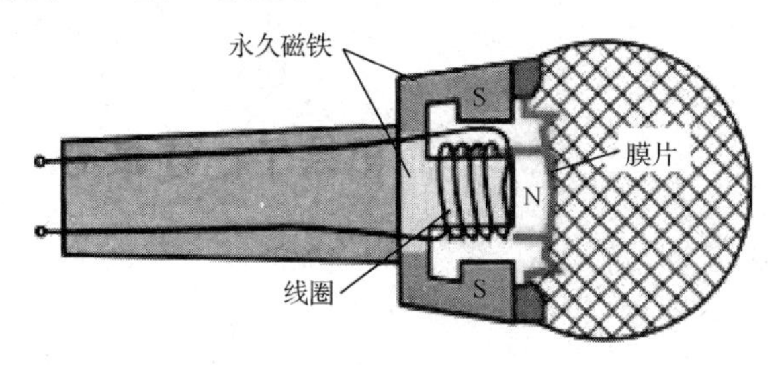


图 2-1-8　话筒

2）工作参数

以驻极体电容式传声器为例，其技术参数见表 2-1-3，参数有频率范围、灵敏度、响应类型、动态范围、外形尺寸。

（1）频率范围：也称频率响应，指传声器正常工作时的频带宽度，通常以带宽的下限和上限频率来表示。

（2）灵敏度：指声电转换的效率。

（3）动态范围：指在规定的谐波失真条件下（0.5%），传声器所承受的最大声压级与绝对安静条件下的等效噪声级之差。

**表 2-1-3　驻极体电容式传声器技术参数**

| 型　号 | 频率范围/Hz | 灵敏度/dB | 响应类型 | 动态范围/dB | 外形尺寸/mm |
|---|---|---|---|---|---|
| CHZ—11 | 3～18k | 50 | 自由场 | 12～146 | 23.77 |
| CHZ—12 | 4～8k | 50 | 声场 | 10～146 | 23.77 |
| CHZ—11T | 4～16k | 100 | 自由场 | 5～100 | 20 |
| CHZ—13 | 4～20k | 50 | 自由场 | 15～146 | 12 |
| CHZ—14A | 4～20k | 12.5 | 声场 | 15～146 | 12 |
| HY205 | 2～18k | 50 | 声场 | 40～160 | 12.7 |
| 4175 | 5～12.5k | 50 | 自由场 | 16～132 | 26.42 |
| BF5032p | 70～20k | 5 | 自由场 | 20～135 | 49 |
| CZII—60 | 40～12k | 100 | 自由场/声场 | 34 | 9.7 |

3）应用电路

驻极体电容式传声器的接法如图 2-1-9 所示，其应用电路如图 2-1-10 所示。

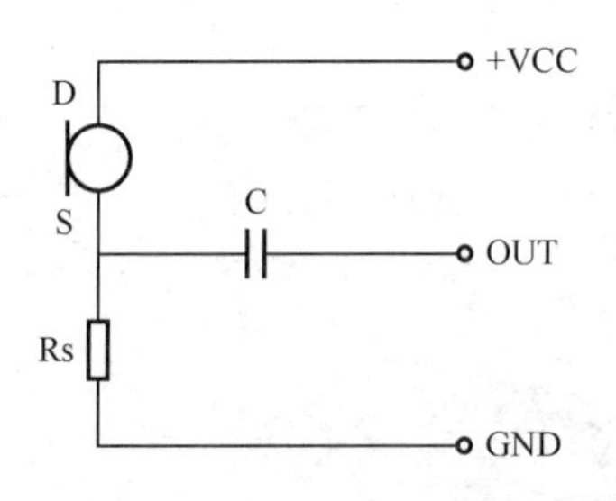


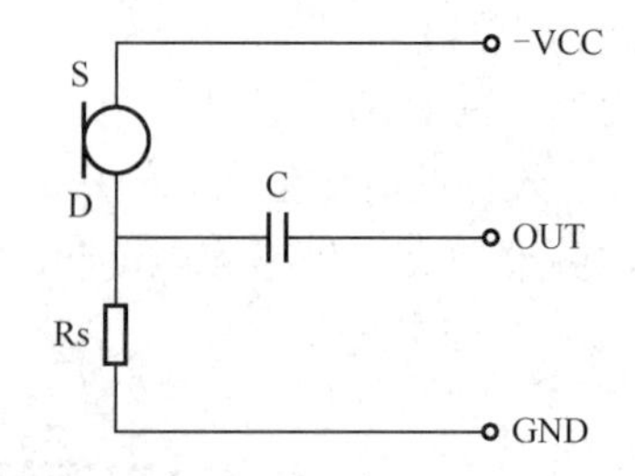


图 2-1-9　驻极体电容式传声器的接法

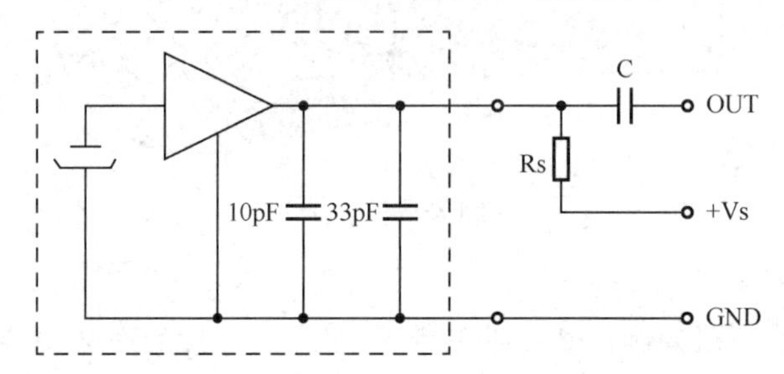


图 2-1-10　驻极体电容式传声器应用电路

4）应用领域

声音传感器广泛应用于生活、工业、军事、医疗等领域，如图 2-1-11 所示。

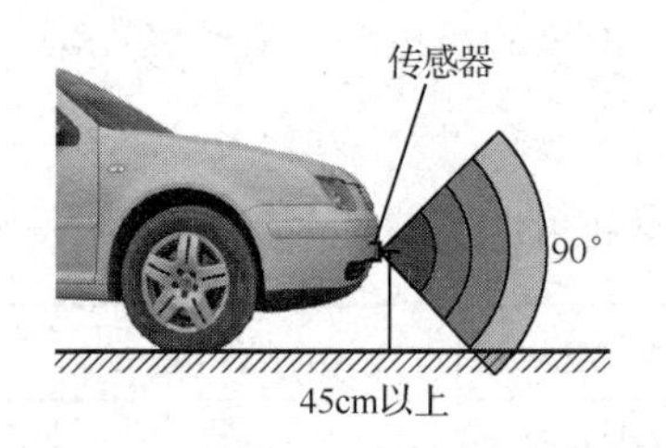

图 2-1-11　声音传感器的应用

（1）生活领域。

利用锆钛酸铅（PZT）压电陶瓷的正、逆压电效应，可发射超声波，并根据超声波在空气中传播遇障后的反射进行测距，广泛用于汽车倒车报警装置。

（2）工业领域。

缝纫设备生产厂家大部分已采用声音传感器检测机器最大声源产生处，测定零部件受力大小、振动大小等。

（3）军事领域。

声音传感系统可用于对狙击火力进行定位和分类，并测量狙击火力的方位角、仰角、射程、口径和误差距离。

（4）医疗领域。

光纤麦克风具有对磁场的抗干扰能力，是唯一可在核磁共振成像扫描过程中用于病人和医生之间进行通信的麦克风。

3．声音传感模块

1）概述

NEWLab 平台中的声音传感模块可以采集声音变化情况，将其转换为对应电压，并可通过放大、比较电路输出电平。其实物及结构如图 2-1-12 所示。

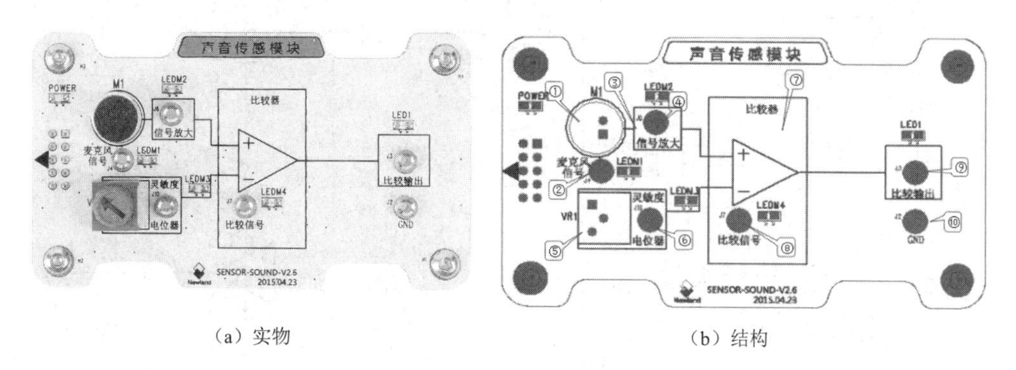


（a）实物　　（b）结构

图 2-1-12　声音传感模块

图 2-1-12（b）中各部分的名称及功能如下。

① 麦克风输入。

② 麦克风信号接口 J4，测量麦克风输出的音频信号。

③ 信号放大电路。

④ 信号放大接口 J6，测量音频信号经过放大后叠加在直流电平上的信号，即比较器 1 的负端输入电压。

⑤ 灵敏度调节电位器。

⑥ 灵敏度测试接口 J10，测量可调电阻可调端输出电压，即比较器 1 的正端输入电压。

⑦ 比较电路。

⑧ 比较信号测试接口 J7，测量比较器 1 的输出电压。

⑨ 比较输出测试接口 J3，测量比较器 2 的输出电压。

⑩ 接地接口 J2。

2）工作原理

声音信号通过驻极体话筒转化为电压信号，经放大后从比较器 1 的反相端输入，其输出电压经过比较后从比较器 2 的 J3 接口输出，如图 2-1-13 所示。

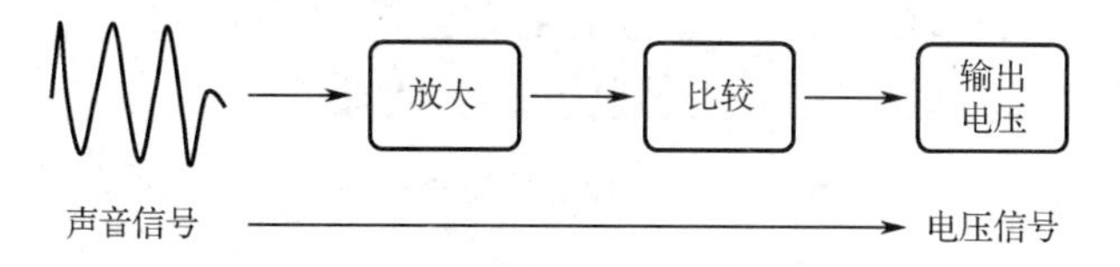


图 2-1-13　声音传感模块工作原理示意图

声音传感模块电路图如图 2-1-14 所示。当驻极体话筒没有检测到声音时，通过测量 J4 和 J3 的对地电压可知，两者相差不大，均为低电平。当驻极体话筒检测到声音时，通过测量 J4、J6、J3 的对地电压可知，经过信号放大和两次反相比较后，输出端的电压远高于麦克风信号的初始电压。由此可知，可以通过判断输出端的高、低电平来检测声音的有无。

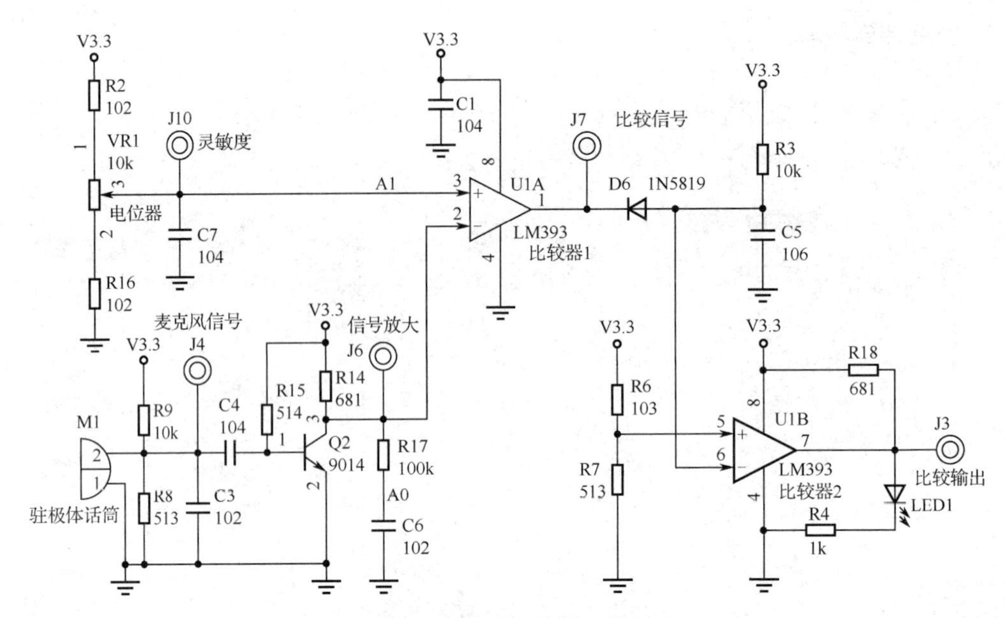


图 2-1-14　声音传感模块电路图

**测一测**

声音传感器的信号检测依据是什么？涉及哪些环节？

**想一想**

生活中还有哪些用到声音传感器的场景？

### 4．楼道灯光系统结构分析

要实现声控 LED 的亮灭，需要解决声音采集、信号处理、数据输出、点亮 LED 等问题。本任务使用声音传感模块采集声音信号，将其输出的开关量信号送至 CC2530 的 I/O 端口；由 CC2530 判断声音信号的情况，控制 LED 的点亮与熄灭。其中，楼道灯采用 ZigBee 模块上的“连接”指示灯模拟，楼道灯光系统结构如图 2-1-15 所示。

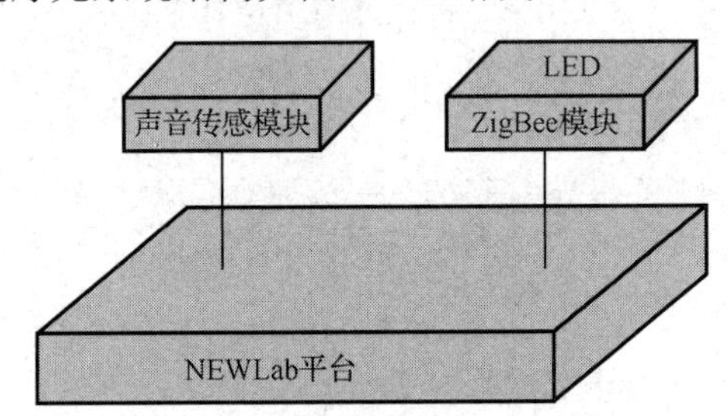


图 2-1-15　楼道灯光系统结构

### 5．楼道灯光系统硬件连接

声音传感模块作为控制源，将采集到的声音信号放大后与比较器 1 的阈值电平对比，据此判断声音信号的强弱；当声音信号超过阈值电平时，比较器 2 输出端产生有效信号，并经 P1_2 引脚输入 CC2530；CC2530 的 P1_0 引脚与“连接”指示灯相连，处于 GPIO 输出状态。声音传感模块比较器 2 的 J3 接 ZigBee 模块的 J15（OUT1）。楼道灯光系统硬件连接图如图 2-1-16 所示。

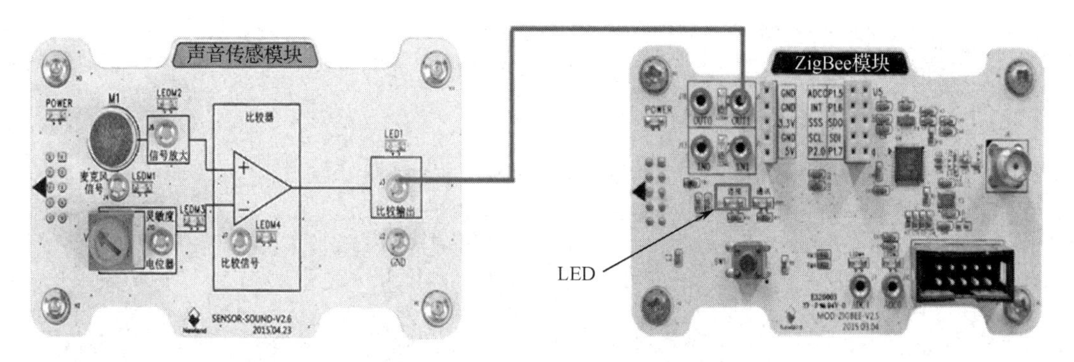


图 2-1-16 楼道灯光系统硬件连接图

### 6. 楼道灯光系统程序设计与分析

楼道灯光系统程序流程图如图 2-1-17 所示。

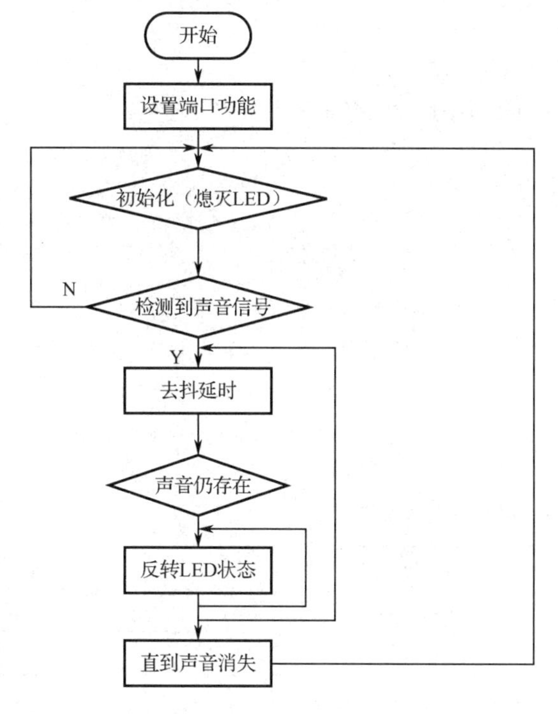


图 2-1-17 楼道灯光系统程序流程图

程序依次完成 I/O 端口功能配置和初始化、去抖、声音采集、确认声音信号超过阈值时控制 LED 状态反转、再次熄灭 LED，如此循环。主函数如下，其中延时函数可参考项目一任务二。

```
1.  /*************************************************************
2.  函数名称：main
3.  功  能：程序主函数
4.  入口参数：无
5.  出口参数：无
6.  返 回 值：无
```

```
7.     ***************************************************************/
8.     void main(void)
9.     {
10.      P1SEL &= ~0x05;              //设置 P1_0 和 P1_2 引脚为通用 I/O 引脚
11.      P1DIR |= 0x01;               //设置 P1_0 引脚为输出引脚
12.      P1DIR &= ~0x04;              //设置 P1_2 引脚为输入引脚
13.      P1INP &= ~0x04;              //设置 P1_2 引脚为上拉或下拉
14.      P2INP &= ~0x40;              //设置 P1 端口所有引脚使用上拉
15.      LED1 = 0;                    //熄灭 LED1
16.      while(1)                     //程序主循环
17.      {
18.        if(SoundSensor == 0)       //如果输出低电平
19.        {
20.          delay(100);              //为去抖进行延时
21.          if(SoundSensor == 0)     //经过延时后输出仍为低电平
22.          {
23.            LED1 = ~LED1;          //反转 LED1 的亮灭状态
24.            while(!SoundSensor);   //等待输出状态反转
25.          }
26.        }
27.      }
28.    }
```

## 任务实施

### 设备与资源准备

任务实施前必须先准备好以下设备和资源。

| 序　号 | 设备/资源名称 | 数　量 | 是否准备到位 |
|---|---|---|---|
| 1 | ZigBee 模块 | 1 | |
| 2 | CC Debugger | 1 | |
| 3 | 具备 IAR 开发环境的主机 | 1 | |
| 4 | 声音传感模块 | 1 | |

**1．硬件环境搭建**

声音传感模块的比较输出结果除了与外界声音的有无和强度有关，还与声音采集灵敏度有关。声音采集灵敏度的设置方法如下。

（1）将数字式万用表调至电压挡（直流 V 挡），将红表笔接 J10，黑表笔接 J2（GND），如图 2-1-18 所示。

（2）调节可调电阻 VR1，对电路进行调零操作，设置灵敏度。注意：表笔的接口如果接反，则检测结果为负数。

（3）灵敏度设定后，后续测试不可再调节电位器。

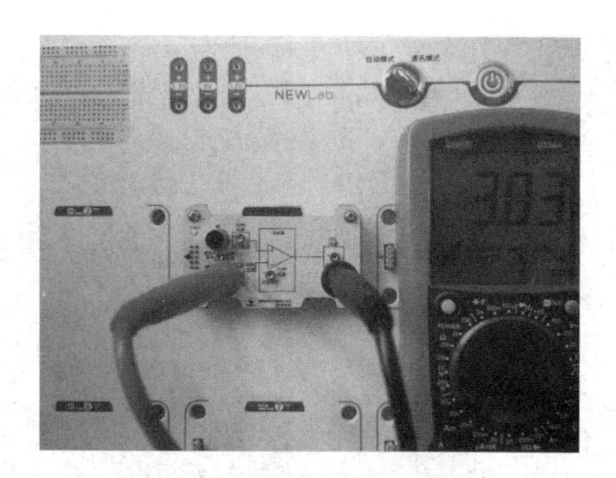

图 2-1-18 连接数字式万用表

### 2．程序编译及连接

进行程序编译与连接，直到“Messages”中显示“Errors0, Warnings0”，说明程序编译、连接成功。

### 3．下载程序

用 CC Debugger 的下载线连接 ZigBee 模块与主机 USB 接口，如图 2-1-19 所示。下载步骤与项目一相同，这里不再详述。

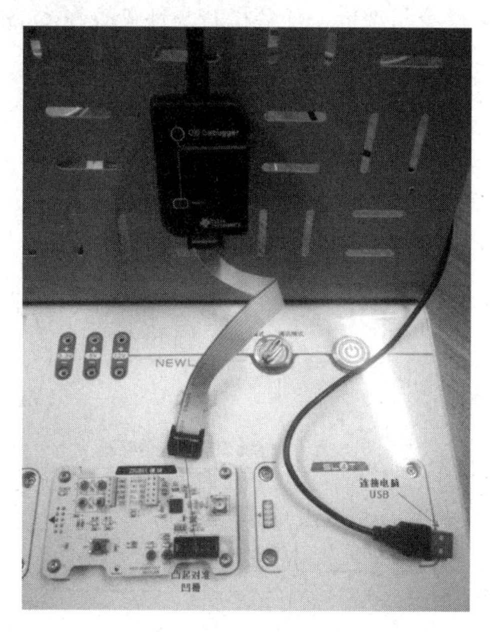

图 2-1-19 硬件连接

### 4．结果验证

程序烧写完成后，在主机上进行程序调试。

（1）单击单步调试图标，逐条执行代码，观察 LED 的亮灭。

（2）将 ZigBee 模块断电后再通电，将程序烧写在 CC2530 中，观察声音对 LED 亮灭的控制情况，如图 2-1-20 所示。

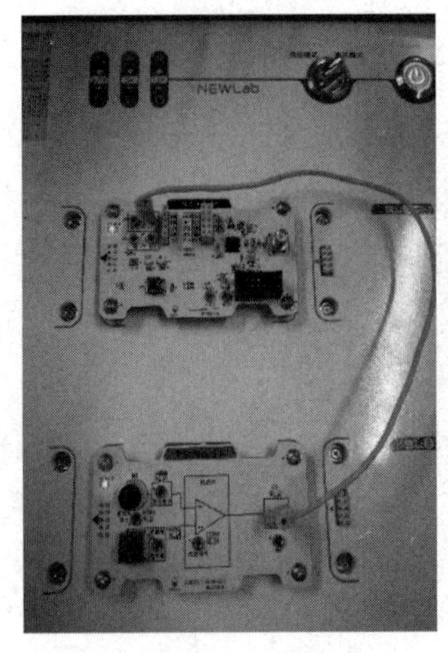


(a) 无声音输入时

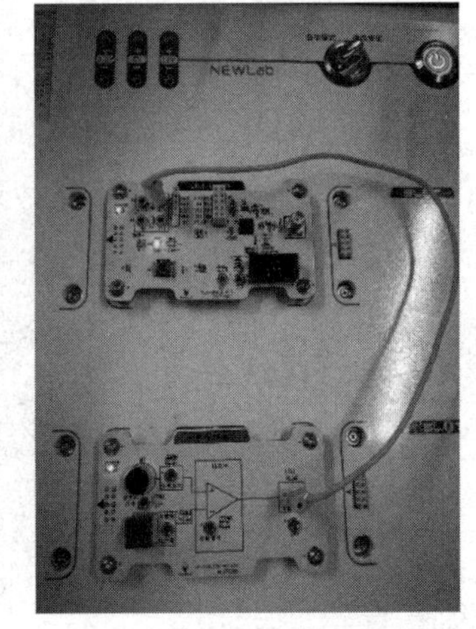


(b) 有声音输入时

图 2-1-20 结果验证

## 任务检查与评价

完成任务后，进行任务检查与评价，任务检查与评价表在本书配套资源中。

## 任务小结

### 知识与技能提升

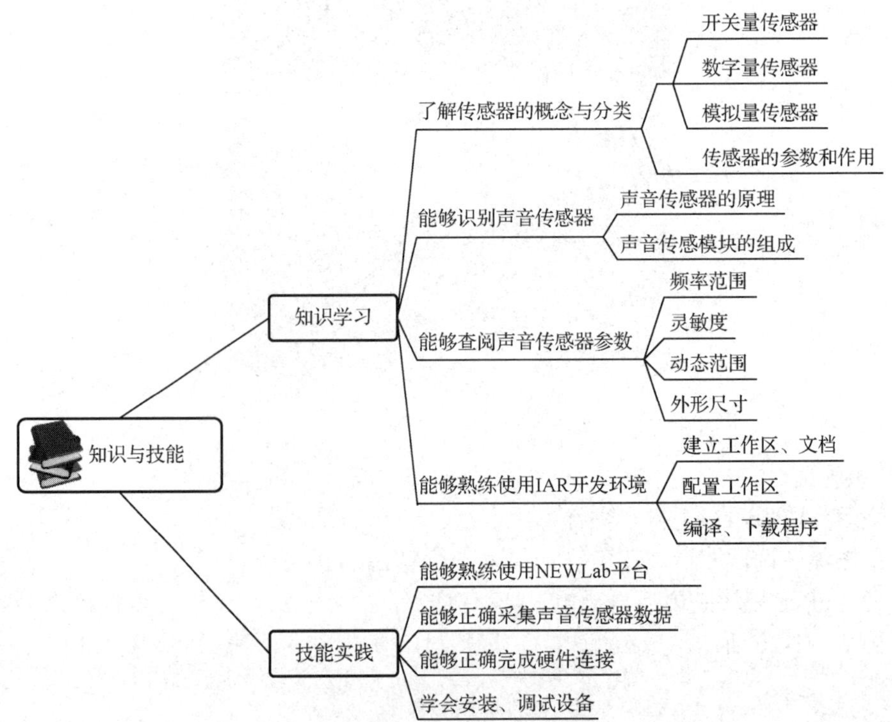

# 任务二　使用光照传感器控制楼道灯

## 职业能力目标

- 能够识别光照传感器。
- 能够理解光照传感器的工作原理。
- 能够正确采集光照传感器的数据。
- 学会安装、调试控制设备和执行设备。

## 任务描述与要求

任务描述：

楼道灯光系统通过加装声音传感器实现声控后，给小区居民的生活带来了极大的便利，受到了小区业主的一致好评。但一楼业主提出了新的问题。业主王先生所住的一楼楼道，由于外部高层建筑的遮挡导致光线昏暗，每次回家至楼道口都要故意跺脚或者拍手制造出点声响才能让楼道灯点亮，既麻烦又打扰邻居。大家希望新大陆科技有限公司拿出更好的解决方案。经过现场调研，公司决定使用光照传感器实现光控楼道灯光系统。

任务要求：

- 使用光照传感器采集光照度数据，在主机端显示光照度的 A/D 值。
- 基于光照传感器和 ZigBee 模块，搭建光控楼道灯光系统。
- 完成系统控制程序的开发与调试。
- 完成测试程序的烧写，实现楼道灯光系统光控功能。

## 任务分析与计划

根据所学相关知识，完成本任务的实施计划。

| 项目名称 | 楼道灯光系统 |
|---|---|
| 任务名称 | 使用光照传感器控制楼道灯光 |
| 计划方式 | 分组完成、团队合作、分析调研 |
| 计划要求 | 1．能理解光照传感器的结构与原理<br>2．能完成硬件搭建与连接<br>3．能熟练使用 IAR 开发环境创建工作区和项目，完成参数设置<br>4．能完成光控楼道灯光系统的程序编写和调试<br>5．能分析项目的执行结果，归纳所学的知识与技能 |
| 序　　号 | 主 要 步 骤 |
| 1 | |
| 2 | |

续表

| 序　号 | 主要步骤 |
| --- | --- |
| 3 | |
| 4 | |
| 5 | |
| 6 | |
| 7 | |
| 8 | |

光作为一种电磁波，按频率从低到高分为无线电波、红外线、可见光、紫外线、X射线、γ射线等。人眼可以感知的可见光只是电磁波频谱中很小的一段，波长为400～760nm。

1．光照度

光照度（简称照度）表示照射在单位面积上的光通量。光照度的单位为lx（勒克斯），也有用lux的，$1lx=1lm/m^2$。夏季阳光直射下光照度可达60000～100000lx，没有太阳的室外光照度为1000～10000lx，室内光照度为100～550lx，夜间满月下光照度为0.2lx。白炽灯每瓦大约可发出12.56lx的光，荧光灯的发光效率是白炽灯的3～4倍。

在工农业生产及日常生活中经常需要测量光照度。例如，在智慧农业大棚中，需要将光照度控制在适合农作物生长的范围内。通过无线光照度智能监测和控制系统，能够自动监测环境的光照度，同时可以根据要求自动控制室内外遮阳、加温、补光等设备，实现信息化、智能化远程管理。

2．光照传感器

光照传感器是利用光敏元件将光信号转换为电信号的传感器，具有非接触、响应快、性能可靠等特点，在自动控制和非电量电子技术中占有非常重要的地位。光照传感器是目前产量最大、应用最广的传感器之一。光照传感器及其应用场景如图2-2-1所示。

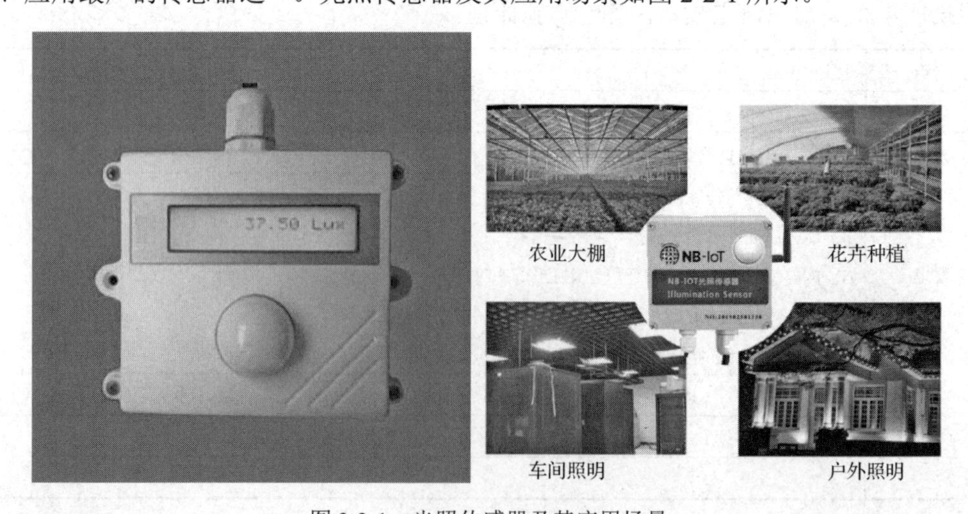


图2-2-1　光照传感器及其应用场景

光照传感器主要分为光电管、光电倍增管、光敏电阻、光敏三极管、光电池、红外线传感器、紫外线传感器、光纤式光电传感器、色彩传感器、CCD、CMOS 图像传感器等。如图 2-2-2 所示为常见的光照传感器。

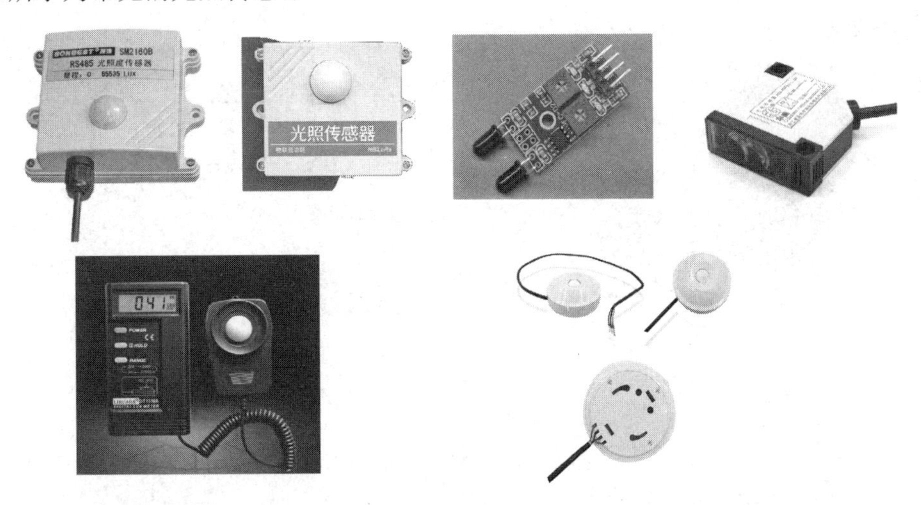


图 2-2-2　常见的光照传感器

1）工作原理

光由具有一定能量的粒子（光子）组成。光照射在物体表面上时，物体受到一连串的光子轰击。光电效应就是金属内部的电子被光子踢出来而形成光电流的现象。从能量转化的角度来看，这是一个光能转化为电能的过程。光电效应如图 2-2-3 所示。

光电效应通常分为内光电效应、外光电效应和光生伏特效应。在光线的作用下，电子吸收光子能量从键合状态过渡到自由状态，引起材料内部电导率的变化，这种现象称为内光电效应，又称光电导效应。基于这种效应的光电器件有光敏电阻等。光电管和光电倍增管因为有电子溢出形成了光电流，所以属于外光电效应。在光线的作用下，能够产生一定方向的电动势的现象称为光生伏特效应。如图 2-2-4 所示为光电效应分类。

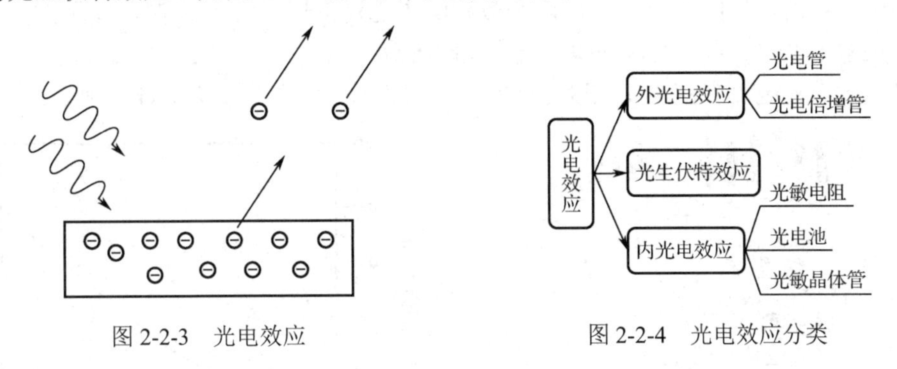


图 2-2-3　光电效应　　图 2-2-4　光电效应分类

2）结构

光照传感器由敏感元件、转换元件、转换电路等组成，其中敏感元件采用光敏材料制成，能产生光电效应。光照传感器分为多种类型，常用的光照传感器有光敏电阻、光敏二极管、光敏三极管等。

（1）光敏电阻。

光敏电阻简称光电阻，又称光导管，是一种特殊的电阻，在电路中用“R”“RS”或“RC”表示。光敏电阻通常由光敏层、玻璃基片（或陶瓷基板）及电极等组成，外层由树脂胶封装，其结构如图 2-2-5 所示。

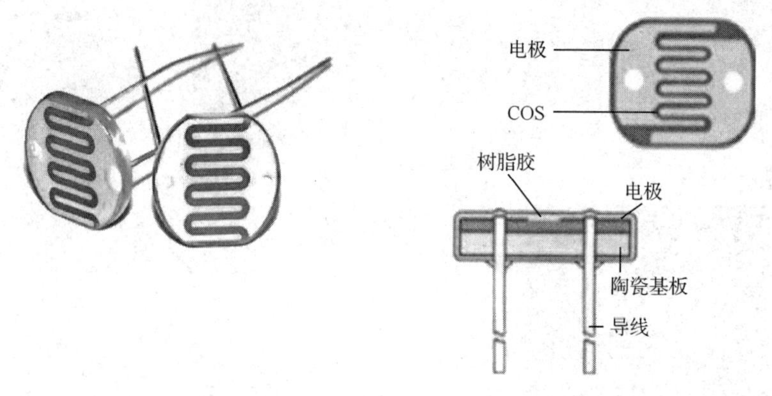


图 2-2-5　光敏电阻的结构

为获得较高的灵敏度，光敏电阻的电极常采用梳状结构，其电阻值和光线的强弱有直接关系。当有光线照射时，电阻内原本处于稳定状态的电子受到激发，成为自由电子。光线越强，自由电子越多，电阻值越小。光敏电阻通常制成薄片，以便吸收更多的光能。

（2）光敏二极管。

光敏二极管的结构与普通二极管相似，是一种利用 PN 结单向导电性的结型光敏器件。封装在透明玻璃外壳中的 PN 结装在二极管的顶部，可直接受到光照，在电路中一般处于反向工作状态，如图 2-2-6（a）所示。无光照射时，光敏二极管处于截止状态；有光照射时，光敏二极管处于导通状态。具体而言，光敏二极管在没有光照射时，只有少数载流子在反向偏压的作用下越过阻挡层形成微小的反向电流（也称暗电流），即反向电阻很大且反向电流很小，光敏二极管处于截止状态。光敏二极管被光照射时，PN 结附近受光子轰击而产生电子空穴对，在外加反向偏压和内电场的作用下 P 区的少数载流子越过阻挡层进入 N 区，N 区的少数载流子越过阻挡层进入 P 区，从而使通过 PN 结的反向电流大大增加，形成光电流。光照度越大，光电流强度越大。光电流强度与光照度之间基本呈线性关系，如图 2-2-6（b）所示。

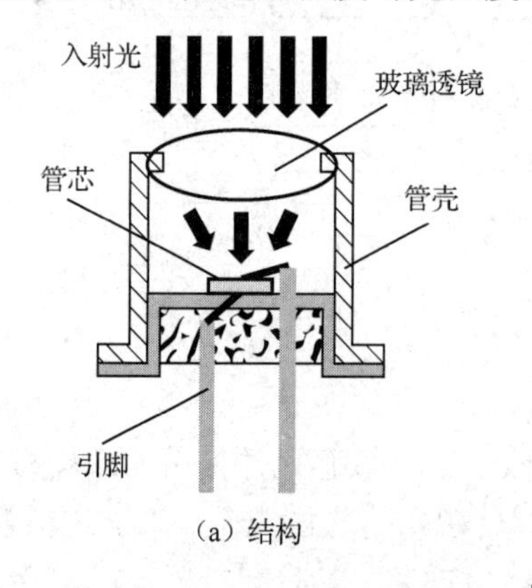


（a）结构

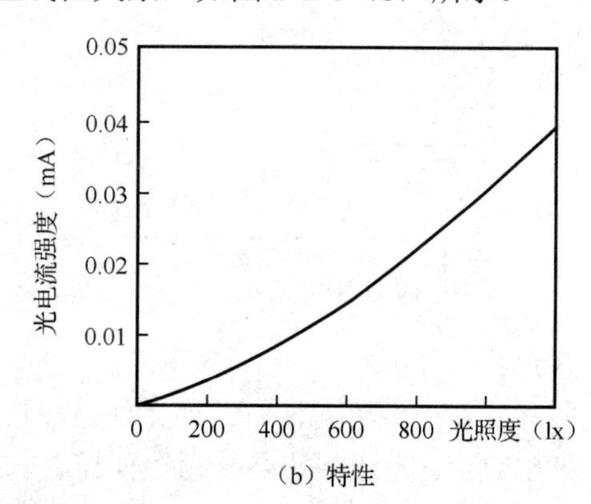


（b）特性

图 2-2-6　光敏二极管

（3）光敏三极管。

光敏三极管实物、结构、应用电路如图 2-2-7 所示，其与普通三极管相似，具有电流放大的作用，区别在于光敏三极管有一个对光敏感的 PN 结作为感光面（俗称光窗），集电极电流不仅受基极电路控制，也受光辐射的控制。

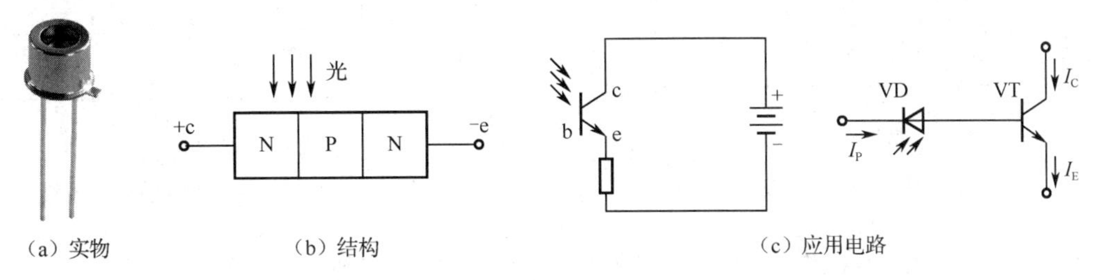


图 2-2-7　光敏三极管

光敏三极管分为三根引线的和两根引线的两种，通常两根引线的基极不引出。光敏三极管也分 NPN 和 PNP 两种管型。以 NPN 型为例，工作时，集电结反向偏置，发射结正向偏置。无光照时仅有很小的穿透电流流过，当有光照射到集电结上时，在内建电场的作用下将形成很大的集电极电流。光敏三极管实际上相当于一个在基极和集电极之间接有光敏二极管的三极管，当光照射到 PN 结附近时，由于光生伏特效应，PN 结产生光电流。光敏三极管与光敏二极管相比，光敏三极管灵敏度更高，光敏二极管光照特性的线性度更好。

在光照度小时光敏三极管光电流强度随光照度的增大上升缓慢，光照度大时又趋于饱和，只在某一光照度范围内有较好的线性度。

3）工作参数

以光敏电阻为例，光照传感器主要参数如下。

（1）光电流、亮电阻。

光敏电阻在一定的外加电压下，有光照射时流过的电流称为光电流。外加电压与光电流强度之比称为亮电阻。

（2）暗电流、暗电阻。

光敏电阻在一定的外加电压下，没有光照射时流过的电流称为暗电流。外加电压与暗电流强度之比称为暗电阻。

（3）灵敏度。

灵敏度指光敏电阻的暗电阻与亮电阻的相对变化值，光电流为亮电流和暗电流的差。光敏电阻的灵敏度较高，则光电流强度较大。另外，光敏电阻易受湿度的影响，因此采用玻璃壳体封装。

（4）光谱特性。

光敏电阻的光谱特性如图 2-2-8 所示。从图中可看出，光敏电阻对入射光的光谱有选择作用，即光敏电阻对不同波长入射光的相对灵敏度不同。

（5）光照特性。

光敏电阻的光照特性如图 2-2-9 所示。从图中可看出，随着光通量的增大，光敏电阻的光电流强度也增大。若进一步增大光通量，则光电流强度的变化趋于平缓。大多数情况下该特性是非线性的。

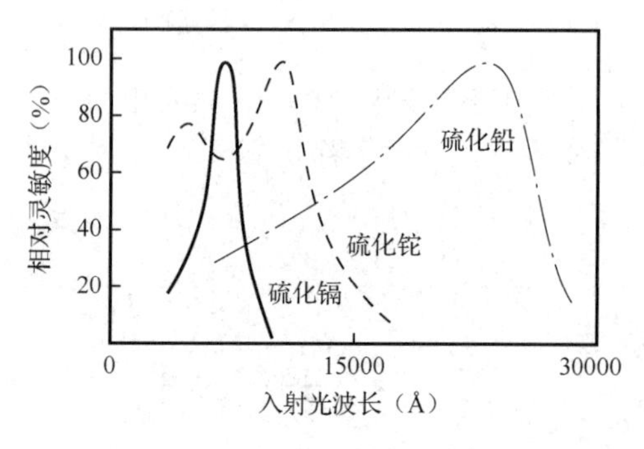


图 2-2-8　光敏电阻的光谱特性

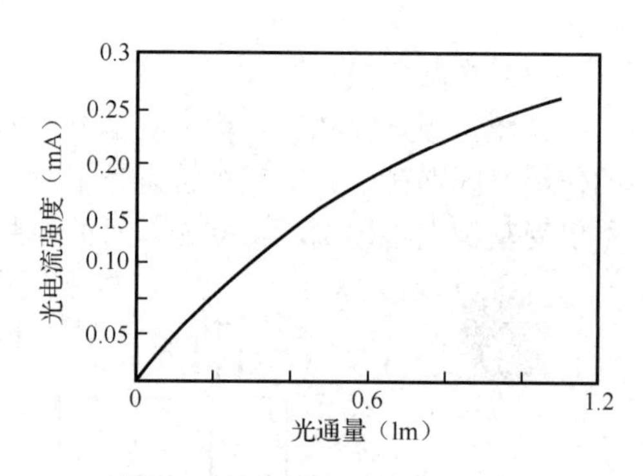


图 2-2-9　光敏电阻的光照特性

表 2-2-1、表 2-2-2 列出了 GB5-A1E 光照传感器的额定参数和光电参数。

**表 2-2-1　GB5-A1E 光照传感器额定参数（25℃）**

| 参数名称 | 符　号 | 额定值 | 单　位 |
|---|---|---|---|
| 反击穿电压 | $V_{(BR)CEO}$ | 30 | V |
| 正向电流 | $I_{CM}$ | 30 | mA |
| 最大功率 | $P_{CM}$ | 50 | mW |
| 工作温度范围 | $T_{opr}$ | -40～85 | ℃ |
| 储存温度 | $T_{stg}$ | -40～100 | ℃ |
| 工作温度 | $T_{amb}$ | -25～70 | ℃ |
| 焊接温度（5s） | $T_{sol}$ | 260 | ℃ |

**表 2-2-2　GB5-A1E 光照传感器光电参数（25℃）**

| 参数名称 | | 符　号 | 测试条件 | 最小值 | 典型值 | 最大值 | 单　位 |
|---|---|---|---|---|---|---|---|
| 暗电流 | | $I_{drk}$ | 0lx，$V_{dd}$=10V | — | — | 0.2 | mA |
| 亮电流 | | $I_{ss}$ | $V_{dd}$=5V，10lx，$R_{ss}$=1kΩ | 2 | 4 | 8 | μA |
| | | | $V_{dd}$=5V，100lx，$R_{ss}$=1kΩ | 20 | 40 | 80 | |
| 感光光谱 | | λ | — | — | 880 | 1050 | nm |
| 响应速度 | 上升 | $t_r$ | $V_{dd}$=10V，$I_{ss}$=5mA，$R_L$=100Ω | — | 4 | — | μs |
| | 下降 | $t_f$ | | — | 4 | — | μs |

4）应用情况

光照传感器广泛用于导弹制导、天文探测、光电自动控制、极薄零件厚度检测、光照度测量、光电计数及光电跟踪等。如图 2-2-10 所示为手机光线感应器。

图 2-2-10　手机光线感应器

**3．数据采集系统**

1）模拟信号与数字信号

所有信号都是随时间改变的物理量。自然界中的信号有状态、速率、电平、形状、频率、成分等。根据信号承载信息方式的不同可以将信号分为模拟信号与数字信号，两类信号的时变特性如图 2-2-11 所示。数字信号是幅值离散的信号，易于存储，便于逻辑计算，抗干扰能力强；模拟信号是信号波形随着信息的变化而变化，在幅值上连续，在时间上可连续也可不连续的信号，其分辨率高，难存储，抗干扰能力弱。

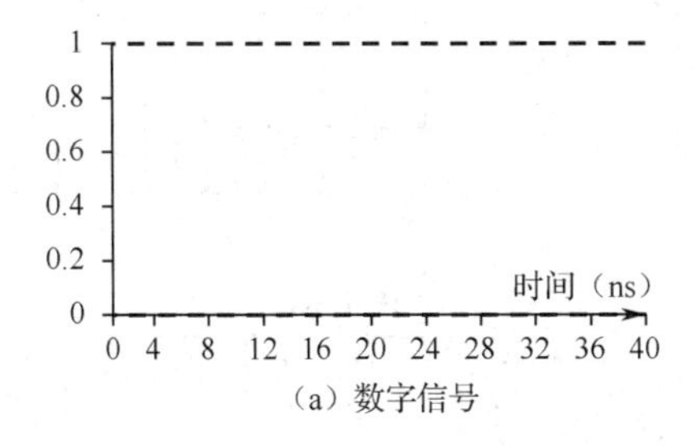

（a）数字信号

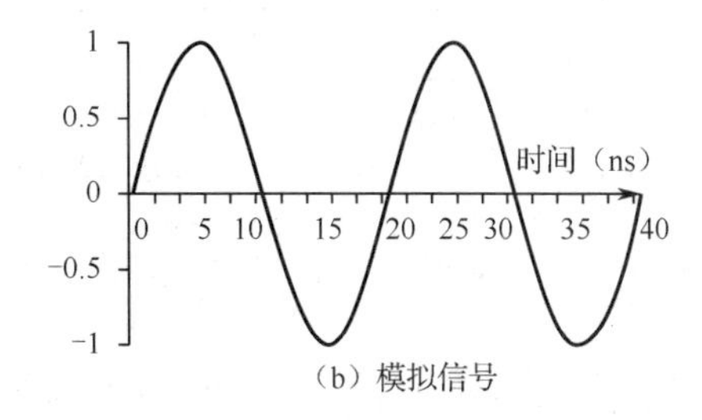

（b）模拟信号

图 2-2-11　模拟信号和数字信号的时变特性

2）数据采集

数据采集是指从传感器和其他待测设备等模拟和数字被测单元中自动采集非电量或者电量信号，送到上位机中进行分析、处理。数据采集系统是结合基于计算机或者其他专用测试平台的测量软硬件产品来实现数据采集的系统。如图 2-2-12 所示，数据采集系统由传感器、上位机、执行器等组成，其中数据经 MCU 处理后送至上位机显示。

下面以工业生产中的设备数据采集为例来说明数据采集系统的工作原理。在工业生产中需要实时了解设备数据，判断设备是否正常运转。数据采集系统可安装于要监控的设备处，通过传感器采集设备的电压、电流并保持一定时间后送入 A/D 转换器转换为数字信号，然后送入寄存器。MCU 程序读取寄存器中的数据，经其 I/O 接口送给上位机进一步处理或显示。考虑多台设备监控的需要，数据采集系统可以设置多路采集通道，使采集到的数据经过开关选通后进入 A/D 转换器。

单片机及其中运行的处理程序是整个控制系统的核心，负责采集通道的切换、A/D 转换器的启停、转换后的数据在存储器中的存放地址的生成及发送、产生中断请求以通知单片机读取数据等。

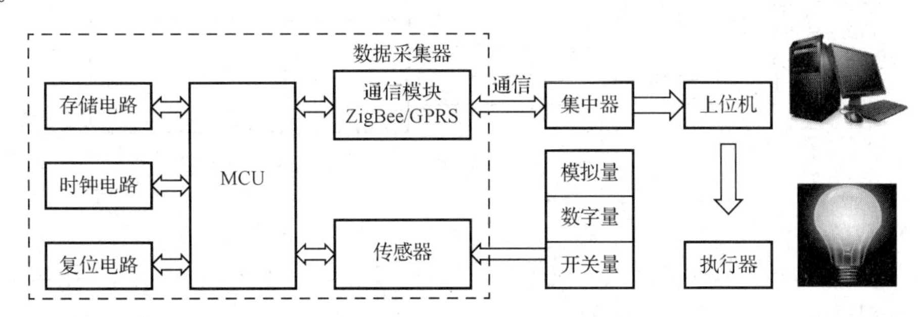


图 2-2-12　数据采集系统的结构

3）模数转换

模拟信号是随时间连续变化的。单片机只能接收数字信号，因此在采集光照度等模拟信号时要进行 A/D 转换，即对采集到的模拟信号进行采样、量化、编码等一系列处理，将其转换为数字信号，转换过程如图 2-2-13 所示。将转换后得到的数字信号传送到单片机寄存器中，才能完成程序处理。

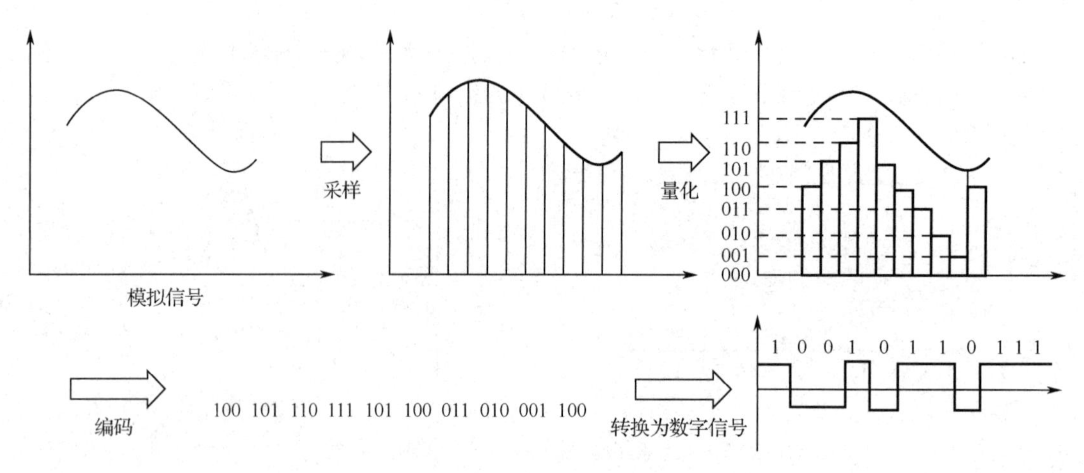

图 2-2-13 模数转换过程

4）CC2530 的 ADC 模块

模数转换即将输入的模拟信号转换为数字信号，通常简写为 ADC。CC2530 的 ADC 相关寄存器包括控制寄存器（ADCCON1、ADCCON2 和 ADCCON3）、转换数据寄存器（ADCH 和 ADCL）、端口配置寄存器（APCFG）、温度测试寄存器（TR0）、模拟测试控制寄存器（ATEST）等。CC2530 的 ADC 模块结构如图 2-2-14 所示。ADC 操作包括 ADC 输入、ADC 转换，以及对 ADC 转换结果的处理。

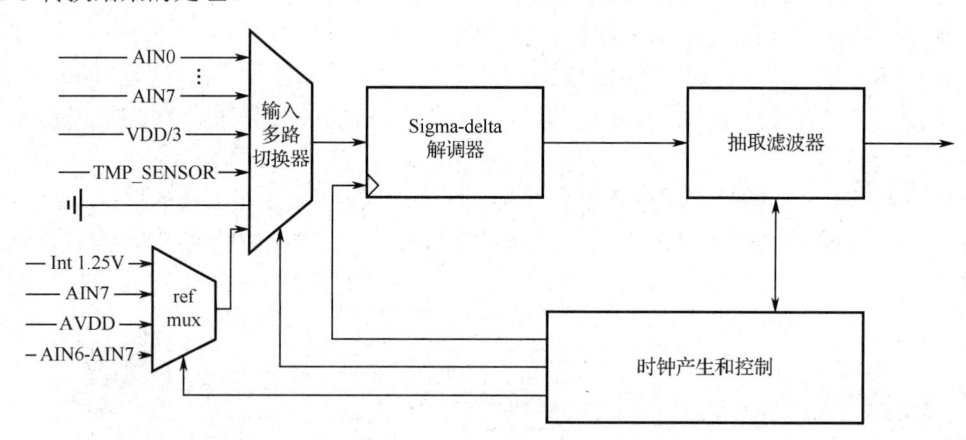

图 2-2-14 CC2530 的 ADC 模块结构

（1）ADC 输入。

ADC 寄存器有 AIN0～AIN7 共 8 路输入。AIN0 和 ANI1、AIN2 和 AIN3、AIN4 和 AIN5、AIN6 和 ANI7 又可组成四组差分输入。

由于 ADC 的 AIN 引脚设定在 P0 端口，因此需要对 P0 端口的寄存器进行配置。相关引脚有 AIN0～AIN7，可以把这些引脚配置为单端或差分输入。ADC 使用哪个通道进行输入由寄存器 ADCCON2（连续转换）和 ADCCON3（单次转换）决定。

若要设定 AIN0～AIN7 对应某个 I/O 引脚作为 ADC 输入，则必须在 APCFG 寄存器中将其设置为模拟输入引脚。

（2）ADC 转换。

CC2530 可以根据需要选择连续转换或单次转换。ADC 可以通过编程执行单次转换。每写入 ADCCON3 寄存器一次则触发一次转换，但如果转换序列也在进行中，则在连续序列转换完成后马上执行单次转换。例如，执行“ADCCON3=0xB0”，则设置模数转换采用 13 位分辨率，选择 AIN0 通道，参考电压为 3.3V；“ADCCON3=0xA0”，表示转换采用 11 位分辨率；“ADCCON3=0x90”，表示转换采用 9 位分辨率。

连续转换通过 DMA 把结果直接写入内存，无须 CPU 参与。实际任务中要用多少个通道通过 APCFG 寄存器来设置，未用到的通道在序列转换时将被跳过。

（3）ADC 转换结果。

ADC 转换结果以二进制补码形式表示，CC2530 支持多达 14 位的模拟转换，并且可以设置 7～12 位有效分辨率。

### 4．温度/光照传感模块

1）电路板

温度/光照传感模块电路板如图 2-2-15 所示，由光照传感器、可调电位器、两个高精度的电压比较器等组成。

各部分名称及功能如下。

① 温度/光照传感器。

② 基准电压调节电位器。

③ 比较器电路。

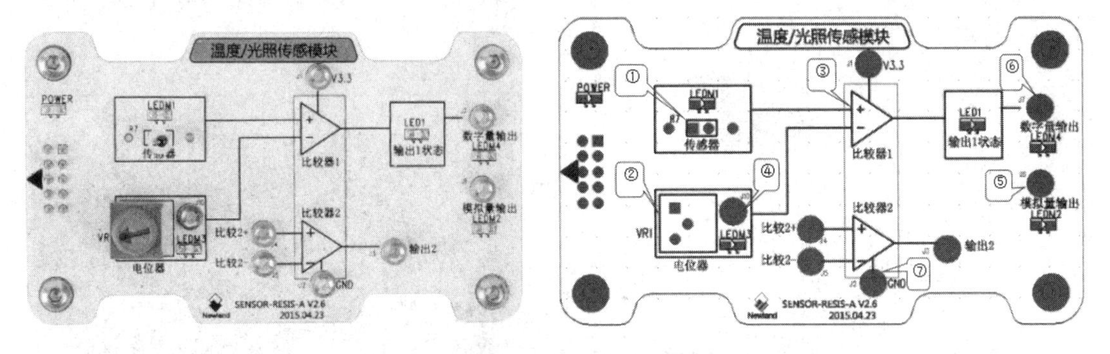


图 2-2-15　温度/光照传感模块电路板

④ 基准电压测试接口 J10，测试温度感应的阈值电压，即比较器 1 负端（3 脚）电压。

⑤ 模拟量输出接口 J6，测试热敏电阻两端的电压，即比较器 1 正端（2 脚）电压。

⑥ 数字量输出接口 J7，测试比较器 1 输出电压。

⑦ 接地接口 J2。

2）工作原理

温度/光照传感模块电路图如图 2-2-16 所示。LM393 是由两个独立的高精度电压比较器组成的集成电路，失调电压低，专为获得宽电压范围、单电源供电而设计，而且无论电源电压大小，电源消耗的电流都很低。由 LM393 构成双电压比较电路，两个电压信号分别通过 2、3 脚输入比较运放器，1 脚根据上述两脚的电压情况，输出相应的高电平或低电平。其中，2 脚输入电压为基准电压，可以通过调节 VR1 改变基准电压。3 脚输入电压受光照度影响。

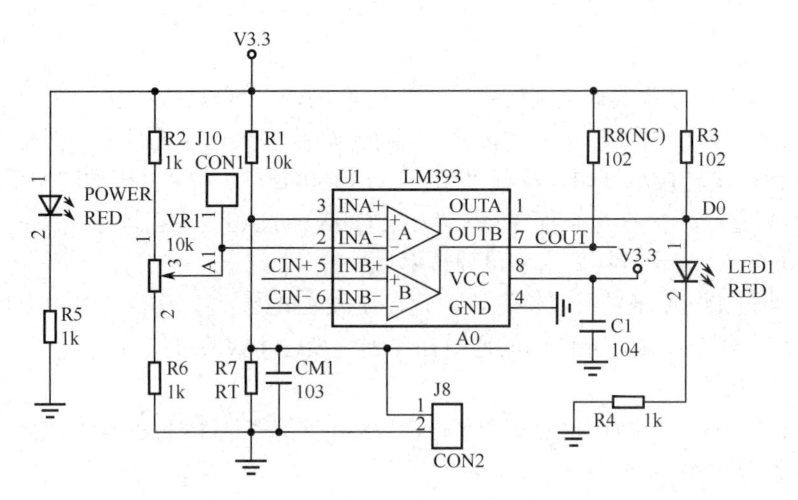


图 2-2-16　温度/光照传感模块电路图

**测一测**

光敏电阻的工作原理是什么？

**想一想**

生活中还有哪些用到光照传感器的场景？

### 5．光控楼道灯光系统结构分析

光控楼道灯光系统的结构和应用如图 2-2-17 所示，系统由温度/光照传感模块、ZigBee 模块、主机等组成。其中，NEWLab 平台为两个模块供电并将采集到的光照信号通过 CC2530 处理后传输给主机显示出来。

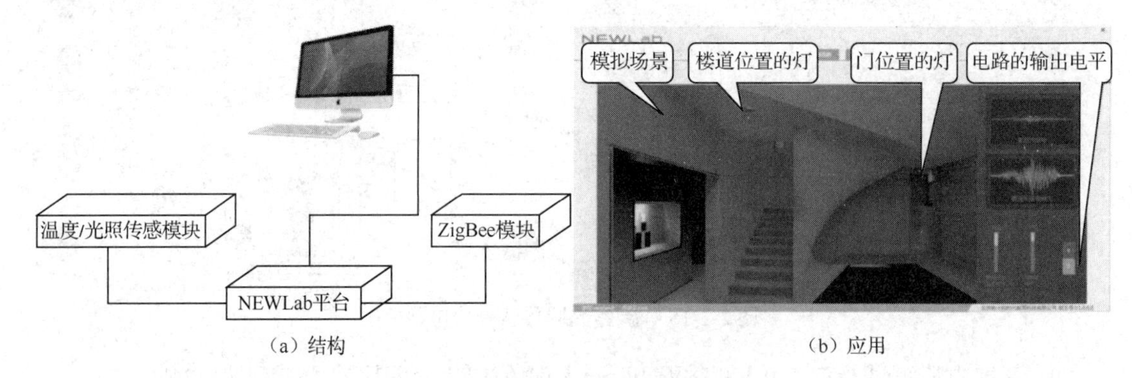


（a）结构　　（b）应用

图 2-2-17　光控楼道灯光系统的结构和应用

### 6．光控楼道灯光系统程序设计与分析

光控楼道灯光系统采用 ZigBee 模块上的“连接”指示灯模拟需要打开的楼道灯，如图 2-2-18 所示为两个模块的部分端口电路，通过程序控制 CC2530 的 P1_0 引脚输出高电平或低电平，使“连接”指示灯亮或灭，模拟控制楼道灯的点亮与熄灭。

由图 2-2-18 可以看出，两个模块的连接采用单端输入的方式，将温度/光照传感模块和 ZigBee 模块固定在 NEWLab 平台上，用导线将温度/光照传感模块的 J6 与 ZigBee 模块的 J10 相连。然后编写 ADC 测量程序，并将 ADC 测量值在串口调试软件中显示出来。程序流程图如图 2-2-19 所示。

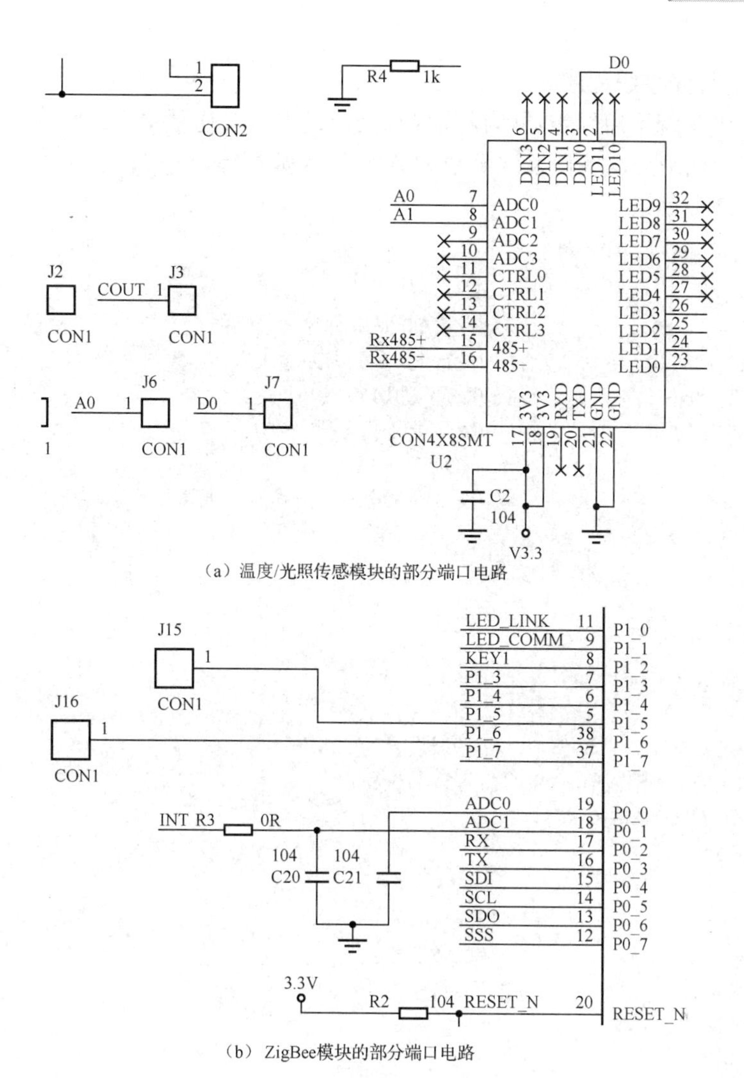


图 2-2-18　两个模块的部分端口电路

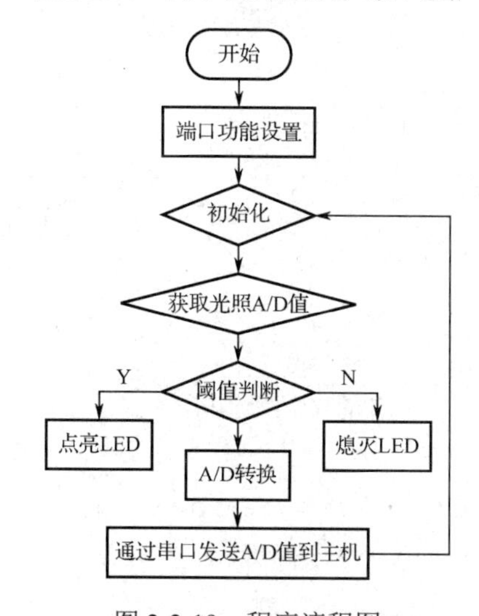


图 2-2-19　程序流程图

### 7．光控楼道灯光系统程序

光控楼道灯光系统采用异步通信模式将数据通过串口发送至主机。程序涉及 A/D 初始化函数、UART 初始化函数、串口发送函数和 A/D 转换函数等。

A/D 初始化函数如下。

```
1.  void initial_AD()
2.  {
3.    P0SEL|=(1<<0);                //设置 P0_0 引脚为外设功能
4.    P0DIR|=~(1<<0);               //设置 P0_0 引脚为输入方向
5.    APCFG|=0x01;                  //配置模拟 I/O 端口
6.                                  //清除中断标志位
7.                                  //ADCIF = 0;
8.                                  //设置参考电压、分辨率、通道，启动转换
9.    ADCCON3=0xB0;
10. }
```

UART 初始化函数如下。

```
1.  void initial_usart_tx()
2.  {
3.    CLKCONCMD &=~0x7F;          //晶振设置为 32MHz
4.    while(CLKCONSTA&0x40);      //等待晶振稳定
5.    CLKCONCMD &= ~0x47;
6.    PERCFG=0;
7.    P0SEL|=0x3C;
8.    P2DIR &= ~0xC0;
9.    U0CSR|=0xC0;                //UART 模式
10.   U0GCR = 9;                  //波特率为 19200
11.   U0BAUD=59;
12. // UTX0IF=0;
13. // IEN0=0x84;
14. }
```

串口发送函数如下。

```
1.  void usart_tx_string(char *data_tx,int len)
2.  {
3.    unsigned int j;
4.    for(j=0;j<len;j++)
5.    {
6.      U0DBUF = *data_tx++;
7.      while(UTX0IF==0);         //等待发送完成
8.      UTX0IF=0;                 //清除中断标志位
9.    }
```

A/D 转换函数如下。

```
1.  usart_tx_string(data,sizeof(data)); //发送串口数据
2.    while(1)
3.    {
```

```
4.      while(!(ADCCON1&0x80));                         //等待 A/D 转换完成
5.      adcvalue=(unsigned int)ADCL;                     //读取低位
6.      adcvalue|=(unsigned int)(ADCH<<8);               //高位和低位合并
7.          value = adcvalue>>2;                          //13 位分辨率，结果右对齐
8.       if(value > 2500)                                 //A/D 值大于 2500，LED 亮
9.       LED = 1;
10.    if(value < 2500)                                   //A/D 值小于 2500，LED 灭
11.      LED = 0;
12.                                                       //将采集到的光照度转换为 ASCII 码
13.    data[0]=value/10000+0x30;                          //万位
14.    data[1]=(value%10000)/1000+0x30;                   //千位
15.    data[2]=((value%10000)%1000)/100+0x30;             //百位
16.    data[3]=(((value%10000)%1000)%100)/10+0x30;        //十位
17.    data[4]=value%10+0x30;                             //个位
18.    data[5]='\n';
19.    delay(5000);                                       //把 A/D 值发送到主机
20.    usart_tx_string(data,6);                           //再次启动转换
21.   ADCCON3=0xB0;                                       //若没有此行代码则只转换一次
22.  }
```

## 任务实施

### 设备与资源准备

任务实施前必须先准备好以下设备和资源。

| 序　号 | 设备/资源名称 | 数　量 | 是否准备到位 |
|---|---|---|---|
| 1 | ZigBee 模块 | 1 | |
| 2 | CC Debugger | 1 | |
| 3 | 具备 IAR 开发环境的主机 | 1 | |
| 4 | 温度/光照传感模块 | 1 | |

#### 1．硬件环境搭建

如图 2-2-20 所示是硬件连线图。把温度/光照传感模块的 J6（模拟量输出）连接到 ZigBee 模块的 J10（ADC0），ZigBee 模块的 LED1 与内部 CC2530 的 P1_0 引脚相连，定义为输入端口，两个模块均通过 NEWLab 平台供电。NEWLab 平台与主机相连。

#### 2．串口调试

1）串口调试软件的作用

串口调试软件可以在主机上模拟串口的数据收发功能，广泛应用于产品出厂调试、设备维护、设备运行串口测试，以及单片机控制领域的数据监控、数据采集、数据分析等。

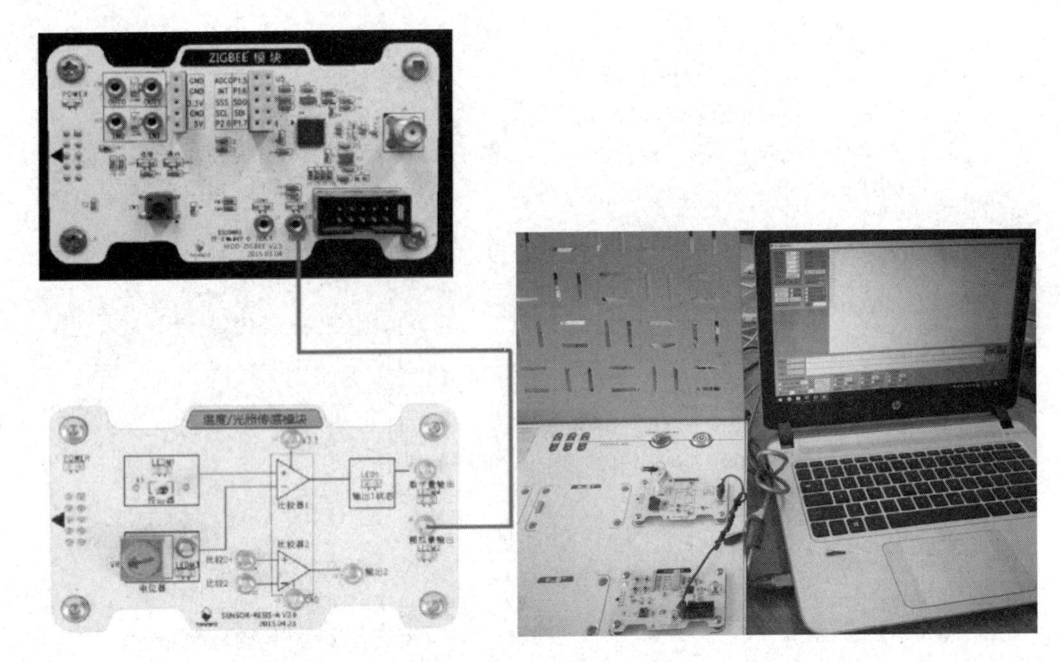


图 2-2-20　硬件连线图

2）串口调试软件的使用方法

（1）下载 ComMonitor.exe，启动后直接进入主界面（图 2-2-21）。

（2）依次设置调试的端口、波特率、数据位、校验位、停止位等参数。

（3）在主界面右侧可以看到发送的数据信息。

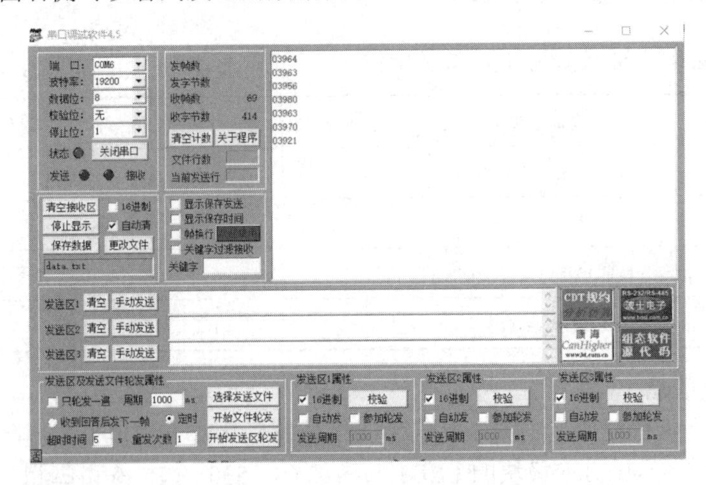


图 2-2-21　串口调试软件主界面

## 3．程序编译及连接

在完成开发环境搭建、工程配置、源文件编辑后，依次单击工具栏中的 和 图标进行程序的编译与连接，如图 2-2-22 所示。

## 4．下载程序

把 ZigBee 模块装入 NEWLab 平台，用 CC Debugger 的下载线连接 ZigBee 模块和主机 USB 接口。下载步骤与项目一一致，这里不再详述。

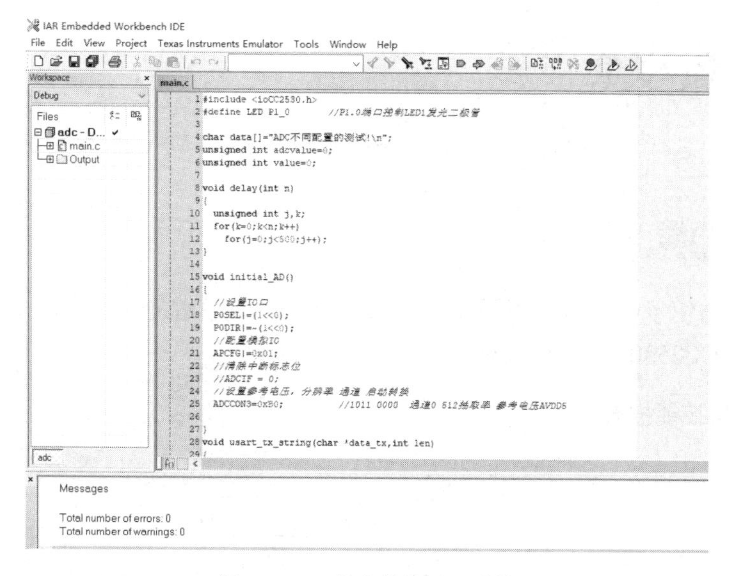


图 2-2-22 程序的编译、连接

### 5. 结果验证

程序烧写完成后，在主机端进行程序调试。

（1）单击单步调试图标，逐条执行代码，观察 LED 亮灭情况。

（2）将 ZigBee 模块断电后再通电，将程序烧写到 CC2530 中，观察光照强弱对 LED 亮灭的控制情况，如图 2-2-23 所示。

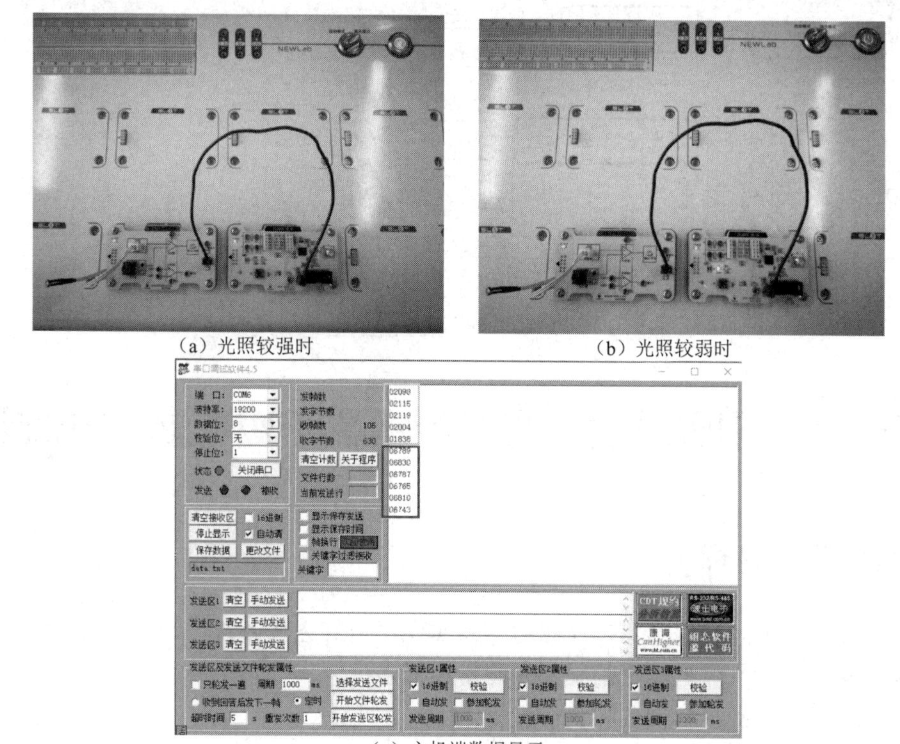

（a）光照较强时　　（b）光照较弱时

（c）主机端数据显示

图 2-2-23 结果验证

## 任务检查与评价

完成任务后，进行任务检查与评价，任务检查与评价表在本书配套资源中。

## 任务小结

本任务主要介绍了光照传感器的概念、原理及应用，并通过光照度数据的采集和串口显示进一步强化了 CC2530 相关寄存器的运用。

知识与技能提升

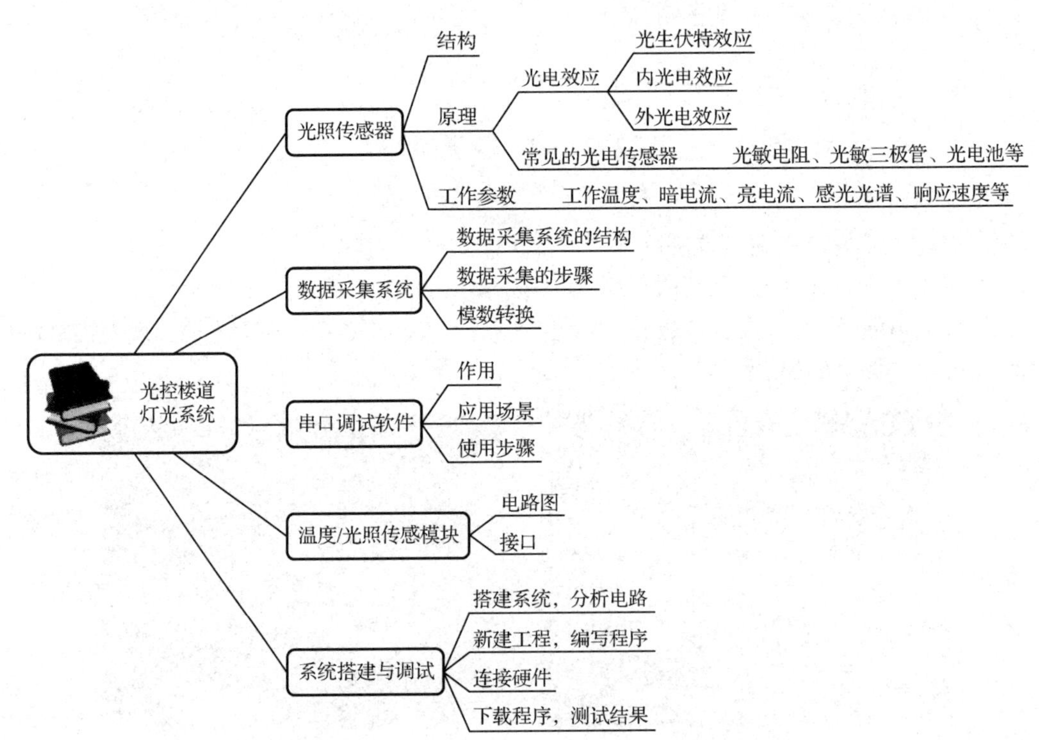


# 任务三　使用声音、光照传感器实现楼道灯光控制

## 职业能力目标

- 能够综合运用声音传感器、光照传感器实现楼道灯光控制。
- 能够熟练使用串口工具正确采集光照传感器数据。
- 学会安装、调试控制设备和执行设备。

## 任务描述与要求

**任务描述：**

老旧小区楼道灯光系统加装声音和光照传感器，实现了声控和光控后，两套控制系统单独作用，布线烦琐，浪费资源，而且不能满足不同楼层业主对灯光的多样化控制需求。高层的业主希望楼道灯白天即使有声音也不亮，低层的业主希望楼道灯晚上能够正常实现声控，在白天光线不好的时候也能够实现声控点亮，这样才能确保过往行人的安全。小区业主依据实际需求，对楼道灯光系统提出了新的修改要求。

物业经理王先生要求新大陆科技有限公司拿出修改后的解决方案。公司依据业主的要求，计划综合使用声音、光照传感器，实现楼道灯光系统的自动控制。

**任务要求：**

- 综合使用光照、声音传感器，实现楼道灯光系统的自动控制。
- 用串口实现光照传感器数据的采集及显示。
- 完成声光控制程序的开发与调试。
- 完成测试程序的烧写，实现楼道灯光系统的声光控制功能。

## 任务分析与计划

根据所学相关知识，完成本任务的实施计划。

| 项目名称 | 楼道灯光系统 |
|---|---|
| 任务名称 | 使用声音、光照传感器实现楼道灯光控制 |
| 计划方式 | 分组完成、团队合作、分析调研 |
| 计划要求 | 1．能建立主机与 ZigBee 模块的连接<br>2．能搭建 IAR 开发环境<br>3．能创建工作区和项目，完成参数设置<br>4．能完成任务相关程序的编写和调试<br>5．能分析执行结果，归纳所学的知识与技能 |
| 序　　号 | 主 要 步 骤 |
| 1 | |
| 2 | |
| 3 | |
| 4 | |
| 5 | |
| 6 | |
| 7 | |
| 8 | |

## 知识储备

目前市场上的声光控开关大多采用模拟电子技术，分立元件多，工作性能不稳定，平均使用寿命不长。如果采用继电器，虽然可控制较多的负载，但是因为频繁开关时启动电流非常大，易导致功率元件可控硅因过载而损坏。

利用单片机制作的声光控开关，不仅使硬件设备具有可扩展性，还可以直接用程序实现通断、延时等自动控制，使用过程中更加安全、节能、智能、便捷。图 2-3-1 和图 2-3-2 分别是利用单片机制作的声光控开关和市场上销售的声光控开关。

图 2-3-1　利用单片机制作的声光控开关

图 2-3-2　市场上销售的声光控开关

### 1．声光控楼道灯光系统结构分析

声光控楼道灯光系统由声音传感模块、温度/光照传感模块、ZigBee 模块、NEWLab 平台、主机等组成。其中，声音传感模块采集环境中的声音并产生开关量数据，温度/光照传感模块采集的光照度数据经 ADC 寄存器处理后转换成单片机能够识别的数字信号，二者经 CC2530 处理后通过 NEWLab 平台的串口传输给主机显示。系统结构如图 2-3-3 所示。

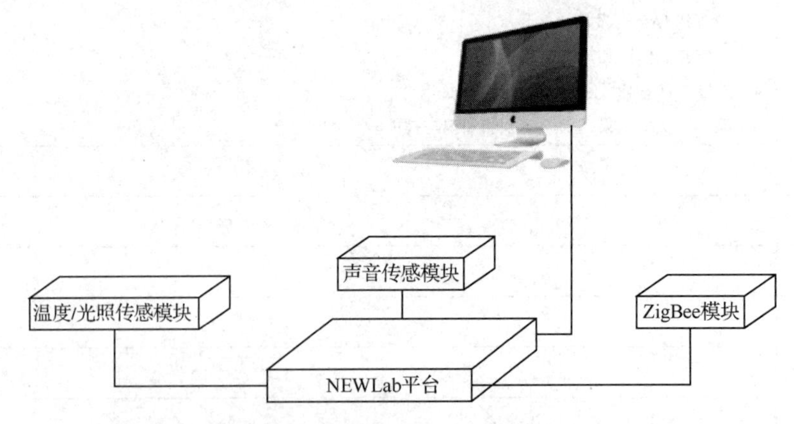


图 2-3-3　声光控楼道灯光系统结构

### 2．声光控楼道灯光系统程序设计与分析

声光控楼道灯光系统使用与 CC2530 的 P1_0 引脚相连的 LED 模拟楼道灯。温度/光照传感模块输出模拟信号，其输出端与 CC2530 的 ADC0 相连。通过 GPIO 端口、按键控制、中断

等实现声光控楼道灯光系统。主程序流程图如图 2-3-4 所示。

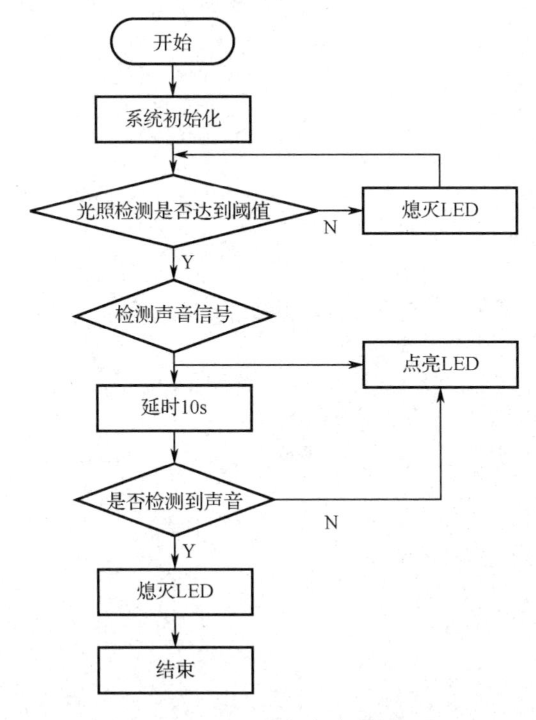


图 2-3-4　主程序流程图

要实现声光同时控制楼道灯，需要通过 I/O 端口、串口、A/D 转换等实现数据采集与处理，最终将 A/D 转换结果通过串口发送到主机。源文件“test.c”内容如下。

```
1.  #include "ioCC2530.h" //引用 CC2530 头文件
2.   #define LED (P1_0)    //LED 端口宏定义
3.  #define SoundSensor  (P1_5)    //声音端口宏定义
4.   char data[]="ADC 不同配置的测试!\n";
5.  unsigned int adcvalue=0;
6.  unsigned int value=0;
7.   /**************************************************************
8.  函数名称：delay
9.  功    能：软件延时
10. 入口参数：time--延时循环执行次数
11. 出口参数：无
12. 返 回 值：无
13. **************************************************************/
14. void delay(unsigned int time)
15. {
16.     unsigned int i;
17.     unsigned char j;
18.     for(i = 0;i < time;i++)
19.         for(j = 0;j < 240;j++)
20.         {
```

```
21.         asm("NOP");                    //asm 用来在 C 代码中嵌入汇编语言操作
22.         asm("NOP");                    //汇编命令 NOP 是空操作，消耗 1 个指令周期
23.         asm("NOP");
24.       }
25.   }
26.    void initial_AD()
27.   {
28.                                        //设置 I/O 端口
29.    P0SEL|=(1<<0);
30.    P0DIR|=~(1<<0);
31.                                        //配置模拟 I/O 端口
32.    APCFG|=0x01;
33.                                        //清除中断标志位
34.                                        //ADCIF = 0;
35.                                        //设置参考电压、分辨率、通道，启动转换
36.    ADCCON3=0xB0;
37.    }
38.    void usart_tx_string(char *data_tx,int len)
39.   {
40.    unsigned int j;
41.    for(j=0;j<len;j++)
42.    {
43.     U0DBUF = *data_tx++;
44.     while(UTX0IF==0);                  //等待发送完成
45.     UTX0IF=0;                          //清除中断标志位
46.    }
47.   }
48.    void initial_usart_tx()
49.   {
50.    CLKCONCMD &=~0x7F;                  //晶振设置为 32MHz
51.    while(CLKCONSTA&0x40);              //等待晶振稳定
52.    CLKCONCMD &= ~0x47;
53.    PERCFG=0;
54.    P0SEL|=0x3C;
55.    P2DIR &= ~0xC0;
56.    U0CSR|=0xC0;                        //UART 模式
57.    U0GCR = 9;                          //波特率为 19200
58.    U0BAUD=59;
59.                                        //UTX0IF=0;
60.                                        //IEN0=0x84;
61.   }
62.   /*************************************************************
63.   函数名称：main
64.   功    能：程序主函数
65.   入口参数：无
66.   出口参数：无
67.   返 回 值：无
```

```
68.  *************************************************************/
69.  void main(void)
70.  { unsigned int uart cnt = 0;
71.     P1SEL &= ~0x05;                    //设置 P1_0 和 P1_2 引脚为通用 I/O 引脚
72.     P1DIR |= 0x01;                     //设置 P1_0 引脚为输出引脚
73.     P1DIR &= ~0x04;                    //设置 P1_2 引脚为输入引脚
74.     P1INP &= ~0x04;                    //设置 P1_2 引脚为上拉或下拉
75.     P2INP &= ~0x40;                    //设置 P1 端口所有引脚使用上拉
76.      LED = 0;                          //熄灭 LED
77.                                        //串口初始化
78.     initial_usart_tx();
79.                                        //A/D 初始化
80.     initial_AD();
81.                                        //显示消息
82.     usart_tx_string(data,sizeof(data));
83.     while(1)                           //程序主循环
84.     {
85.                                        //等待转换完成
86.        while(!(ADCCON1&0x80));
87.                                        //获取 A/D 值
88.        adcvalue=(unsigned int)ADCL;
89.        adcvalue|=(unsigned int)(ADCH<<8);
90.        value = adcvalue>>2;
91.        if(value > 2500)
92.        {
93.         if(SoundSensor == 1)           //如果按键被按下
94.         {
95.              LED = ~LED; delay(200);   //反转 LED 的亮灭状态
96.              while(SoundSensor);       //等待按键松开
97.         }
98.        }
99.        else
100.       {
101.        LED = 0;
102.       }
103.       data[0]=value/10000+0x30;
104.       data[1]=(value%10000)/1000+0x30;
105.       data[2]=((value%10000)%1000)/100+0x30;
106.       data[3]=(((value%10000)%1000)%100)/10+0x30;
107.       data[4]=value%10+0x30;
108.       data[5]='\n';
109.       delay(5000);
110.       uart cnt++;
111.       if(uart cnt>25){
112.       usart_tx_string(data,6); uart cnt = 0;}    //把 A/D 值发送到主机
113.       ADCCON3=0xB0;                              //再次启动转换
114.    }
115. }
```

## 任务实施

### 设备与资源准备

任务实施前必须先准备好以下设备和资源。

| 序　号 | 设备/资源名称 | 数　量 | 是否准备到位 |
|---|---|---|---|
| 1 | ZigBee 模块 | 1 | |
| 2 | CC Debugger | 1 | |
| 3 | 具备 IAR 开发环境的主机 | 1 | |
| 4 | 温度/光照传感模块 | 1 | |
| 5 | 声音传感模块 | 1 | |

声光控楼道灯光系统任务的实施需要完成硬件系统的搭建和软件的开发及调试。其中，软件开发环境的搭建和配置与前面任务中的相关操作类似，在此不再详述。这里着重介绍硬件系统搭建环节。

**1．硬件系统搭建**

图 2-3-5 为硬件连线图，其中温度/光照传感模块的 J6（模拟量输出）连至 ZigBee 模块的 J10（ADC0），声音传感模块比较输出口连至 ZigBee 模块的 OUT1，二者设定为 CC2530 的输入端口；ZigBee 模块的 LED1 与 CC2530 的 P1_0 引脚相连，定义为输出端口。NEWLab 平台通过串口转 USB 线与主机相连，实现数据显示。

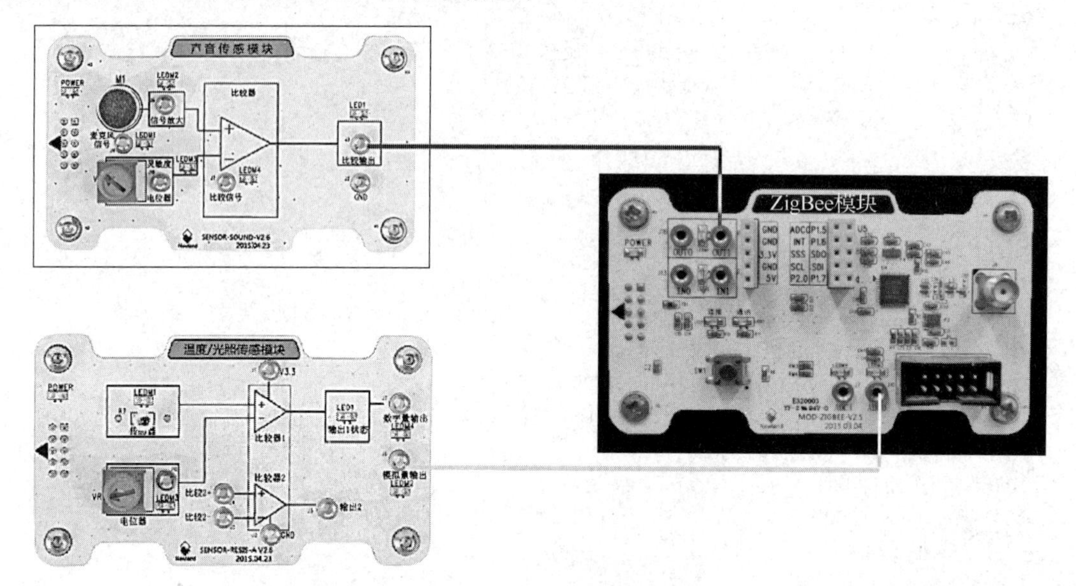


图 2-3-5　硬件连线图

在 IAR 开发环境中开发 A/D 转换程序后，将 A/D 测量值在主机的串口调试软件中显示出来，系统实物连接如图 2-3-6 所示。

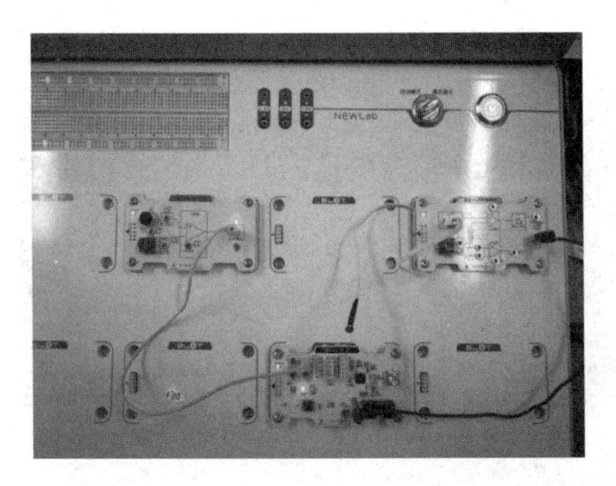
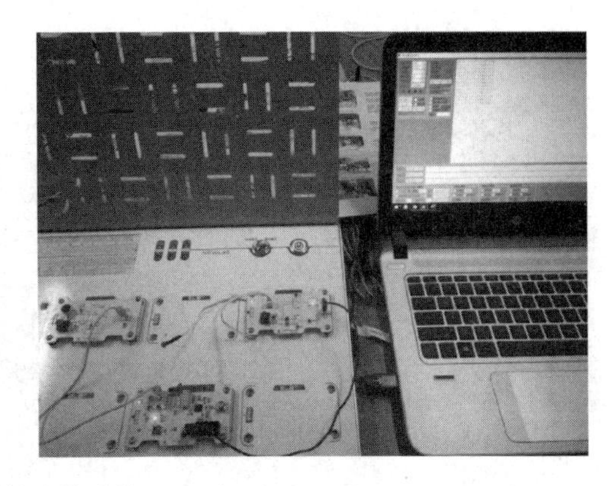

图 2-3-6　系统实物连接

### 2. 串口调试

打开串口调试软件，依次设置调试的端口、波特率、数据位、校验位、停止位等参数，即可在界面右侧看到采集到的数据，如图 2-3-7 所示。串口调试软件的使用方法详见任务二。

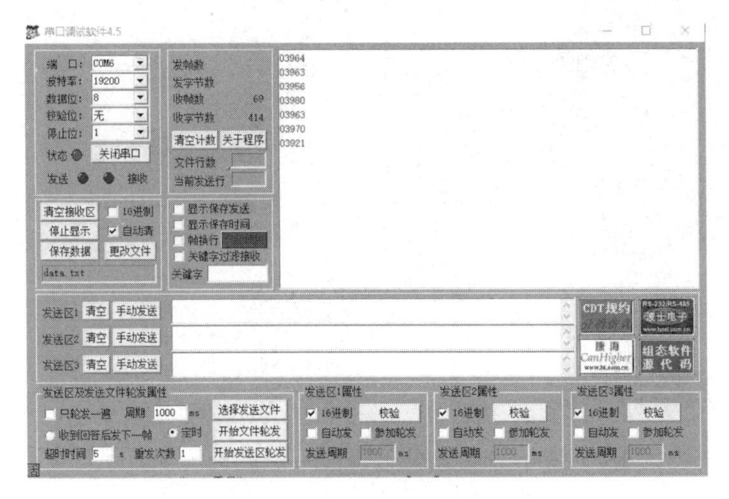


图 2-3-7　串口调试软件界面

### 3. 程序编译及连接

在完成项目配置、工程创建、源文件编辑及调试后，进行程序的编译与连接，直到提示程序编译、连接成功。

### 4. 下载程序

把 ZigBee 模块安装在 NEWLab 平台上，用 CC Debugger 的下载线连接 ZigBee 模块与主机 USB 接口，完成程序下载，步骤见项目一。

### 5. 结果验证

先单击单步调试图标，单步执行光照和声音检测部分的代码，观察 LED 的亮灭变化；然后将程序烧写到 CC2530 中，观察光照 A/D 值在 2500 左右时，外界声音对 LED 的控制情况。实验结果如图 2-3-8、图 2-3-9 所示。

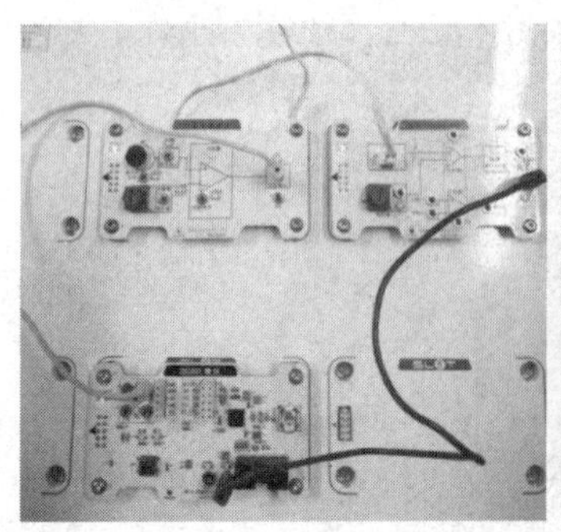

（a）光照较强、无声音时

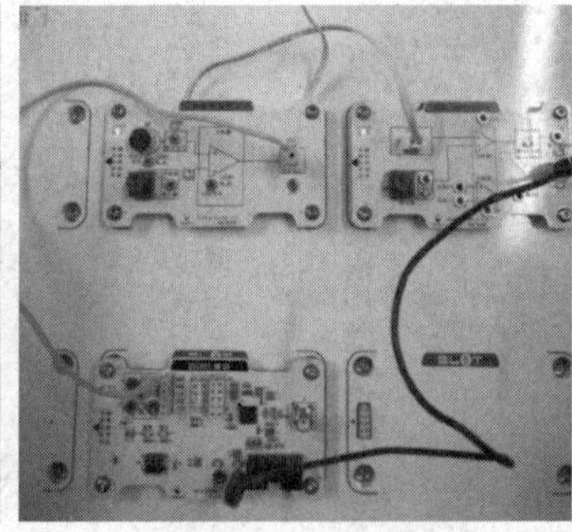

（b）光照较强、有声音时

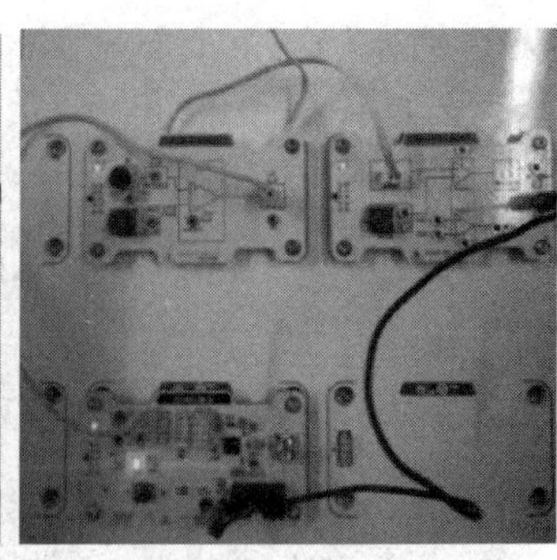

（c）光照较弱、有声音时

图 2-3-8　实验结果 1

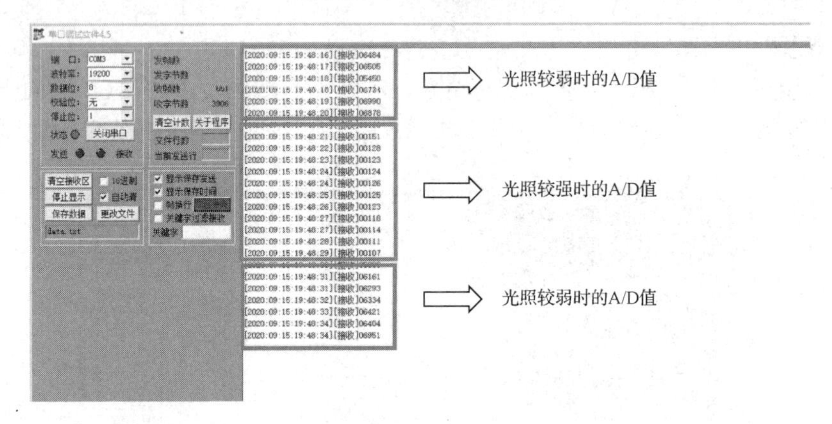


图 2-3-9　实验结果 2

## 任务检查与评价

完成任务后，进行任务检查与评价，任务检查与评价表在本书配套资源中。

## 任务小结

### 知识与技能提升

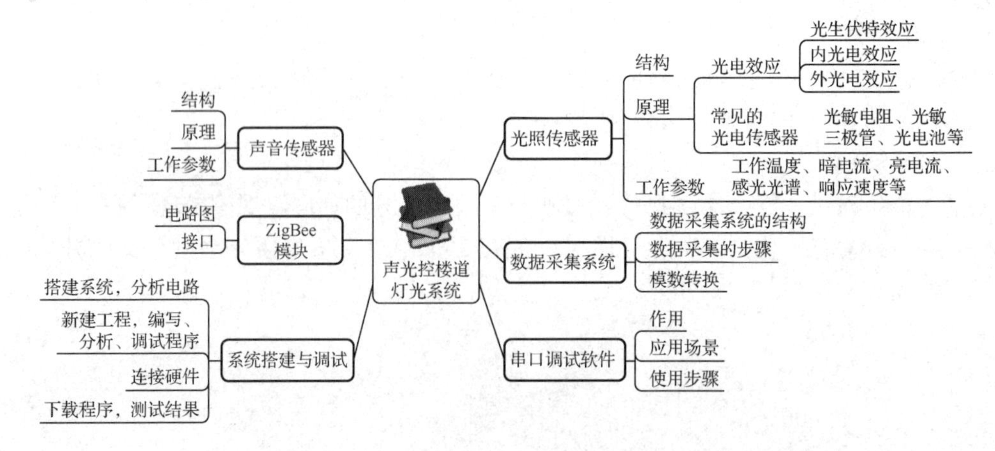

# 项目三 智能防盗系统

## 引导案例

智能防盗系统可实现对防护区域内物品的精确、高效监管，在各种涉及重要物品保管的场合发挥着重要作用。

以 CC2530 为核心的智能防盗系统，使用红外对射技术、红外反射技术、霍尔开关、霍尔线性元件等，实现电子围栏、通道监控、门禁跟踪、贵重物品监护等功能，如图 3-0-1 所示。

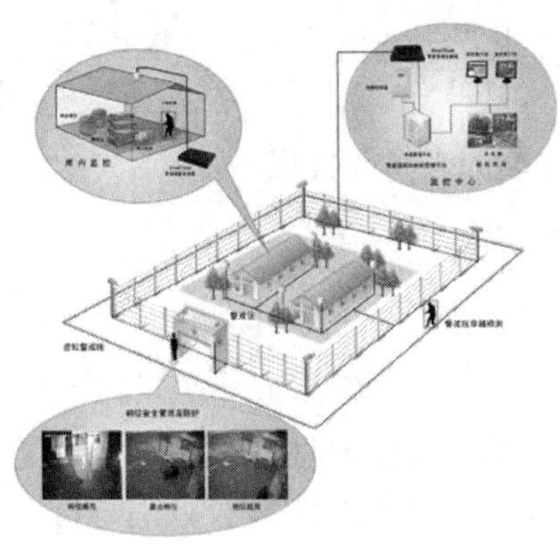

（a）电子围栏与通道监控

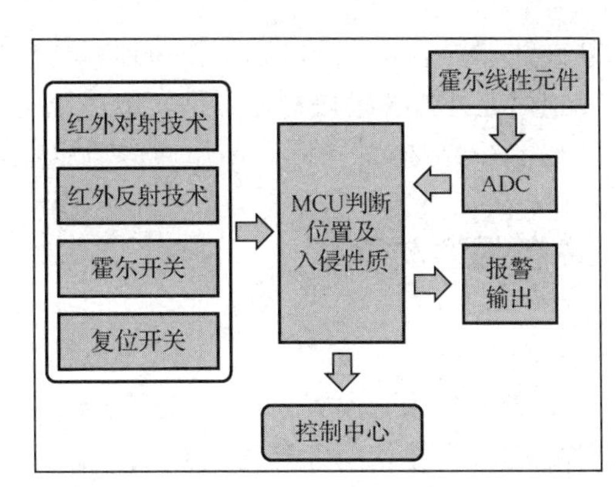


（b）系统结构

图 3-0-1 智能防盗系统

面向教学，本项目采用 NEWLab 平台中的 ZigBee 模块、红外传感模块、霍尔传感模块、继电器模块、指示灯模块组成智能防盗系统，其硬件连接如图 3-0-2 所示。系统运行效果可微信扫码观看配套演示视频。

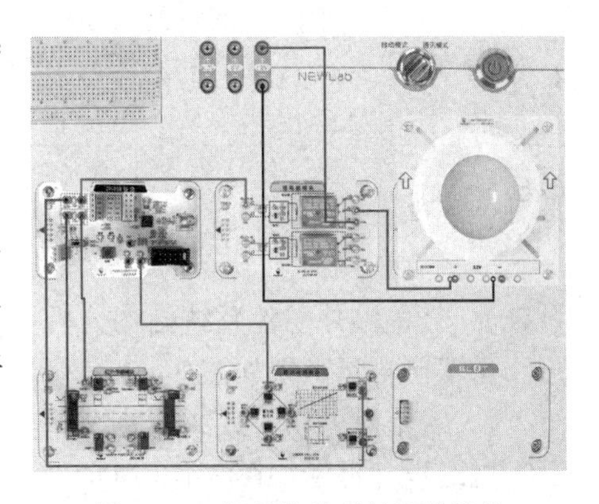


图 3-0-2 智能防盗系统硬件连接

智能防盗系统利用 CC2530 的 GPIO 端口实现数据采集、外设驱动、按键控制，通过中断和定时/计数器实现系统的灵活控制，通过串口建立系统与服务端的联系，为实现数据的自动采集和记录提供支撑。本项目的学习目标如图 3-0-3 所示。

知识目标

- 了解红外传感器和霍尔传感器的工作原理
- 了解CC2530的内部结构、引脚功能
- 了解IAR开发环境
- 了解中断的概念
- 了解CC2530定时/计数器的工作原理、使用方式
- 了解CC2530的串口配置、收发处理过程
- 了解CC2530的数模、模数转换方法

技能目标

- 能搭建开发环境、创建工程、调试代码、仿真测试与下载程序
- 能操作GPIO端口实现数据输入与输出
- 能完成CC2530的定时、计数、中断程序设计
- 能完成CC2530的串口通信
- 能进行模数转换编程与控制

图 3-0-3　智能防盗系统项目学习目标

# 任务一　红外传感器

## 职业能力目标

- 掌握红外传感器的结构和工作原理，会根据需求正确选用。
- 能利用红外传感模块构建小型应用系统。
- 能利用 CC2530 的中断、串口通信功能完成数据的采集和传送。

## 任务描述与要求

任务描述：

按上级部门要求，天翼公司将对厂区安防系统进行改造，加强对围墙和行人通道等的监控。拟定围墙监控使用红外对射技术，通道监控使用红外反射技术，构建智能红外防控系统。

任务要求：

- 完成电子围栏的设置。
- 基于红外传感器的应用，制定系统搭建方案。
- 使用红外传感模块、继电器模块、指示灯模块搭建系统电路并进行检测、调试。

## 任务分析与计划

### 1．智能红外防控系统结构分析

电子围栏示意图如图 3-1-1 所示，智能红外防控系统结构如图 3-1-2 所示。

### 2．智能红外防控系统电路设计

电路设计框图如图 3-1-3 所示。

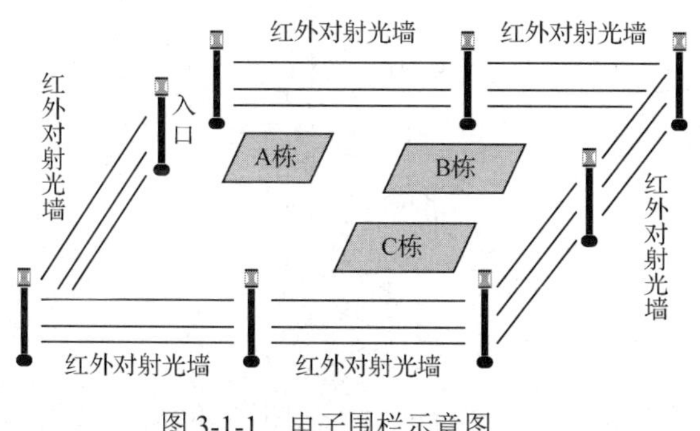


图 3-1-1　电子围栏示意图

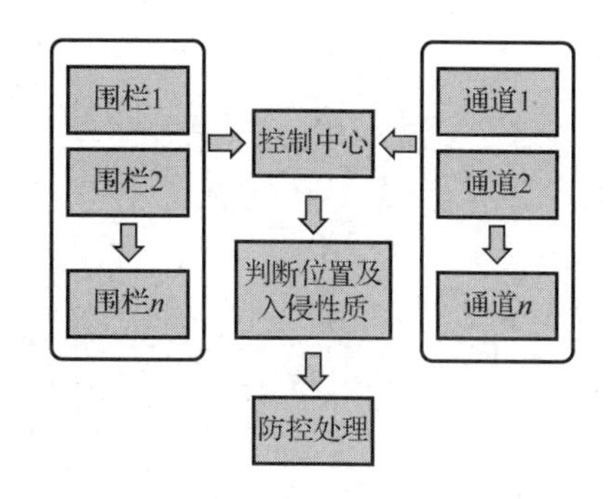


图 3-1-2　智能红外防控系统结构

本任务主要应用红外对射和红外反射技术，根据传感器采集到的数据，识别围栏入侵和行人通过情况。利用指示灯显示入侵位置和风险等级的判断结果。

根据所学相关知识，完成本任务的实施计划。

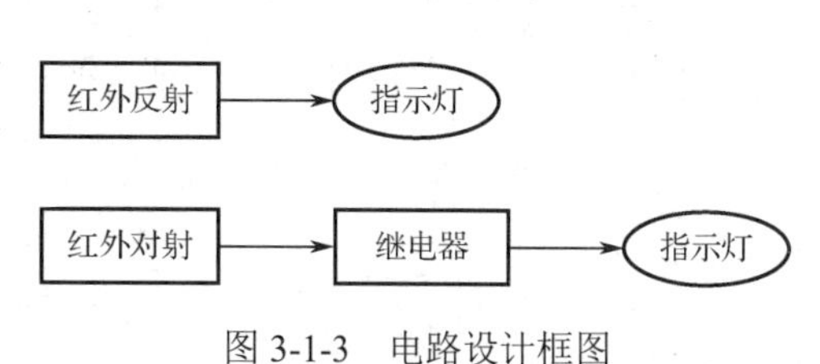


图 3-1-3　电路设计框图

| 项目名称 | 智能防盗系统 |
|---|---|
| 任务名称 | 红外传感器 |
| 计划方式 | 分组完成、团队合作、分析调研 |
| 计划要求 | 1．能依据连线图搭建智能红外防控系统<br>2．能熟练使用继电器模块<br>3．能依据电路预设功能和端点的信号设定进行模块状态测量<br>4．能依据测量结果准确判断红外传感模块的状态，并分析结果 |
| 序　　号 | 主 要 步 骤 |
| 1 | |
| 2 | |
| 3 | |
| 4 | |
| 5 | |
| 6 | |
| 7 | |
| 8 | |

### 1．红外传感器

光电开关和光电断续器都是红外传感器，均由红外发射元件与光敏接收元件组成，可用于检测物体的靠近、通过情况，是常用的数字量检测器件。光电开关和光电断续器与继电器配合就构成了电子开关，如图 3-1-4 所示为基本光电开关电路。

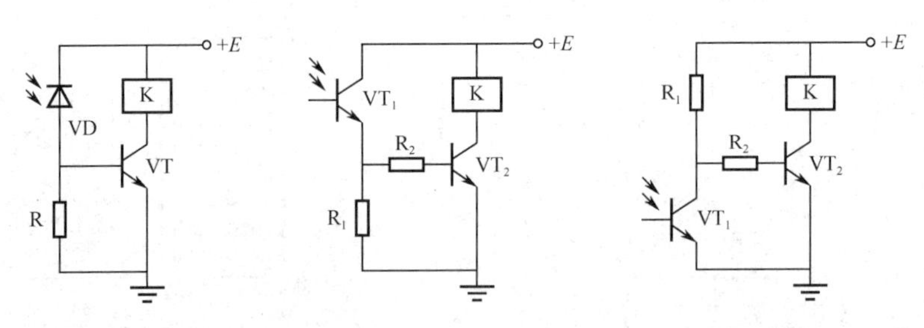


图 3-1-4　基本光电开关电路

从原理上讲，光电开关和光电断续器差别不大，但光电断续器将红外发射器、接收器放置于一个体积很小的塑料壳体中进行封装，两者可对准。

红外传感器分为对射型和反射型两种，如图 3-1-5 所示。

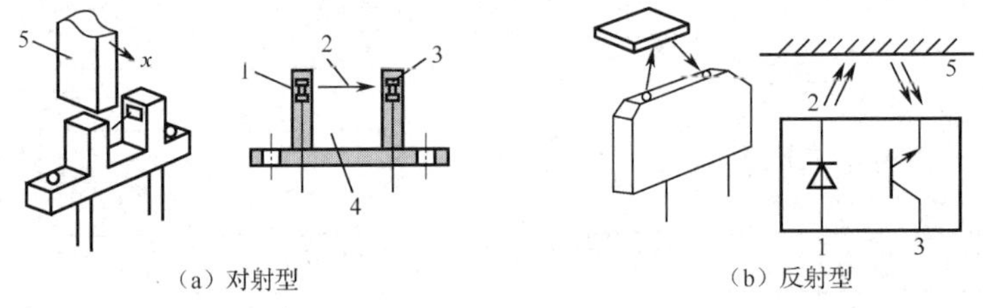


图 3-1-5　红外传感器

1）对射型红外传感器

以红外传感器 LTH-301-32 为例，没有外来物体影响时，发射器发射的红外线被接收器接收。有物体处于发射器和接收器之间时，红外线被阻断，接收器接收不到红外线而产生一个电脉冲。

2）反射型红外传感器

以红外传感器 ITR20001/T 为例，其工作波长为 940nm，没有外来物体影响时，发射器发射的红外线不会被接收器接收。有物体接近时，红外线被物体反射，接收器接收到红外线而产生一个电脉冲。

### 2. 红外传感模块

红外传感模块电路板如图 3-1-6 所示，各部件介绍见表 3-1-1。

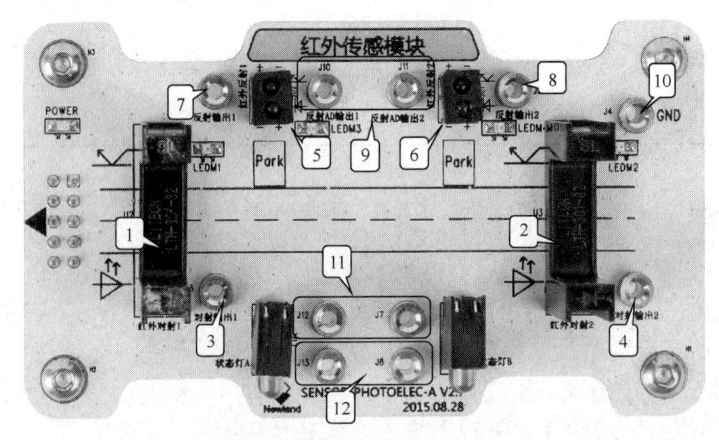


图 3-1-6　红外传感模块电路板

表 3-1-1　红外传感模块各部件介绍

| 标　号 | 部　件 | 标　号 | 部　件 |
| --- | --- | --- | --- |
| 1 | 红外传感器 LTH-301-32 | 9 | 反射 A/D 输出接口 J10、J11，测量比较器 1、2 输出端（1 脚、7 脚）电压 |
| 2 | 红外对射传感电路 | | |
| 3、4 | 对射输出接口 J5、J6，测量红外对射传感电路光敏三极管输出电压 | 10 | 接地接口 J4 |
| 5 | 红外传感器 ITR20001/T | 11 | 红色指示灯电源负极输入端 J12、J7，输入为低电平时红色指示灯亮 |
| 6 | 红外反射传感电路 | | |
| 7、8 | 反射输出接口 J2、J3，测量红外反射传感电路光敏三极管输出电压，即比较器 1、2 正端（3 脚、5 脚）的输入电压 | 12 | 绿色指示灯电源负极输入端 J13、J8，输入为低电平时绿色指示灯亮 |

红外对射传感电路如图 3-1-7 所示，红外反射传感电路如图 3-1-8 所示。

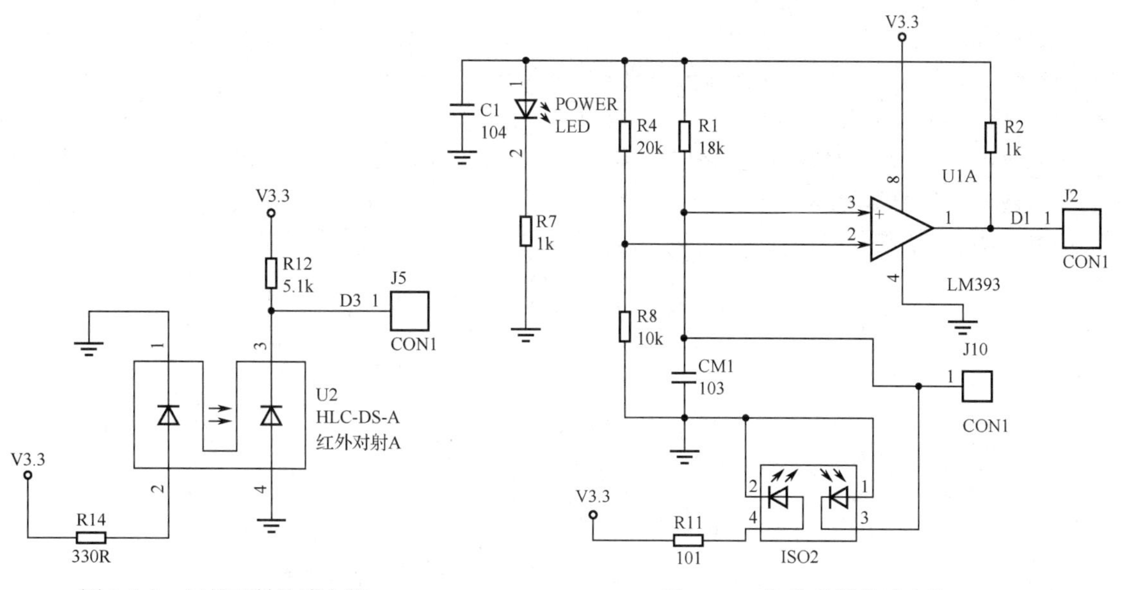


图 3-1-7　红外对射传感电路

图 3-1-8　红外反射传感电路

用一个红外传感器模拟红外电子围栏，没有物体通过红外传感器时，红外线被接收，接收器导通，J5 为低电平；有物体通过红外传感器时，红外线被阻断，接收器截止，J5 为高电平。

用一个红外传感器检测人员通过情况，没有人员经过通道时，红外线不会被反射，接收器截止，比较器采集的电压比基准电压高，J2 输出高电平；有人员经过时，红外线被反射，接收器导通，比较器采集的电压比基准电压低，J2 输出低电平。

**测一测**

红外传感器分为哪几类？如何检测红外信号？红外传感器的优缺点有哪些？

**想一想**

红外传感器只能检测红外信号吗？常见的红外信号源有哪些？不同的红外信号源如何区分？

## 任务实施

### 设备与资源准备

任务实施前必须先准备好以下设备和资源。

| 序　　号 | 设备/资源名称 | 数　　量 | 是否准备到位 |
| --- | --- | --- | --- |
| 1 | 红外传感模块 | 1 | |
| 2 | 继电器模块 | 1 | |
| 3 | 指示灯模块 | 2 | |
| 4 | 蓝、黄、黑色香蕉插头连接线 | 若干 | |
| 5 | 数字式万用表 | 1 | |
| 6 | 红外实验挡片 | 1 | |
| 7 | NEWLab 平台 | 1 | |

**1．搭建测试系统**

系统中的指示灯模块用于指示电子围栏有无入侵发生。红外传感模块上的红色指示灯用于指示通道在监控时间段内有无入侵发生。

参照图 3-1-9 将各模块安装在 NEWLab 平台上。

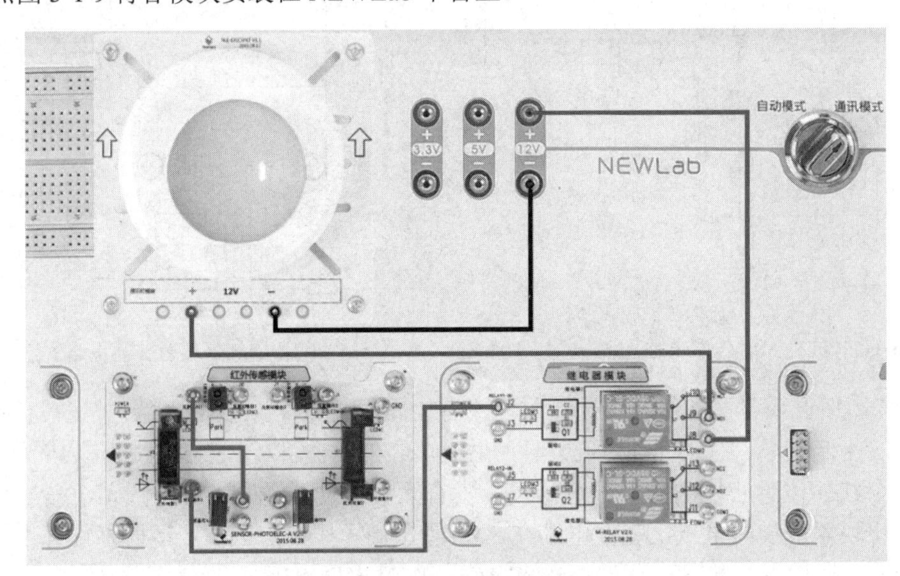


图 3-1-9　硬件接线图

- 红外反射输出端 J2 连至 J12。
- 红外对射输出端 J5 连至继电器模块中继电器 1 的输入端 J2。
- 继电器 1 的 NO 端 J9 连接指示灯模块的 12V+。
- 继电器 1 和 2 的 COM 端连接 NEWLab 平台的 12V+。

- 指示灯模块的 12V−连至 NEWLab 平台电源端 12V−。
- NEWLab 平台上，红外传感模块和继电器模块上的 GND 是相通的，所以不用考虑负极的处理。

## 2. 检测系统工作状态

下面进行工作状态测试，了解指示灯各个状态的含义及红外传感模块工作中的输出状态。电路接线检查无误后将通信模式调至自动模式，打开电源后，两个模块的电源指示灯应亮起。

1）红外对射工作状态（图 3-1-10）

- 将红外实验挡片放入红外对射的凹槽中，遮挡红外线，此时继电器 1 动作，常闭端断开，常开端闭合，电子围栏指示灯点亮。
- 取走红外实验挡片，继电器 1 常开端断开，常闭端闭合，电子围栏指示灯熄灭。

结果表明，只要电子围栏指示灯亮起即表明有非法入侵。

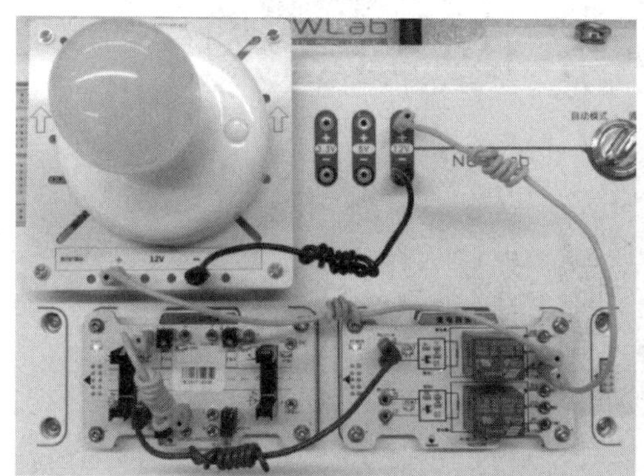

图 3-1-10　红外对射工作状态

2）红外反射工作状态（图 3-1-11）

- 将红外实验挡片靠近红外反射的正上方，反射红外线，此时红外传感模块的红色指示灯点亮。
- 取走红外实验挡片后，该指示灯熄灭。

结果表明，红色指示灯亮起表示有非法入侵。

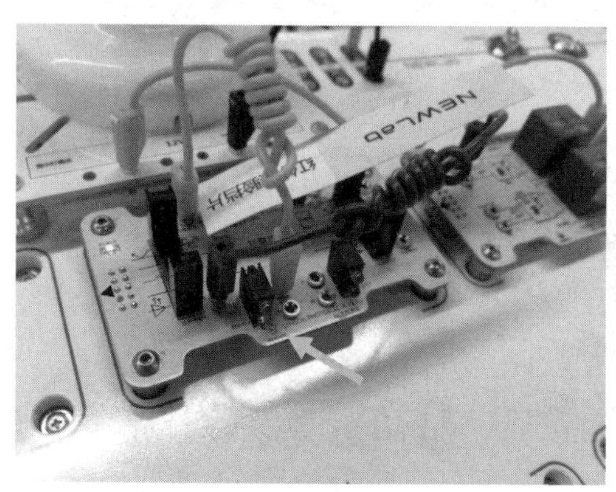


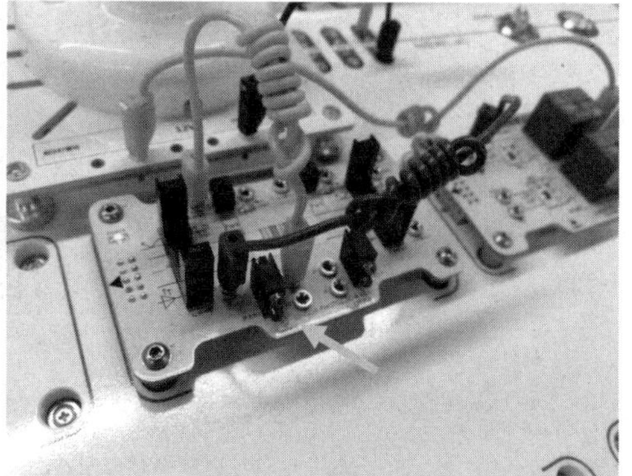

图 3-1-11　红外反射工作状态

3．对红外传感模块的输出进行分析

（1）红外对射的常态输出电压和工作输出电压。

不遮挡红外对射的凹槽时，用万用表测量常态输出电压。先把万用表调至直流电压 0～6V 挡，黑色表笔连接红外传感模块的 GND 端（J4），红色表笔连接红外对射的输出端（J5），测得红外对射的常态输出电压为_______ V，此时红外对射输出_______电平。用挡片遮挡红外对射的凹槽，再次测量两点间电压，输出电压为_______V，此时红外对射输出_______电平，如图 3-1-12 所示。

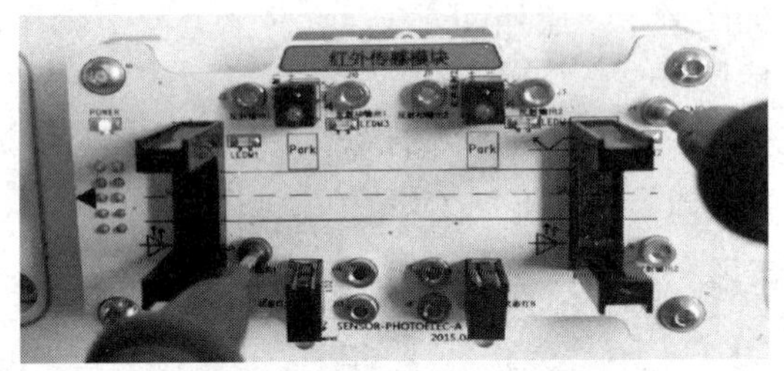


（a）红外对射常态测量示意图

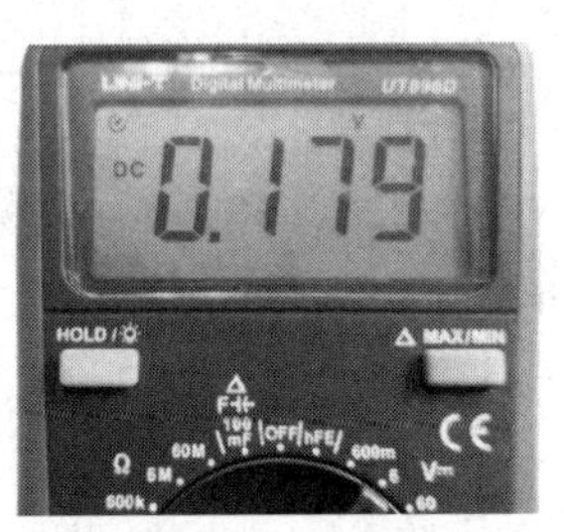


（b）红外对射常态测量值

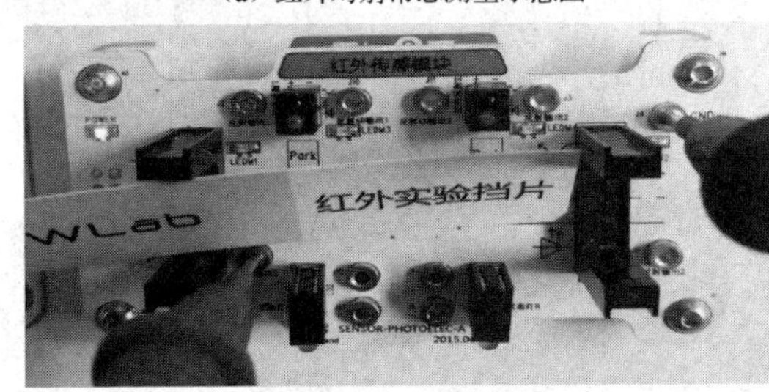


（c）红外对射工作状态测量示意图

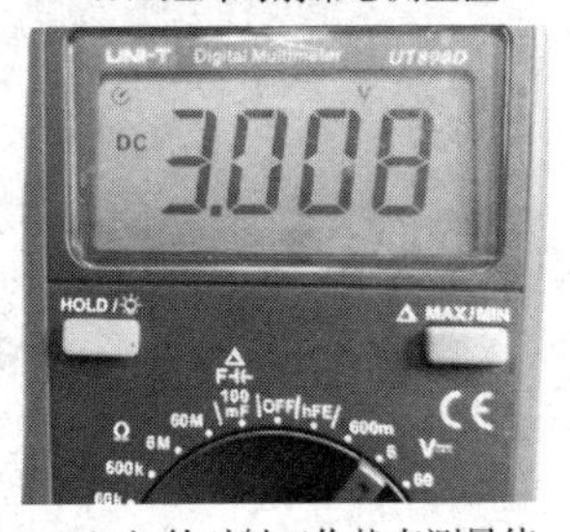


（d）红外对射工作状态测量值

图 3-1-12　红外对射工作状态的测量

（2）红外反射的常态输出电压和工作输出电压。

红外反射模块有反射输出端和反射 A/D 输出端这两个输出端。反射输出端和接收器的输出端直接相连，反射 A/D 输出端输出的是比较器比较发射器电流和接收器电流后的结果，因此反射 A/D 输出端的电压和电流经过处理，电压、电流较为稳定，可作为常用的数字量输出端。

把万用表调至 0～6V 挡，测量反射 A/D 输出端的输出电压，即红外反射常态输出电压，为_______V，表明红外反射常态输出_______电平。当用红外实验挡片靠近时，输出电压为_______V，即红外反射工作状态输出_______电平，如图 3-1-13 所示。

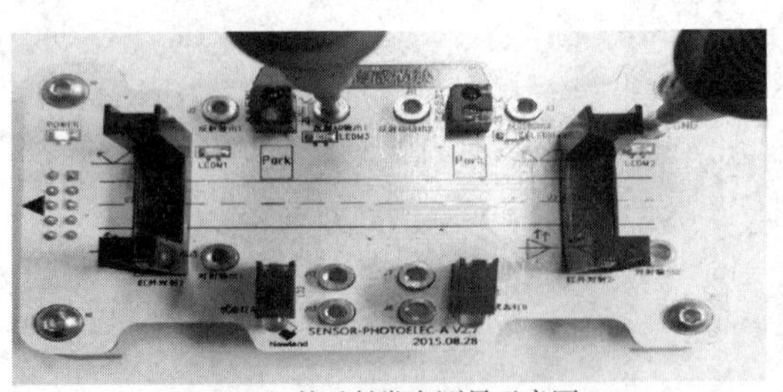


（a）红外反射常态测量示意图

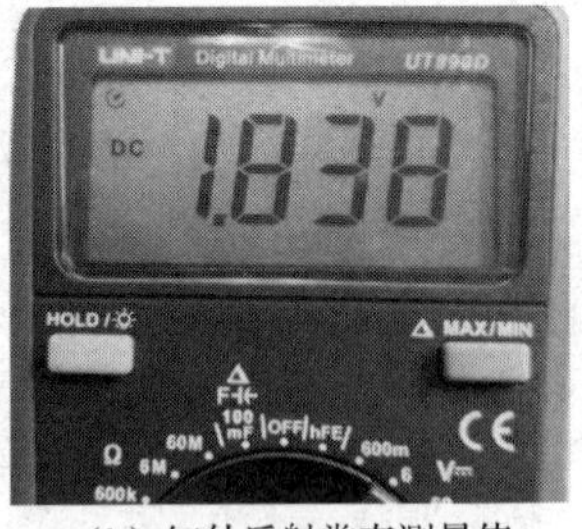


（b）红外反射常态测量值

图 3-1-13　红外反射工作状态的测量

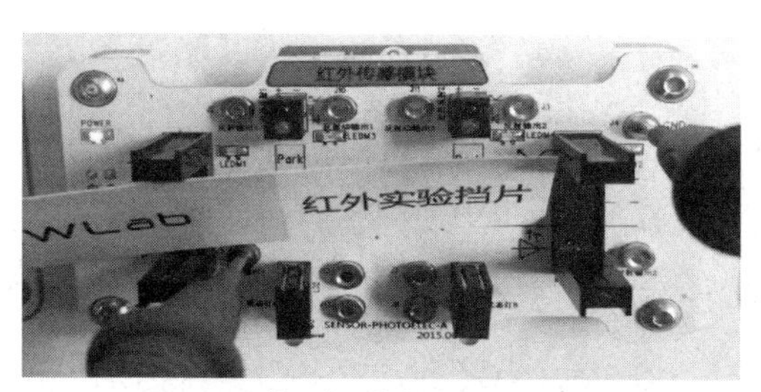

(c) 红外反射工作状态测量示意图

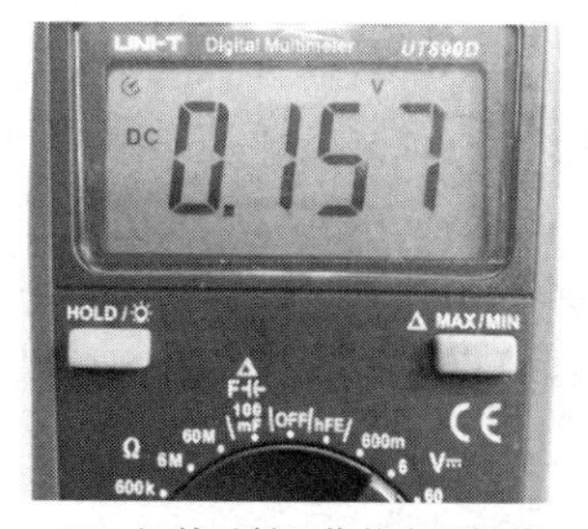

(d) 红外反射工作状态测量值

图 3-1-13 红外反射工作状态的测量（续）

## 任务检查与评价

完成任务后，进行任务检查与评价，任务检查与评价表在本书配套资源中。

## 任务小结

### 知识与技能提升

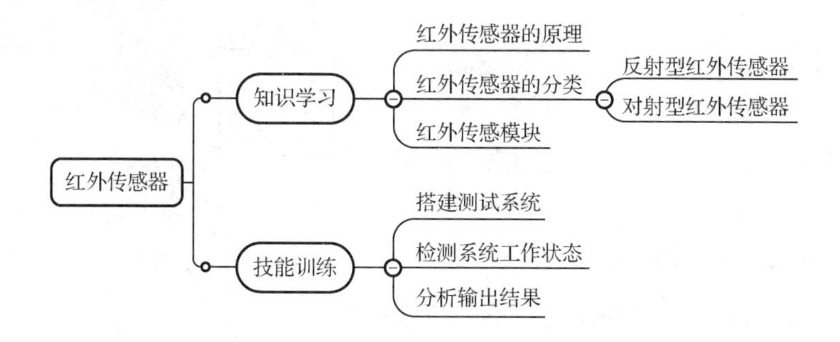


# 任务二 霍尔传感器

## 职业能力目标

- 了解霍尔效应的基本原理与应用。
- 了解霍尔元件的结构和技术参数。
- 了解霍尔集成电路的基本工作原理。
- 掌握霍尔元件的使用方法及输出测量方法。
- 能根据功能需求，正确使用霍尔传感模块。
- 学会利用霍尔传感模块和其他模块搭建简单的监控系统。

## 任务描述与要求

**任务描述：**

最近某公司开展安全排查，发现需要对财务室实施门禁管理，并对重要财物进行不间断监控。

**任务要求：**

- 利用霍尔开关完成财务室门禁开启和关闭检测。
- 利用霍尔线性元件不间断监控重要财物。
- 搭建系统电路，并对传感数据进行测量和分析。

## 任务分析与计划

### 1. 门禁及物品监控系统

门禁及物品监控系统如图 3-2-1 所示，其结构如图 3-2-2 所示。

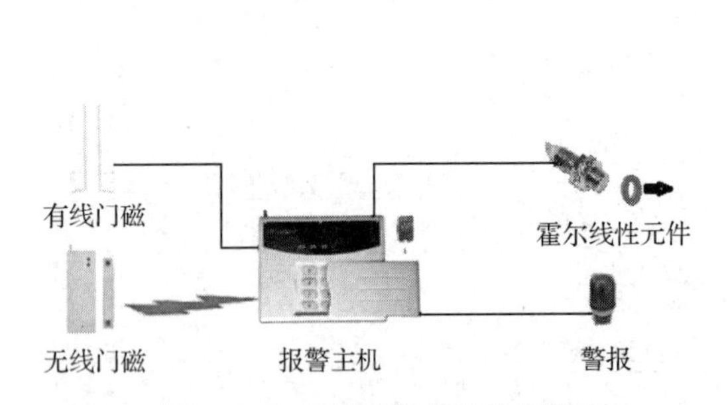


图 3-2-1　门禁及物品监控系统

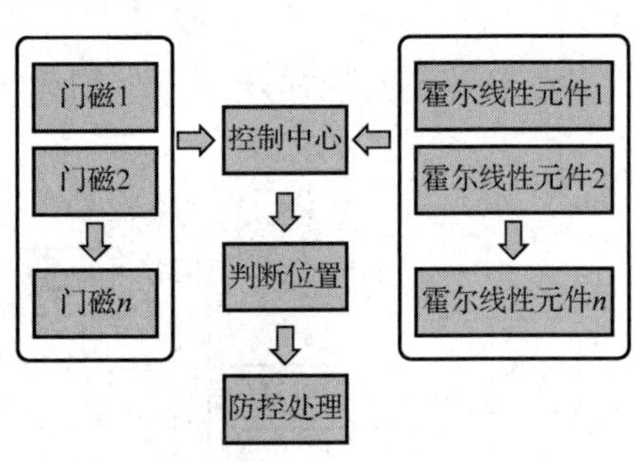


图 3-2-2　门禁及物品监控系统结构

### 2. 门禁及物品监控系统电路框图（图 3-2-3）

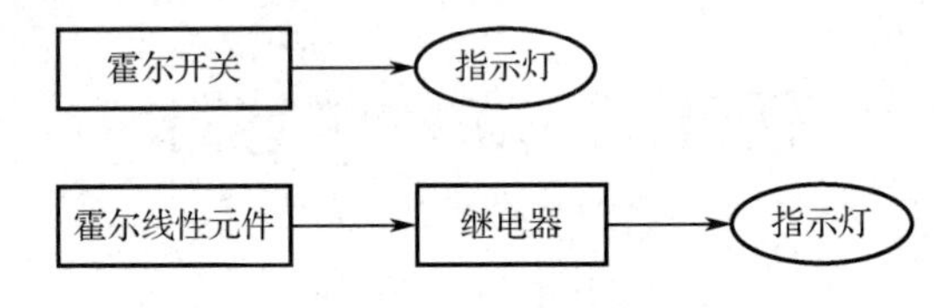


图 3-2-3　门禁及物品监控系统电路框图

### 分析规划

根据所学相关知识，完成本任务的实施计划。

| 项目名称 | 智能防盗系统 |
|---|---|
| 任务名称 | 霍尔传感器 |
| 计划方式 | 分组完成、团队合作、分析调研 |
| 计划要求 | 1. 了解霍尔传感模块的信号采集方式，能搭建系统电路<br>2. 能实现单片机从霍尔传感模块采集数据<br>4. 能完成程序的编写和调试<br>5. 能分析执行结果，归纳所学的知识与技能 |

续表

| 序　　号 | 主 要 步 骤 |
|---|---|
| 1 | |
| 2 | |
| 3 | |
| 4 | |
| 5 | |
| 6 | |
| 7 | |
| 8 | |

1. 霍尔效应

1）概述

置于磁场中的静止金属或半导体薄片中有电流流过时，若该电流方向与磁场方向不一致，将在垂直于电流和磁场的方向上产生电动势，这种物理现象称为霍尔效应。

如图 3-2-4 所示，在垂直于外磁场的方向上放置一金属或半导体薄片，其两端通过方向如图所示的控制电流 $I$，则在垂直于电流和磁场的另两端就会产生正比于控制电流 $I$ 和磁感应强度 $B$ 的电动势 $U_H$。这就是霍尔效应，利用霍尔效应制成的传感元件称为霍尔元件。

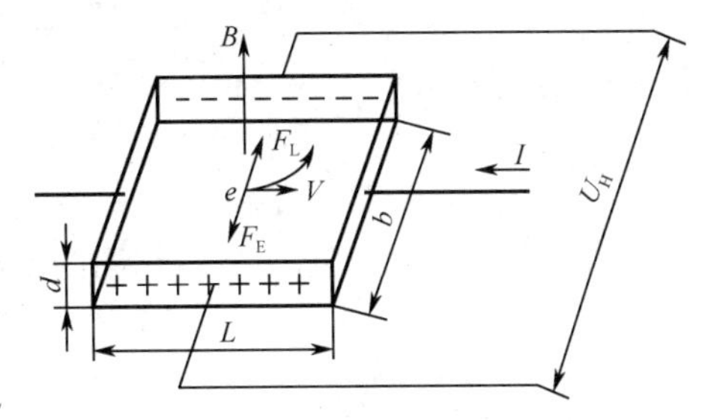

图 3-2-4　霍尔效应原理图

霍尔效应是运动电荷受磁场中洛仑兹力作用的结果。当运动电子所受的电场作用力 $F_E$ 和洛仑兹力 $F_L$ 相等时，电子的积累达到平衡状态，此时在薄片两端建立的电场称为霍尔电场，相应的电动势 $U_H$ 称为霍尔电动势。霍尔电动势正比于激励电流及磁感应强度，其灵敏度与霍尔常数成正比，与薄片厚度成反比。为了提高灵敏度，霍尔元件常制成薄片形状。

目前常用的霍尔元件材料有锗、硅、砷化铟、锑化铟等半导体材料，其中 N 型锗容易加工制造，其温度性能和线性度都较好，应用最为普遍。

2）霍尔元件基本结构

霍尔元件结构简单，由霍尔片、引线和壳体组成，如图 3-2-5（a）所示。霍尔片是矩形半导体单晶薄片，如图 3-2-5（b）所示。国产霍尔片的尺寸一般为 4mm×2mm×0.1mm。在霍尔元件长度方向的两个端面上焊有 a、b 两根控制电流端引线，通常用红色导线，称为控制电流极；在另两侧端面的中间对称地焊接 c、d 两根输出引线，通常用绿色导线，称为霍尔电极。霍尔元件的壳体采用非导磁金属、陶瓷或环氧树脂封装。

霍尔元件在电路中可用如图 3-2-5（c）所示的三种符号表示。标注时，常用 H 代表国产霍尔元件，后面的字母代表材料，数字代表产品序号，如 HZ-1 表示用锗材料制造的霍尔元件，HT-1 表示用锑化铟制作的霍尔元件，HS-1 表示用砷化铟制作的霍尔元件。

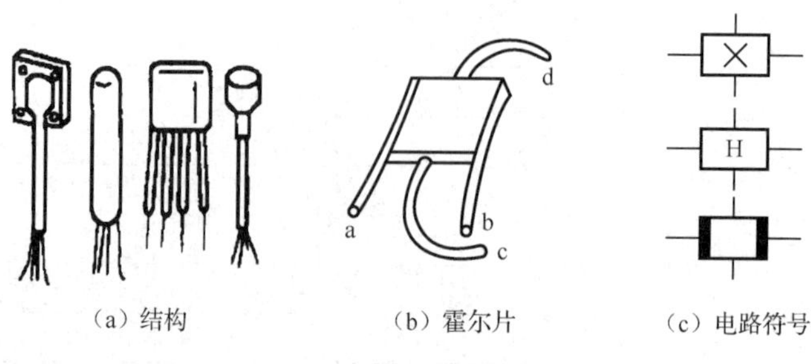

（a）结构　（b）霍尔片　（c）电路符号

图 3-2-5　霍尔元件

**2．霍尔元件的测量误差及补偿方法**

制造工艺和实际应用中的各种不良因素都会影响霍尔元件的性能，从而使其产生误差，其中最主要的误差有不等位电势带来的零位误差，以及温度变化引起的温度误差。

半导体材料的电阻率、迁移率和载流子浓度等都随温度变化，霍尔元件的性能参数（如输入电阻、输出电阻、霍尔电动势等）也随温度的变化而变化，这将给测量带来较大的误差。为了减小测量误差，除选用温度系数小的元件或采用恒温措施外，还可以采用适当的方法进行补偿。采用恒流源提供恒定的控制电流可以减小温度误差，对于具有正温度系数的霍尔元件，可在控制电流极并联分流电阻来提高温度稳定性，如图 3-2-6 所示。

**3．霍尔集成电路**

随着集成技术的发展，用集成电路工艺把霍尔元件和相关的信号处理部件集成在一个单片上制成的单片集成霍尔元件，称为霍尔集成电路。按照输出信号的形式，其可分为开关型和线性型两种。

1）开关型霍尔集成电路

开关型霍尔集成电路框图如图 3-2-7 所示，各部分的功能如下。

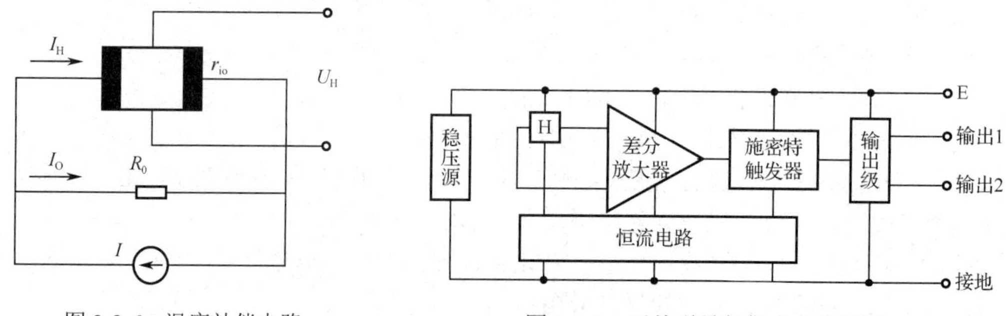

图 3-2-6　温度补偿电路　　图 3-2-7　开关型霍尔集成电路框图

（1）稳压源进行电压调节。电源电压在 4.5～24V 范围内变化时，输出稳定。该电路还具有反向电压保护功能。

（2）霍尔元件将磁信号转变为电信号后送给下级电路。

（3）差分放大器对霍尔元件产生的微弱的电信号进行放大处理。

（4）施密特触发器用于将放大后的模拟信号转变为数字信号后输出，以实现开关功能（输出为矩形脉冲）。

（5）恒流电路的作用主要是温度补偿，保证温度在-40～130℃范围内变化时，电路仍可正常工作。

（6）输出级通常设计成集电极开路输出结构，带负载能力强，输出电流可达 20mA 左右。

以 A3144 为例，如图 3-2-8 所示为 A3144 的实物图、内部结构和特性曲线。它是宽温的开关型霍尔集成电路，其工作温度范围为-40～150℃。它由电压调整电路、反相电源保护电路、霍尔元件、温度补偿电路、微信号放大器、施密特触发器和 OC 门输出级组成，通过使用上拉电阻可以将其输出接入 CMOS 逻辑电路。它具有尺寸小、稳定性好、灵敏度高等特点。它输出的开关信号可直接用于驱动继电器、三端双向晶闸管、LED 等负载。

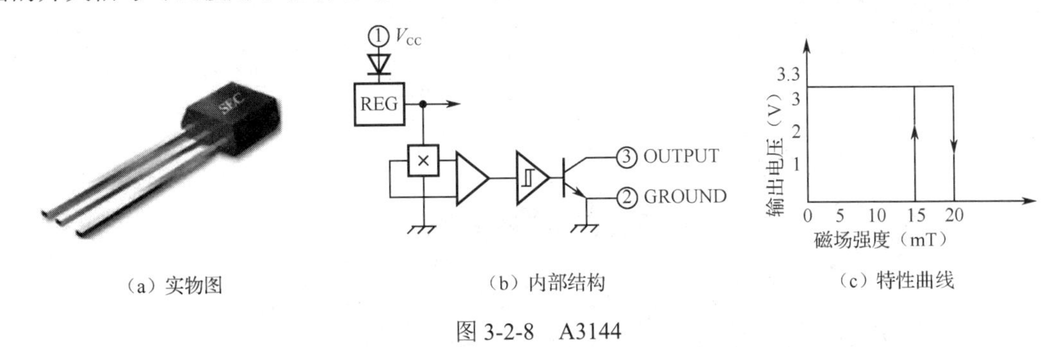


（a）实物图　（b）内部结构　（c）特性曲线

图 3-2-8　A3144

2）线性型霍尔集成电路

线性型霍尔集成电路通常由霍尔元件、差分放大器、射极跟随输出及稳压电路四部分组成，其输出电压与外加磁场强度呈线性关系，它有单端输出和双端输出两种形式，单端输出电路如图 3-2-9 所示。单端输出的传感器是一个三端器件，它的输出电压对外加磁场的微小变化能做出线性响应，典型型号有 UGN-3501T、UGN-3501U 两种，区别只是厚度不同，T 型厚度为 2.03mm，U 型厚度为 1.54mm。

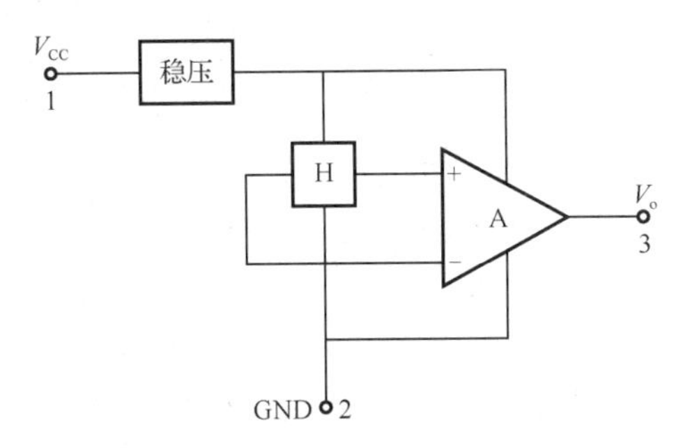


图 3-2-9　线性型霍尔集成电路单端输出电路

以 SS49E 为例，如图 3-2-10 所示为 SS49E 的实物图、内部结构和特性曲线。它是一款体积小、功能多的线性型霍尔集成电路，在永久磁铁或电磁铁产生的磁场控制下工作，线性输出电压由电源电压设置，并随磁场强度的变化而等比例改变。先进的内置功能电路设计确保了它的低输出噪声，使用时无须搭配外部滤波电路。内置薄膜电阻大大增强了器件的温度稳定性和输出精度。其工作温度范围为-40～150℃，适用于绝大多数消费、商业及工业应用。

**4．霍尔传感模块**

如图 3-2-11 所示为霍尔传感模块电路板。其中，①为 SS49E；②、③为霍尔开关构成的电路；④、⑤、⑥、⑦为线性 A/D 输出接口 J4、J5、J7、J6，用于测量霍尔线性元件电路的输出电压；⑧、⑨为霍尔开关输出接口 J2、J3，用于测量霍尔开关电路的输出电压；⑩为接地接口 J1。

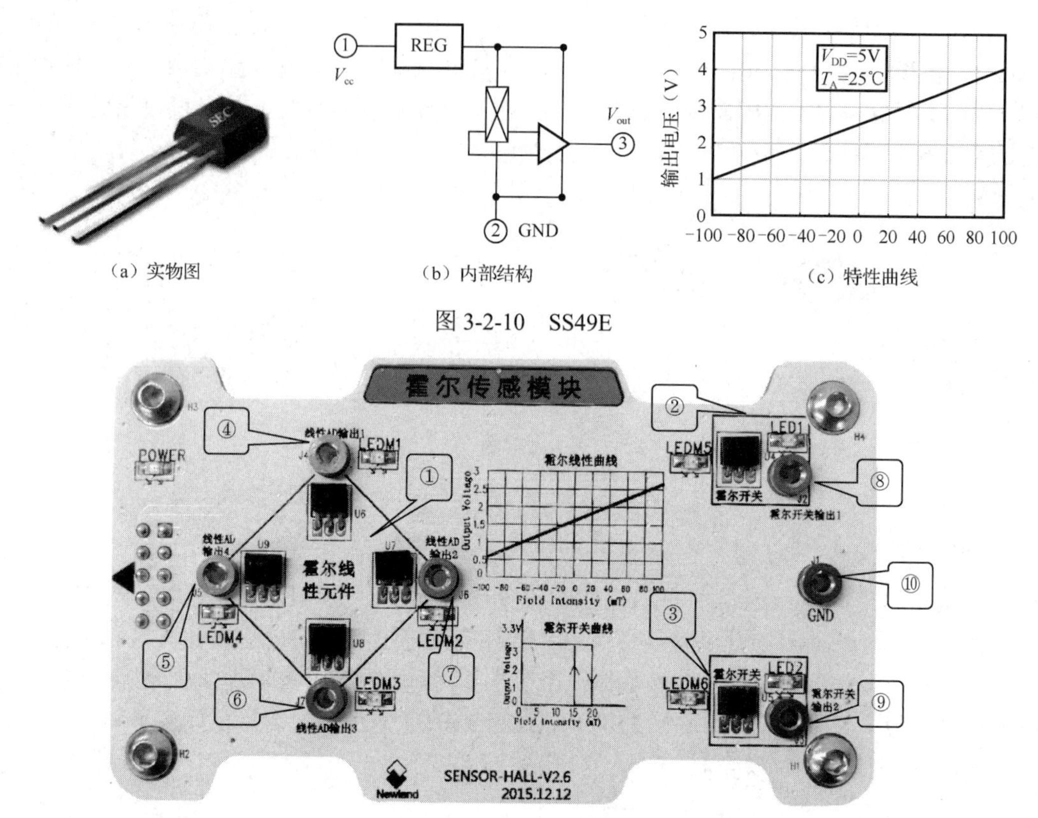


（a）实物图　　（b）内部结构　　（c）特性曲线

图 3-2-10　SS49E

图 3-2-11　霍尔传感模块电路板

如图 3-2-12（a）所示为霍尔线性元件电路。磁场增强时输出电压增大，当区域磁场发生变化时，四个霍尔线性元件电路可清晰反映该区域的磁场变化情况。

如图 3-2-12（b）所示为霍尔开关电路。当磁场增强到一定程度时，霍尔开关电路输出电压发生跳变，从高电平变成低电平。利用两个霍尔开关实现对门窗的管理，当区域磁场增强时，门由打开状态变成关闭状态，窗户由关闭状态变成打开状态。

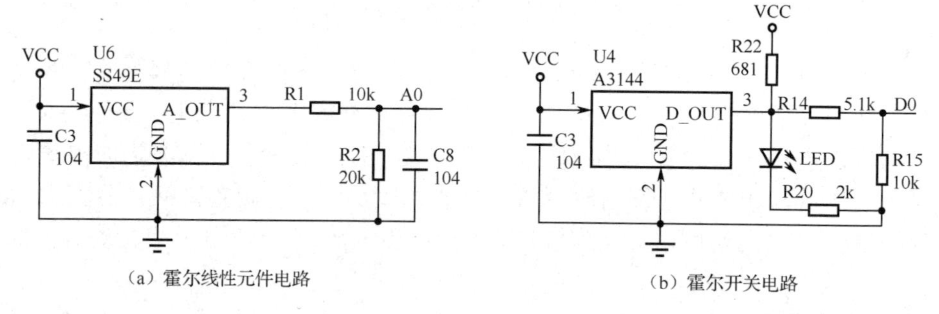


（a）霍尔线性元件电路　　（b）霍尔开关电路

图 3-2-12　霍尔传感模块电路图

**测一测**

简述霍尔传感器的工作原理。

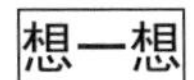


除了门磁，生活中还有哪些地方可以用到霍尔传感器？

### 设备与资源准备

任务实施前必须先准备好以下设备和资源。

| 序　号 | 设备/资源名称 | 数　量 | 是否准备到位 |
|---|---|---|---|
| 1 | 霍尔传感模块 | 1 | |
| 2 | 继电器模块 | 1 | |
| 3 | 指示灯模块 | 2 | |
| 4 | 黄、蓝、黑色香蕉插头连接线 | 若干 | |
| 5 | 数字式万用表 | 1 | |
| 6 | 实验用红蓝色标记磁铁 | 1 | |
| 7 | NEWLab 平台 | 1 | |

**1．搭建测试系统**

系统采用霍尔线性元件检测物品是否移动，用霍尔开关检测门窗开闭情况。

参照图 3-2-13 将各模块安装在 NEWLab 平台上。

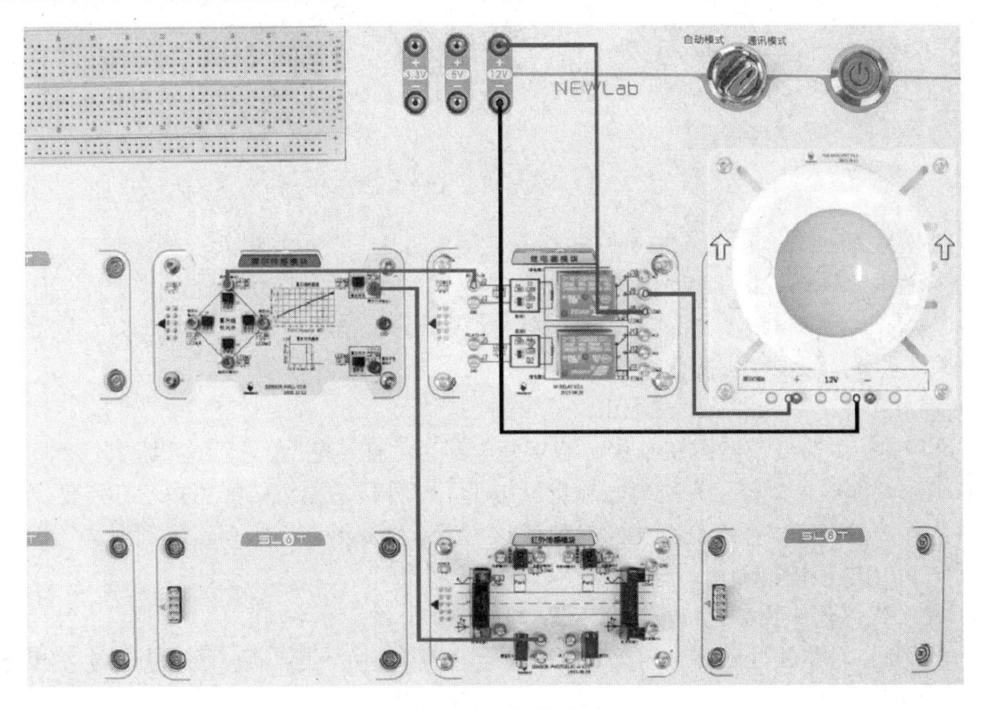


图 3-2-13　门禁及物品监控系统硬件接线图

- 指示灯模块的 12V+端口连接继电器 1 的输出端口 J9。
- 指示灯模块的 12V−端口连接 NEWLab 平台的 12V−端口。
- 继电器 1 的 COM1 端口 J8 和背板上的电源端口 12V+相连。
- 霍尔线性元件 A/D 输出端口 J4 连接继电器模块的 J2。
- 霍尔开关输出端口 J2 连接红外传感模块的 J12。
- NEWLab 平台上，红外传感模块和继电器模块上的 GND 是相通的，所以不用考虑负极的处理。

### 2. 明确系统工作状态

电路接线检查无误后将 NEWLab 平台通信模式调至自动模式，打开电源，两个模块的电源指示灯应亮起。

1）霍尔线性元件工作状态及对应输出

霍尔线性元件功能测试如图 3-2-14 所示。

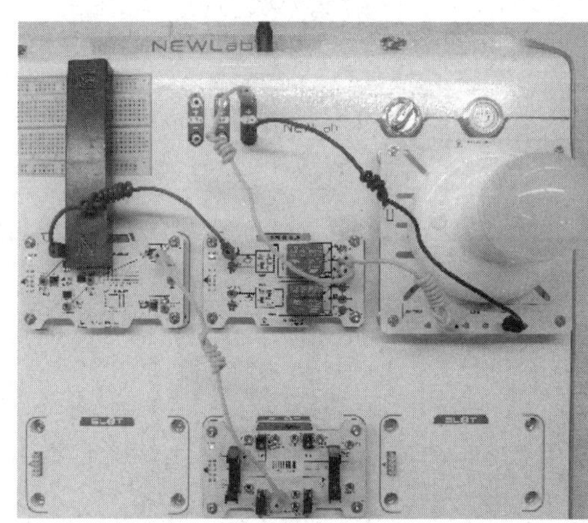


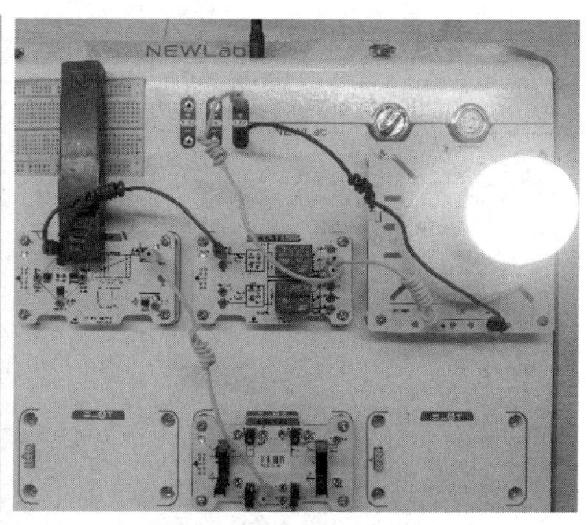


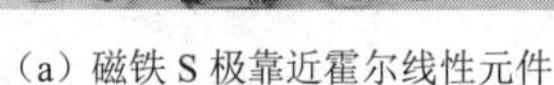
（a）磁铁 S 极靠近霍尔线性元件　　（b）磁铁 N 极靠近霍尔线性元件

图 3-2-14　霍尔线性元件功能测试

- 当磁铁 N 极靠近霍尔线性元件时，继电器 1 断开，指示灯熄灭。
- 当磁铁 S 极靠近霍尔线性元件时，继电器 1 闭合，指示灯点亮。

将霍尔线性元件安装在物品放置点下部，将磁铁置于物品内部且 S 极向下，物品被拿走或移动时，系统监测到电压变化并报警。

2）霍尔开关工作状态及对应输出

霍尔开关检测需要用到磁铁 S 极。连接好电路后，打开电源，指示灯点亮。

- 当磁铁 S 极靠近霍尔开关时，输出低电平，红外传感模块的红色指示灯点亮。
- 当移开磁铁 S 极后，红外传感模块的红色指示灯熄灭，如图 3-2-15 所示。

### 3. 对输出电压进行测量、分析

1）霍尔线性元件的常态输出电压和工作输出电压

无磁铁靠近霍尔线性元件时，将万用表调至直流电压 0～6V 挡，测量其常态输出电压，万用表黑色表笔连接霍尔传感模块的 J1，红色表笔连接霍尔线性元件的线性 A/D 输出端，测得常态输出电压为________V。当磁铁 S 极逐渐靠近霍尔线性元件时，可以观察到电压持续变__________，直至变成 _________V。再将磁铁 N 极逐渐靠近霍尔线性元件，电压持续变_________，最终变为_________V，如图 3-2-16 所示。

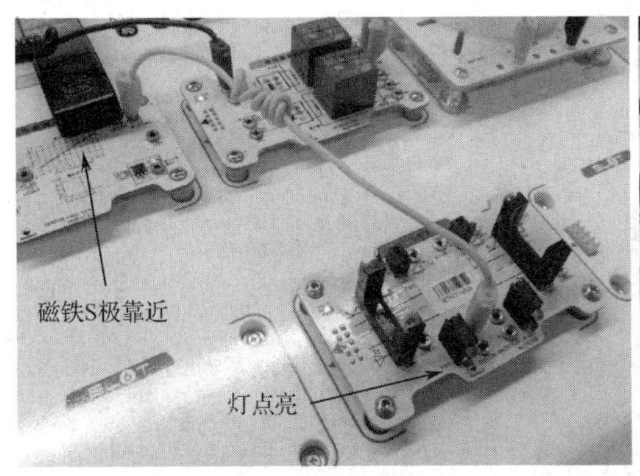


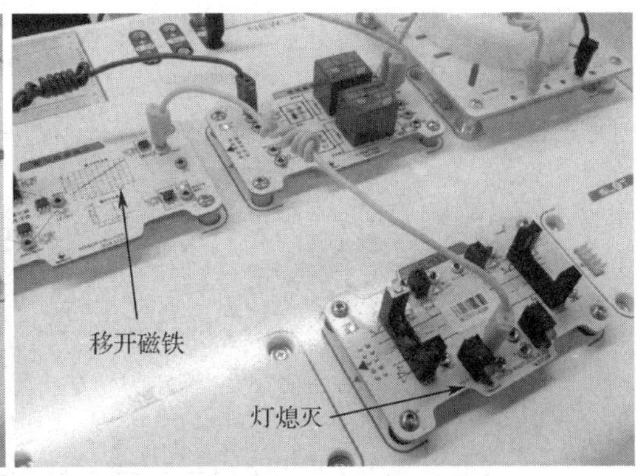


图 3-2-15 霍尔开关功能测试

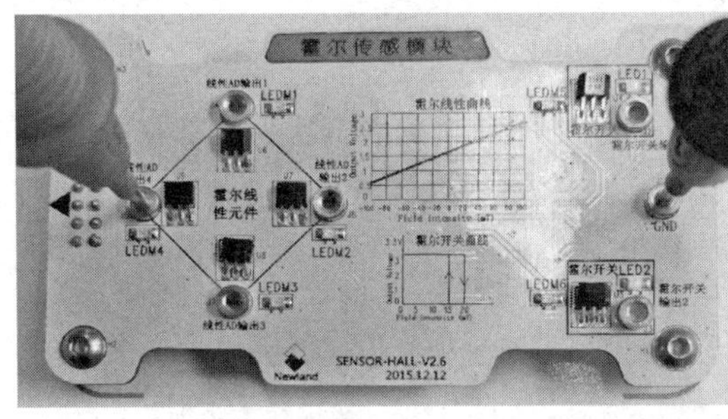


(a) 常态输出电压测量

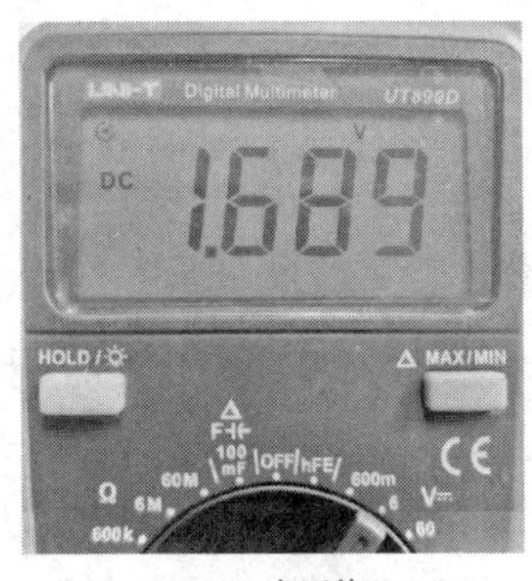


(b) 电压值

(c) 磁铁S极靠近霍尔线性元件

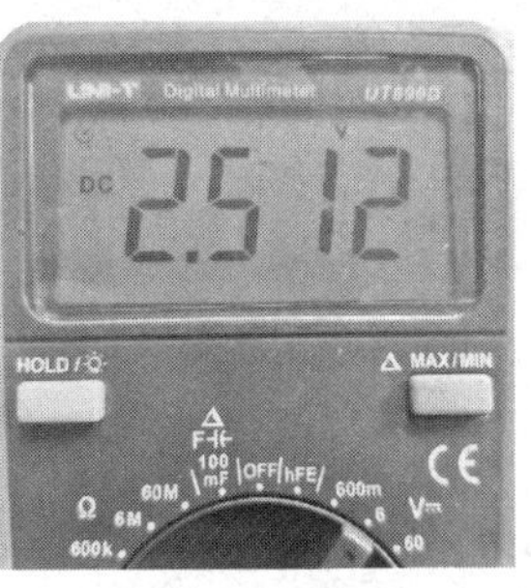


(d) 电压值

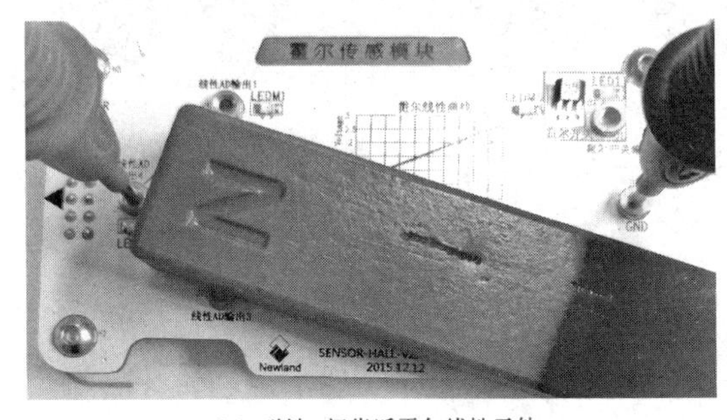


(e) 磁铁N极靠近霍尔线性元件

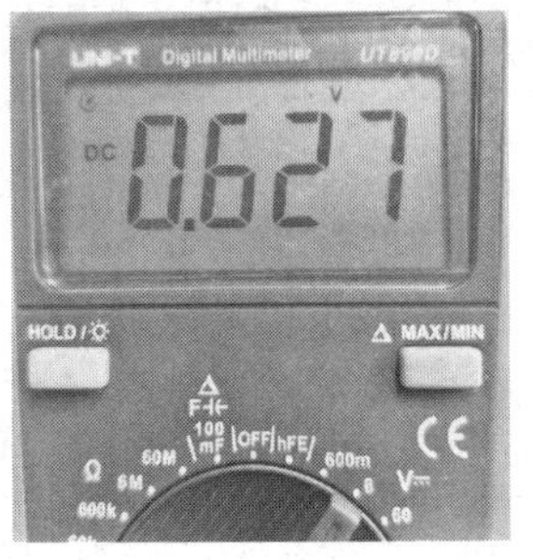


(f) 电压值

图 3-2-16 霍尔线性元件输出电压测量

2）霍尔开关的常态输出电压和工作输出电压

霍尔开关的输出只有两种状态。将万用表调至直流电压 0～6V 挡，先测量霍尔开关的常态输出电压，用黑色表笔连接 GND 端，红色表笔连接霍尔开关的 J2，此时的电压为_______V，表明常态输出电压是_______电平。然后用磁铁 S 极靠近霍尔开关，此时霍尔开关处于工作状态，输出电压为_______V，即霍尔开关工作输出电压为_________电平，如图 3-2-17 所示。

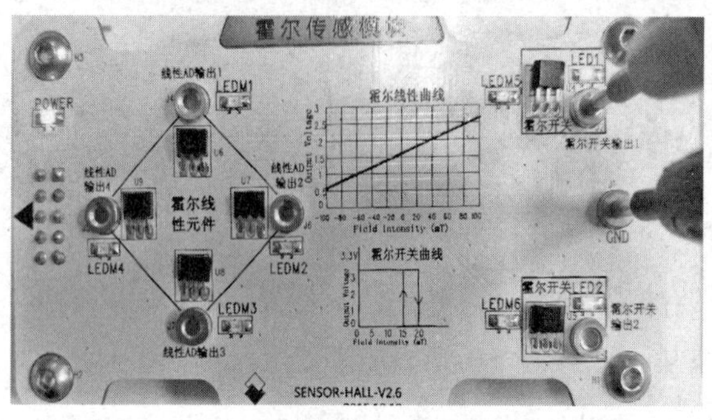


（a）常态输出电压测量

（b）电压值

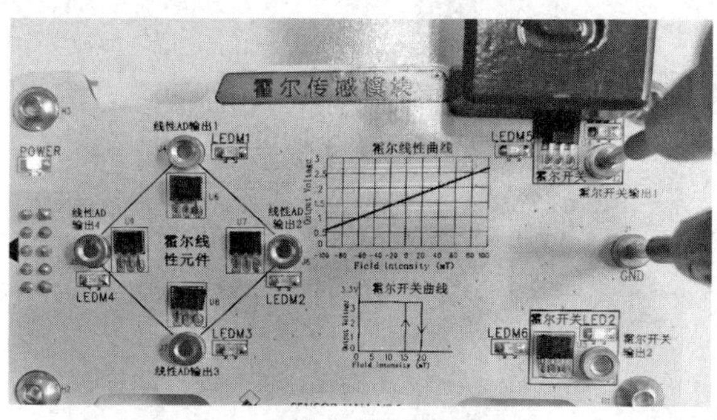


（c）磁铁S极靠近霍尔开关

（d）电压值

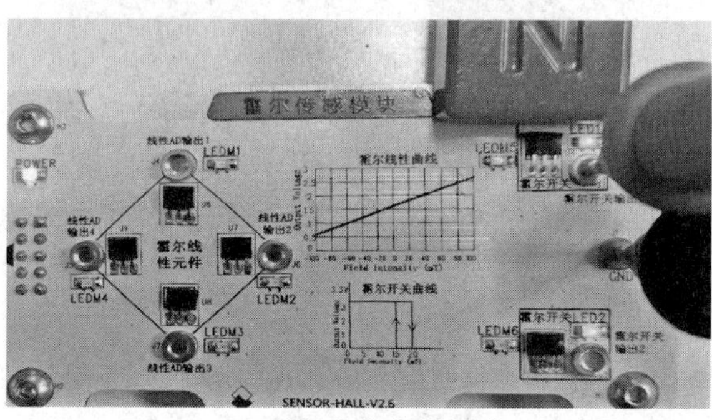


（e）磁铁N极靠近霍尔开关

（f）电压值

图 3-2-17　霍尔开关输出电压测量

## 任务检查与评价

完成任务后，进行任务检查与评价，任务检查与评价表在本书配套资源中。

## 任务小结

### 知识与技能提升

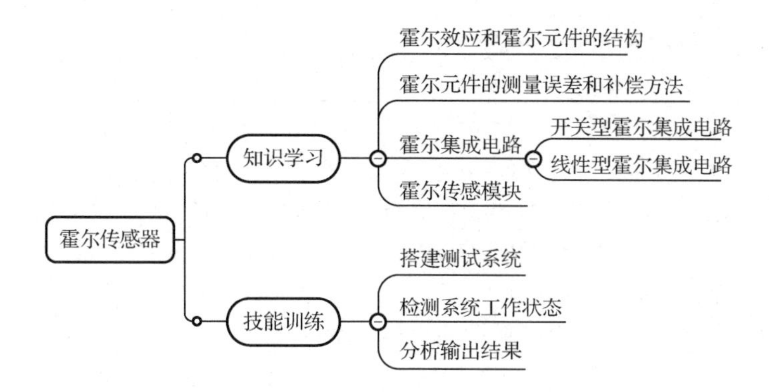


# 任务三　红外传感器与霍尔传感器的综合应用

## 职业能力目标

- 了解霍尔传感模块的输出及应用。
- 了解红外传感模块的输出及应用。
- 能根据功能需求，正确使用传感器。
- 学会利用红外传感模块和其他模块搭建小型应用系统。

## 任务描述与要求

任务描述：

某公司原有的多个防盗系统需要整合和智能化升级，具体包括红外对射、红外反射、霍尔开关和霍尔线性元件四个模块，要求通过 ZigBee 模块实现系统智能化控制，通过串口将传感器采集的数据送至控制中心集中处理。

任务要求：

- 利用外部中断感知红外对射、红外反射的状态。
- 利用 I/O 端口感知霍尔开关的状态，控制 LED 状态。
- 利用 ADC 获取霍尔线性元件的电压值，并进行处理。
- 利用串口将采集到的数据传送至控制中心。
- 完成测试程序的烧写，实现智能防盗系统。

## 任务分析与计划

根据所学相关知识，完成本任务的实施计划。

| 项目名称 | 智能防盗系统 |
|---|---|
| 任务名称 | 红外传感器与霍尔传感器的综合应用 |
| 计划方式 | 分组完成、团队合作、分析调研 |
| 计划要求 | 1. 掌握 CC2530 I/O 端口的设置和使用方法<br>2. 掌握 CC2530 外部中断的使用方法<br>3. 掌握 CC2530 定时器的使用方法<br>4. 掌握 CC2530 ADC 模块的使用方法<br>5. 掌握 CC2530 串口通信原理<br>6. 会对系统进行综合分析，能综合利用单片机内部资源 |
| 序　　号 | 主 要 步 骤 |
| 1 | |
| 2 | |
| 3 | |
| 4 | |
| 5 | |
| 6 | |
| 7 | |
| 8 | |

## 知识储备

### 1. 电信号的形式与转换

信息是客观事物属性和相互联系特性的表征，它反映了客观事物的存在形式和运动状态。信息的形式可以是数值、文字、图形、声音、图像及动画等。信号是信息的载体，如光信号、声音信号、电信号等。电话网络中的电流就是一种电信号。

电信号从表现形式上可以分为模拟信号和数字信号。

1）模拟信号

模拟信号是指用连续变化的物理量所表达的信息，如温度、湿度、压力、长度、电流、电压等，它在一定的时间范围内可以有无数个不同的取值。

2）数字信号

数字信号指自变量和因变量都离散的信号，这种信号的自变量用整数表示，因变量用有限数字中的一个数字来表示。在计算机中，数字信号的大小常用有限位的二进制数表示。由于数字信号是用两种物理状态来表示 0 和 1 的，故其抵抗干扰的能力比模拟信号强得多。在信号处理中，数字信号发挥的作用越来越大，几乎所有复杂的信号处理都离不开数字信号，只要能把解决问题的方法用数学公式表示出来，就能用计算机处理代表物理量的数字信号。

3）A/D 转换

A/D 转换通常简写为 ADC，是指将模拟信号转换为数字信号。各种被测控的物理量（如速度、压力、温度、光照度等）通常是连续变化的物理量，传感器将这些物理量转换成与之相对应的电压和电流，即模拟信号。单片机系统只能接收数字信号，要处理模拟信号就必须把它们转换成数字信号。A/D 转换是数字测控系统中必要的信号转换。

4）CC2530 的 ADC 模块

CC2530 的 ADC 模块支持最高 14 位二进制数的模数转换，具有 12 位有效数据位。它包括一个模拟多路转换器，以及一个参考电压发生器。转换结果通过 DMA 写入存储器。ADC 模块结构如图 3-3-1 所示。

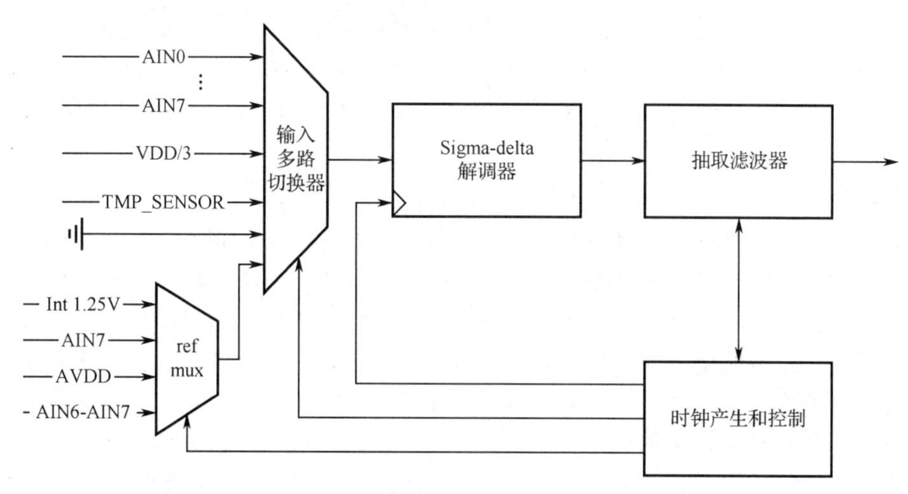


图 3-3-1　ADC 模块结构

## 2. 智能防盗系统结构分析

智能防盗系统又称智能防盗报警系统，是预防盗窃、抢劫等意外事件发生的重要设施。它不仅能减少枯燥的人员值守，降低安防人员的工作强度；而且能准确地提示出事地点，指示安防人员快速进行处理。安防行业智能化已成为重要的发展趋势。智能化其实就是在普通的监控、报警过程中增加智能分析、智能控制的功能。智能化可以让防盗系统工作更有效率，让用户更省心。本任务中的智能防盗系统结构如图 3-3-2 所示。

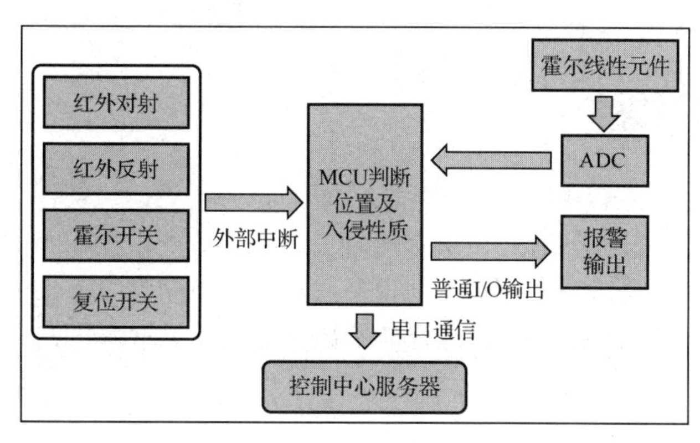


图 3-3-2　智能防盗系统结构

### 3. 传感器作用分析及 GPIO 端口分配

1）传感器作用分析

红外对射监控的距离较远，设备一般较为笨重，适合安放在围墙上或窗户上。红外反射的发射器和接收器一般集成在一起，设备较为小巧，但感测距离较小，适合安放在空间较为狭窄的区域。

霍尔线性元件可以输出连续的电压，在常态工作时输出中间电压。磁铁 S 极越靠近，输出电压越高；磁铁 N 极越靠近，输出电压越低。霍尔线性元件可检测带磁标的物品是否移动、物品放置的方向，还可精确检测物品离检测元件的距离、旋转角度和旋转速度等。本任务通过检测霍尔线性元件的输出电压来判断物品是否离开指定位置，从而判断物品是否被移动。霍尔开关在常态工作时输出高电平，当磁铁 S 极靠近时输出低电平。本任务中门窗的打开和闭合检测可采用霍尔开关，即设置门磁系统，通过感知 S 极完成对门窗开合的感知，由 MCU 接收感知结果，统计生成打开和关闭的次数和时间等数据，实现对门窗的安全监控。

2）GPIO 端口分配

CC2530 是核心单元，通过 GPIO 的功能设定，可以感知各传感模块的实时状态，从而实现报警。CC2530 共有 21 个数字 I/O 引脚，本任务需要使用 3 个外部中断端口（红外对射、红外反射、复位开关）、1 个普通 I/O 输入端口（霍尔开关）、1 个 ADC 输入端口（霍尔线性元件）和 3 个普通 I/O 输出端口（三个指示灯）。输入信号中电子围栏、通道监控、系统复位等信号为数字信号，并且在判断中只要有电压跳变即可确定触发，同时信号的判断和感知需要实时进行，若进行循环判断将浪费大量单片机资源，为节省资源，提高单片机工作效率，可选用外部中断输入模式。霍尔开关输出的也是数字信号，但作为门磁系统须判断霍尔开关输出的电平状态，从而确定门禁的开合状态，故此类输入不能只判断电压跳变，须设置为普通 I/O 输入端口，通过内部定时器定时读取即可。霍尔线性元件需要读取输出电流的大小，选择 ADC 对数据进行获取并处理。报警状态输出只在报警条件被触发时工作，因此只需要将四类报警状态通过指示灯点亮次序区分开来，可选用普通 I/O 输出端口。为实现 CC2530 前端模块与控制中心服务端间的通信，须通过串口通信实现远程数据传输。

**测一测**

总结 CC2530 常用的寄存器。

**想一想**

设置端口寄存器时，什么时候使用&=运算符？什么时候使用|=运算符？为什么要这样做？

## 任务计划与决策

### 1. 智能防盗系统的逻辑组成

智能防盗系统需要利用 ZigBee 模块中的 CC2530 来综合处理红外对射、红外反射、霍尔开关、霍尔线性元件等获取的环境信息，对信息进行处理和筛选后通过 I/O 端口输出给报警系统。同时，还要把实时安防数据传送给控制中心服务端进行记录或联防处理。智能防盗系统功能示意图如图 3-3-3 所示。

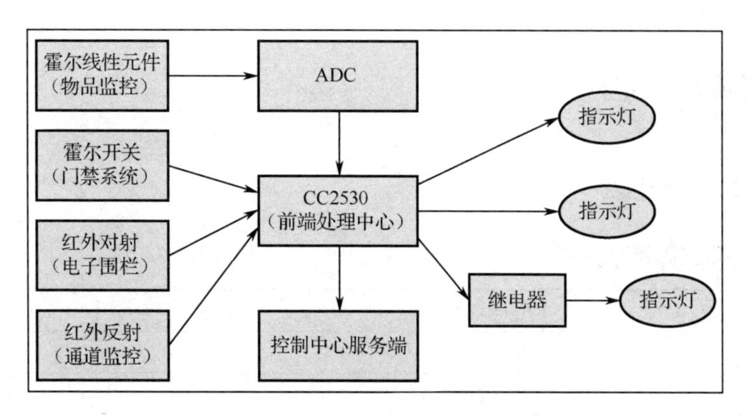


图 3-3-3　智能防盗系统功能示意图

### 2．端口分配及编程架构

1）端口分配

本任务只是模拟搭建并测试系统的功能，故每类模块只选择一个连入系统。红外对射、红外反射用于感知非确定性因素，观察电平变化即可判定入侵情况，但触发的时间无法确定，故不适合以 I/O 端口方式完成数据采集，这里采用外部中断方式。具体端口分配见表 3-3-1。

表 3-3-1　端口分配

| 端口类型 | 引　脚 | 连接设备 |
| --- | --- | --- |
| 普通 I/O 输出端口 | P1_0 | LED1（通信） |
| 普通 I/O 输出端口 | P1_1 | LED2（连接） |
| 外部中断 | P1_2 | 红外对射 |
| 外部中断 | P1_3 | 红外反射 |
| 外部中断 | P1_4 | Key1 |
| 普通 I/O 输入端口 | P1_5 | 霍尔开关 |
| 普通 I/O 输出端口 | P1_6 | 继电器 |
| — | ADC0 | 霍尔线性元件 |

2）编程架构

端口确定后就可以根据每个端口的实际用途分析程序的架构及流程，红外对射、红外反射、复位开关使用的是外部中断，霍尔开关使用的是普通 I/O 输入端口，霍尔线性元件使用的是 ADC 输入端口。当外部中断有变化时，需要触发报警，同时通过串口发送数据。当霍尔线性元件输出有变化时，也需要触发报警并发送串口数据。当普通 I/O 输入端口电平发生改变时，需要判断电平状态以确定门窗的开合状态，并进行相应的报警指示，同时发送相应的串口数据。程序流程图如图 3-3-4 所示。

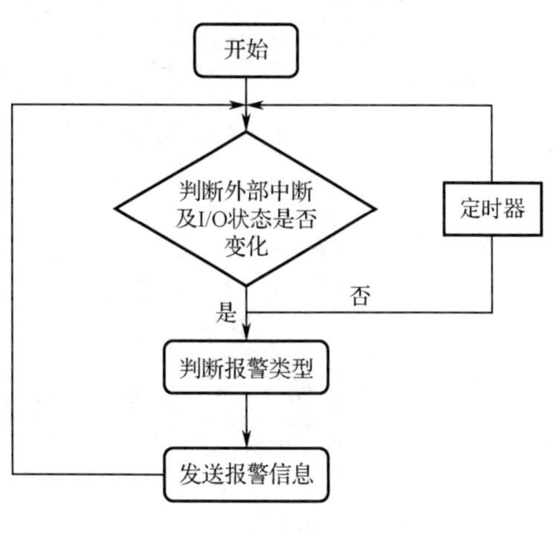


图 3-3-4　程序流程图

任务实施

### 设备与资源准备

任务实施前必须先准备好以下设备和资源。

| 序　号 | 设备/资源名称 | 数　量 | 是否准备到位 |
|---|---|---|---|
| 1 | 霍尔传感模块 | 1 | |
| 2 | 红外传感模块 | 1 | |
| 3 | 继电器模块 | 1 | |
| 4 | 指示灯模块 | 2 | |
| 5 | ZigBee 模块 | 1 | |
| 6 | 黄、蓝、黑色香蕉插头连接线 | 若干 | |
| 7 | 数字式万用表 | 1 | |
| 8 | 实验用红蓝色标记磁铁 | 1 | |
| 9 | NEWLab 平台 | 1 | |

#### 1．搭建测试系统

参考图 3-3-5 完成硬件连接。

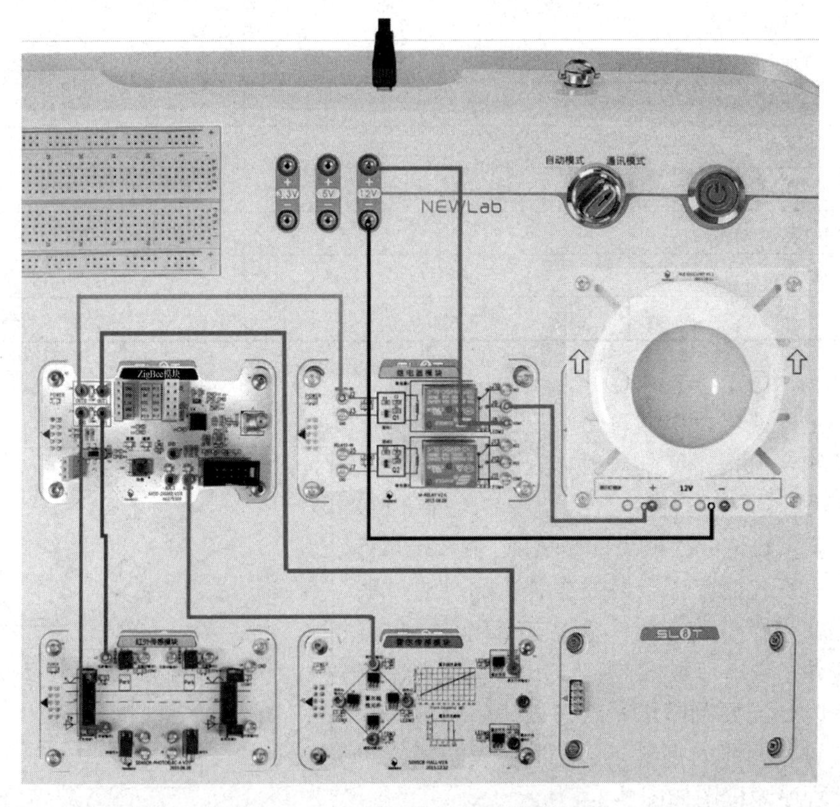


图 3-3-5　智能防盗系统硬件连接图

- 指示灯模块的 12V+连接继电器 1 的输出端口 J9。
- 指示灯模块的 12V-连接 NEWLab 平台的 12V-。
- 继电器 1 的 J8 和背板上的电源端口 12V+相连。
- 红外对射输出 J5 连接 ZigBee 模块 IN0。
- 红外反射输出 J2 连接 ZigBee 模块 IN1。
- 霍尔开关输出 J2 连接 ZigBee 模块 OUT1。
- 霍尔线性元件输出 J4 连接 ZigBee 模块 ADC0。
- ZigBee 模块 OUT0 连接继电器模块 J2。
- NEWLab 平台上，红外传感模块和继电器模块上的 GND 是相通的，所以不用考虑负极的处理。

**2. 核心代码**

完整的智能防盗系统程序包括 I/O 端口定义、延时函数、数据采集及处理、串口通信及报警、主函数等部分，图 3-3-6 为程序结构图。

图 3-3-6 程序结构图

（1）三个普通 I/O 输出端口和一个普通 I/O 输入端口的设定。

本任务中三个 LED 输出端口分别定义为 P1_0、P1_1、P1_6 引脚，其中 P1_6 引脚控制继电器，进而控制 LED 灯座，P1_0、P1_1 引脚连接 ZigBee 模块上的两个指示灯。普通 I/O 输出端口的设置方法如下。

```
P1SEL &= ~0x43;                //设置 P1_0、P1_1 和 P1_6 引脚为普通 I/O 端口
P1DIR |= 0x43;                 //设置 P1_0、P1_1 和 P1_6 引脚为输出端口
```

（2）三个外部中断的设定。

```
IEN2 |= 0x10;                  //使能 P1 端口中断
P1IEN |= 0x1C;                 //使能 P1_2～P1_4 引脚中断
PICTL |= 0x06;                 //P1_0～P1_3 引脚下降沿触发中断
```

（3）中断服务子程序的编写。

中断服务子程序需要判断引发中断的端口号，并将判断结果存入全局变量 flag_Pause 中。

```
#pragma   vector = P1INT_VECTOR
__interrupt void P1_INT(void)
{
```

```
        if(P1IFG)                        //如果有外部中断
        {
          if(P1IFG&0x04)    flag_Pause = 0;
         if(P1IFG&0x08)    flag_Pause = 1;
         if(P1IFG&0x10)      flag_Pause = 2;
          P1IFG &= 0x00;
        }
        P1IF = 0;
    }
```

（4）ADC 数据采集与处理部分。

霍尔线性元件输出一个电压值，不放置磁铁时电压值在 1.6V 与 1.8V 之间小幅改变。通过判断输出电压是否大于 2V 来确定磁铁 S 极是否离开霍尔线性元件。

```
void Get_val(void)
{
        uint16 sensor_val;
        sensor_val=Get_Adc();
        flag=sensor_val/100;
            if( flag<2)

            {
            flag_Pause=4;
            }




}
```

（5）指示灯控制部分。

灯光报警是为了直观显示入侵位置，便于安保人员快速处置。具体报警方式如下：无入侵时，所有 LED 都处于熄灭状态；当红外对射被触发时，LED1 闪烁，LED3 长亮；当红外反射被触发后，LED2 闪烁，LED3 长亮；当霍尔开关被触发时，LED3 闪烁；当霍尔线性元件被触发时，所有 LED 都闪烁。

```
void Alarm(void)
{
        switch(flag_Pause)
        {
            case 0:LED1=LED2=LED3=0;
                      break;
            case 1:LED1=1;
                      delay(500);
                      LED1=0;
                      delay(500);
                      LED3=1;
                      break;
```

```
            case 2:LED2=1;
                    delay(500);
                    LED2=0;
                    delay(500);
                    LED3=1;
                    break;
            case 3:LED3=1;
                    delay(500);
                    LED3=0;
                    delay(500);
                    LED1=LED2=1;
                    break;
            case 4:LED1=1;
                    LED2=1;
                    LED3=1;
                    delay(500);

                    LED1=0;

                    LED2=0;

                    LED3=0;
                    delay(500);
                    break;
        }
}
```

（6）通过串口发送数据。

依据事件发生的位置将事件分为一般事件和紧急事件。使用服务端对引发中断的位置和事件情况进行发布和推送。事件源有五类，可通过全局变量 flag_Pause 进行判断。

```
void Serialdata()
{
            EA = 0;
            switch(flag_Pause)
            {
            case 0: UART0SendString("一切正常。\n");
                     counter=0;
                     break;
            case 1: UART0SendString("围墙有人翻越!请加强巡逻！ \n");
                     counter=0;
                     break;
            case 2: UART0SendString("财务通道有人入侵!请立即查看！  \n");
                     counter=0;
                     break;
            case 3: UART0SendString("财务室门被打开!请紧急处理。  \n");
                     counter=0;
```

```
                    break;
            case 4: UART0SendString("财物失窃!请紧急处理。  \n");
                    counter=0;
                    break;
            }
}
```

（7）主程序。

主程序主要用来进行各类子程序的初始化，除了报警函数 Alarm()，其他执行程序都放入相应的中断子程序中。

```
void main(void)
{
        flag_Pause=0;                   //初始化状态值
        P1IFG &= 0x00;                  //初始化状态值
        InitLED();                      //初始化指示灯状态
        InitP1int();                    //初始化外部中断
        InittTimer1();                  //初始化定时器 1
        InitUART0();                    //初始化串口，波特率为 57600
        Adc_Init();                     //初始化 A/D 转换
while(1)
{
         Alarm();                       //报警
        }


}
```

定时器 1 中断服务子程序如下。

```
#pragma vector = T1_VECTOR                      //中断服务子程序
__interrupt void T1_ISR(void)
{
counter++;                                      //累加计数
        if(counter%2==0)                        //偶数则读取霍尔线性元件电压值
        {
          Get_val();                            //根据电压值选择报警类型
          if(HoareSW==1)
          {
            if(HoareSW==1)
            {
             flag_Pause=3;
            }
          }
        }
        if(counter>=15)                         //每隔 3s 串口发送信息
         {
           EA = 0;                              //禁止全局中断
           Serialdata();                        //串口发送信息
```

```
            counter=0;                        //累加值清 0
        }

        T1STAT &= ~0x01;                      //清除通道 0 中断标志
    EA = 1;                                   //使能全局中断
}
```

3．实验结果验证

运行程序，查看结果。

1）遮挡红外对射

ZigBee 模块上的指示灯左灯闪烁，右灯熄灭，同时继电器连接的 LED 点亮。串口调试软件窗口显示“围墙有人翻越!请加强巡逻!”，如图 3-3-7 所示。

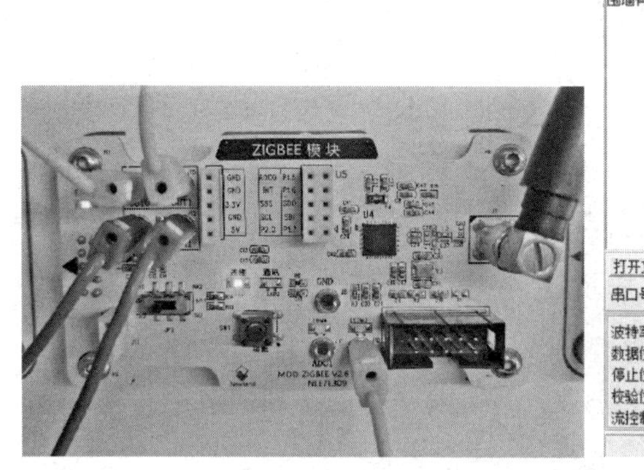

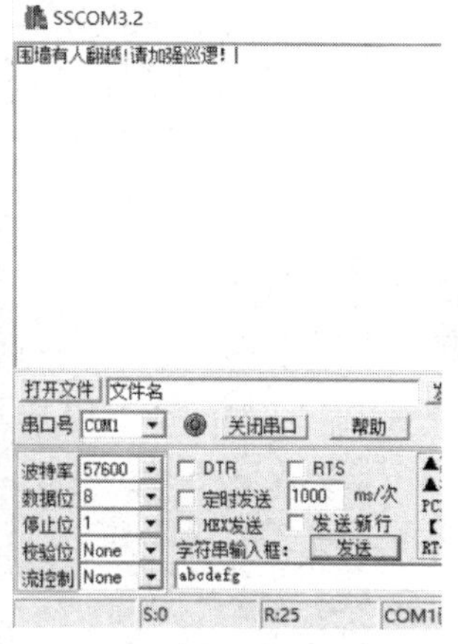


图 3-3-7 遮挡红外对射的效果

2）靠近红外反射

ZigBee 模块上的指示灯右灯闪烁，左灯熄灭，同时继电器连接的 LED 点亮。串口调试软件窗口显示“财务通道有人入侵!请立即查看!”，如图 3-3-8 所示。

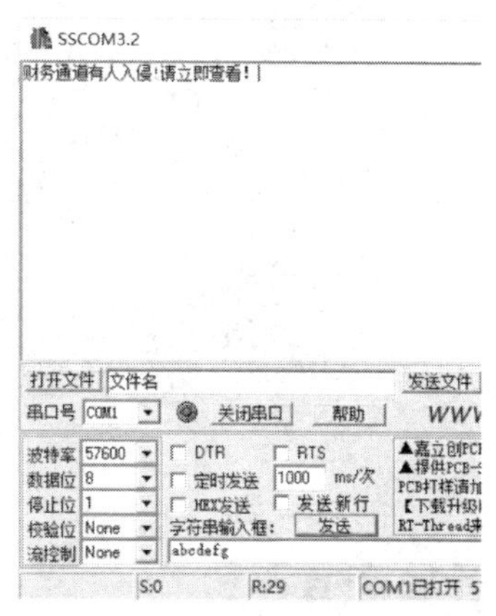


图 3-3-8 靠近红外反射的效果

3）磁铁 S 极离开霍尔开关

ZigBee 模块上的指示灯熄灭，同时继电器连接的 LED 闪烁。串口调试软件窗口显示“财务室门被打开!请紧急处理。”，如图 3-3-9 所示。

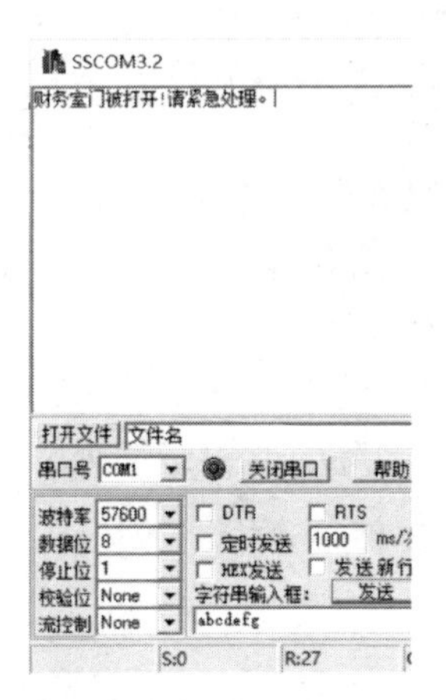


图 3-3-9　磁铁 S 极离开霍尔开关的效果

4）磁铁 S 极靠近霍尔线性元件

ZigBee 模板上的指示灯闪烁，同时继电器连接的 LED 闪烁。串口调试软件窗口显示“财物失窃!请紧急处理。”，如图 3-3-10 所示。

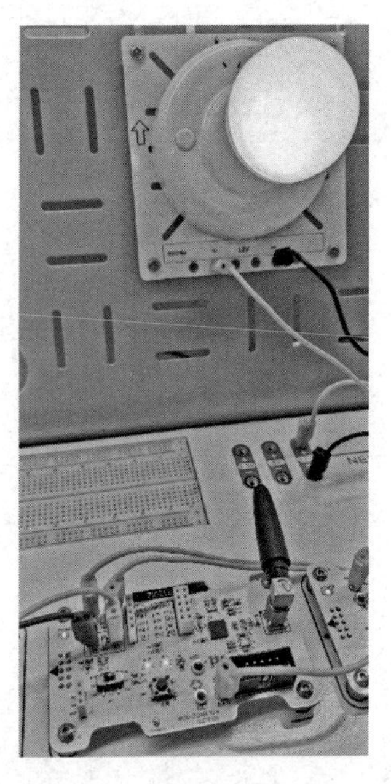

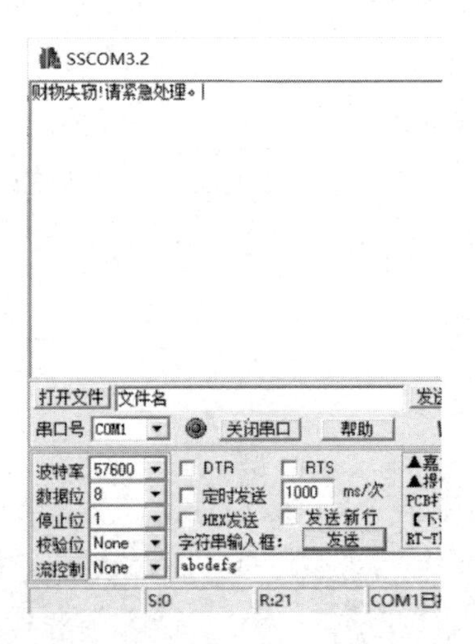


图 3-3-10　磁铁 S 极靠近霍尔线性元件的效果

## 任务检查与评价

完成任务后，进行任务检查与评价，任务检查与评价表在本书配套资源中。

## 任务小结

### 知识与技能提升

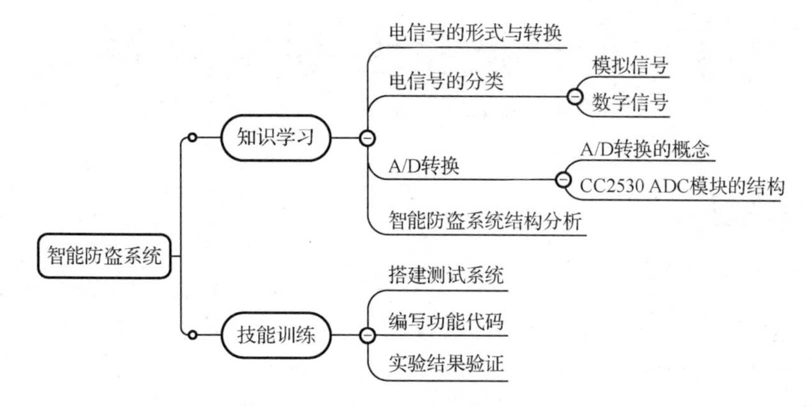

# 项目四 农业大棚监测系统

## 引导案例

在现代农业中，广泛应用了先进的科技和设备，不断提高农业生产效率。特别是利用了物联网技术的智慧农业，通过安装大量的传感器，可以精准测量农场的土地、空气、水文等环境参数，并根据农产品的生长特性，制订科学的生产计划，合理分配农业生产资源，既能节能降耗，又能提高产量；利用计算机网络和机器人，能够实现农产品生产监控和自动巡检（图 4-0-1、图 4-0-2），还可以使用手机遥控生产过程，减少人工成本，构建农业生产、经营和溯源的现代化管理体系，推动农业标准化生产和工厂化生产。

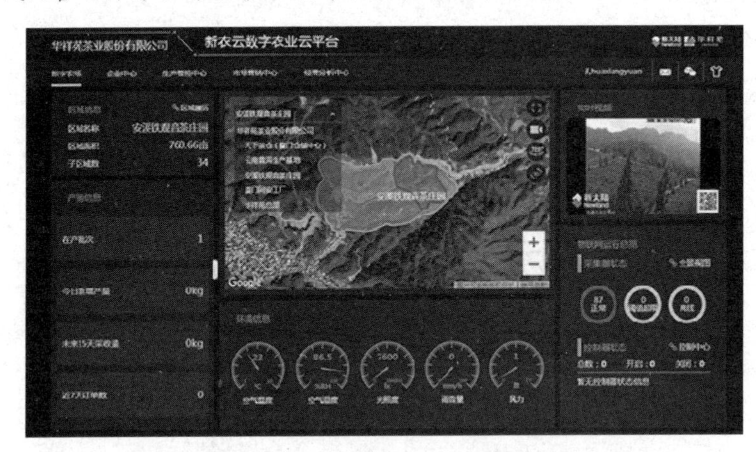


图 4-0-1 利用计算机监控农产品生产

图 4-0-2 机器人巡检

本项目采用 NEWLab 平台，利用 ZigBee 模块、光照传感器、气体传感器等构建农业大棚监测系统（图 4-0-3）。系统运行效果可微信扫码观看配套演示视频。

本项目学习目标如图 4-0-4 所示。

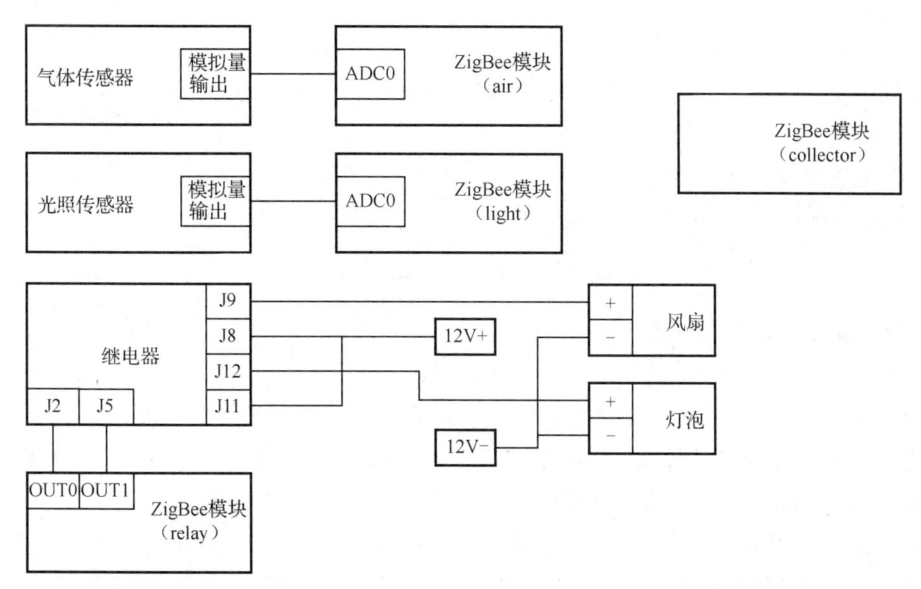


图 4-0-3　农业大棚监测系统

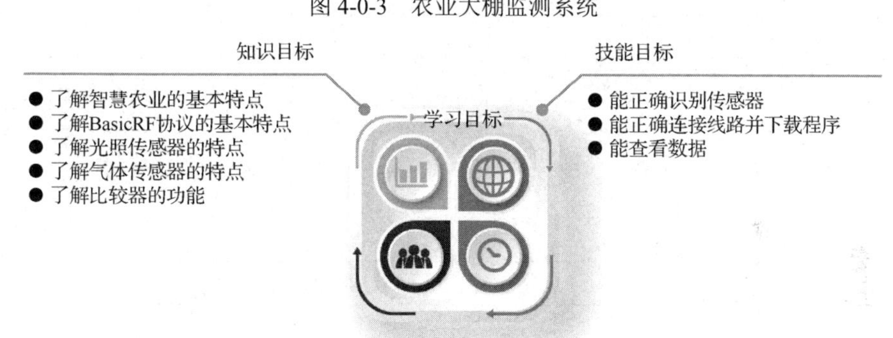


图 4-0-4　农业大棚监测系统项目学习目标

# 任务一　光照度数据采集

## 职业能力目标

- 了解光照传感器的功能和技术参数。
- 能正确烧写程序。
- 能正确连接线路。
- 能正确获取数据。

## 任务描述与要求

任务描述：

合理的光照是植物进行光合作用的必要条件，过高或过低的光照度都不利于植物的生长。为准确掌握农业大棚中的光照情况，决定安装光照传感器，并在计算机上显示采集结果。

任务要求：

- 搭建光照传感器。
- 搭建协调器。
- 接收数据。

## 任务分析与计划

本系统由传感器节点和协调器节点组成：传感器节点连接光照传感器，可以采集光照度数据并按照一定的协议发送数据；协调器节点接收并解析数据；两种节点都可以将相关数据通过串口传输到计算机。为方便验证数据，可以使用万用表测量电路电压。

根据所学相关知识，完成本任务的实施计划。

| 项目名称 | 农业大棚监测系统 |
|---|---|
| 任务名称 | 光照度数据采集 |
| 计划方式 | 分组完成、团队合作、分析调研 |
| 计划要求 | 1. 能正确识别光照传感器<br>2. 能连接光照传感器和 ZigBee 模块<br>3. 能正确下载程序<br>4. 能在计算机上查看数据 |
| 序　　号 | 主 要 步 骤 |
| 1 | |
| 2 | |
| 3 | |
| 4 | |
| 5 | |
| 6 | |
| 7 | |
| 8 | |

## 知识储备

### 1. 光照传感器

光照传感器使用光敏电阻及相关电路测量光照度并输出测量结果。光敏电阻是利用半导体的光电效应制成的一种电阻值随入射光的强弱而改变的电阻。入射光强，电阻值减小；入射光弱，电阻值增大。光敏电阻一般用于光的测量、光的控制和光电转换（将光的变化转换为电的变化）。常用的光敏电阻是硫化镉光敏电阻，它是由半导体材料制成的。光敏电阻通常制成薄片结构，以便吸收更多的光能。

在半导体光敏材料两端装上电极引线，将其封装在带有透明窗的管壳里就构成了光敏电阻。为了提高灵敏度，两电极常做成梳状。用于制造光敏电阻的材料主要是金属的硫化物、硒化物和碲化物等半导体材料。

光敏电阻根据光谱特性可分为以下三种。

（1）紫外光敏电阻：包括硫化镉、硒化镉光敏电阻等，用于探测紫外线。

（2）红外光敏电阻：主要有硫化铅、碲化铅、硒化铅、锑化铟光敏电阻等，广泛用于导弹制导、天文探测、非接触测量、人体病变探测、红外通信等领域。

（3）可见光光敏电阻：包括硒、硫化镉、硒化镉、碲化镉、砷化镓、硅、锗、硫化锌光敏电阻等，主要用于各种光电控制系统，如光电自动开关、自动给水和自动停水装置、机械上的自动保护装置和位置检测器、极薄零件的厚度检测器、照相机自动曝光装置、光电计数器、烟雾报警器、光电跟踪系统等。

温度/光照传感模块连接光敏电阻之后，就成为了一个光照传感器，可以将光照度转化为连续变化的电压信号，所以光照传感器是一个模拟量传感器。光照传感器如图 4-1-1 所示。

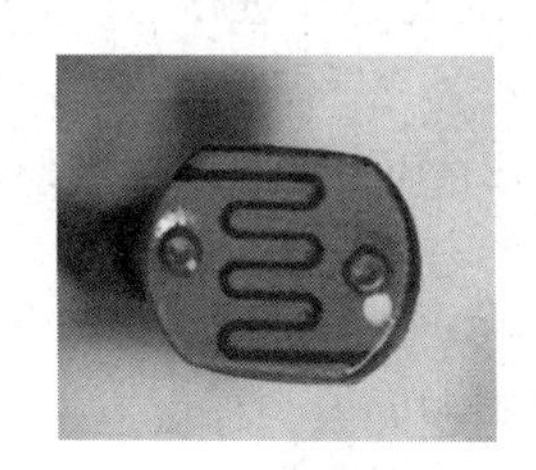

（a）光敏电阻

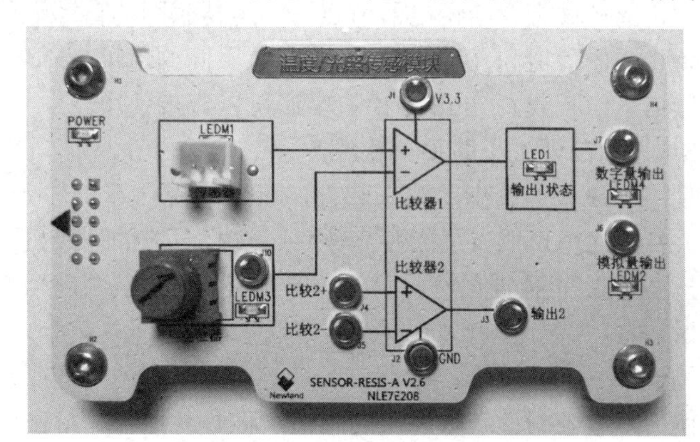


（b）温度/光照传感模块

图 4-1-1　光照传感器

温度/光照传感模块原理图如图 4-1-2 所示。

### 2．ZigBee 和 BasicRF 协议

ZigBee 是一种短距离、低功耗的无线通信技术，名称来源于蜜蜂向同伴传递信息所使用的 8 字舞。其主要特点有：近距离，传输距离一般在 10～100m；低功耗，使用干电池可以持续工作几个月；低速率，2.4GHz 下传输速率为 250kbit/s；低成本，一块芯片的价格只有十几元；高容量，可以实现 65000 个节点的组网；高安全性，可以采用高级加密方式防止数据被非法获取。ZigBee 技术广泛应用于智慧工业、智慧家庭、智慧医疗等领域。

BasicRF 协议是由 TI 公司提供的基于 CC253x 系列芯片的协议包，它基于 ZigBee 标准实现点对点的简单数据传输功能。该协议包括硬件层、硬件抽象层、基本无线传输层和应用层四大部分，能够实现 IEEE 802.15.4 标准数据包的发送和接收。

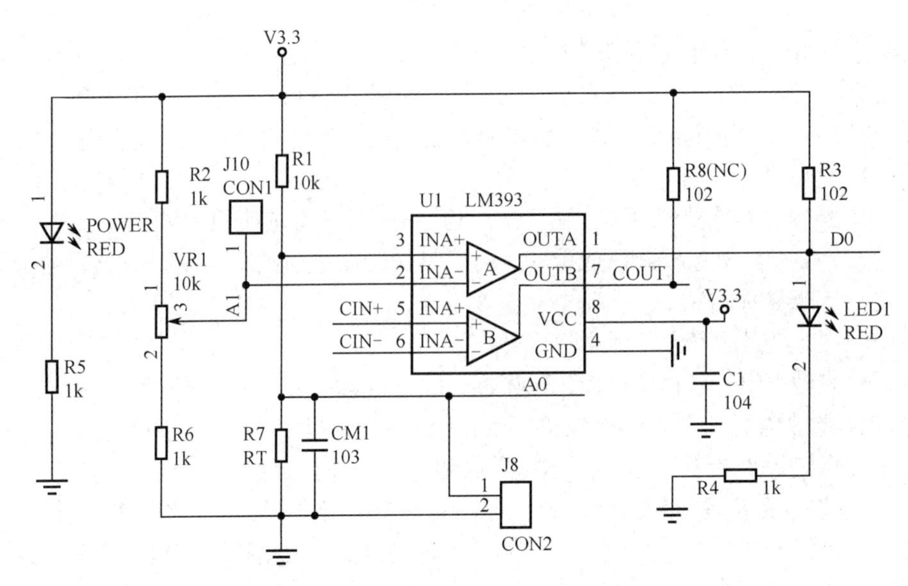


图 4-1-2　温度/光照传感模块原理图

在 BasicRF 网络中，传感器节点用于采集传感器数据并组合成一定结构的协议数据发送给协调器节点，协调器节点用于数据的汇总和解析，可以通过串口将数据发送给计算机，也可以发送一定的开关指令给继电器节点，实现传感网的自动运行。所有参与组网的 ZigBee 模块应当配置相同的信道和 PANID，但要配置不同的地址。本项目中所有程序文件已经内置了组网的配置信息，下载到 ZigBee 模块中后可以直接使用。

### 3. “串口调试小助手”软件

使用“串口调试小助手”软件，可以实现计算机与单片机设备通过串口进行通信。本任务中，打开“串口调试小助手”软件，选择对应的计算机串口，波特率选择“115200”，校验位选择“none”，数据位选择“8”，停止位选择“1”，就可以接收到 ZigBee 模块通过串口传输的数据。

**测一测**

使用万用表测量光敏电阻的阻值，你和其他人测量出的结果是否相同？为什么？

**想一想**

本任务中大家使用的程序文件是相同的，怎样避免对其他人的设备产生干扰？

在本项目资源包中，打开文件夹“程序文件”，找到“light.hex”和“collector.hex”文件，在计算机上安装 SmartRF Flash Programmer 和“串口调试小助手”两个软件。

### 设备与资源准备

任务实施前必须先准备好以下设备和资源。

| 序号 | 设备/资源名称 | 数量 | 是否准备到位 |
| --- | --- | --- | --- |
| 1 | ZigBee 模块 | 2 | |
| 2 | 温度/光照传感模块 | 1 | |
| 3 | Setup_SmartRFProgr_1.12.7.exe | 1 | |
| 4 | “light.hex”文件 | 1 | |
| 5 | “collector.hex”文件 | 1 | |
| 6 | 智慧盒 | 2 | |
| 7 | 万用表 | 1 | |
| 8 | CC Debugger | 1 | |
| 9 | 通信线缆 | 2 | |

### 1. 线路连接

在温度/光照传感模块上连接光敏电阻，使用一根黑色线连接 ZigBee 模块的 GND 端口，使用一根彩色线连接温度/光照传感模块的模拟量输出端口和 ZigBee 模块的 ADC0 端口。为了方便验证数据，将万用表接入线路。线路连接如图 4-1-3 所示。注意，ZigBee 模块上的 JP2 拨码开关应当拨到左边。

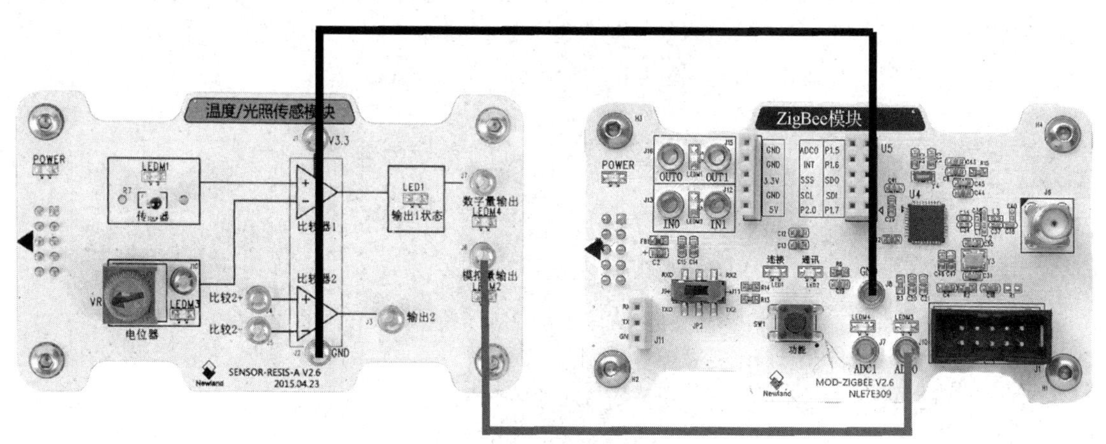


图 4-1-3　线路连接

### 2. 下载程序文件

在本项目资源包中，打开文件夹“程序文件”，使用 SmartRF Flash Programmer 将“light.hex”文件下载到连接传感器的 ZigBee 模块中，将“collector.hex”文件下载到协调器 ZigBee 模块中。

### 3. 软件配置

在设备管理器中查看智慧盒“Silicon Labs CP210x USB to UART Bridge”对应的端口，以实际显示的端口号为准，本项目为 COM5。打开“串口调试小助手”软件，端口选择“COM5”，波特率选择“115200”，校验位选择“None”，数据位选择“8”，停止位选择“1”，单击“打开串口”按钮，即可显示接收到的数据，如图 4-1-4 所示。

图 4-1-4 “串口调试小助手”软件

## 4．获取数据

打开两个“串口调试小助手”软件窗口，分别展示传感器和协调器的数据，如图 4-1-5 所示，可以看到传感器和协调器收发的协议帧完全相同，也可以解析出相同的数值。以协议帧“CC 01 07 01 03 01 70 49”为例，其中“CC”表示 CC2530，“01”表示读取传感器数据，“07”表示有效数据长度为 7 字节（最后一字节为校验值，没有计算在内），“01”表示包含一个传感器数据，“03”表示光照传感器（每个传感器由唯一的编号表示），“01 70”表示光照传感器输出电压值的十六进制形式（单位为 mV），“49”表示数据帧前 7 部分的校验和。通过查看万用表，可以确定采集的数据基本准确，如图 4-1-6 所示。

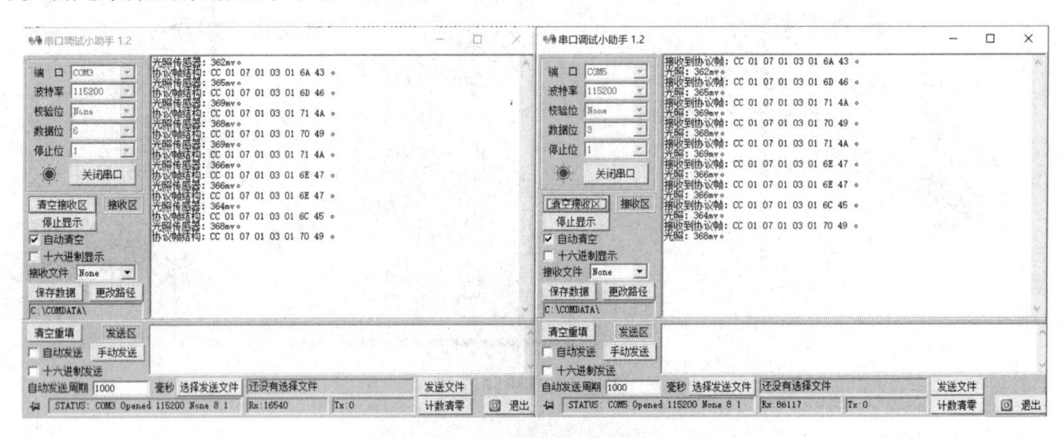


图 4-1-5 传感器与协调器的数据

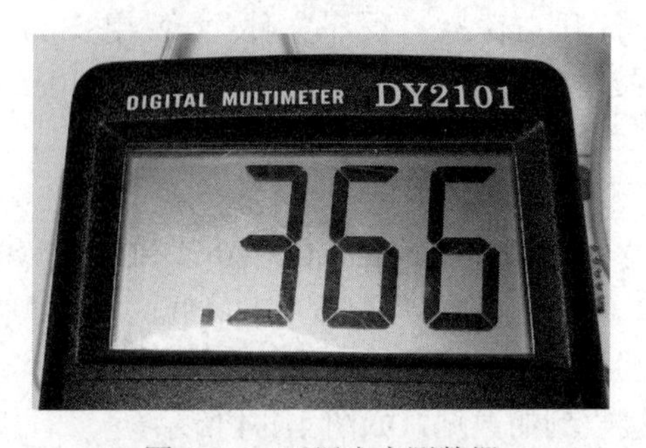


图 4-1-6 万用表实测数据

完成任务后，进行任务检查与评价，任务检查与评价表在本书配套资源中。

知识与技能提升

通过搭建光照度数据采集系统，了解光照传感器和BasicRF的工作原理，掌握接线和传输数据的方法。

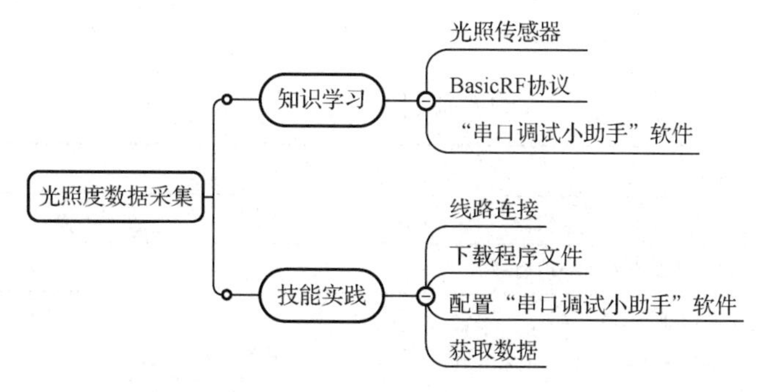


# 任务二　有害气体数据采集

- 了解气体传感器的功能和技术参数。
- 能正确使用比较器。
- 能正确连接线路。
- 能正确获取数据。

**任务描述：**

塑料大棚中通常会存在一些有害气体，主要原因有：各种肥料在高温和细菌作用下会分解出氨气、二氧化氮、二氧化硫等有害气体，质量差的地膜在高温下会挥发出乙烯和氯气，冬季取暖容易导致一氧化碳和二氧化碳聚集。这些有害气体会对工作人员和作物产生危害。为准确掌握农业大棚中有害气体的浓度，决定安装气体传感器，并在计算机上显示采集结果。

**任务要求：**

- 搭建气体传感器。

- 搭建协调器。
- 接收数据。
- 使用比较器实现数字量输出。

## 任务分析与计划

本系统由传感器节点和协调器节点组成：传感器节点连接气体传感器，可以采集有害气体数据并按照一定的协议发送数据；协调器节点接收并解析数据；两种节点都可以通过 USB 线缆连接计算机，将相关数据通过串口传送到计算机。为方便验证数据，可以使用万用表测量电路电压。

### 分析规划

根据所学相关知识，完成本任务的实施计划。

| 项目名称 | 农业大棚监测系统 |
|---|---|
| 任务名称 | 有害气体数据采集 |
| 计划方式 | 分组完成、团队合作、分析调研 |
| 计划要求 | 1．能正确识别气体传感器<br>2．能连接气体传感器和 ZigBee 模块<br>3．能正确下载程序文件<br>4．能使用“串口调试小助手”软件查看数据<br>5．能正确使用比较器 |
| 序　号 | 主 要 步 骤 |
| 1 | |
| 2 | |
| 3 | |
| 4 | |
| 5 | |
| 6 | |
| 7 | |
| 8 | |

## 知识储备

### 1．气体传感器

MQ-135 是一种半导体型气体传感器，使用氧化锡作为气敏材料，导电率随着环境中有害气体浓度的升高而增大，测量氨气、硫化物、苯系蒸气时灵敏度特别高，检测浓度为 10～1000ppm，也可以用于检测烟雾和其他有害气体，具有寿命长、成本低、驱动电路简单的优点。气体传感器模块如图 4-2-1 所示。

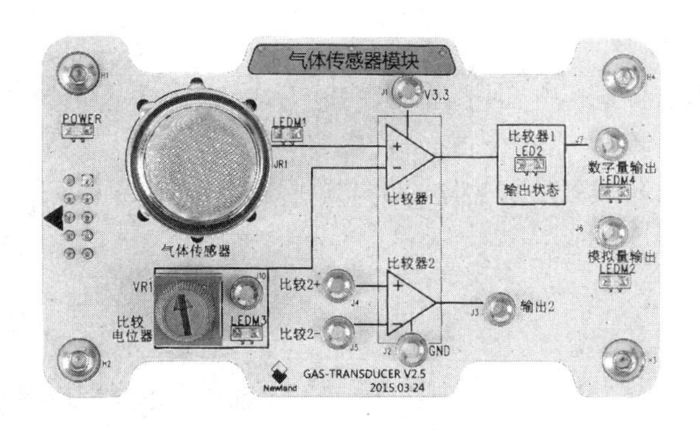


图 4-2-1　气体传感器模块

不同型号的气体传感器具有不同的适用范围，如 MQ-2 适用于检测液化气、丁烷、丙烷、甲烷、酒精、氢气、烟雾等，MQ-3 适用于检测酒精（乙醇），MQ-9 适用于检测可燃气体和一氧化碳气体。所以，应当针对实际应用场景合理选择一个或多个合适的气体传感器。气体传感器都附有加热器。在实际应用时，加热器能使附着在测控部件上的油雾、尘埃等烧掉，同时加速气体的吸附，从而提高器件的灵敏度和响应速度。

**2. 比较器**

对两个模拟电压信号进行比较，确定它们之间大小关系的电路称为比较器。比较器输出二进制信号 0 或 1，也就是低电平或高电平。

在气体传感器模块中有两个比较器，其中比较器 1 用于比较气体传感器和电位器输出的电压，比较器 2 用于连接其他的电压信号。通过 J10 端口可以测量电位器的输出电压，顺时针旋转时输出电压变大，逆时针旋转时输出电压变小。当气体传感器输出电压大于电位器输出电压时，数字量输出端口产生高电压，电压值约为 3V，同时 LED 亮起；反之，数字量输出端口产生低电压，电压值约为 0.2V，同时 LED 熄灭。

气体传感器模块原理图如图 4-2-2 所示。

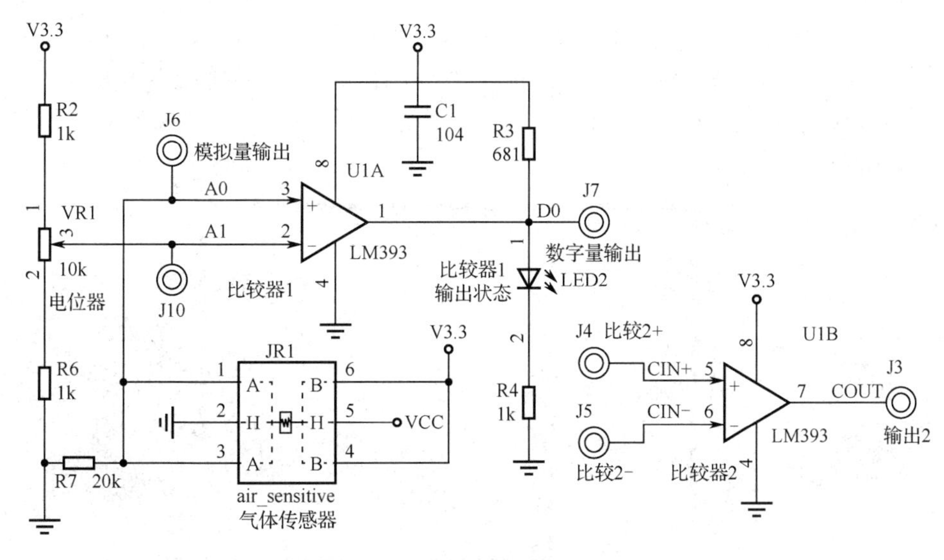


图 4-2-2　气体传感器模块原理图

**测一测**

使用万用表测量电位器输出电压值范围。

**想一想**

如何测量并确定气体传感器的加热器的供电电压？

## 任务实施

在本项目资源包中，打开文件夹“程序文件”，找到“air.hex”和“collector.hex”文件，在计算机上安装 SmartRF Flash Programmer 和“串口调试小助手”两个软件。

### 设备与资源准备

任务实施前必须先准备好以下设备和资源。

| 序　号 | 设备/资源名称 | 数　量 | 是否准备到位 |
| --- | --- | --- | --- |
| 1 | ZigBee 模块 | 2 | |
| 2 | 气体传感器模块 | 1 | |
| 3 | Setup_SmartRFProgr_1.12.7.exe | 1 | |
| 4 | “air.hex”文件 | 1 | |
| 5 | “collector.hex”文件 | 1 | |
| 6 | 智慧盒 | 2 | |
| 7 | 万用表 | 1 | |
| 8 | CC Debugger | 1 | |
| 9 | 通信线缆 | 2 | |

### 1. 线路连接

使用一根黑色线连接气体传感器模块和 ZigBee 模块的 GND 端口，使用一根彩色线连接气体传感器模块的模拟量输出端口和 ZigBee 模块的 ADC0 端口，硬件连接如图 4-2-3 所示。协调器 ZigBee 模块通电即可，不需要连接气体传感器模块。注意，ZigBee 模块上的 JP2 拨码开关应当拨到左边。

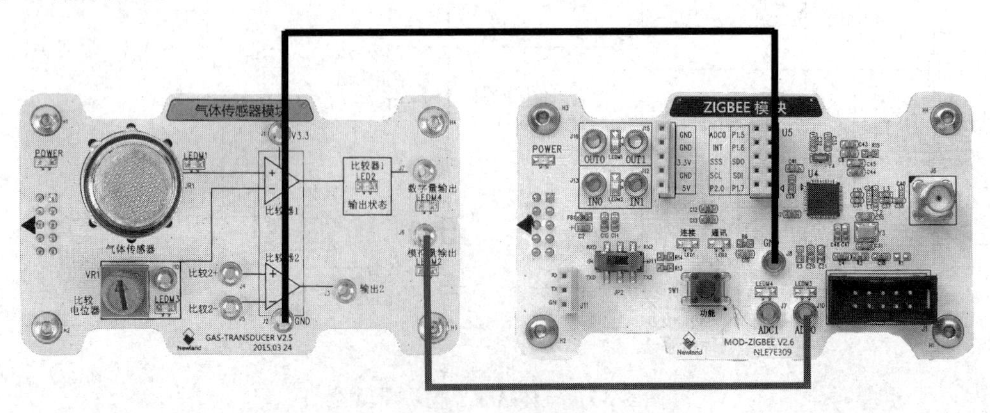


图 4-2-3　硬件连接

2．下载程序文件

在本项目资源包中，打开文件夹“程序文件”，使用 SmartRF Flash Programmer 将“air.hex”文件下载到传感器 ZigBee 模块中，将“collector.hex”文件下载到协调器 ZigBee 模块中。

3．配置“串口调试小助手”软件

在设备管理器中查看智慧盒“Silicon Labs CP210x USB to UART Bridge”对应的端口，以实际显示的端口号为准，本项目为 COM5。打开“串口调试小助手”软件，端口选择“COM5”，波特率选择“115200”，校验位选择“None”，数据位选择“8”，停止位选择 1，单击“打开串口”按钮，即可显示接收到的数据，如图 4-2-4 所示。

图 4-2-4 “串口调试小助手”软件

4．获取数据

打开两个“串口调试小助手”软件窗口，分别展示传感器和协调器的数据，如图 4-2-5 所示，可以看到传感器和协调器收发的协议帧完全相同，也可以解析出相同的数值。通过查看万用表，可以确定采集的数据基本准确。

图 4-2-5 传感器与协调器的数据

协调器可以同时接收光照传感器数据和气体传感器数据。将传感器连接到 ZigBee 模块，下载对应的程序文件。协调器的功能是接收所有传感器数据，解析出环境信息，它还可以控制继电器开关。协调器接收多个传感器数据如图 4-2-6 所示。

图 4-2-6　协调器接收多个传感器数据

5. 测试比较器

调节电位器，使 LED2 刚好熄灭。对着气体传感器哈气，使 LED2 亮起，测量数字量输出端口的电压变化。

## 任务检查与评价

完成任务后，进行任务检查与评价，任务检查与评价表在本书配套资源中。

## 任务小结

知识与技能提升

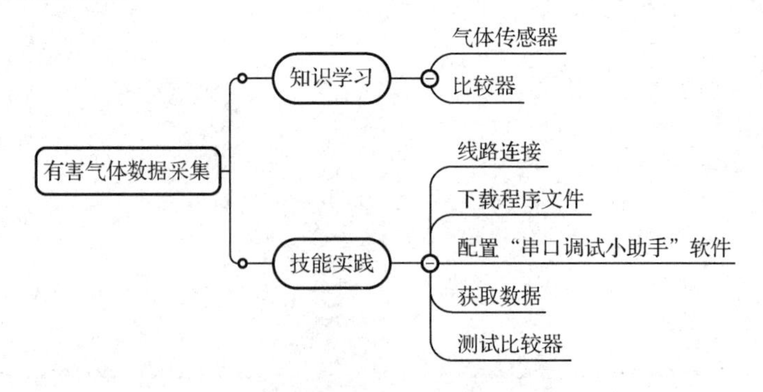


# 任务三　实现农业大棚监测系统

## 职业能力目标

- 了解农业大棚监测系统的基本组成和功能。

- 能正确使用继电器。
- 能正确调试该系统。

## 任务描述与要求

**任务描述：**

农业大棚监测系统应能感知环境信息，并能自动控制相关设备。在该系统中，当光照度过低时，要自动开灯补充照明，反之则自动关灯节省电能；当有害气体过多时，要自动开启风扇排风，反之则自动关闭风扇。

**任务要求：**

- 了解农业大棚监测系统的基本功能。
- 能正确连接线路，搭建该系统。
- 能正确测试该系统。

## 任务分析与计划

本系统由传感器节点、协调器节点和继电器节点组成：两个传感器节点分别连接气体传感器模块和温度/光照传感模块并发送数据；协调器节点接收数据，解析当前环境信息并发送继电器的开关指令；继电器节点控制灯泡和风扇；每个 ZigBee 节点都可以通过 USB 线缆连接计算机，将相关数据通过串口传送到计算机。为方便验证数据，可以使用万用表测量电路电压。

根据所学相关知识，完成本任务的实施计划。

| 项目名称 | 农业大棚监测系统 |
|---|---|
| 任务名称 | 实现农业大棚监测系统 |
| 计划方式 | 分组完成、团队合作、分析调研 |
| 计划要求 | 1. 能识读电路图<br>2. 能正确连接电路<br>3. 能正确下载程序文件<br>4. 能正确测试该系统 |
| 序　　号 | 主 要 步 骤 |
| 1 | |
| 2 | |
| 3 | |
| 4 | |
| 5 | |
| 6 | |
| 7 | |
| 8 | |

## 知识储备

继电器是一种控制器件，当输入电压达到规定值时，可以控制输出电路连通或中断，通常应用于自动化电路，用小电流去控制大电流。继电器原理如图 4-3-1 所示。

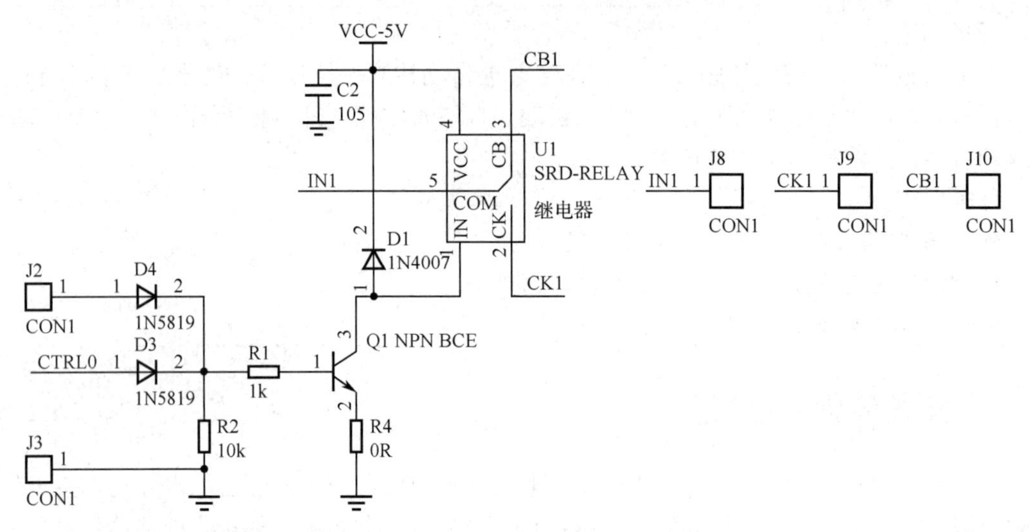


图 4-3-1　继电器原理

本系统所使用的继电器型号为 SRD-05VDC-SL-C，其中 05VDC 表示驱动电压为 5V 直流电压，S 表示封闭式，L 表示低功耗型（最小驱动电流为 71.4mA，最小功耗为 0.36W）。在继电器模块中 J2/J5 连接控制系统的输出端，J8/J11 连接 12V 供电正极，J9/J12 连接用电设备正极，用电设备负极连接 12V 供电负极。当 J2/J5 没有输入信号时，J8/J11 与 J10/J13 连通，J10/J13 为常闭端；当 J2/J5 有输入信号时，J8/J11 与 J9/J12 连通，J9/J12 为常开端。

**测一测**

继电器模块通电前，J8 和 J10 之间的电阻值是多少？J8 和 J9 之间的电阻值是多少？

**想一想**

常开端和常闭端通常应用于什么场景？

## 任务实施

在本项目资源包中，打开文件夹“程序文件”，找到“light.hex”“air.hex”“collector.hex”和“relay.hex”文件，在计算机上安装 SmartRF Flash Programmer 和“串口调试小助手”两个软件。

### 设备与资源准备

任务实施前必须先准备好以下设备和资源。

| 序号 | 设备/资源名称 | 数量 | 是否准备到位 |
|---|---|---|---|
| 1 | ZigBee 模块 | 4 | |
| 2 | 气体传感器模块 | 1 | |
| 3 | 温度/光照传感模块 | 1 | |
| 4 | 继电器模块 | 1 | |
| 5 | 灯泡 | 1 | |
| 6 | 风扇 | 1 | |
| 7 | Setup_SmartRFProgr_1.12.7.exe | 1 | |
| 8 | “air.hex”文件 | 1 | |
| 9 | “collector.hex”文件 | 1 | |
| 10 | “light.hex”文件 | 1 | |
| 11 | “relay.hex”文件 | 1 | |
| 12 | 智慧盒 | 2 | |
| 13 | 万用表 | 1 | |
| 14 | CC Debugger | 1 | |
| 15 | 通信线缆 | 10 | |

### 1. 线路连接

根据图 4-3-2 将设备安装到 NEWLab 平台的智慧盒上，并根据端口号连接线缆。

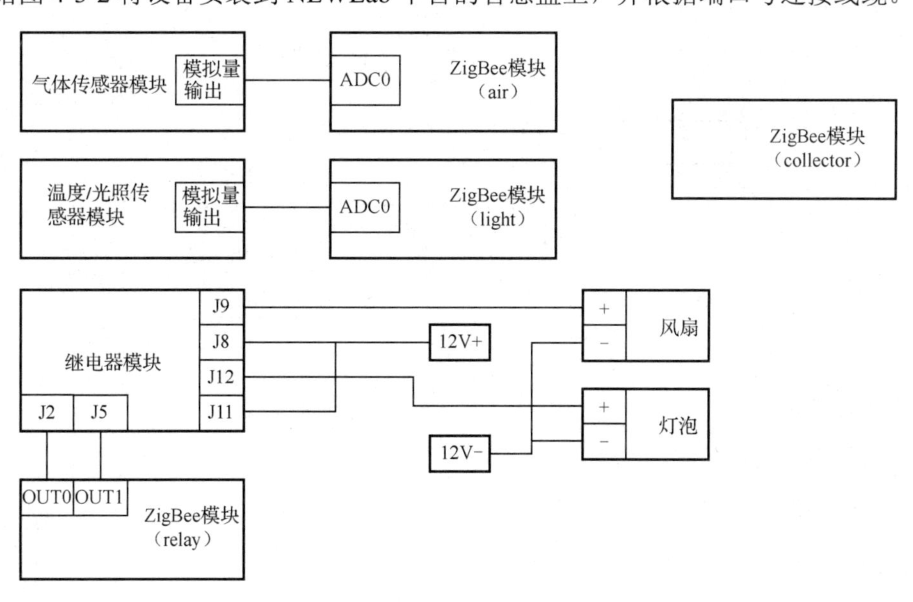


图 4-3-2　线路连接图

### 2. 下载程序文件

在本项目资源包中，打开文件夹“程序文件”，使用 SmartRF Flash Programmer 将程序文件下载到对应的 ZigBee 模块中。

**3. 测试光照传感器**

遮盖光照传感器，模拟光照不足的情景，同时使用万用表测量输出电压，当输出电压超过 2.5V 时，灯泡亮起，表示开始补光；移除遮盖物，则灯泡熄灭。注意，在实际应用过程中，应避免灯泡对光照传感器的直射。

**4. 测试气体传感器**

使用打火机中的气体或哈气，模拟有害气体聚集的情景，同时使用万用表测量输出电压，当输出电压超过 1.6V 时，风扇转动，表示开始排风；撤掉干扰气体，则风扇停止转动。注意，在实际应用过程中，可以将风扇安装在大棚的进气口，气体传感器安装在大棚的出气口，采集到的有害气体浓度低时，大棚内的空气正好完成了置换。

**5. 综合测试**

模拟光照不足且有害气体聚集的情景，灯泡应亮起，风扇应转动，使用“串口调试小助手”软件查看继电器模块接收到的开关指令。

## 任务检查与评价

完成任务后，进行任务检查与评价，任务检查与评价表在本书配套资源中。

## 任务小结

### 知识与技能提升

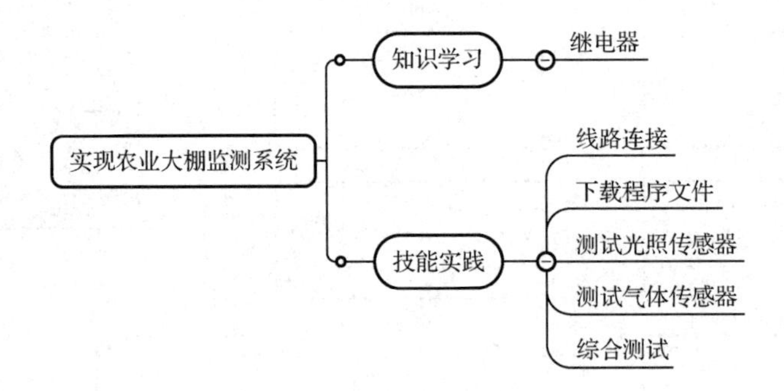

# 项目五 基于 Wi-Fi 技术的智能热水器

## 引导案例

随着物联网技术的不断发展，具备联网功能、可以远程控制的智能家电逐渐进入人们的生活。借助手机上的应用，在快要下班时就提前遥控家里的电器按预定的程序开始做饭、调节室内温度、调整热水器的水温等；到家后，先来一个热水澡洗去一天的疲惫，在凉爽的室温下，伴随着由智能音箱播放的自己喜爱的音乐开始进餐。以 Wi-Fi 及蓝牙技术为代表的短距离无线通信技术和 4G/5G 智能手机的普及，再结合物联网技术，使以上场景已经可以真实呈现。

Wi-Fi 模块属于物联网传输层，支持 IEEE 802.11b/g/n 及 TCP/IP。传统的硬件设备嵌入 Wi-Fi 模块后可以直接接入互联网。

Wi-Fi 模块通过指定信道号的方式来进行快速联网。在通常的无线联网过程中，会首先对当前的所有信道自动进行一次扫描，以搜索准备连接的目的 AP 创建的网络。Wi-Fi 模块提供了设置工作信道的参数，在已知目的网络所在信道的条件下，可以直接指定工作信道，从而达到加快联网速度的目的，基于 Wi-Fi 技术的智能热水器如图 5-0-1 所示。

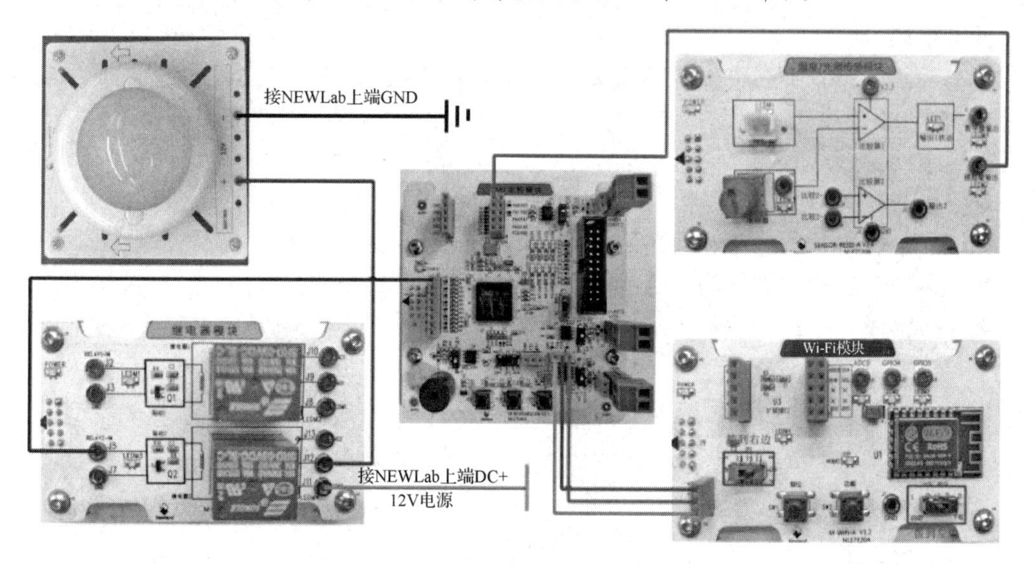


图 5-0-1　基于 Wi-Fi 技术的智能热水器

本项目拟根据用户需求，利用手机端应用，通过 Wi-Fi 模块远程控制热水器，本项目学习目标如图 5-0-2 所示。

知识目标

- 了解Wi-Fi模块的概念、使用方法及工作原理
- 掌握Wi-Fi模块的烧写方法
- 对Wi-Fi模块进行配置
- 将Wi-Fi模块接入云平台
- 了解温度传感器和蓝牙技术
- 了解软件开发流程
- 掌握云平台构建项目的过程

技能目标

- 能利用AT指令对Wi-Fi模块进行烧写
- 能进行Wi-Fi AP工作模式配置
- 能进行Wi-Fi STATION工作模式配置
- 可以操作Wi-Fi模块进行无线联网
- 能按照图纸搭建硬件系统
- 能根据需要新建云平台项目
- 完成整个系统的搭建

图 5-0-2　本项目学习目标

# 任务一　Wi-Fi 模块设置

## 职业能力目标

- 能够根据任务要求，选取合适的模块并完成设备连接。
- 掌握 Wi-Fi 模块的烧写方法。
- 能通过 AT 命令配置 Wi-Fi 模块的工作模式。
- 能根据功能需求，完成 Wi-Fi 模块的无线组网。

## 任务描述与要求

任务描述：

本书配套的 Wi-Fi 模块在 NEWLab 平台上初次使用需要先进行固件烧写，之后根据任务需要通过 AT 命令进行配置；本任务需要分别完成两个 Wi-Fi 模块的烧写和配置，并最终进行无线组网。

任务要求：

- 选择 Wi-Fi 模块并进行线路连接。
- 完成 Wi-Fi 模块的烧写及 AP 和 STATION 两种模式的设置。
- 完成两个 Wi-Fi 模块的无线组网。

## 任务分析与计划

### 分析规划

根据所学相关知识，请完成本任务的实施计划。

| 项目名称 | 基于 Wi-Fi 技术的智能热水器 |
|---|---|
| 任务名称 | Wi-Fi 模块设置 |
| 计划方式 | 分组完成、团队合作、分析调研 |
| 计划要求 | 1．掌握 Wi-Fi 模块的烧写方法<br>2．通过 AT 命令配置 Wi-Fi 模块的工作模式<br>3．根据功能需求，完成 Wi-Fi 模块的无线组网 |
| 序　号 | 主 要 步 骤 |
| 1 | |
| 2 | |
| 3 | |
| 4 | |

### 1．短距离无线通信技术

现在，随着物联网技术的不断进步，各种无线通信技术的应用让人们的工作变得更加方便，作为无线通信技术重要分支的短距离无线通信技术正逐步引起越来越广泛的关注。短距离无线通信是指在较短距离内（一般在几十米到两百米内），自由连接各种便携式电子设备、计算机外部设备和各种家用电器设备，实现信息共享和多业务的无线传输，而低功耗、微型化是用户对当前无线通信产品，尤其是便携产品的强烈要求，目前短距离无线通信技术主要包括 Wi-Fi、ZigBee、蓝牙、射频识别及近场通信等。

射频识别技术被广泛应用于车辆监控、遥控、遥测、小型无线网络、工业数据采集系统、无线标签、身份识别等，但由于其抗干扰能力弱，组网不便，可靠性一般，在办公或家居环境中的应用效果不好。近场通信通常用于私密领域的超短距离非接触式通信，近年来随着智能手机的普及，近场通信多用于电子支付；但是，其传输速率不如蓝牙，不能满足需要较高带宽的应用需求。目前在智能办公环境和智能家居中，Wi-Fi、ZigBee、蓝牙三种技术应用较多。

### 2．Wi-Fi 技术及 ESP8266

Wi-Fi 是无线局域网（WLAN）的一个标准，最早的无线局域网可以追溯到 20 世纪 70 年代，基于 ALOHA 协议的 UHF 无线网络连接了夏威夷岛，它是无线局域网的最初版本。1985 年，美国联邦通信委员会制定了现在广泛使用的免费 Wi-Fi 频段。1991 年，NCR 公司和 AT&T 公司发明了 WaveLAN 用于收银系统。

Wi-Fi 有两种组网结构：一对多和点对点。常用的是一对多结构，即一个 AP（接入点）和多个接入设备，无线路由器其实就是路由器+AP。

Wi-Fi 模块使用的是 ESP8266 芯片（图 5-1-1），ESP8266 拥有强大的片上处理和存储能力，可通过 GPIO 端口集成传感器及其他应用的特定设备。

ESP8266 支持三种工作模式：STATION、AP、STATION+AP。ESP8266 工作于 AP 模式时，相当于一个路由器，其他的 Wi-Fi 设备可以连接并进行 Wi-Fi 通信，这种模式用于主从设备通信的场景，被配置为 AP 热点的 Wi-Fi 模块作为主机。ESP8266 工作于 STATION 模式时，相当于一个客户端，此时 Wi-Fi 模块会连接到无线路由器，从而实现 Wi-Fi 通信，这种模式主要用在网络通信中。ESP8266 工作于 STATION+AP 模式时，Wi-Fi 模块既是无线 AP 热点，又是客户端，是两种模式的综合应用。

图 5-1-1　ESP8266 芯片

### 3. 蓝牙

蓝牙是一种支持设备短距离通信（10m 内）的无线电技术，能在手机、PDA、无线耳机、笔记本电脑、相关外设等众多设备之间进行无线信息交换。利用蓝牙技术，能够有效地简化移动通信终端设备之间的通信，也能够成功地简化设备与 Internet 之间的通信，从而使数据传输变得更加迅速、高效，为无线传输拓宽了道路。蓝牙采用分散式网络结构及快跳频和短包技术，支持点对点及点对多点通信，工作在全球通用的 2.4GHz ISM（工业、科学、医学）频段。

### 4. ZigBee

ZigBee 是基于 IEEE 802.15.4 标准的低功耗局域网协议。根据国际标准，ZigBee 技术是一种短距离、低功耗的无线通信技术。ZigBee 主要适用于自动控制和远程控制领域。

### 5. AT 指令

AT 即 Attention，AT 指令是终端设备（Terminal Equipment，TE）或数据终端设备（Data Terminal Equipment，DTE）向终端适配器（Terminal Adapter，TA）或数据电路终端设备（Data Circuit Terminal Equipment，DCE）发送的指令。

1）AT+CWMODE=3

该指令用于将 ESP8266 设置为 STATION+AP 工作模式，如果该指令返回 OK，则表明工作模式设置成功，返回其他值表示设置失败。

2）AT+CWDHCP=2,1

该指令用于将 ESP8266 的 STATION+AP 工作模式下的 DHCP 功能开启，如果该指令返回 OK，则表示设置成功，返回其他值表示设置失败。

3）AT+RST

该指令用于重启 ESP8266 模块并工作在 STATION+AP 模式下，如果该指令返回 OK，则表示重启成功，返回其他值表示重启失败。

4）AT+CWLAP

该指令用于扫描所有可用的AP接入点，如果该指令返回+CWLAP:（热点1信息）+CWLAP:（热点2信息），则表示扫描成功，返回其他值表示扫描失败。

5）AT+CWSAP="热点名称","热点密码"

该指令用于将Wi-Fi模块连接到AP热点，如果该指令返回WI-FI CONNECTED WI-FI GOT IP OK，则表示连接成功，返回其他值表示连接失败。

6）AT+CWJAP

该指令用于将Wi-Fi模块连接到AP热点，如果该指令返回+CWJAP:"连接的热点名称","热点MAC地址",信道,信号强度OK，则表示已成功连接热点，返回其他值表示连接失败。

7）AT+CIPAP?

该指令返回Wi-Fi模块的IP信息，如果该指令返回：

CIPAP:ip:"xxx.xxx.xxx.xxx"

CIPAP:gateway:"xxx.xxx.xxx.xxx"

CIPAP:netmask:"xxx.xxx.xxx.xxx"

OK

则表示查询IP信息成功，返回其他值表示查询失败。

**测一测**

简述ESP8266芯片所支持的三种工作模式的特性。

**想一想**

Wi-Fi模块可以当作路由器，也可以当作客户端，那么两个Wi-Fi模块能否组网？

## 任务实施

### 设备与资源准备

任务实施前必须先准备好以下设备和资源。

| 序　号 | 设备/资源名称 | 数　量 | 是否准备到位 |
| --- | --- | --- | --- |
| 1 | Wi-Fi模块 | 2 | |
| 2 | NEWLab平台 | 1 | |
| 3 | 计算机 | 1 | |
| 4 | FLASH_DOWNLOADTOOLS_v2.4150924.rar | 1 | |
| 5 | UartAssist.exe | 1 | |

### 1．Wi-Fi模块烧写

（1）搭建ESP8266与计算机串口通信电路，并烧写Wi-Fi模块。

将计算机通过串口线连接到NEWLab平台，并将NEWLab平台设置为通信模式。将Wi-Fi模块安装到平台上，然后开启电源。下载前将Wi-Fi模块的JP2拨到左边，JP1拨到右边，如图5-1-2所示。Wi-Fi模块位置如图5-1-3所示。

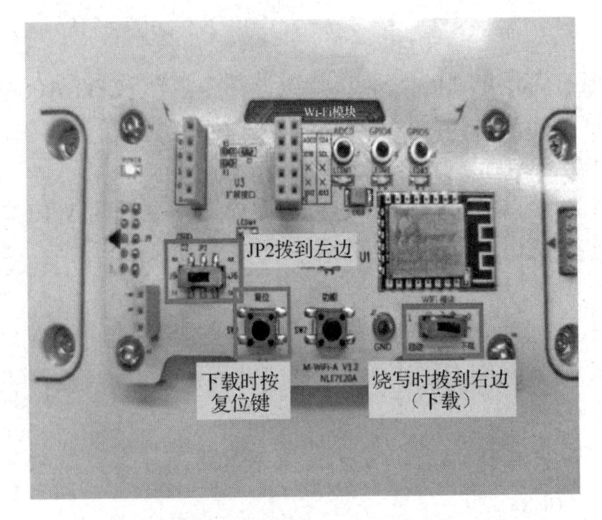


图 5-1-2　Wi-Fi 模块设置

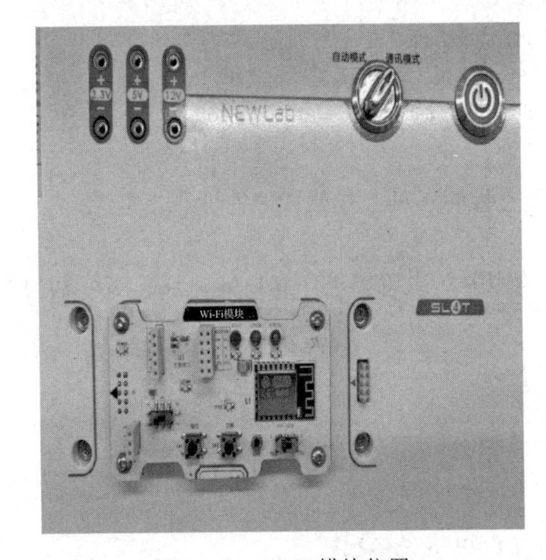


图 5-1-3　Wi-Fi 模块位置

（2）在配套资源包中找到“FLASHDOWNLOAD TOOLS_2.4150924.rar”文件，解压后运行“ESP_DOWNLOAD_TOOL_V2.4.exe”，如图 5-1-4 所示。

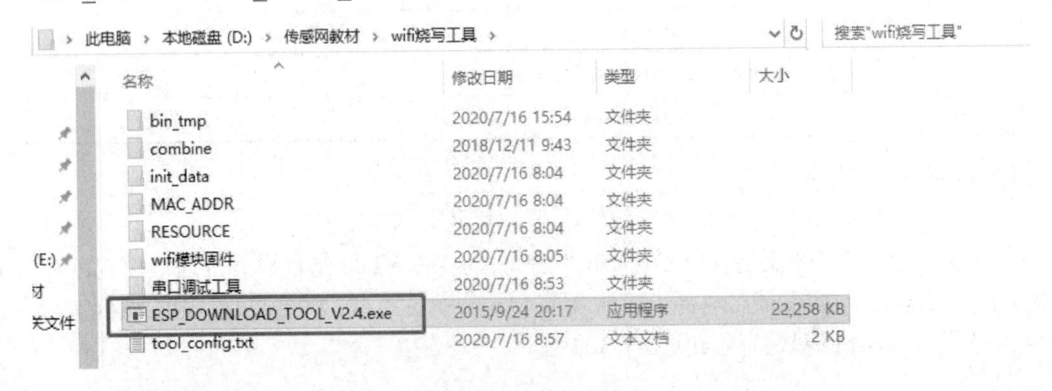


图 5-1-4　运行烧写工具

（3）打开烧写工具，在配套资源包中找到“Ai-Thinker_ESP8266_DOUT_8Mbit_v1.5.4.1-a_20171130.bin_rep”“user1.bin”“user2.bin”，按图 5-1-5 所示进行设置，按下复位键，然后单击“START”按钮进行烧写（图 5-1-6）。

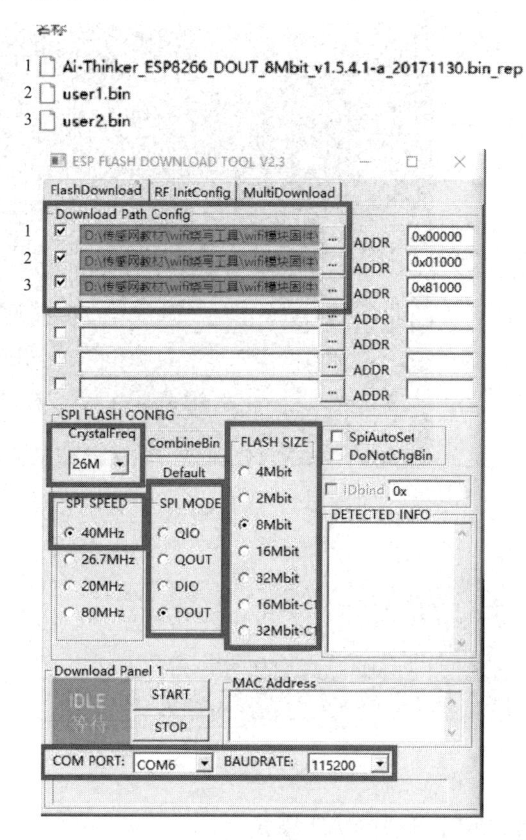


图 5-1-5 烧写设置

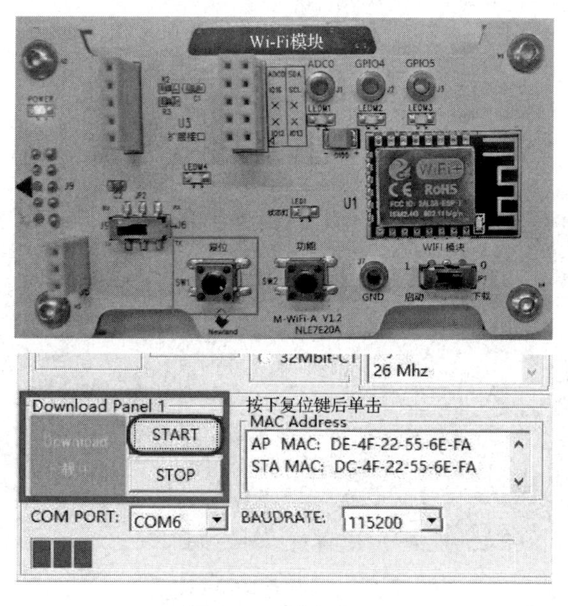


图 5-1-6 进行烧写

（4）等待 2min 左右，烧写完毕，如图 5-1-7、图 5-1-8 所示。

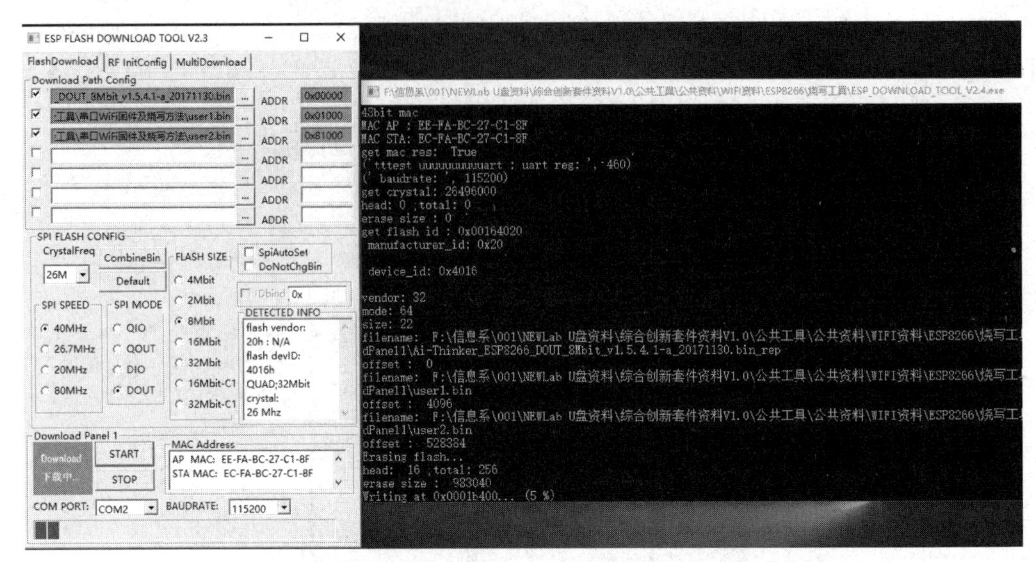


图 5-1-7　烧写过程

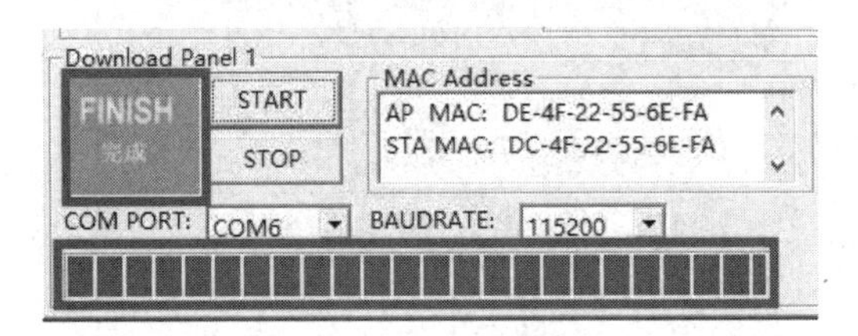


图 5-1-8　烧写完成

## 2. 通过 AT 命令设置 Wi-Fi 模块的 AP 模式

（1）重启 Wi-Fi 模块，如图 5-1-9 所示。

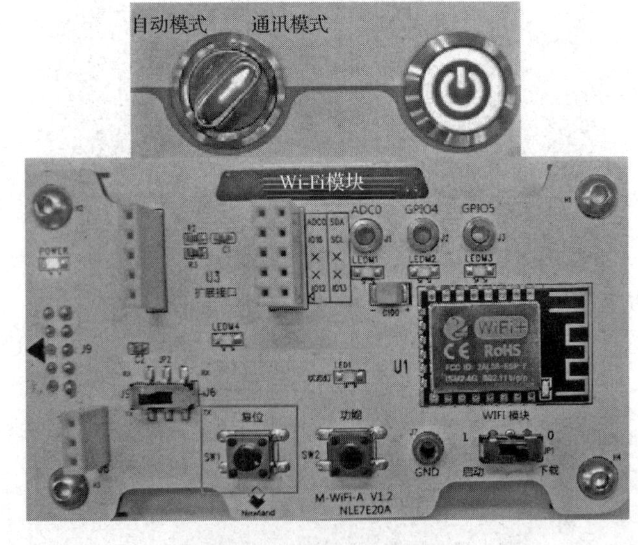


图 5-1-9　重启 Wi-Fi 模块

（2）打开串口调试助手软件，选择正确的串口号，然后设置波特率为 115200，数据位为 8，校验位为 NONE，停止位为 1，流控制为 NONE，在“数据发送”输入框中输入“AT”，单击“发送”按钮，返回“OK”，说明工作正常，如图 5-1-10 所示。

图 5-1-10　工作正常

（3）输入“AT+CWMODE=2”，设置 AP 模式，如图 5-1-11 所示。

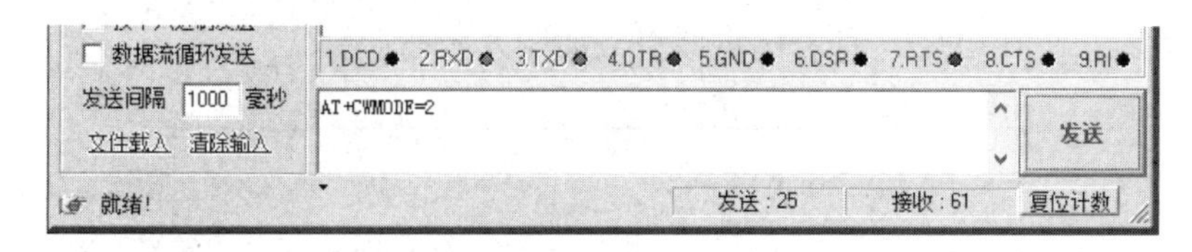


图 5-1-11　设置 AP 模式

（4）发送“AT+CWDHCP=0,1”，打开 AP 模式下的 DHCP 功能，如图 5-1-12 所示。

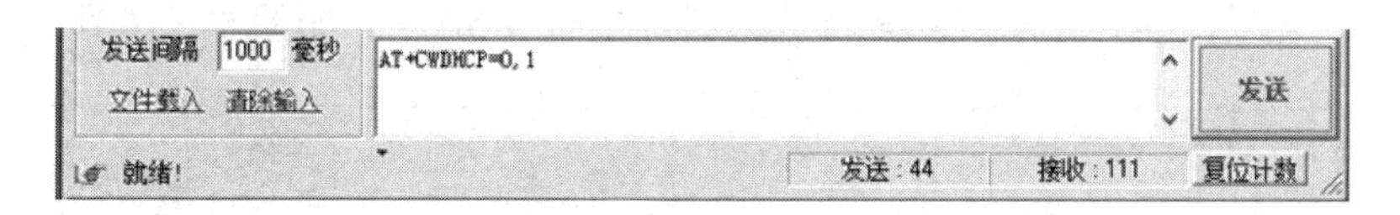


图 5-1-12　打开 AP 模式下的 DHCP 功能

（5）发送“AT+RST”，模块重启，如图 5-1-13 所示。

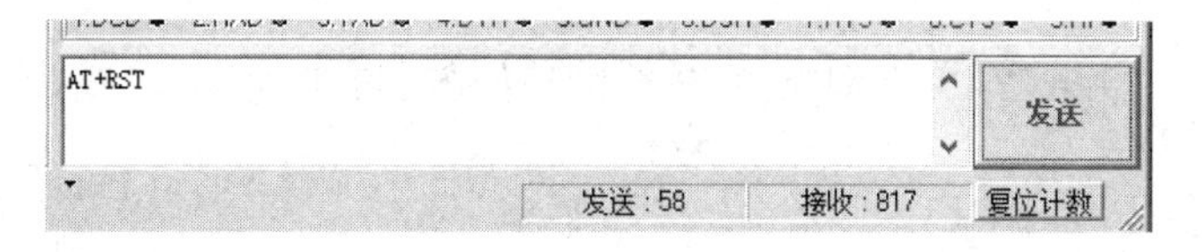


图 5-1-13　模块重启

（6）发送“AT+CWSAP="redian", "12345678", 5, 3”，配置热点，如图 5-1-14 所示。

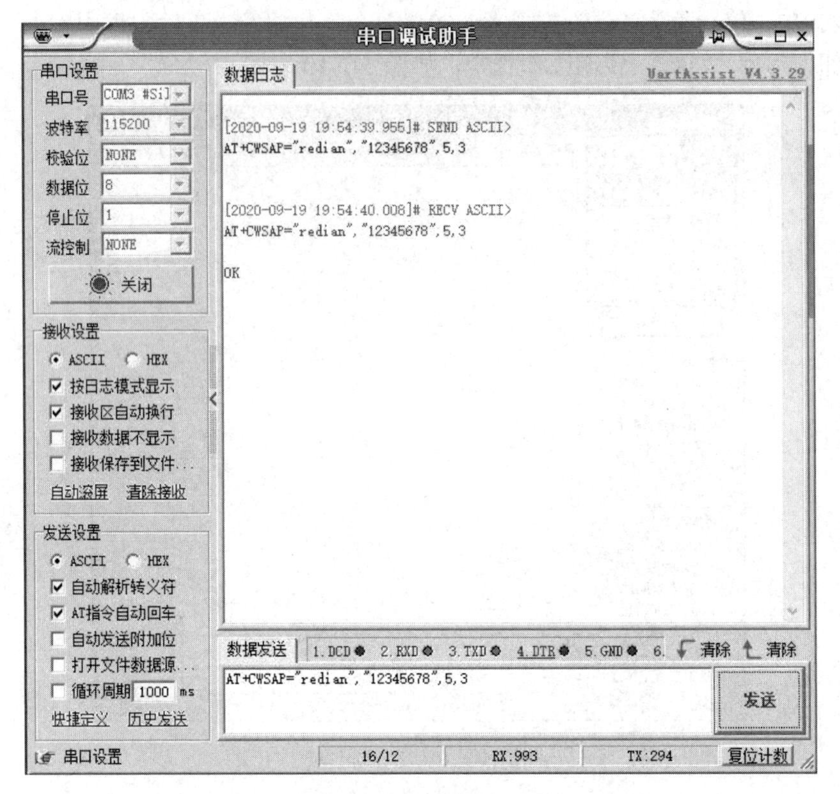

图 5-1-14　配置热点

（7）发送“AT+CIPAP?”，查看热点信息，如图 5-1-15 所示。

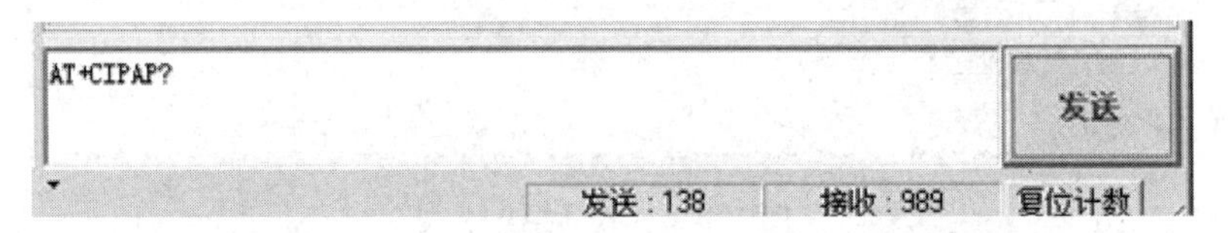

图 5-1-15　查看热点信息

（8）发送“AT+CIPAP="192.168.31.1"”，配置当前 IP 地址，如图 5-1-16 所示。

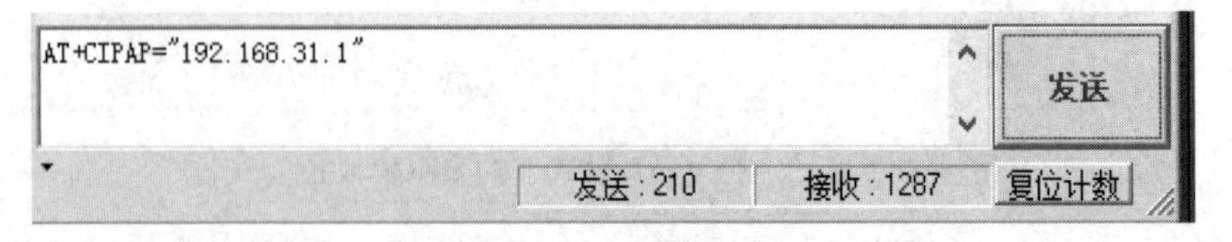

图 5-1-16　配置当前 IP 地址

（9）发送“AT+CIPAP?”，查询当前 IP 地址，如图 5-1-17 所示。

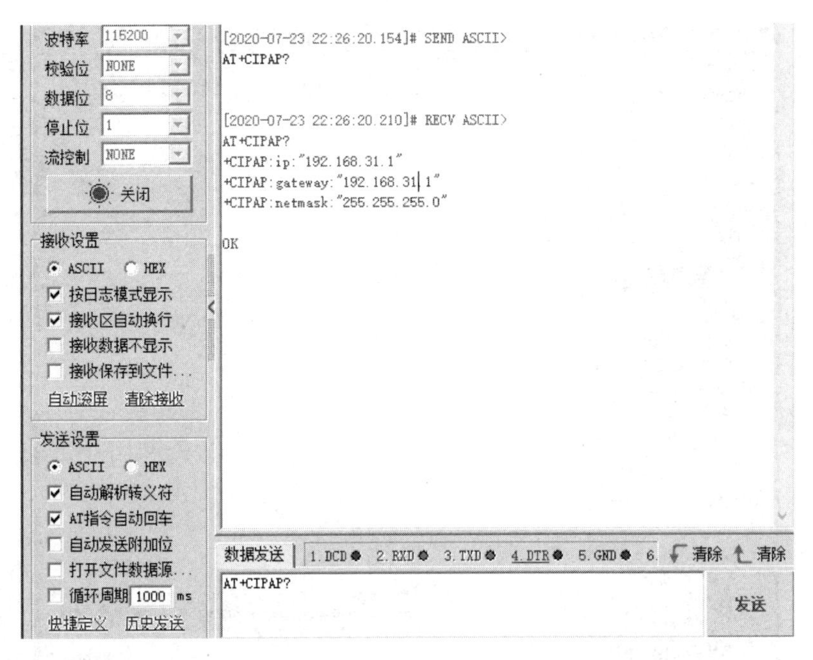


图 5-1-17 查询当前 IP 地址

（10）发送“AT+CIPMUX=1”，启动 AP 多连接，支持客户端 ID 号 0～4，如图 5-1-18 所示。

图 5-1-18 启动 AP 多连接

（11）发送“AT+CIFSR”，查看 IP 地址和 MAC 地址，如图 5-1-19 所示。

图 5-1-19　查看 IP 地址和 MAC 地址

### 3．通过 AT 命令设置 Wi-Fi 模块的 STATION 模式

（1）保留设置为 AP 模式的 Wi-Fi 模块，再准备一个 Wi-Fi 模块。

（2）打开串口调试助手软件，选择正确的串口号，然后按照图 5-1-20 进行串口设置，输入“AT”，单击“发送”按钮，显示“OK”，说明工作正常。

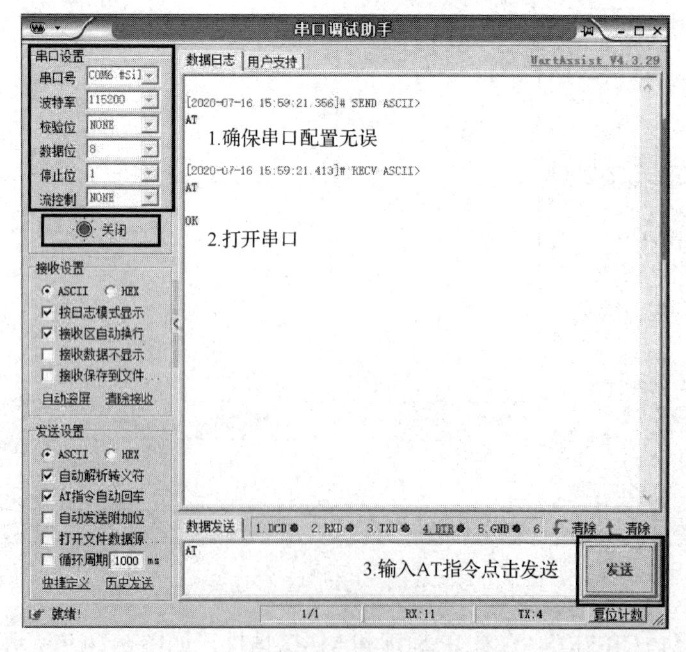


图 5-1-20　串口设置

（3）发送“AT+CWMODE=1”，该指令用于将 Wi-Fi 模块设置为 STATION 模式，返回“OK”，则表明设置成功，如图 5-1-21 所示。

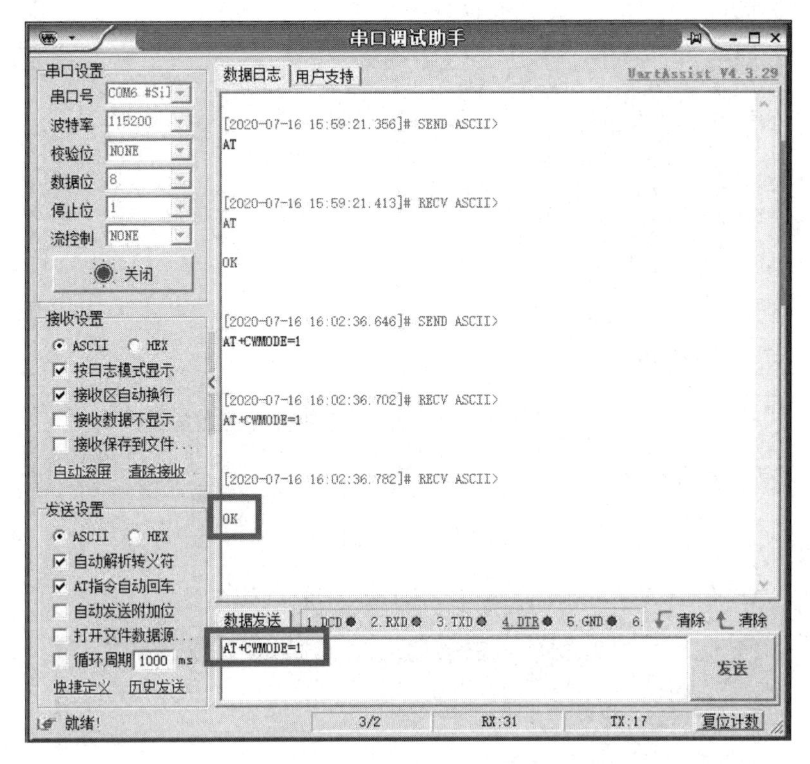


图 5-1-21　设置 STATION 模式

（4）发送“AT+CWDHCP=1,1”，该指令用于开启 STATION 模式的 DHCP 功能，如图 5-1-22 所示。

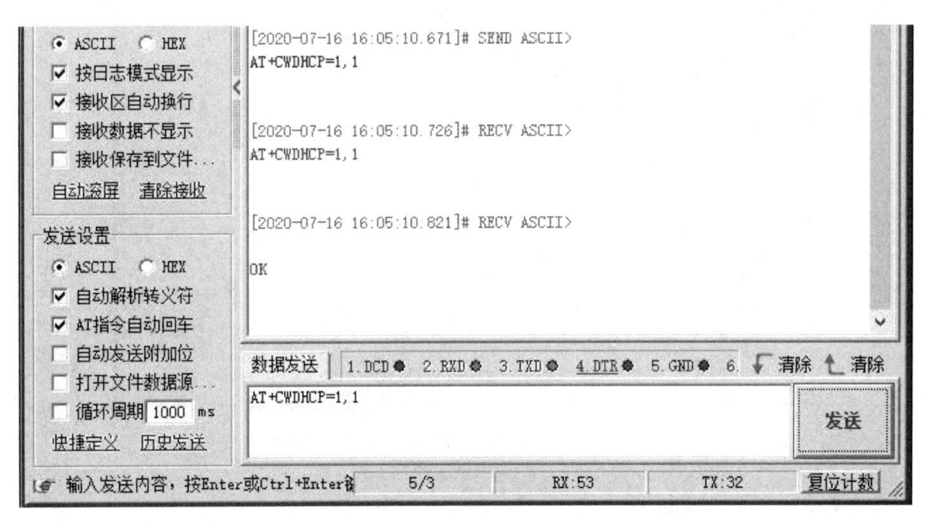


图 5-1-22　开启 DHCP 功能

（5）发送“AT+RST”，该指令用于重启模块，如图 5-1-23 所示。

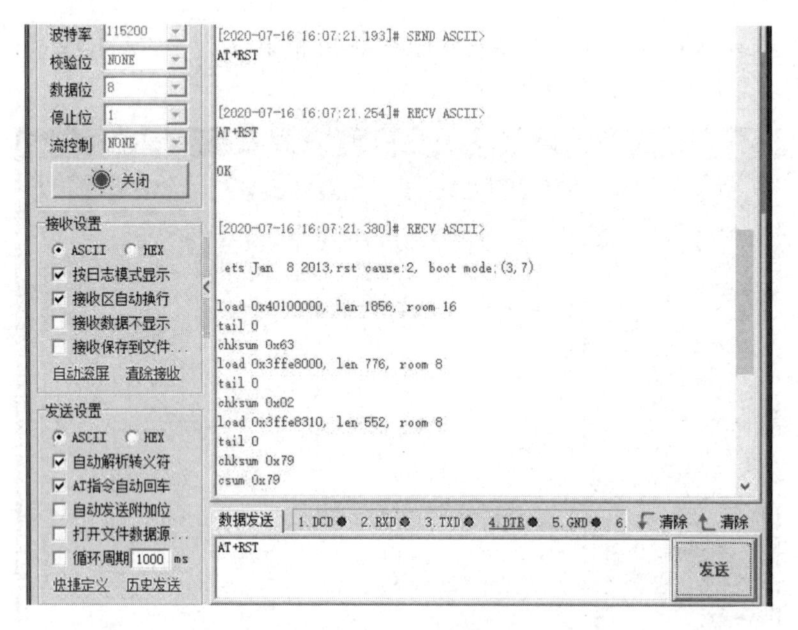


图 5-1-23　重启模块

（6）发送“AT+CWLAP”，扫描当前可用的 AP 列表，如图 5-1-24 所示。

图 5-1-24　扫描当前可用的 AP 列表

### 4．两个 Wi-Fi 模块无线组网

（1）把设置为 AP 模式的 Wi-Fi 模块的 JP2 拨到右边并放到 NEWLab 平台上，设置为 STATION 模式的 Wi-Fi 模块可以使用 NEWLab 平台的串口，设置为 AP 模式的 Wi-Fi 模块通电后成为 AP 热点，如图 5-1-25 所示。

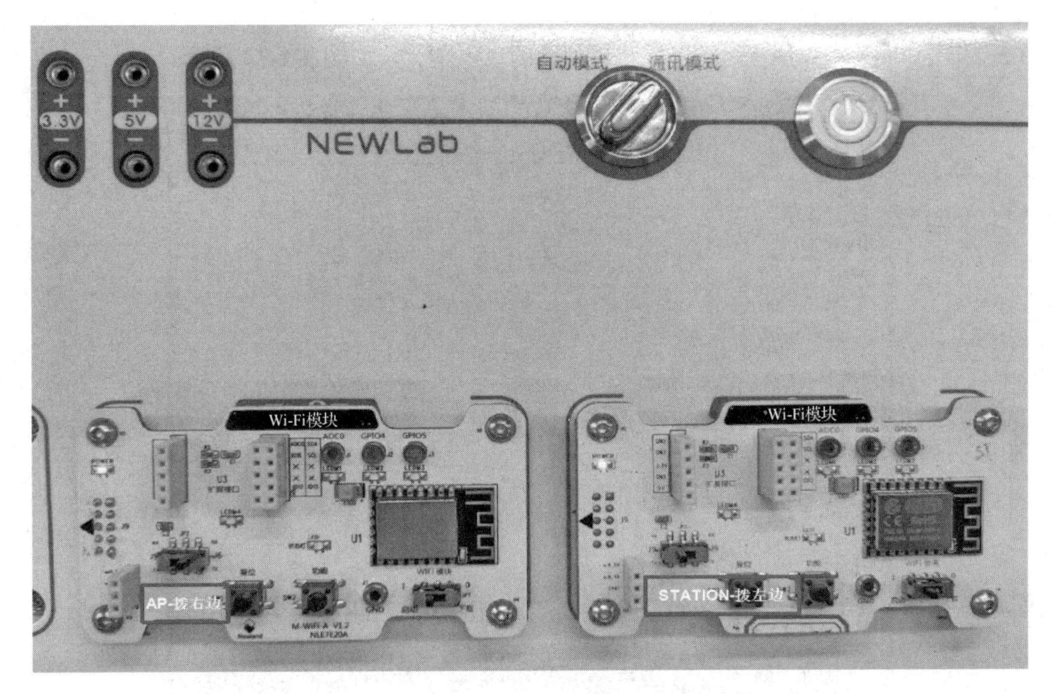


图 5-1-25 硬件设置

连接 AP 热点，如图 5-1-26 所示。

图 5-1-26 连接 AP 热点

（2）发送“AT+CWJAP?”，查看当前连接的 AP 热点，如图 5-1-27 所示。

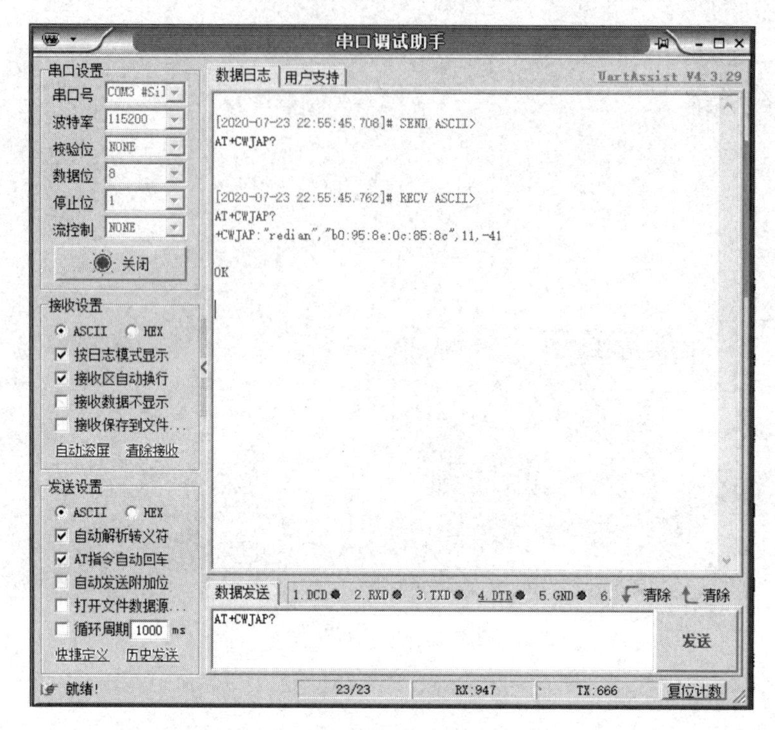


图 5-1-27 查看当前连接的 AP 热点

（3）发送“AT+CIPSTA?”，查看当前 IP 地址，如图 5-1-28 所示。

图 5-1-28 查看当前 IP 地址

## 任务检查与评价

完成任务后，进行任务检查与评价，任务检查与评价表在本书配套资源中。

## 任务小结

### 知识与技能提升

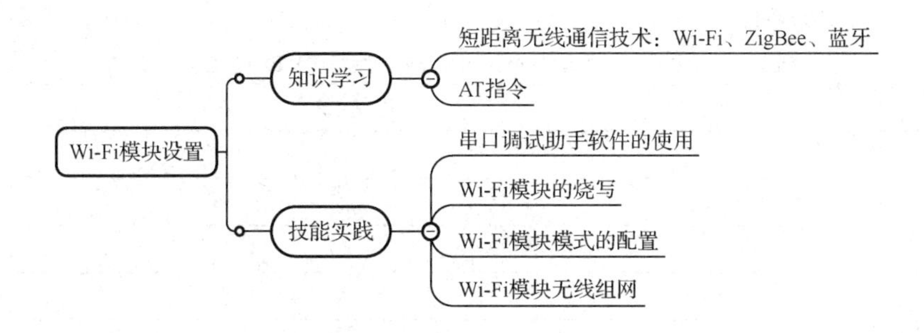


# 任务二　实现智能热水器

## 职业能力目标

- 能够根据任务要求，选择合适的模块和连接线。
- 根据任务要求、系统结构图、拓扑图和硬件连线图正确安装硬件。
- 根据系统要求，能正确配置手机端应用、云平台。

## 任务描述与要求

任务描述：

某客户要求能通过手机远程查看家里热水器的水温，并在设置合适温度范围后远程控制热水器启停。本任务根据客户的需求进行系统结构设计及软件设计。

任务要求：

- 根据任务要求选择合适的通信总线。
- 针对客户需求画出拓扑图及硬件连线图。
- 使用 NEWLab 平台模拟智能热水器。
- 进行程序调试。
- 使用云平台配置云端项目。

## 任务分析与计划

根据所学相关知识，请完成本任务的实施计划。

| 项目名称 | 基于 Wi-Fi 技术的智能热水器 |
|---|---|
| 任务名称 | 实现智能热水器 |
| 计划方式 | 分组完成、团队合作、分析调研 |
| 计划要求 | 1. 能根据任务要求选择硬件搭建智能热水器<br>2. 将相关硬件接入云平台并做好相应设置<br>3. 烧写 M3 主控模块程序，并通过 Android Studio 开发基于 Wi-Fi 的远程控制应用 |
| 序　　号 | 主 要 步 骤 |
| 1 | |
| 2 | |
| 3 | |
| 4 | |
| 5 | |
| 6 | |
| 7 | |

## 知识储备

### 1. Android

Android 是基于 Linux 内核的操作系统，是 Google 公司于 2007 年 11 月 5 日公布的智能手机操作系统，Android 图标如图 5-2-1 所示。

图 5-2-1　Android 图标

1）Android 发展历程

Android 作为应用广泛的移动操作系统之一，从 2009 年首个 Android Beta 发布到如今的 Android 9.0，它不仅仅用在智能手机上，在平板电脑、电视播放器和其他设备上同样表现出色，对身处移动互联网时代的人们的生活和工作方式产生了巨大的影响。Android 版本的发展历史见表 5-2-1。

表 5-2-1　Android 版本的发展历史

| Android 版本名称 | 版　　本 | 发 布 时 间 | 对应 API |
|---|---|---|---|
| — | 1.0 | 2008 年 9 月 23 日 | API level 1 |
| — | 1.1 | 2009 年 2 月 2 日 | API level 2 |
| Cupcake | 1.5 | 2009 年 4 月 17 日 | API level 3，NDK 1 |
| Donut | 1.6 | 2009 年 9 月 15 日 | API level 4，NDK 2 |
| Éclair | 2.0.1 | 2009 年 12 月 3 日 | API level 6 |

续表

| Android 版本名称 | 版　本 | 发 布 时 间 | 对应 API |
|---|---|---|---|
| Éclair | 2.1 | 2010 年 1 月 12 日 | API level 7，NDK 3 |
| Froyo | 2.2.x | 2010 年 1 月 12 日 | API level 8，NDK 4 |
| Gingerbread | 2.3～2.3.2 | 2011 年 1 月 1 日 | API level 9，NDK 5 |
| Gingerbread | 2.3.3 | 2011 年 9 月 2 日 | API level 10 |
| Honeycomb | 3.0 | 2011 年 2 月 24 日 | API level 11 |
| Honeycomb | 3.1 | 2011 年 5 月 10 日 | API level 12，NDK 6 |
| Honeycomb | 3.2.x | 2011 年 7 月 15 日 | API level 13 |
| Ice Cream Sandwich | 4.0.1～4.0.2 | 2011 年 10 月 19 日 | API level 14，NDK 7 |
| Ice Cream Sandwich | 4.0.3～4.0.4 | 2012 年 2 月 6 日 | API level 15，NDK 8 |
| Jelly Bean | 4.1 | 2012 年 6 月 28 日 | API level 16 |
| Jelly Bean | 4.1.1 | 2012 年 6 月 28 日 | API level 16 |
| Jelly Bean | 4.2 | 2012 年 11 月 | API level 17 |
| Jelly Bean | 4.3 | 2013 年 7 月 | API level 18 |
| KitKat | 4.4 | 2013 年 7 月 24 日 | API level 19 |
| Kitkat Watch | 4.4W | 2014 年 6 月 | API level 20 |
| Lollipop | 5.0～5.1 | 2014 年 6 月 25 日 | API level 21/API level 22 |
| Marshmallow | 6.0 | 2015 年 5 月 28 日 | API level 23 |
| Nougat | 7.0 | 2016 年 5 月 18 日 | API level 24 |
| Nougat | 7.1 | 2016 年 12 月 | API level 25 |
| Oreo | 8.0 | 2017 年 8 月 22 日 | API level 26 |
| Oreo | 8.1 | 2017 年 12 月 5 日 | API level 27 |
| Pie | 9.0 | 2018 年 8 月 7 日 | API level 28 |

2）Android 的五大特点

① 平台开放性。

② 挣脱运营商的束缚。

③ 丰富的硬件选择。

④ 开发商不受任何限制。

⑤ 无缝结合的 Google 应用。

3）Android 与 iOS 的对比

Android 是一种基于 Linux 的自由及开源的操作系统，主要用于移动设备，如智能手机和平板电脑，由 Google 公司开发。iOS 是苹果公司开发的移动操作系统，用于苹果设备。Android 与 iOS 的对比见表 5-2-2。

表 5-2-2　Android 与 iOS 的对比

| 对 比 项 | Android | iOS |
|---|---|---|
| 开发语言 | Java | Objective-c，Swift |

续表

| 对　比　项 | Android | iOS |
|---|---|---|
| 系统开放性 | 源代码开放，开放性更好 | 封闭的操作系统，开放性较差 |
| 安全性 | 安全性较差 | 安全性较高 |

## 2．Android Studio

图 5-2-2　Android Studio 图标

Android Studio（AS）是 Google 针对 Android 推出的开发工具，提供了集成的 Android 开发工具，开发者可以在编写程序的同时看到自己的应用在不同尺寸屏幕中的样子，目前很多开源项目都在采用 Android Studio。Android Studio 图标如图 5-2-2 所示。

在 Android Studio 中，一个 Android 项目的文件结构有多种表现形式，称之为视图。其中，Android 视图是默认视图，在新建一个项目之后，就会将项目的文件结构以 Android 视图表现出来；Project 视图是几乎所有教程都建议切换的视图，因为 Android 视图中会缺少很多文件夹和文件，并且有些文件夹的名称会被替换显示，Project 视图中的文件结构就是项目在硬盘上真实的文件结构。Project 视图文件结构如图 5-2-3 所示。

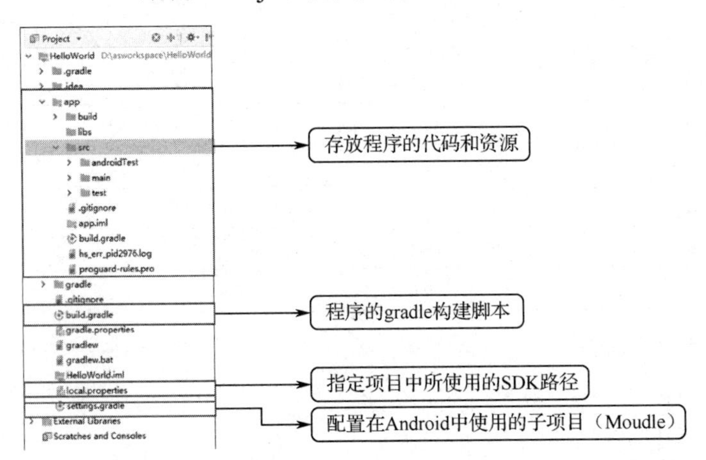


图 5-2-3　Project 视图文件结构

# 任务实施

### 设备与资源准备

任务实施前必须先准备好以下设备和资源。

| 序　　号 | 设备/资源名称 | 数　　量 | 是否准备到位 |
|---|---|---|---|
| 1 | NEWLab 平台 | 1 | |
| 2 | M3 主控模块 | 1 | |

续表

| 序号 | 设备/资源名称 | 数量 | 是否准备到位 |
|---|---|---|---|
| 3 | 温度/光照传感模块 | 1 | |
| 4 | 继电器模块 | 1 | |
| 5 | Wi-Fi 模块 | 1 | |
| 6 | 指示灯模块 | 1 | |
| 7 | 香蕉插头连接线 | 若干 | |

### 1. 方案设计

1）功能需求分析

智能热水器实现的原理是通过温度传感器获得当前热水器内部温度的数值，与内部设定值进行对比，如果温度低于下限值，那就启动加热功能，使温度提高到设定的温度范围内；当温度高于上限值时，就停止加热，确保温度再次回到设定的温度范围内。

这里，加热设备用指示灯模块来模拟。采用 Wi-Fi 模块实现数据和云服务器的对接，并实现手机端的数据实时互动。

2）功能设计及逻辑结构

智能热水器通过手机端应用进行远程控制，在手机端可以查看当前水温，并可以设定理想的温度（出于安全考虑温度设定有上限），通过温度传感器获得热水器内部温度值，并与设定值进行比对，当温度低于下限值时，开启加热功能（用指示灯模块替代）；当温度高于上限值时，停止加热，从而使温度值始终保持在一定的范围内。智能热水器系统逻辑结构如图 5-2-4 所示。

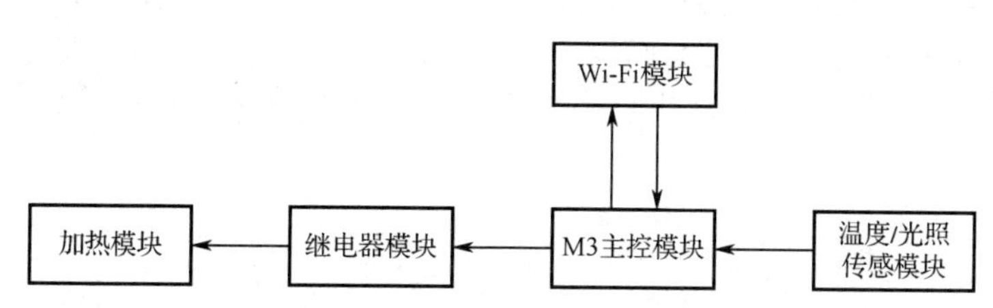


图 5-2-4　基于 Wi-Fi 的热水器系统逻辑结构图

智能热水器以 M3 主控模块为主控设备，外接温度/光照传感模块、继电器模块和 Wi-Fi 模块，继电器模块的作用是接收 M3 主控模块的指令从而控制加热设备的启停；Wi-Fi 模块实现本地数据与云平台的交互，可以在手机上进行远程操作。

智能热水器拓扑图如图 5-2-5 所示。

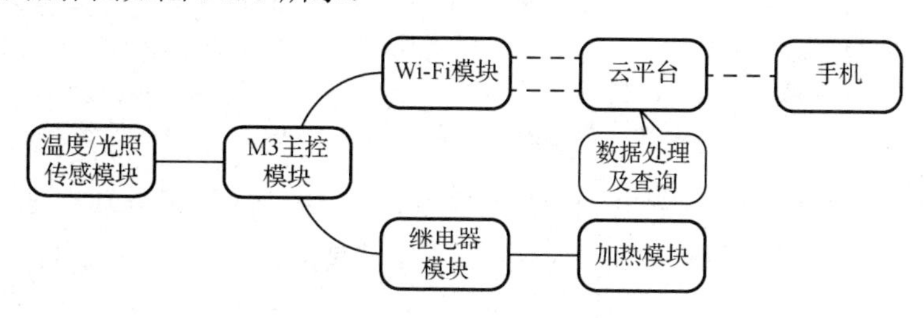


图 5-2-5　智能热水器拓扑图

#### 2. M3 主控模块嵌入式软件设计

1）程序整体逻辑

系统初始化后，先连接云平台，然后进入主体任务。主体任务具体如下。

网络通信进程：检查网络连通状况，通过软件判断串口是否接收完数据，若接收完数据则执行数据解析，并执行相应任务。系统每隔 3s 左右向服务器发送系统当前状态信息，这些信息包括当前热水器内部温度、上限/下限值、开关机状态。

显示进程：定时根据任务和数据刷新显示内容。

温度采集进程：定时采集温度传感器的温度值并记录。

热水器控制进程：根据当前上限/下限值调节水温。

智能热水器思维导图如图 5-2-6 所示。

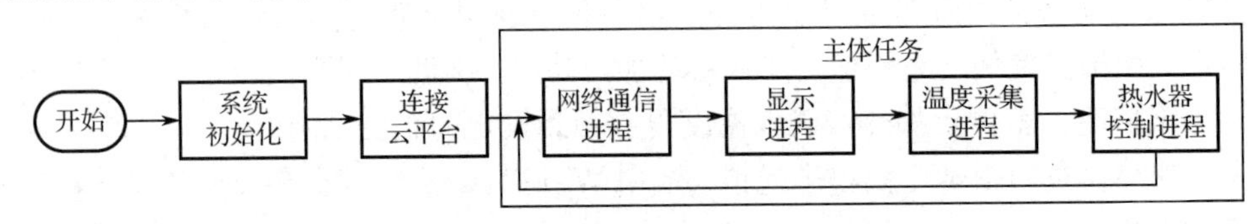


图 5-2-6 智能热水器思维导图

2）关键参数

打开主程序文件“CloudReference.h”：

```
1.  #define WIFI_AP       "chuanganwang"                    //Wi-Fi 热点名称
2.  #define WIFI_PWD      "12345678"                        //Wi-Fi 密码
3.  #define SERVER_IP     "120.77.58.34"                    //服务器 IP 地址
4.  #define SERVER_PORT   8600                              //服务器端口号
5.  #define MY_DEVICE_ID  "WaterHeater126127"               //设备标识
6.  #define MY_SECRET_KEY "c06f0111590d4036bc9ebe4c99472829"  //传输密钥
```

其中：

```
#define WIFI_AP "chuanganwang"          //Wi-Fi 热点名称
#define WIFI_PWD   " 12345678"          //Wi-Fi 密码
```

指定 Wi-Fi 模块连接到名称为 chuanganwang、密码为 12345678 的 Wi-Fi 中。此处参数设置为实验室可以上网的无线路由器的名称和密码。

```
#define SERVER_IP   "120.77.58.34"      //服务器 IP 地址
#define SERVER_PORT   8600              //服务器端口号
```

该宏定义用于指定 Wi-Fi 模块需要连接的服务器，SERVER_IP 是服务器的地址，而 SERVER_PORT 是服务器的端口，服务器的端口目前有三个可选：8600、8700、8800。

```
#define MY_DEVICE_ID "WaterHeater126127"                      //设备标识
#define MA_SECRET_KEY " c06f0111590d4036bc9ebe4c99472829"     //传输密钥
```

MY_DEVICE_ID 和 MA_SECRET_KEY 宏定义的值是从云平台获取的，这两个参数如图 5-2-7 所示，这两个参数对每个项目都不一样，用户使用时必须修改成自己项目的设备标识和传输密钥。

图 5-2-7　设备标识和传输密钥

3）关键函数（以温度采集及加热为例）

定义温度范围：

```
1.  #define MAX_TEMP (99)            //120，最大测温值
2.  #define MIN_TEMP (0)             //-20，最小测温值
```

定义报警温度及状态：

```
1.  #define MAX_CTRL_TEMP 65         //最大可控温度值，兼报警温度值
2.  uint8_t alarm=0;                 //报警标志，0 表示正常，1 表示报警
```

定义初始温度设定值：

```
1.  int8_t upTemp=45;                //45，温度上限值
2.  int8_t downTemp=40;              //40，温度下限值
```

定义温度采集值：

```
1.  int8_t temperature1;             //存放温度 1 数值，采集的温度，单位为℃
```

定义指示灯及状态：

```
1.  #define P_LAMP      RYLAY2       //指示灯寄存器
2.  #define P_LAMP_STA  GPIO_ReadOutputDataBit(RYLAY2_PIN_PORT, RYLAY2_PIN)
3.  #define ON          1            //开启
4.  #define OFF         0            //关闭
```

定义获取温度函数：

```
1.  int8_t getTemperature(uint8_t ch)
2.  {
3.      int8_t temp;
4.      uint8_t adcVale;
5.      uint32_t resTemp;
6.  
7.      PCF8591_ReadChannel(&adcVale, ch);
8.  
9.      resTemp=calculateResValue(adcVale);
10. 
11.     temp=calculateTemperature(resTemp);
12. 
13.     return temp;
14. }
```

获取温度值：

```
1.    temperature1 = getTemperature(0);        //采集 ADC0 通道的温度值
```

以下为温度控制程序：

```
1.    void Temp_conditionProcess(void)
2.    {if(temperature1 >= upTemp)
3.            {//温度过高，停止加热
4.                P_LAMP=OFF;
5.                if(temperature1 >= MAX_CTRL_TEMP)
6.                {//超出系统控制能力，亮灯 1s，关灯 2s 表示警告
7.                    alarm=1;
8.                }
9.                else
10.               {//开始加热
11.                   P_LAMP=ON;
12.               }
13.           }
14.           else
15.           {//正常控制
16.               alarm=0;
17.               RTC_SecondOld = RTC_Second;//保存当前时间以供下次参考
18.               if(upTemp >= downTemp)
19.               {
20.                   if(temperature1<downTemp)
21.                   {//温度过低，开始加热
22.                       P_LAMP=ON;
23.                   }
24.                   else if(temperature1>upTemp)
25.                   {//温度过高，停止加热
26.                       P_LAMP=OFF;
27.                   }
28.                   else
29.                   {//继续加热
30.                       P_LAMP=ON;
31.                   }
32.               }
33.               else
34.               {//温度设置异常，报警
35.                   alarm=1;
36.               }
37.           }
38.
39.   }
```

### 3．手机端应用设计

1）概述

手机端应用根据温度传感器获得的热水器温度值，与系统设定值进行比对，当温度低于下限值时，开启加热功能（用指示灯模块替代）；当温度高于上限值时，停止加热功能（用指示灯模块替代）。当温度超过系统默认最大值时报警，报警用指示灯的闪烁来表示：灯亮 1s，

灯灭 2s，循环重复。

在手机端用户能够进行如下操作。

① 打开主界面时，能够远程获取如下信息：当前温度值、上限值、下限值、热水器的开关状态。

② 手动设置上限/下限值。

③ 可以手动控制热水器的开关状态。

作为 Android 应用端，提供基本信息配置功能，获取远程传感器状态信息及控制远程执行。手机端应用结构图如图 5-2-8 所示。

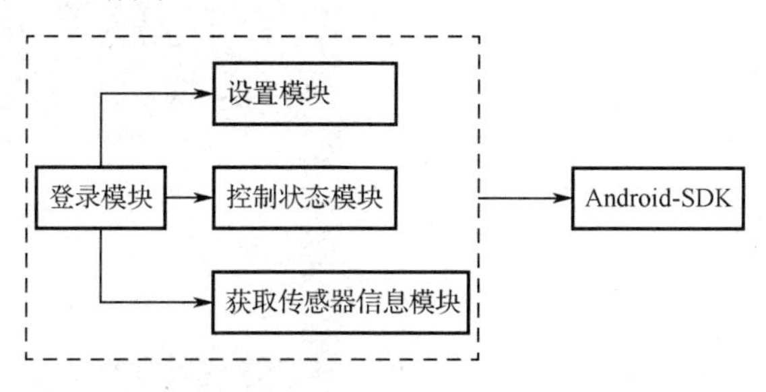


图 5-2-8　手机端应用结构图

2）业务流程图（图 5-2-9）

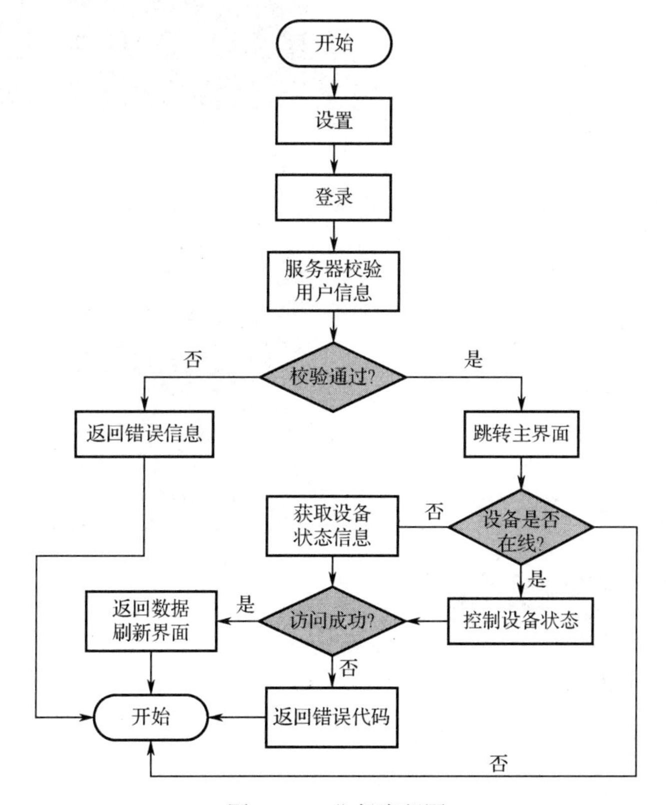


图 5-2-9　业务流程图

3）应用安装

本书配套资源中有手机端应用：WaterHeaterController_1.0.0.3.apk。在计算机上下载该文件，但是借助微信传递时可以看到传过来的文件后面多了“.1”的后缀，导致不能直接在手机上安装。可以通过修改后缀名的方式来解决这个问题。

微信接收的文件如图 5-2-10 所示。

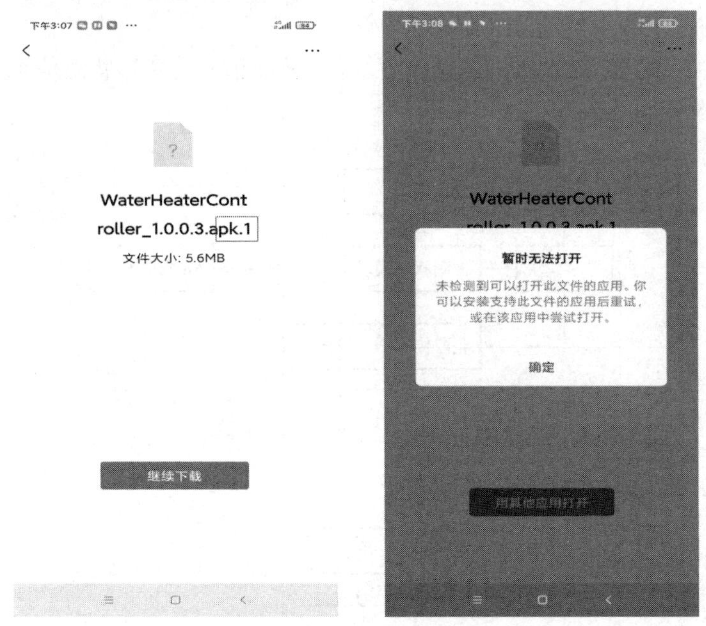


图 5-2-10　微信接收的文件

在手机中打开“文件管理”，找到下载的 APK 文件，长按并选择“重命名”，如图 5-2-11 所示。

图 5-2-11　找到文件

删除后缀“.1”，如图 5-2-12 所示。

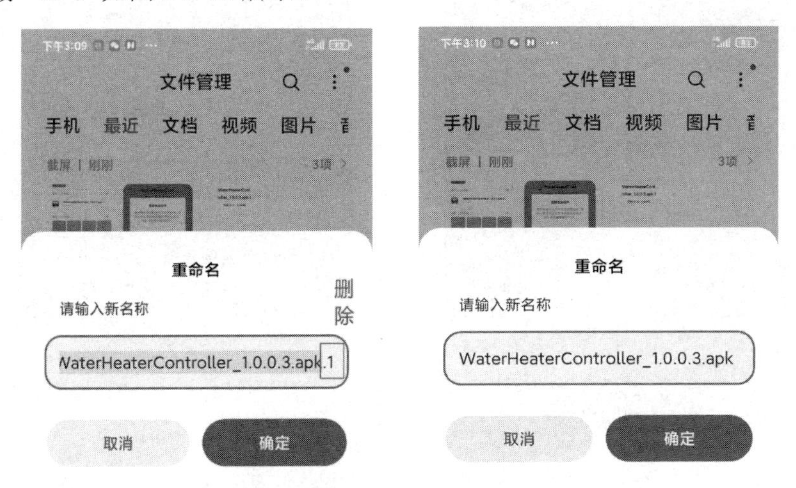


图 5-2-12　删除后缀“.1”

开始安装（图 5-2-13）。

图 5-2-13　开始安装

安装完成后，在手机中点击应用图标，进入欢迎界面，如图 5-2-14 所示。

在欢迎界面中，点击“点击控制”按钮进入登录界面，如图 5-2-15 所示。

登录界面的手机号和密码是用户在新大陆云平台（http://www.nlecloud.com/）上注册的账户信息。

在登录界面中，点击右上角的按钮进入设置界面，如图 5-2-16 所示。

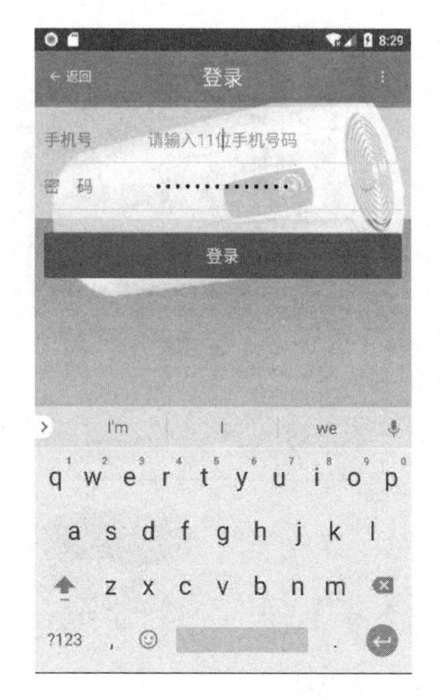


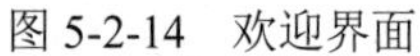

图 5-2-14　欢迎界面　　　　图 5-2-15　登录界面

在设置界面中，提供如下信息。

IP 地址为 api.nlecloud.com，平台端口为 80，设备 ID 为 114881。

在登录界面中，点击右上角的按钮进入“关于我们”界面，如图 5-2-17 所示。

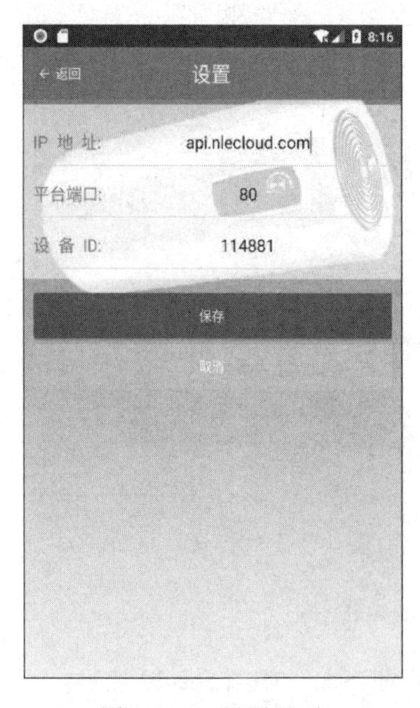


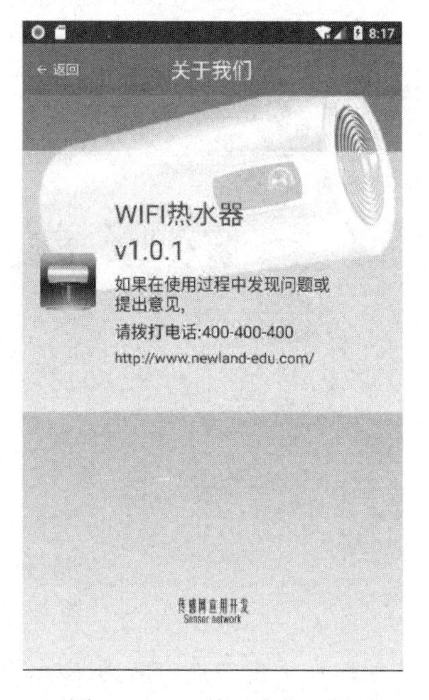


图 5-2-16　设置界面　　　　图 5-2-17　“关于我们”界面

登录成功后，进入主界面，如图 5-2-18 所示。

主界面可分为 4 部分（从上到下）。

（1）显示当前温度值及加热状态信息。

（2）显示上限值和下限值。

（3）显示热水器开关状态，用户可以通过开关控制热水器的开关状态。

（4）显示设备是否离线。

在主界面中，点击右上角“设置”按钮进入“上限/下限值设置”界面，如图 5-2-19 所示。

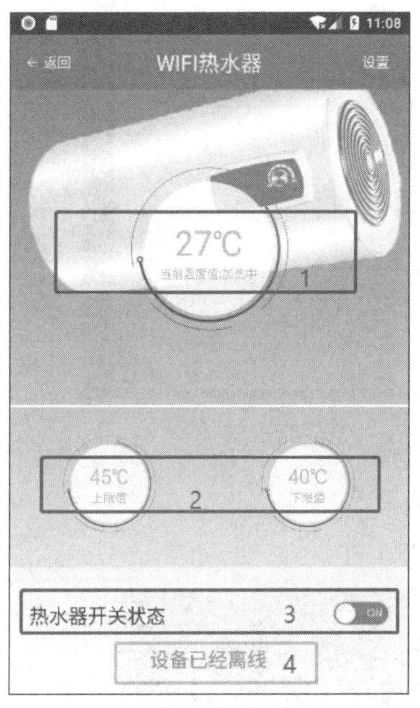

图 5-2-18　主界面

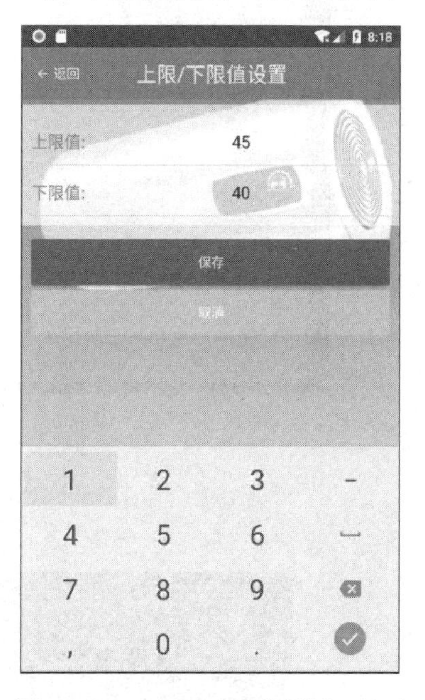


图 5-2-19　“上限/下限值设置”界面

在该界面中，用户可直接输入上限值和下限值。

## 4．云平台设置

根据上述系统设计和功能分析，须在新大陆云平台上构建对应系统。

（1）使用 Google Chrome 浏览器访问 http://www.nlecloud.com/，如图 5-2-20 所示。

图 5-2-20　访问云平台

（2）注册账号，如图 5-2-21 所示。

（3）在开发者中心单击“新增项目”按钮，新建智能热水器项目，如图 5-2-22 所示。

（4）填写项目信息，如图 5-2-23 所示。

图 5-2-21　注册账号

添加设备

*设备名称

智能热水器系统　支持输入最多15个字符

*通讯协议

TCP　MQTT　CoAP　HTTP　LWM2M　TCP透传

*设备标识

WaterHeater126127　英文、数字或其组合6到30个字符 解绑被占用的设备

数据保密性

公开(访客可在浏览中阅览设备的传感器数据)

数据上报状态

马上启用（禁用会使设备无法上报传感数据）

确定添加设备　关闭

图 5-2-23　填写项目信息

（5）在设备管理界面中，记录参数，如图 5-2-24 所示。

图 5-2-24　记录参数

（6）在设备传感器界面中，创建传感器，如图 5-2-25 所示。

图 5-2-25　创建传感器

（7）创建执行器，如图 5-2-26 所示。

图 5-2-26　创建执行器

再创建一个执行器，如图 5-2-27 所示。

自定义

*传感名称　上限温度值

用于描述该设备或设备功能的名称（如：灯泡开关、灯泡亮度调节），以中英文、数字或下划线，最多10个字符便于阅读

*标识名　upperLimitCtrl

数据上报及API调用的变量名（如：LightSwitch，LighBrightness），支持英文、数字与下划线，须以英文字母开头

*传输类型　上报和下发　报警　故障

*数据类型　整数型

*操作类型　开关型　开关停　按钮型　刻度型　输入框型

其它选项　最小值：最小值　最大值：最大值　步长：步长

确定　关闭

图 5-2-27　再创建一个执行器

图 5-2-27 再创建一个执行器（续）

（8）这样就完成了传感器和执行器的创建，如图 5-2-28 所示。

图 5-2-28 完成传感器和执行器的创建

（9）在个人中心界面中，单击“APIKEY 管理”，再单击“生成”按钮，最后单击“确认提交”按钮，如图 5-2-29 所示。

图 5-2-29 生成 API 密钥

5．M3 主控模块的烧写

打开 M3 源码工程，打开 CloudReference.h 文件，确认 Wi-Fi 热点名称、Wi-Fi 密码，并将上一阶段获得的云平台上的“设备标识”“传输密钥”替换到 CloudReference.h 文件中，这样源码中的“设备标识”“传输密钥”就和云平台一致了，然后编译源码生成 HEX 文件，并按照如下步骤进行固件烧写。

（1）可以利用专门的软件进行烧写。

找到 flash_loader_demo_v2.8.0.exe，如图 5-2-30 所示。

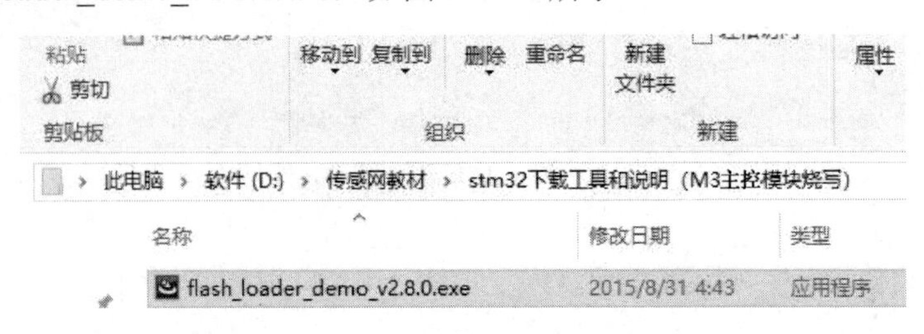


图 5-2-30　找到 flash_loader_demo_v2.8.0.exe

（2）右击文件以管理员身份运行，如图 5-2-31 所示。

（3）单击“Next”按钮，如图 5-2-32 所示。

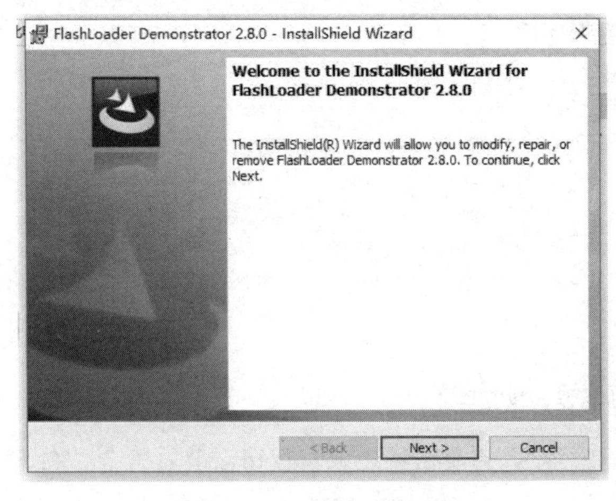


图 5-2-31　运行安装程序

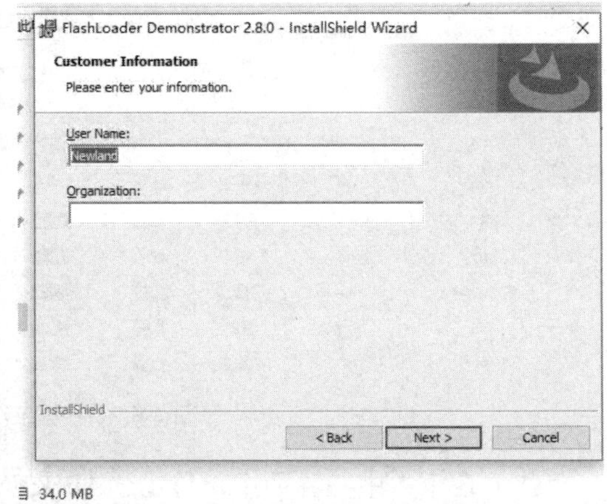


图 5-2-32　单击“Next”按钮

（4）确认软件安装路径（默认为 C 盘），如图 5-2-33 所示。

（5）单击“Install”按钮，如图 5-2-34 所示。

（6）单击“Finish”按钮，完成软件安装，如图 5-2-35 所示。

（7）在 NEWLab 平台上接通 DC+12V 电源，用串口线连接计算机和 NEWLab 平台，并将旋钮拨到“通讯模式”，如图 5-2-36 所示。

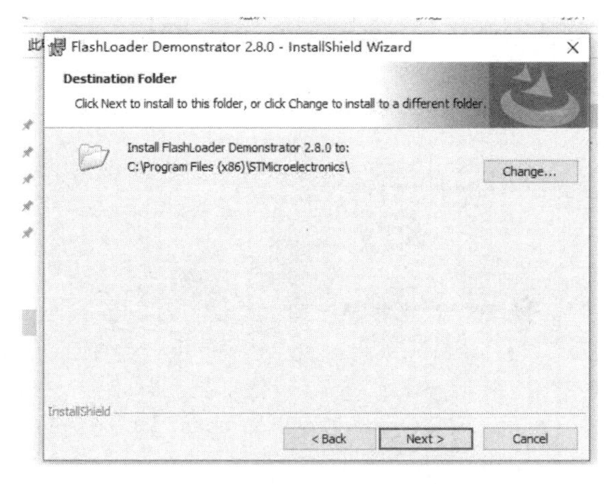


图 5-2-33 确认软件安装路径

图 5-2-34 单击“Install”按钮

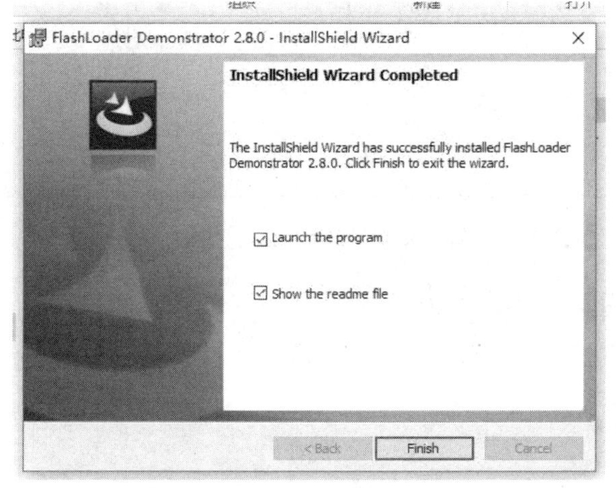


图 5-2-35 完成软件安装

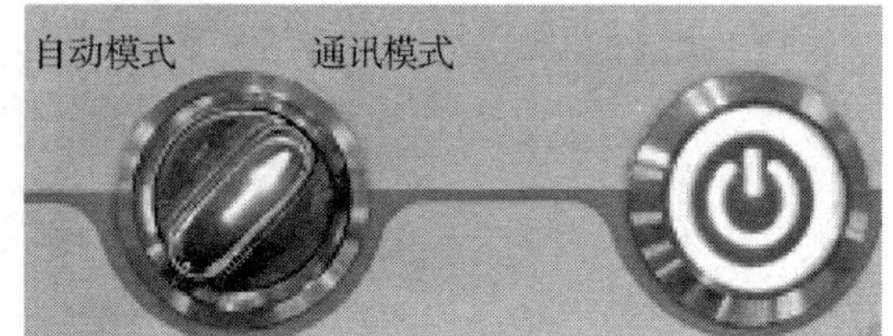


图 5-2-36 选择“通讯模式”

（8）移除不相关的模块，只留下 M3 主控模块，将拨码开关拨到 BOOT 侧，并按一下复位键，如图 5-2-37 所示。

图 5-2-37 M3 主控模块的设置

（9）打开 Flash Loader Demonstrator 软件，选择正确的端口号等参数，按一下 M3 主控模块的复位键，然后单击“Next”按钮，如图 5-2-38 所示。

（10）单击“Next”按钮，如图 5-2-39 所示。

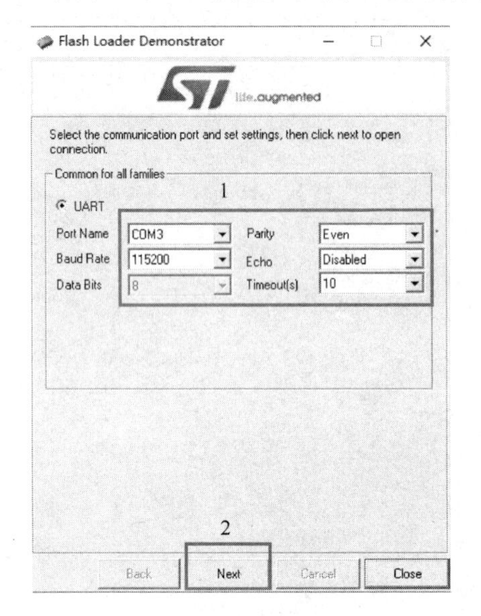


图 5-2-38　参数设置

图 5-2-39　单击“Next”按钮

（11）选择目标器件，单击“Next”按钮，如图 5-2-40 所示。

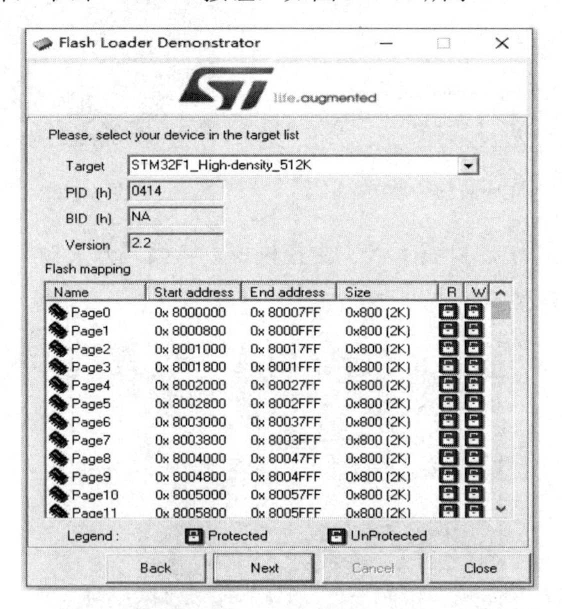


图 5-2-40　选择目标器件

（12）选择要烧写的文件，单击“Next”按钮，如图 5-2-41 所示。

（13）烧写过程如图 5-2-42 所示。

（14）烧写完成后，单击“Close”按钮。将 M3 主控模块右上角的跳线拨到 NC 侧，并按一下复位键，如图 5-2-43 所示。

图 5-2-41　选择要烧写的文件

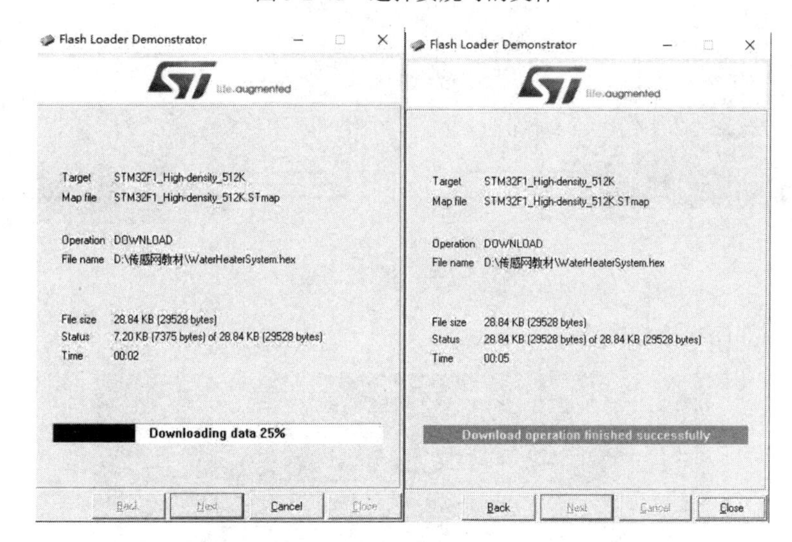


图 5-2-42　烧写过程

图 5-2-43　烧写完成

6．硬件连接

本任务用到M3主控模块、Wi-Fi模块、继电器模块、温度/光照传感模块、温度传感器和若干连接线。先将Wi-Fi模块设置为STATION模式，再结合已经完成烧写的M3主控模块，选取合适的模块和连接线，参考图5-2-44进行硬件连接。

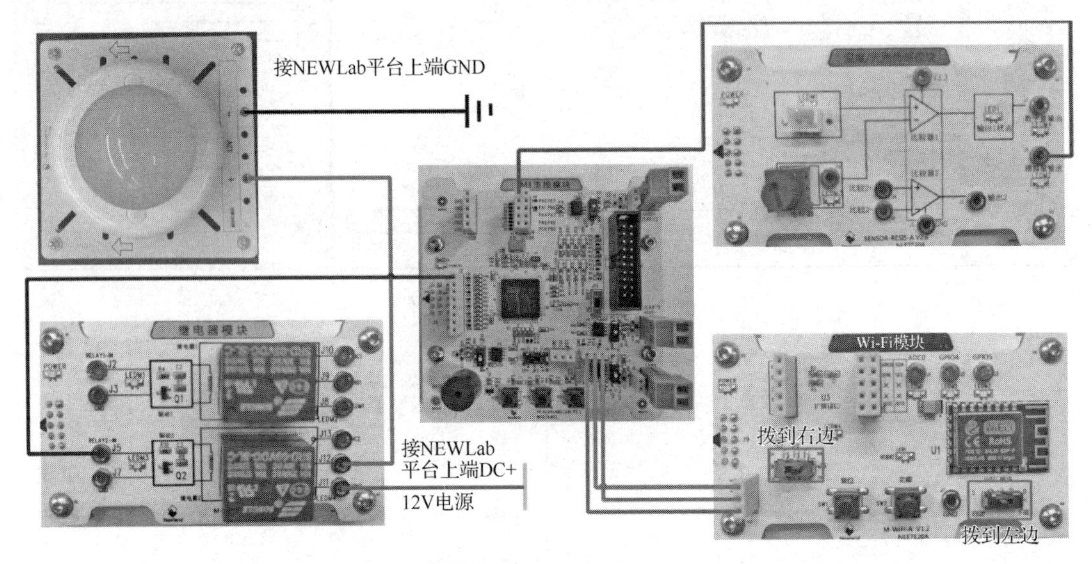


图5-2-44　硬件连接

实物连线图如图5-2-45所示。

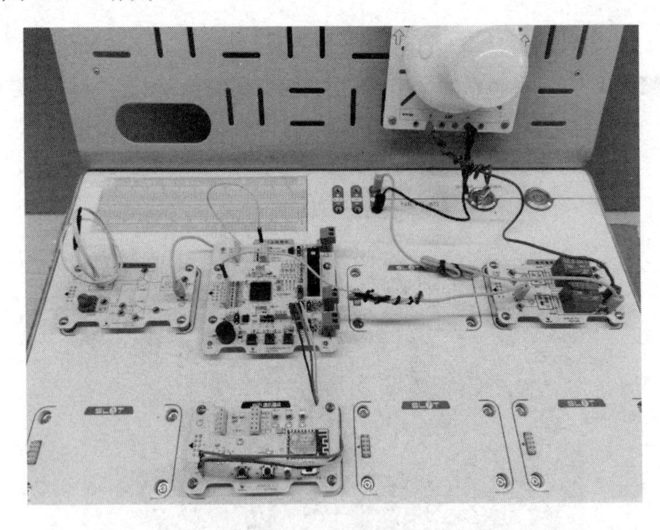

图5-2-45　实物连线图

7．系统运行

（1）将NEWLab平台调整到“通讯模式”，接通电源，同时确保无线热点能正常上网，如图5-2-46所示。

（2）打开云平台，确认设备在线情况，如图5-2-47所示。

（3）打开手机端应用，登录系统，如图5-2-48所示。

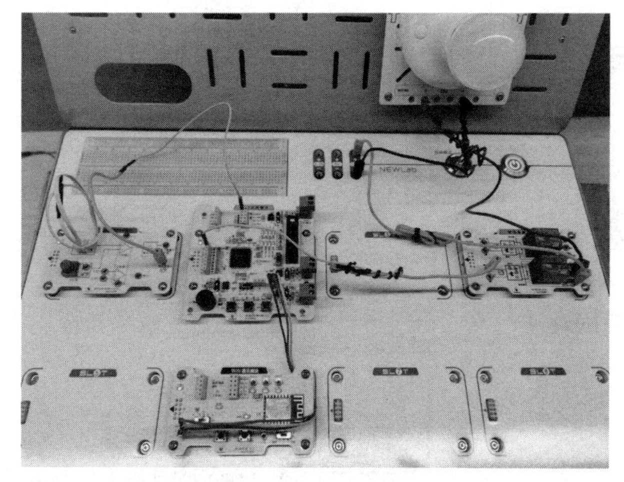

图 5-2-46　接通电源

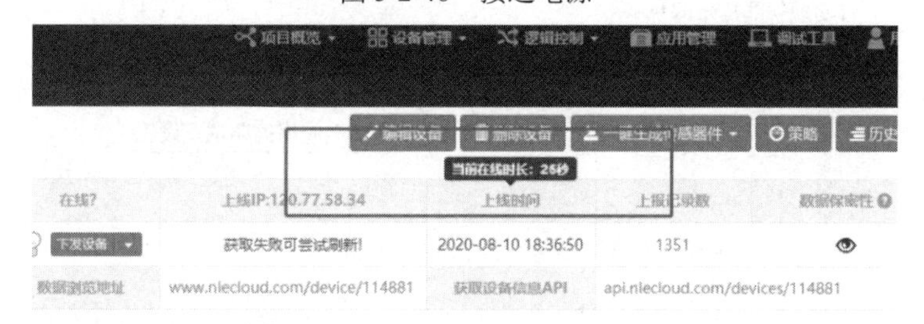


图 5-2-47　确认设备在线情况

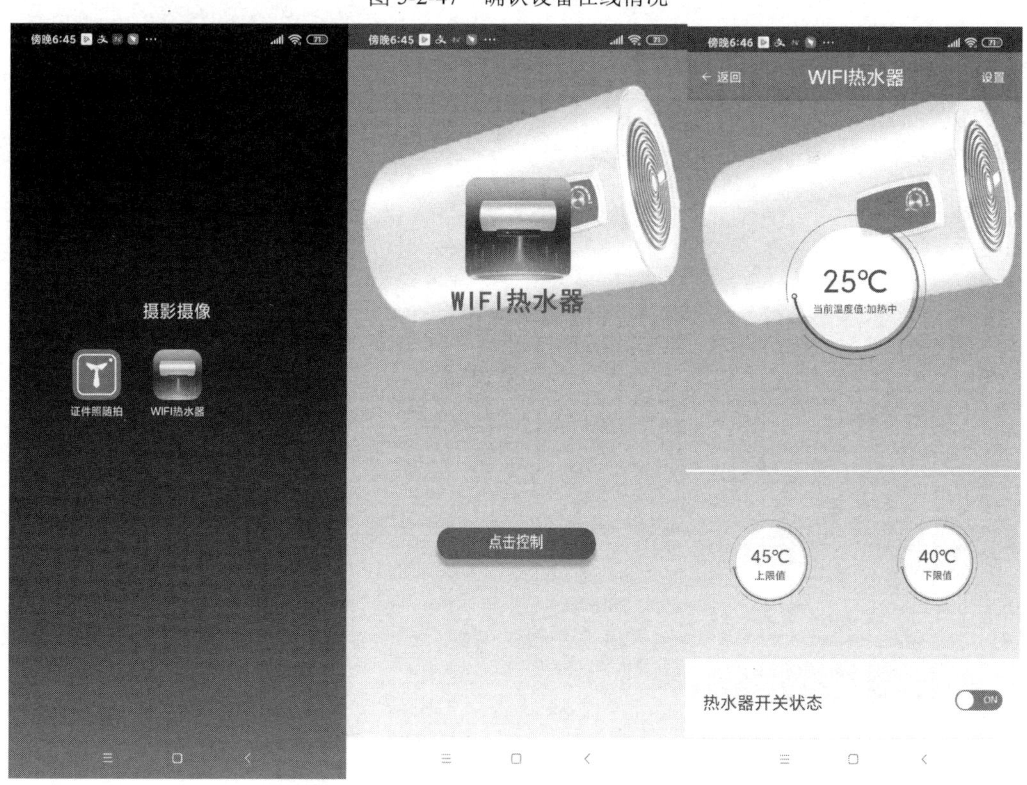


图 5-2-48　手机端应用登录

## 任务检查与评价

完成任务后，进行任务检查与评价，任务检查与评价表在本书配套资源中。

## 任务小结

### 知识与技能提升

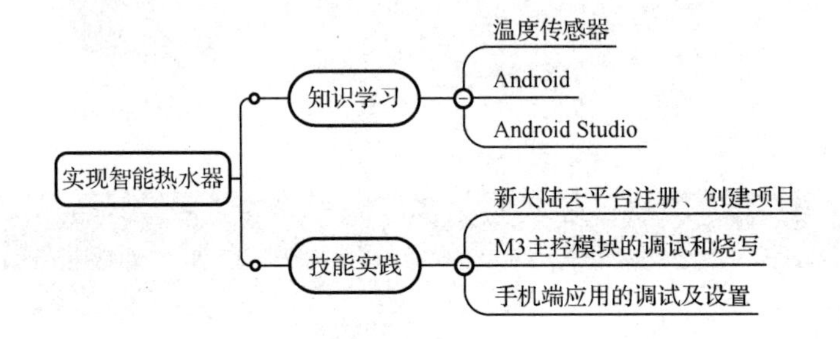

# 项目六 基于RS485总线的商超环境监测系统

## 引导案例

商场及超市是社区生活的重要组成部分，大多数生活必需品都要到商场及超市采购。商场及超市是人群聚集的场所，商场及超市空气质量良好无疑是对购物者健康的一种保障。同时，良好的购物环境能够适当延长购物者在商场及超市的逗留时间，有利于增加商场及超市的利润。

为了有效监测商超环境，需要安装相应的环境监测传感器，并通过网络完成监测数据传输，从而将相关数据及时上传到服务器，为营造良好的购物环境提供有力的保障。

在商超环境监测系统中，一般采用RS485总线，主要原因有以下三个。

（1）成本低，在1～1000m距离内RS485总线是成本最低的。

（2）线材要求低，普通线材即可满足需求。

（3）编程简单。

本项目基于NEWLab平台，采用RS485总线组网方式，以M3主控模块为核心，利用湿度传感模块、温度/光照传感模块组成商超环境监测系统。该系统支持通过串口采集环境温湿度和空气质量数据。

本项目学习目标如图6-0-1所示。

知识目标

- 了解RS485总线的概念和工作原理
- 了解RS485接口和MAX485芯片功能
- 掌握RS485总线故障检测方法
- 了解Modbus协议
- 掌握RS485总线数据抓包方法
- 掌握RS485总线Modbus协议分析方法

技能目标

- 能根据具体情境选择总线
- 能搭建RS485总线环境
- 能对常见的RS485总线故障进行检测和排查
- 能完成RS485总线节点烧写和配置
- 能完成RS485总线数据抓包和解析

图6-0-1　基于RS485总线的商超环境监测系统项目学习目标

# 任务一 RS485总线环境搭建

## 职业能力目标

- 能根据任务要求选择合适的通信总线。
- 能根据系统拓扑图和硬件连接图正确安装硬件。
- 能快速、准确地找出RS485总线故障并排除故障。

## 任务描述与要求

**任务描述：**

某超市要求对超市购物环境进行24小时监测，监测内容包括温湿度、空气质量等。本任务主要针对客户需求，完成系统拓扑图及硬件连接图的绘制。

**任务要求：**

- 选择合适的通信总线。
- 针对客户需求，画出系统拓扑图及硬件连接图。
- 使用NEWLab平台模拟商超环境监测系统并进行硬件连接。

## 任务分析与计划

本任务中的超市布局方案如图6-1-1所示。

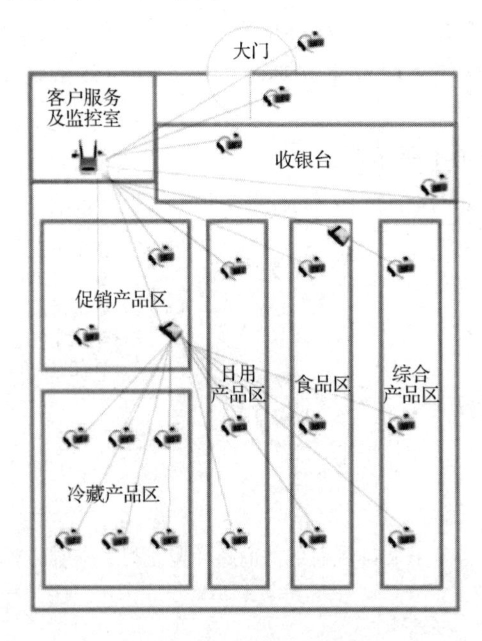


图6-1-1 超市布局方案

根据所学相关知识，完成本任务的实施计划。

| 项目名称 | 基于RS485总线的商超环境监测系统 |
| --- | --- |
| 任务名称 | RS485总线环境搭建 |
| 计划方式 | 分组完成、团队合作、分析调研 |
| 计划要求 | 1．能搭建RS485总线环境<br>2．能对常见的RS485总线故障进行检测和排查 |
| 序　号 | 主 要 步 骤 |
| 1 | |
| 2 | |
| 3 | |

### 1．RS485总线的概念和工作原理

1）RS485总线概述

20世纪80年代中后期，随着工业控制、计算机、通信及模块化集成等技术的发展，出现了现场总线控制系统。国际电工委员会制定的国际标准IEC 61158对现场总线（Field Bus）的定义如下：用于安装在制造或过程区域的现场装置与控制室内的自动控制装置之间的数字式、串行、多点通信的数据总线称为现场总线。IEC 61158—2中又进一步指出：现场总线是一种用于底层工业控制和测量设备，如变送器、执行器和本地控制器之间的数字式、串行、多点通信的数据总线。

总线（Bus）是计算机各种功能部件之间传递信息的公共通信干线。在计算机领域，总线最早是指汇集在一起的具有多种功能的线路；经过深化与延伸后，总线指的是计算机内部各模块之间或计算机之间的一种通信系统，涉及硬件和软件。当总线被引入嵌入式系统领域后，它主要用于嵌入式系统的芯片级、板级和设备级互连。总线有多种分类方式。

一是按照传输速率分类，可分为低速总线和高速总线。

二是按照连接类型分类，可分为系统总线、外设总线和扩展总线。

三是按照传输方式分类，可分为并行总线和串行总线。

RS485总线属于计算机与嵌入式系统领域的高速串行总线。

2）串行通信

在计算机网络与分布式工业控制系统中，设备之间通过各自配备的标准串行通信接口，以及合适的通信电缆实现数据与信息交换。串行通信与并行通信的区别，相当于单车道和多车道的区别。串行通信是指外设和计算机之间通过数据信号线、地线与控制线等，按位传输数据的一种通信方式。目前常见的串行通信接口标准有RS232、RS422、RS485等。

在电子产品开发领域，常见的电平信号有TTL电平、CMOS电平、RS232电平与USB电平等。常见电平信号的逻辑表示与电气特性见表6-1-1。

表 6-1-1　常见电平信号的逻辑表示与电气特性

| 电平信号名称 | 输　入 | | 输　出 | | 说　明 |
|---|---|---|---|---|---|
| | 逻辑 1 | 逻辑 0 | 逻辑 1 | 逻辑 0 | |
| TTL 电平 | ≥2.0V | ≤0.8V | ≥2.4V | ≤0.4V | 噪声容限较低，约为 0.4V，MCU 芯片引脚都是 TTL 电平 |
| CMOS 电平 | ≥0.7$V_{CC}$ | ≤0.3$V_{CC}$ | ≥0.8$V_{CC}$ | ≤0.1$V_{CC}$ | 噪声容限高于 TTL 电平，$V_{CC}$ 为供电电压 |
| | 逻辑 1 | | 逻辑 0 | | |
| RS232 电平 | -15～-3V | | 3～15V | | 计算机的 COM 口为 RS232 电平 |
| USB 电平 | $(V_{D+}-V_{D-})$≥200mV | | $(V_{D-}-V_{D+})$≥200mV | | 采用差分电平，四线制：VCC、GND、D+和 D- |

3）RS485、RS422 和 RS232 标准

RS232、RS422、RS485 标准最初都是由美国电子工业协会（EIA）制定并发布的。RS 的含义是推荐标准。RS232 标准于 1962 年发布，它的缺点是通信距离短、传输速率低，而且只能点对点通信，无法组建多机通信系统。RS422 标准在 RS232 标准的基础上发展而来，它弥补了 RS232 标准的一些不足。为了扩展应用范围，EIA 又于 1983 年发布了 RS485 标准。RS232、RS422、RS485 标准的对比见表 6-1-2。

表 6-1-2　RS232、RS422、RS485 标准的对比

| 标　准 | | RS232 | RS422 | RS485 |
|---|---|---|---|---|
| 工作方式 | | 单端（非平衡） | 差分（平衡） | 差分（平衡） |
| 节点数 | | 1 发 1 收（点对点） | 1 发 10 收 | 1 发 32 收 |
| 最大传输电缆长度 | | 15m | 1200m | 1200m |
| 最大传输速率 | | 20kbit/s | 10Mbit/s | 10Mbit/s |
| 连接方式 | | 点对点（全双工） | 一点对多点（四线制，全双工） | 多点对多点（两线制，半双工） |
| 电气特性 | 逻辑 1 | -15～-3V | 两线间电压差 2～6V | 两线间电压差 2～6V |
| | 逻辑 0 | 3～15V | 两线间电压差 -6～-2V | 两线间电压差 -6～-2V |

RS485 总线适用于多机通信，可以组网构成分布式系统，它是一种常用的现场总线。RS485 接口是目前业界应用最为广泛的标准通信接口之一，这种通信接口允许在双绞线上进行多点双向通信，它所具有的噪声抑制能力、数据传输速率、电缆长度及可靠性是其他标准接口无法比拟的。许多不同领域都采用 RS485 总线作为数据传输链路。RS485 标准只对接口的电气特性做出规定，而不涉及接插件电缆或协议，在此基础上用户可以建立自己的软件层协议，如 Modbus 协议。在实际应用中，利用多个微控制器系统构建监测网络或智能传感器网络时，需要用到 RS485 总线。

2. RS485 接口和 MAX485 芯片功能

一般的 MCU 没有 RS485 接口，因此需要外接 RS485 收发器。RS485 收发器能够实现 MCU 逻辑电平与 RS485 差分信号的转换，从而可将 MCU 的 UART 接口转换成 RS485 接口。对于 RS485 收发器，通常将发送器和接收器做在同一个芯片中，但是发送器和接收器不能同时工作。

普通计算机一般不带RS485接口，因此要使用接口转换器。对于单片机，可以通过MAX485芯片来完成 TTL 电平和 RS485 电平的转换。如图 6-1-2 所示为 MAX485 芯片引脚图及工作电路图。

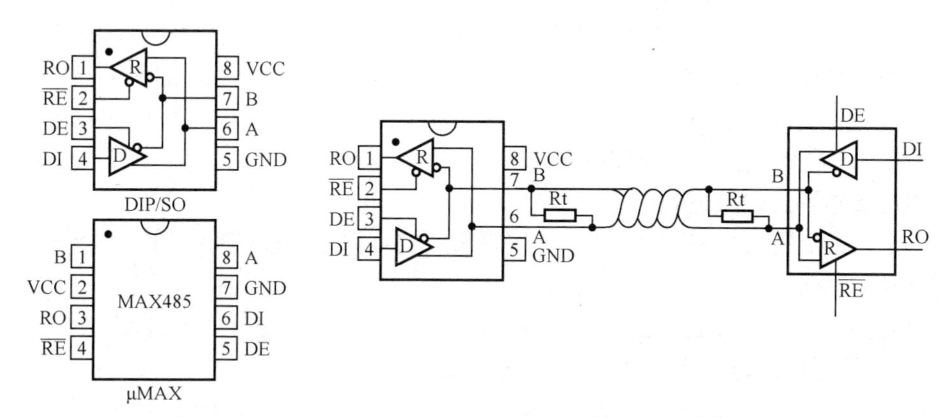


图 6-1-2 MAX485 芯片引脚图及工作电路图

在 MAX485 芯片中，RO 与 DI 分别为数据接收与发送引脚，它们用于连接 MCU 的 USART 外设；$\overline{RE}$和 DE 分别为接收使能和发送使能引脚，它们与 MCU 的 GPIO 引脚相连；A、B 两引脚用于连接 RS485 总线上的其他设备，所有设备以并联的形式接在总线上。

3. RS485 总线故障检测方法

可以将多个具有 RS485 接口的系统构成一个网络，RS485 总线网络支持的节点数为 32、64、128、256 等，这与选用的 RS485 收发器有关。RS485 总线网络通常采用一主多从结构，如图 6-1-3 所示。

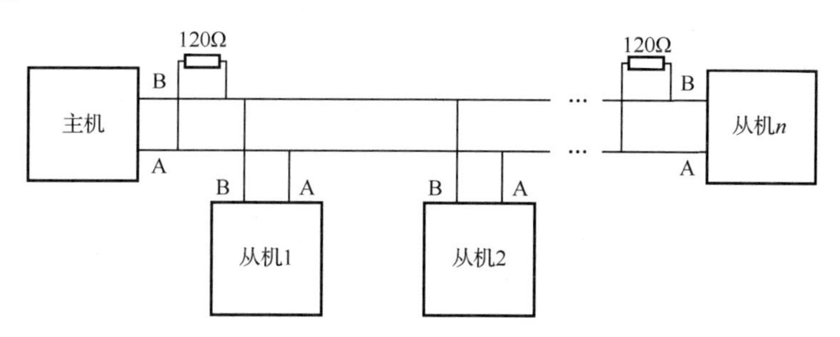


图 6-1-3 一主多从结构示意图

在这种结构的 RS485 总线网络中只能有一个主机，而且所有从机不能主动向主机发送数据。RS485 总线网络是一种低成本、易操作的通信系统，但如果对一些细节处理不当，常会导致通信失败甚至系统瘫痪等故障。以下是常见故障检查方法和相关注意事项。

（1）RS485 总线使用一对非平衡差分信号，这意味着网络中的每个设备都必须通过一个信号回路连接到地，以最小化数据线上的噪声。数据传输介质由一对双绞线组成，在噪声较大的环境中应给双绞线加上屏蔽层。

（2）在 RS485 总线网络中，如果一个终端节点出了问题，整个总线网络就不能工作。这时，首先需要切断每个节点的电源并将其从网络中断开，然后使用欧姆表测量节点正负极之间的电阻值。故障节点的电阻值通常小于 200Ω，而非故障节点的电阻值通常大于 4000Ω。

（3）不同的制造商会采用不同的标签标记 A、B 线，但 B 线永远是在网络空闲状态下电压更高的那一根。因此，可在网络空闲状态下用电压表检测。正常情况下，B 线电压比 A 线电压高，否则说明连线有问题。

（4）当没有设备进行数据传输，即所有设备都处于监听状态时，RS485 总线网络中会出现第三态，即驱动器进入高阻态。节点设计者为了克服这一不稳定状态，通常会在接收端的 A 线和 B 线上加装下拉电阻和上拉电阻来模拟空闲状态。检查时，应在网络供电和空闲的状态下测量 B 线到 A 线的电压，要求该电压至少为 300mV。

**4．温度传感器工作原理**

温度是表示物体冷热程度的物理量。用来量度物体温度数值的标尺称为温标，目前常用的温标有华氏温标、摄氏温标、热力学温标等，本书中采用摄氏温标。

温度传感器是一种将温度变化转换为电量变化的传感器，它利用感温元件的电参量随温度变化的特性，通过测量电路电信号变化来检测温度。

根据温度传感器与被测物体接触与否，可将温度传感器分为接触式温度传感器与非接触式温度传感器。本书中采用的温度传感器为接触式温度传感器中的热敏电阻。将温度变化转换为电阻变化的传感器称为热电阻式传感器。其中，金属热电阻式传感器简称热电阻，半导体热电阻式传感器简称热敏电阻。热敏电阻利用半导体材料的电阻率随温度变化而变化的特性制成，属于半导体测温元件。

用热敏电阻制成的探头有多种形式，封装外壳多用玻璃、镍和不锈钢管等，如图 6-1-4 所示为热敏电阻结构图，如图 6-1-5 所示为热敏电阻实物图。

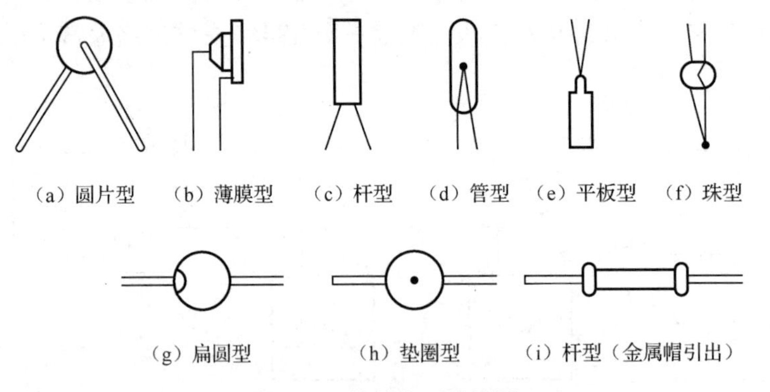


图 6-1-4 热敏电阻结构图

热敏电阻分为正温度系数热敏电阻、负温度系数热敏电阻和临界温度系数热敏电阻。正温度系数热敏电阻的阻值随温度升高而增大。负温度系数热敏电阻的阻值随温度升高而减小。临界温度系数热敏电阻具有阻值突变特性。热敏电阻的温度特性曲线如图 6-1-6 所示。

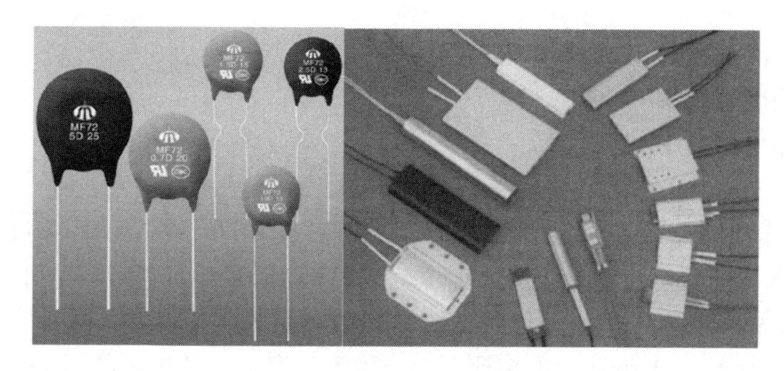

图 6-1-5　热敏电阻实物图

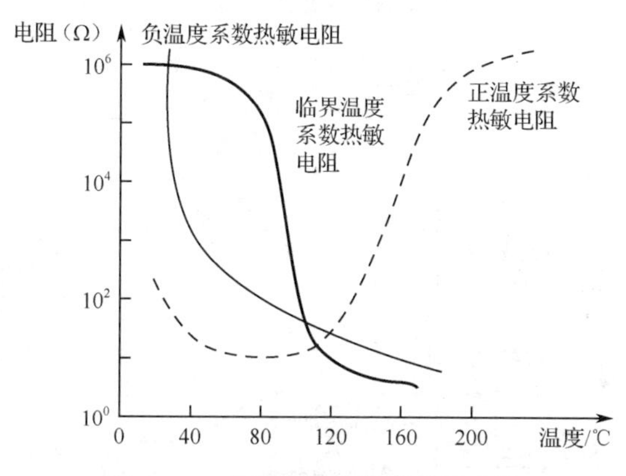


图 6-1-6　热敏电阻的温度特性曲线

本任务采用 NEWLab 平台中的温度/光照传感模块，如图 6-1-7 所示。该模块中使用的是热敏电阻 MF52AT。

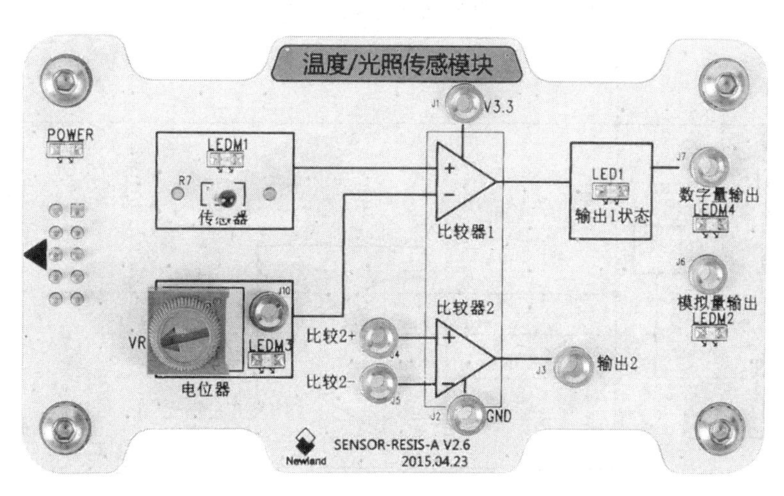


图 6-1-7　温度/光照传感模块实物图

如图 6-1-8 所示为温度/光照传感模块电路板结构图，图中数字对应部件如下。

① 热敏电阻。

② 基准电压调节电位器。

③ 比较器电路。

④ 基准电压测试接口 J10。

⑤ 模拟量输出接口 J6。

⑥ 数字量输出接口 J7。

⑦ 接地接口 J2。

热敏电阻工作电路如图 6-1-9 所示。其中，LM393 是由两个独立的高精度电压比较器组成的集成电路，失调电压低，它专为获得大电压范围、单电源供电而设计，也可以以双电源供电。调节 VR1，可设置阈值电压。当温度较低时，热敏电阻的阻值较高，热敏电阻两端的输出电压高于阈值电压，比较器 1 脚输出高电平；当温度上升时，热敏电阻的阻值下降，热敏电阻两端的电压低于阈值电压，比较器 1 脚输出低电平。

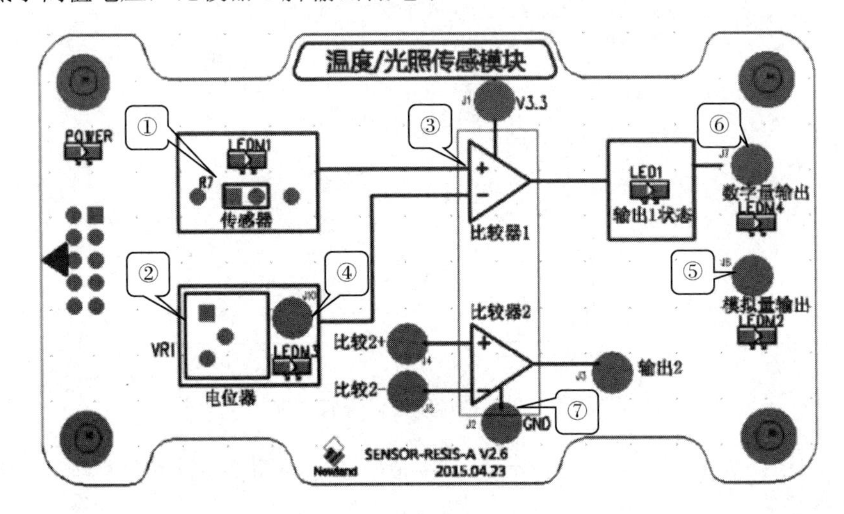


图 6-1-8 温度/光照传感模块电路板结构图

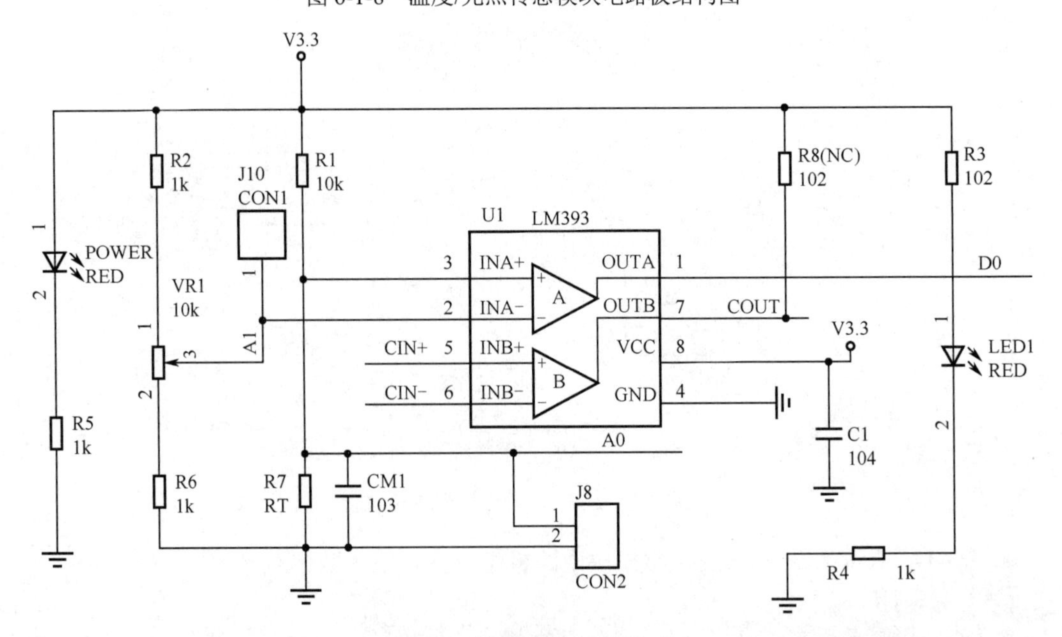


图 6-1-9 热敏电阻工作电路

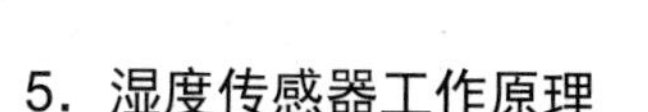

### 5．湿度传感器工作原理

湿度是指大气中水蒸气的含量，表明大气的干湿程度。湿度通常可用绝对湿度、相对湿度和露点来表示。

（1）绝对湿度（AH）是指在一定温度和压力下，单位空间内混合气体中水蒸气的绝对含量，即单位体积的空气中所含水蒸气质量。绝对湿度不易测得，习惯上常用水蒸气压强来表示。

（2）相对湿度（RH）是指某一被测混合气体中水蒸气气压与相同温度下饱和水蒸气气压的比值，常用“%RH”表示。相对湿度是温度的函数，温度的变化对相对湿度的影响极大，温度每变化 0.1℃，能产生 0.5%RH 的湿度变化。本书中使用的湿度传感器所采集的数据是相对湿度。

（3）含有一定水蒸气的空气在一定气压下降低温度，使空气中的水蒸气达到饱和时的温度称为露点。当空气中的水蒸气达到饱和时，气温与露点相同；当水蒸气未达到饱和时，气温高于露点。所以，露点与气温的差值可以反映空气中的水蒸气饱和程度。

湿度传感器是能感受外界湿度变化，并将这种变化转换成可用电信号的器件或装置。湿度传感器可分为电阻式湿度传感器和电容式湿度传感器。电阻式湿度传感器利用器件电阻值随湿度变化而变化的基本原理制成。电容式湿度传感器利用湿敏元件电容量随湿度变化而变化的特性制成。本任务采用 NEWLab 平台中的湿度传感模块，如图 6-1-10 所示。

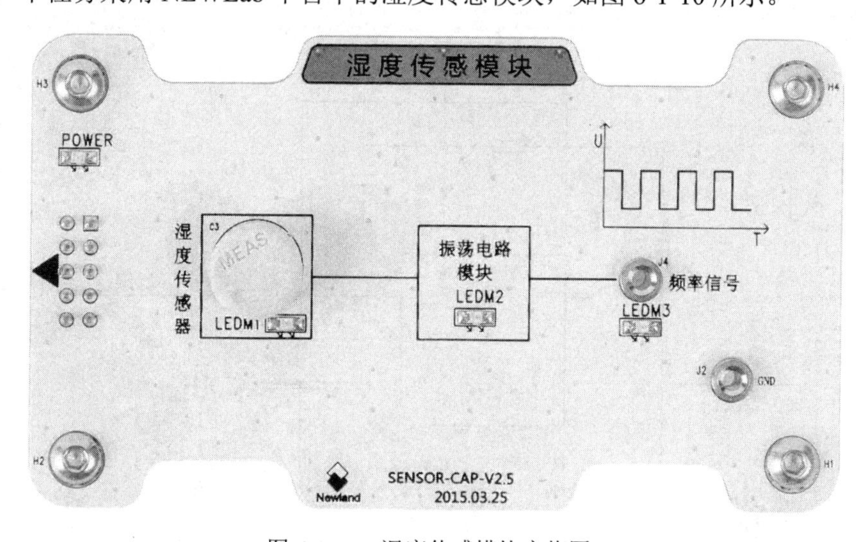


图 6-1-10 湿度传感模块实物图

该模块电路板结构图如图 6-1-11 所示，图中数字对应部件如下。

① 湿度传感器 HS1101。

② 振荡电路模块。

③ 频率信号接口 J4。

④ 接地接口 J2。

线性电压输出式相对湿度测量电路框图如图 6-1-12 所示，其工作原理是将湿敏电容接入桥式振荡电路中，当相对湿度发生变化时，湿敏电容的电容量随之改变，使振荡电路的频率也发生变化，再经过整流滤波电路和放大电路，即可输出与相对湿度呈线性关系的电压信号 $U_0$。

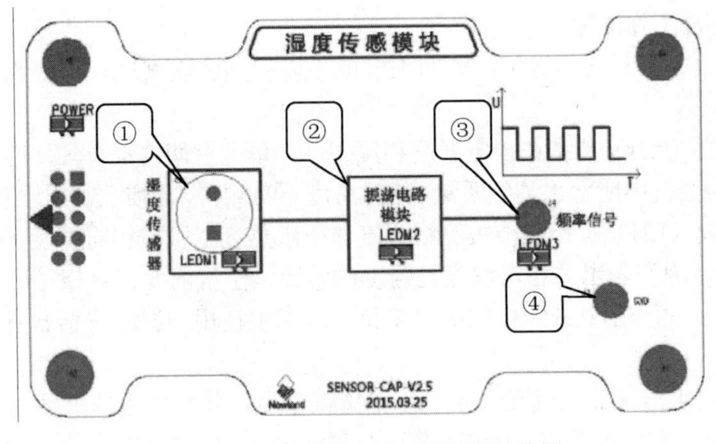


图 6-1-11　湿度传感模块电路板结构图

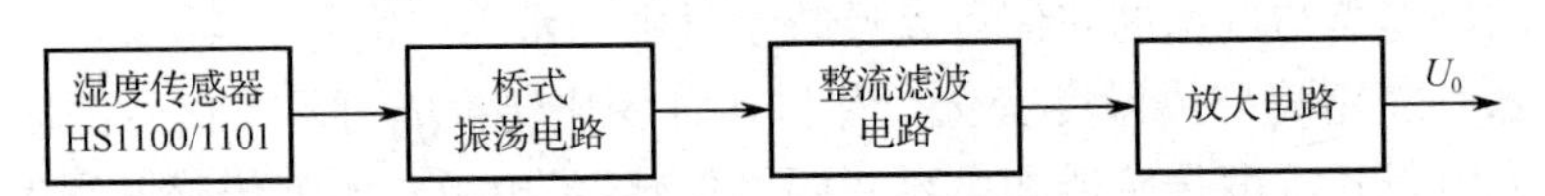


图 6-1-12　线性电压输出式相对湿度测量电路框图

湿度传感器工作电路如图 6-1-13 所示。

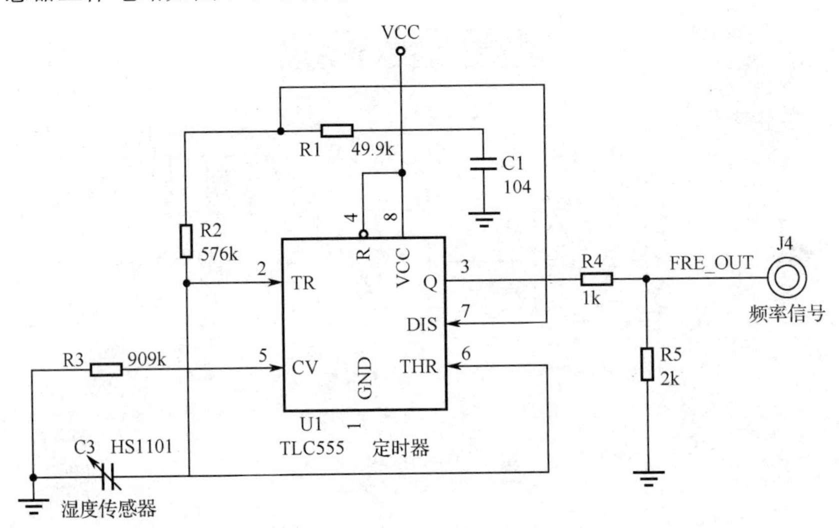


图 6-1-13　湿度传感器工作电路

湿度传感器的电容量影响输出信号的频率，当湿度增大时，湿度传感器的电容量随之变大，输出信号的频率降低。本任务所用湿度传感器的湿度和电压频率的关系见表 6-1-3。

**表 6-1-3　湿度和电压频率的关系**

| 湿度/%RH | 电压频率/Hz |
|---|---|
| 0 | 7351 |
| 10 | 7224 |
| 20 | 7100 |

续表

| 湿度/%RH | 电压频率/Hz |
|---|---|
| 30 | 6976 |
| 40 | 6853 |
| 50 | 6728 |
| 60 | 6600 |
| 70 | 6468 |
| 80 | 6330 |
| 90 | 6186 |
| 100 | 6033 |

**测一测**

简述 RS485 标准的电气特性，以及 RS485、RS422 和 RS232 标准的区别。

**想一想**

RS485 总线系统中为什么需要 RS485 收发器？RS485 收发器是怎么工作的？

### 设备与资源准备

任务实施前必须准备好以下设备和资源。

| 序　　号 | 设备/资源名称 | 数　　量 | 是否准备到位 |
|---|---|---|---|
| 1 | NEWLab 平台 | 1 | |
| 2 | M3 主控模块 | 3 | |
| 3 | 温度/光照传感模块 | 1 | |
| 4 | 湿度传感模块 | 1 | |
| 5 | 杜邦线 | 若干 | |
| 6 | 香蕉插头连接线 | 若干 | |

#### 1. 总线选择

与 RS232 总线相比，RS485 总线采用平衡驱动器和差分信号，抗干扰能力更强。在成本方面，在 1～1000m 距离内 RS485 总线成本更低。在线材方面，普通线材即可满足 RS485 总线的要求。另外，RS485 总线编程简单，直接使用串口进行数据采集。因此，本任务采用 RS485 总线。

#### 2. 系统工作流程

（1）RS485 总线网络中的主机每隔 0.5s 发送一次查询从机传感器数据的 Modbus 通信帧。

（2）RS485 总线网络中的从机收到通信帧后，解析其内容，判断是不是发给自己的，然后根据功能码采集相应的传感器数据传至主机。

（3）主机收到从机的传感器数据后，通过串口将数据打印出来。

3．硬件连接

本任务采用三个 M3 主控模块、一个湿度传感模块和一个温度/光照传感模块。硬件连接图如图 6-1-14 所示。从机 2 的 M3 主控模块的 PE8 与湿度传感模块的频率信号接口相连，从机 1 的 M3 主控模块的 PA0 与温度/光照传感模块的模拟量输出接口相连，主机、从机 1 和从机 2 的 M3 主控模块通过 J5 接口连成 RS485 总线网络。

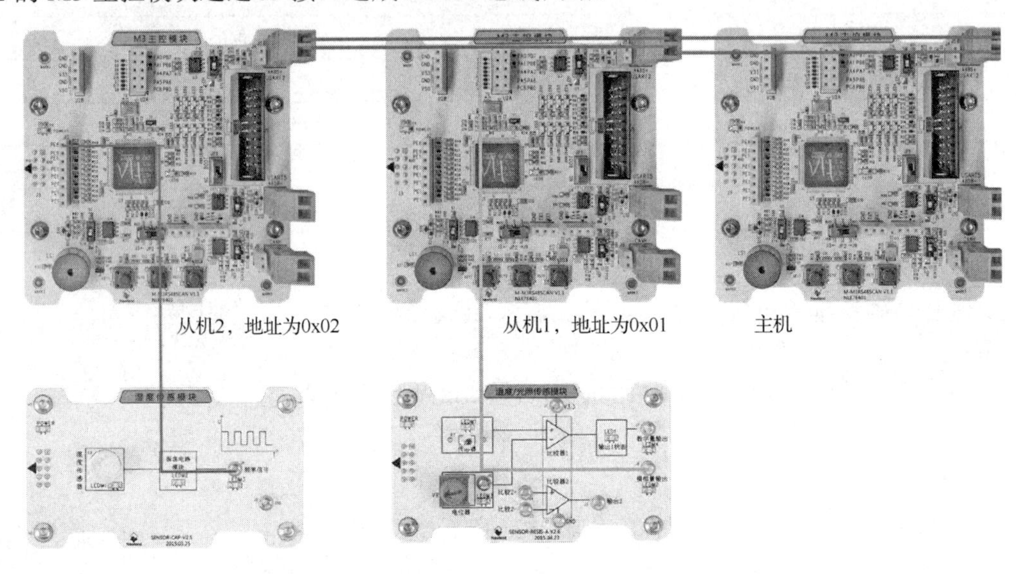


图 6-1-14　硬件连接图

## 任务检查与评价

完成任务后，进行任务检查与评价，任务检查与评价表在本书配套资源中。

## 任务小结

### 知识与技能提升

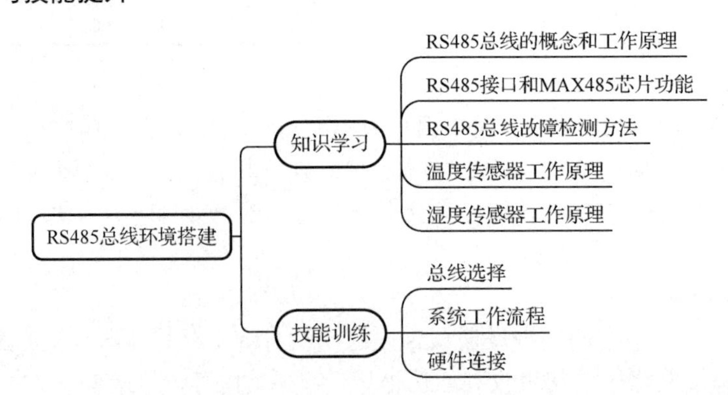

# 任务二 RS485 总线节点烧写和配置

## 职业能力目标

- 掌握 RS485 总线节点烧写方法。
- 能对 RS485 总线节点进行相关配置。

## 任务描述与要求

**任务描述：**

在任务一构建的总线系统中，主机每隔 0.5s 发送一次查询从机传感器数据的 Modbus 通信帧，从机收到通信帧后，解析其内容，判断是不是发给自己的，然后根据功能码采集相应的传感器数据传至主机。本任务主要进行 RS485 总线节点的烧写和配置。

**任务要求：**

- 能对 RS485 总线节点进行程序烧写。
- 能对 RS485 总线节点进行配置。

## 任务分析与计划

任务一完成了商超环境监测系统的搭建，接下来需要进行程序烧写及配置。在本任务中需要对一个主节点和两个从节点进行程序烧写，并完成相关配置。

根据所学相关知识，完成本任务的实施计划。

| 项目名称 | 基于 RS485 总线的商超环境监测系统 |
|---|---|
| 任务名称 | RS485 总线节点烧写和配置 |
| 计划方式 | 分组完成、团队合作、分析调研 |
| 计划要求 | 1. 能对 RS485 总线节点进行程序烧写<br>2. 能对 RS485 总线节点进行配置 |
| 序　　号 | 主 要 步 骤 |
| 1 | |
| 2 | |
| 3 | |
| 4 | |

## 1. RS485总线节点烧写方法

这里介绍智慧盒、仿真器、串口三种烧写方法。

### 1）智慧盒烧写方法

（1）将M3主控模块上的JP1拨码开关拨至BOOT，如图6-2-1所示。

图6-2-1　将JP1拨码开关拨至BOOT

（2）将M3主控模块放在智慧盒中，将智慧盒与计算机USB接口相连，如图6-2-2所示。

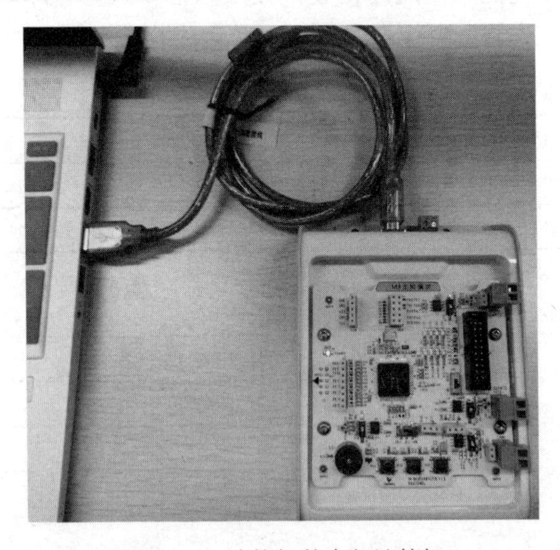

图6-2-2　连接智慧盒与计算机

（3）如图6-2-3所示，右击计算机桌面上的“我的电脑”图标，选择“管理”命令，打开“计算机管理”窗口。单击该窗口左侧的“设备管理器”，查看智慧盒对应的串口，如图6-2-4所示。

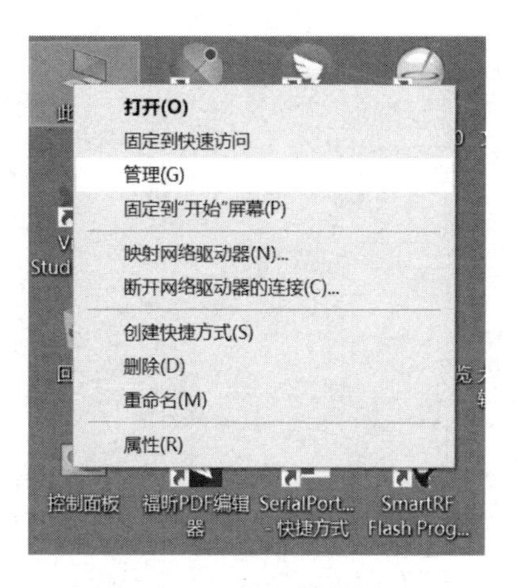


图 6-2-3　选择“管理”命令

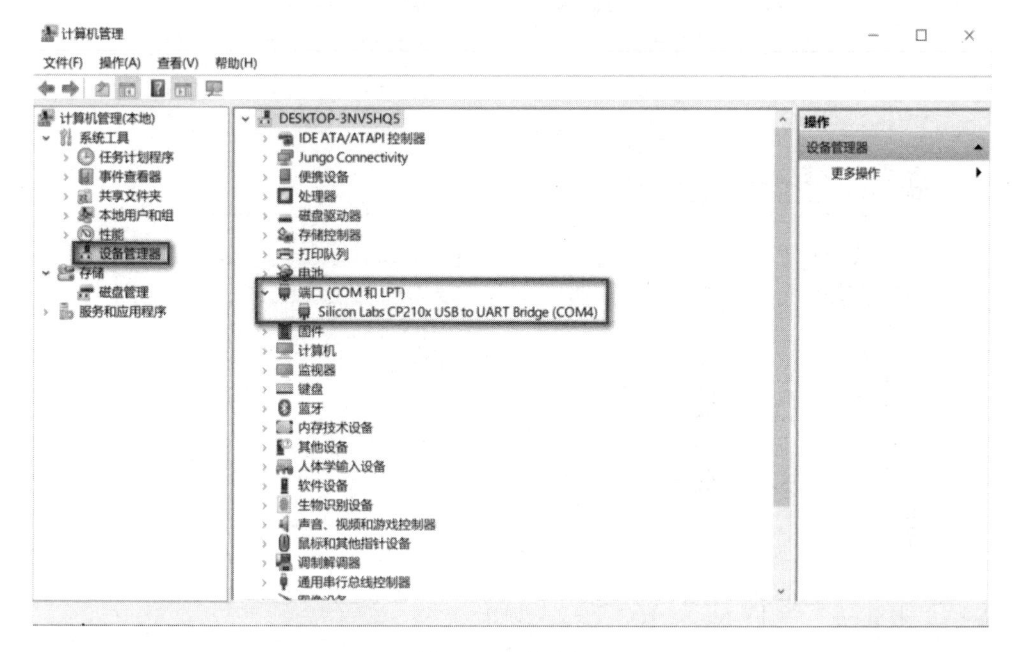


图 6-2-4　查看串口

（4）打开 STMFlash Loader Demo 软件，其图标如图 6-2-5 所示。

（5）在图 6-2-6 所示的对话框中选择第 3 步查看的串口，其他选项保持不变，然后单击“Next”按钮。

（6）在图 6-2-7 所示的对话框中单击“Next”按钮。

（7）在图 6-2-8 所示的对话框中选择硬件，这里选择“STM32F1_High-density_512K”，然后单击“Next”按钮。

图 6-2-5　STMFlash Loader Demo 软件图标

（8）在图 6-2-9 所示的对话框中选中“Download to device”选项，然后选择需要下载的文件，并选中“Erase necessary pages”选项，最后单击“Next”按钮。

（9）文件下载完成后出现图 6-2-10 所示的对话框，单击“Close”按钮。

（10）将 M3 主控模块上的 JP1 拨码开关拨至 NC，如图 6-2-11 所示。

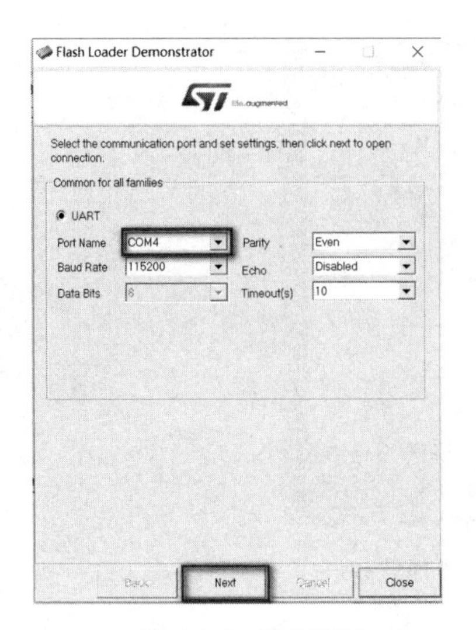


图 6-2-6　选择串口

图 6-2-7　单击“Next”按钮

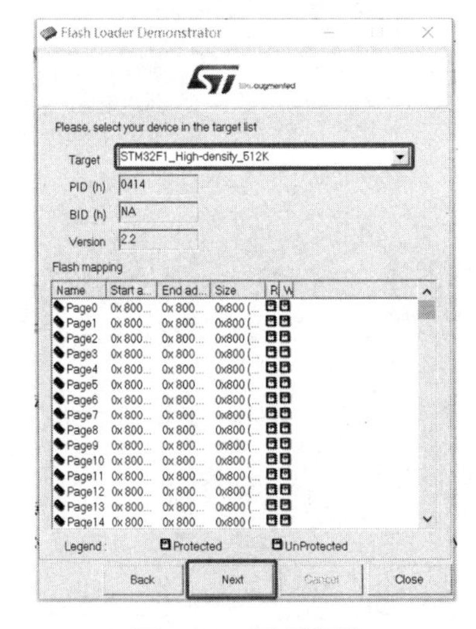


图 6-2-8　选择硬件

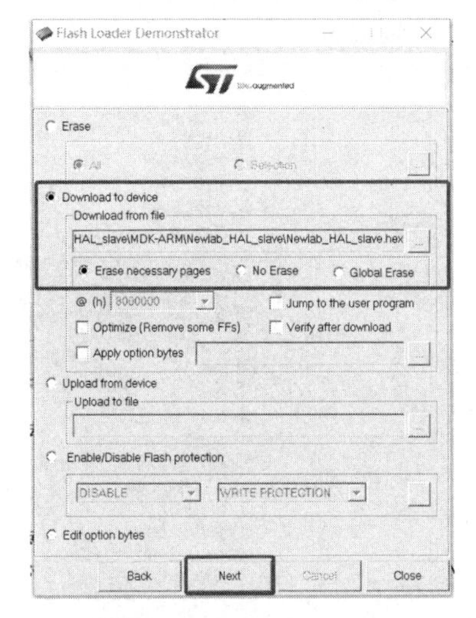


图 6-2-9　设置下载选项

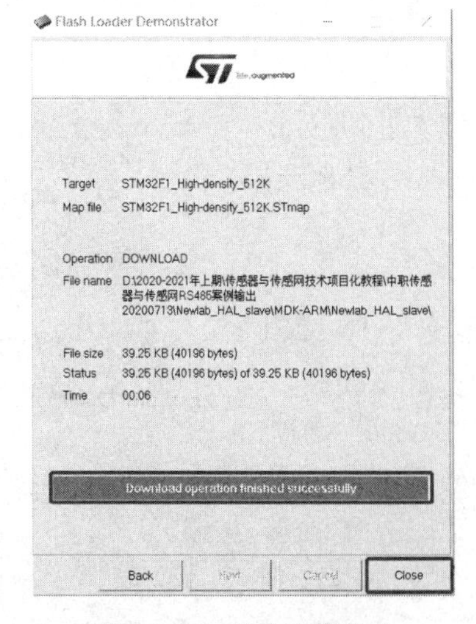


图 6-2-10　文件下载完成

图 6-2-11　将 JP1 拨码开关拨至 NC

2）串口烧写方法

首先将NEWLab平台上不用的模块都拿掉，然后将M3主控模块上的JP1拨码开关拨至BOOT，并将模块放在NEWLab平台上，将NEWLab平台调至“通讯模式”，如图6-2-12所示。如果使用的计算机没有串口，可使用图6-2-13所示的USB接口转串口连接线，RS232接口接NEWLab平台，USB接口接计算机。如果计算机有串口，可以使用公母直连串口线（图6-2-14）连接NEWLab平台与计算机，如图6-2-15所示。接下来的步骤与智慧盒烧写方法相同。

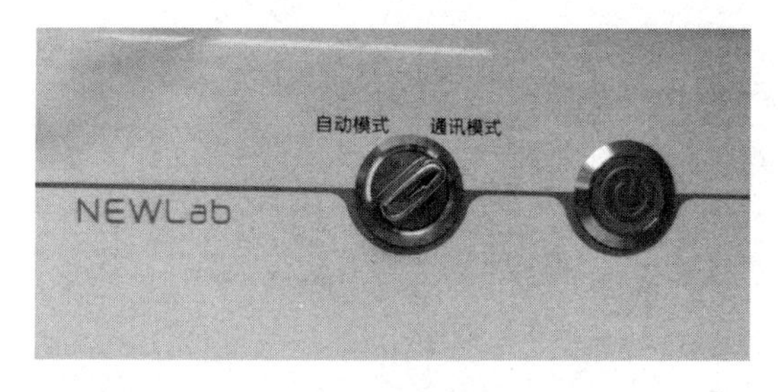

图6-2-12　将NEWLab平台调至“通讯模式”

图6-2-13　USB接口转串口连接线

图6-2-14　公母直连串口线

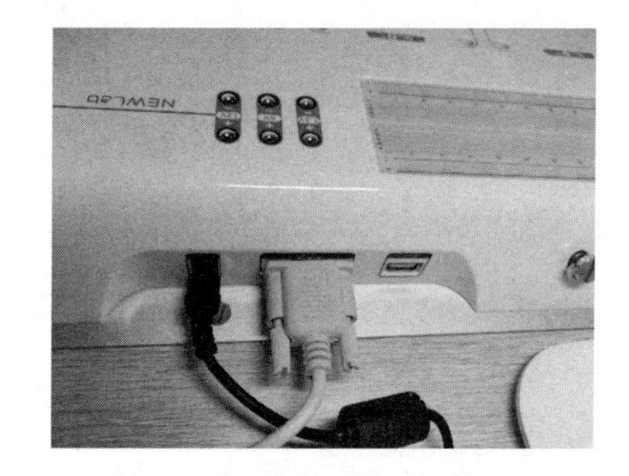
图6-2-15　用公母直连串口线连接NEWLab平台与计算机

3）仿真器烧写方法

（1）这种烧写方法需要使用ST-LINK仿真器，如图6-2-16所示。此外，还要使用智慧盒或NEWLab平台为节点供电。使用ST-LINK仿真器不需要将M3主控模块上的JP1拨码开关拨至BOOT，智慧盒供电连线如图6-2-17所示，NEWLab平台供电连线如图6-2-18所示。将ST-LINK仿真器连至M3主控模块的J1接口。

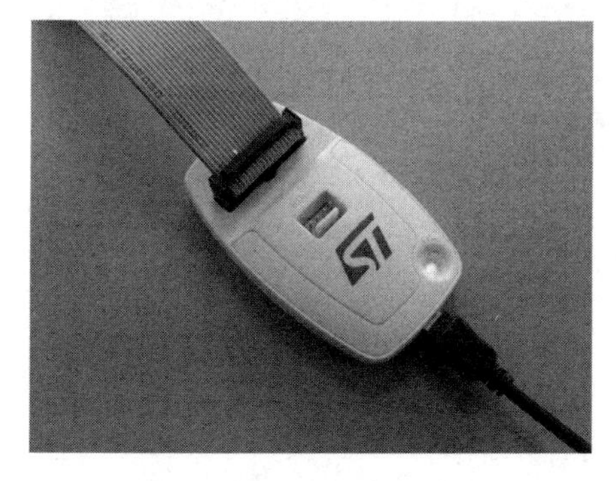
图6-2-16　ST-LINK仿真器

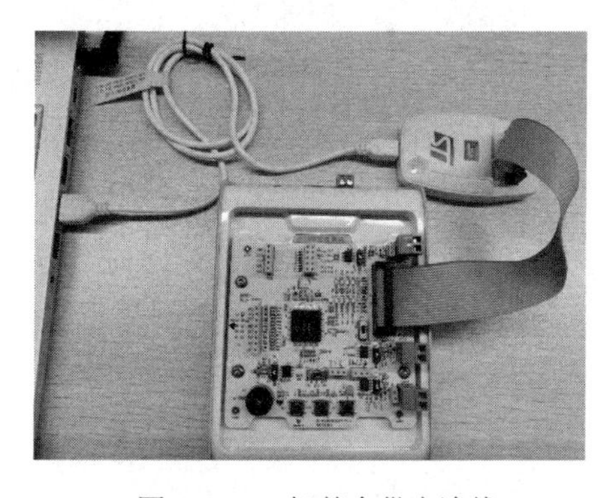
图6-2-17　智慧盒供电连线

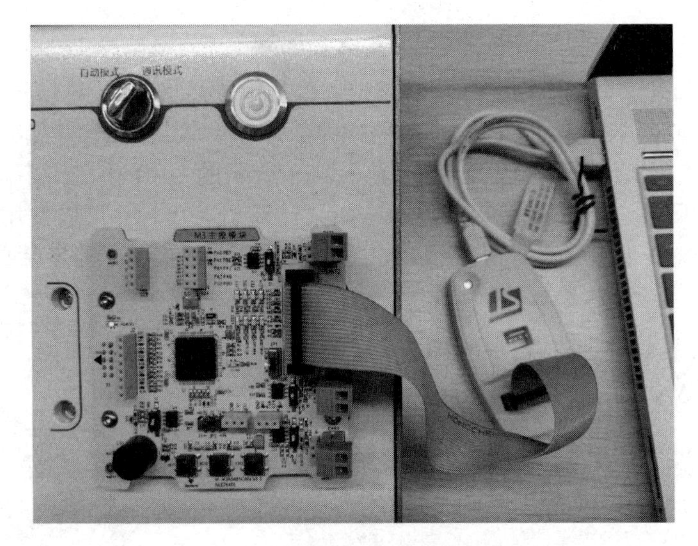

图 6-2-18　NEWLab 平台供电连线

（2）打开 STM32 ST-LINK Utility 软件，其图标如图 6-2-19 所示。

图 6-2-19　STM32 ST-LINK Utility 软件图标

（3）单击软件界面中的“Program verify”按钮，如图 6-2-20 所示。

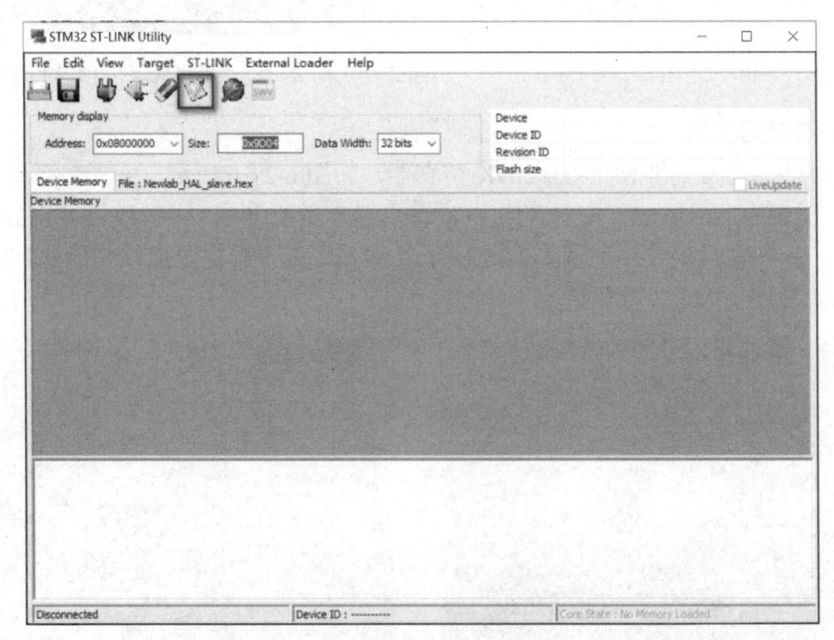


图 6-2-20　软件界面

（4）选择需要下载的文件，如图 6-2-21 所示。

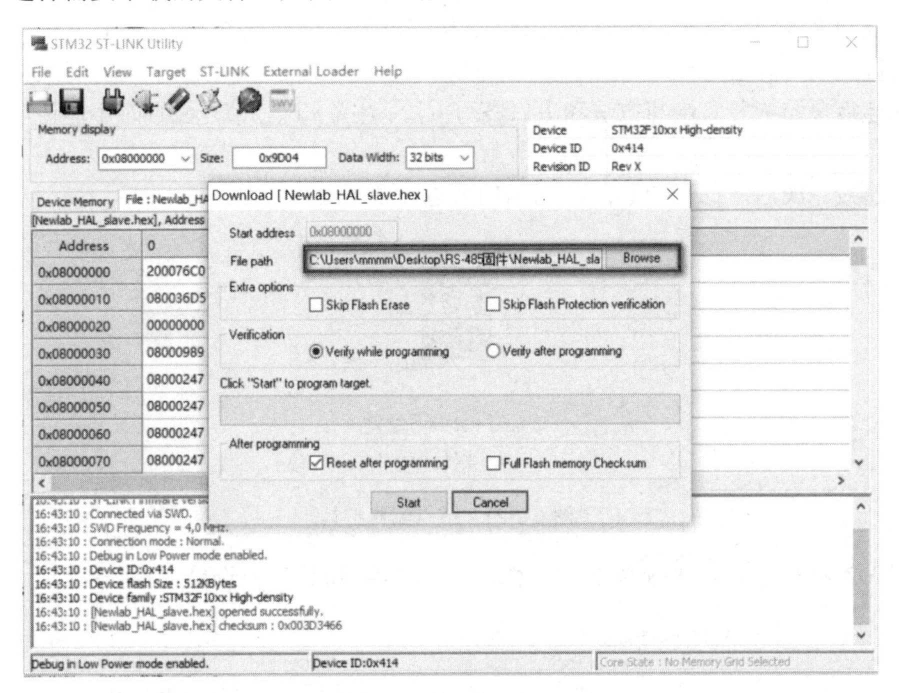


图 6-2-21　选择文件

（5）单击“Start”按钮，开始下载文件，下载完成后将出现图 6-2-22 所示的界面。

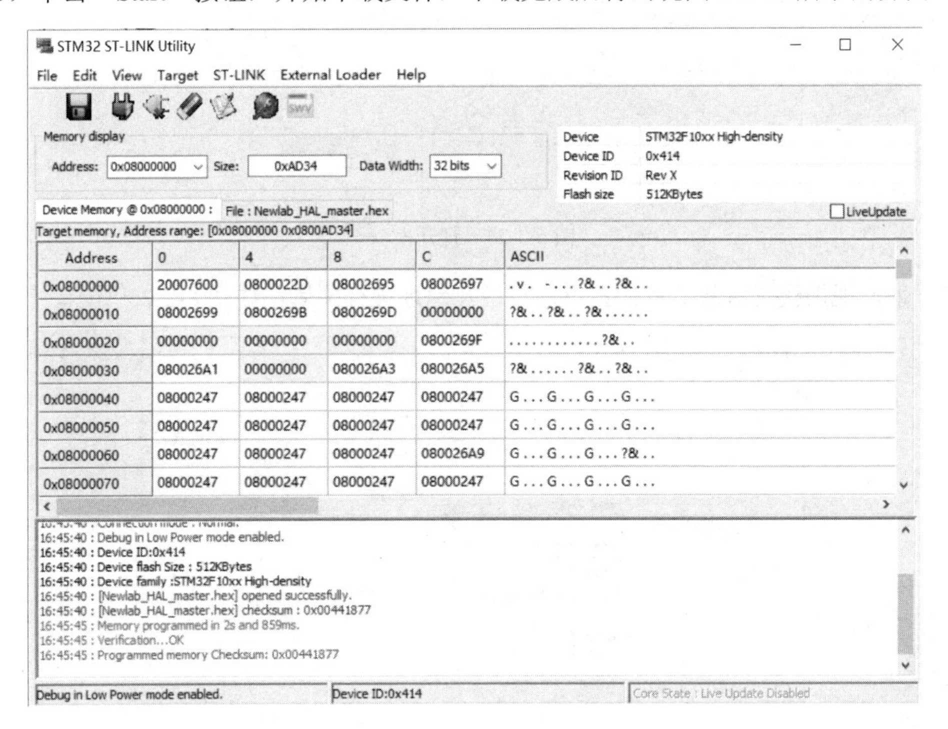


图 6-2-22　文件下载完成

2．RS485 总线节点配置方法

程序烧写完成后，需要对从节点的地址、传感器类型进行配置，这里介绍使用 M3 主控模块进行配置的具体方法。

硬件连接参照智慧盒烧写方法和串口烧写方法。注意：进行节点配置时不能使用 ST-LINK 仿真器。

硬件连接完成后，打开图 6-2-23 所示的节点配置工具。

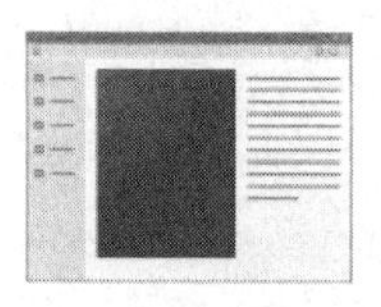

CANor485配置
工具v1.1.exe

图 6-2-23　节点配置工具

如图 6-2-24 所示，首先选择串口，然后勾选“485 协议”复选框，打开串口。

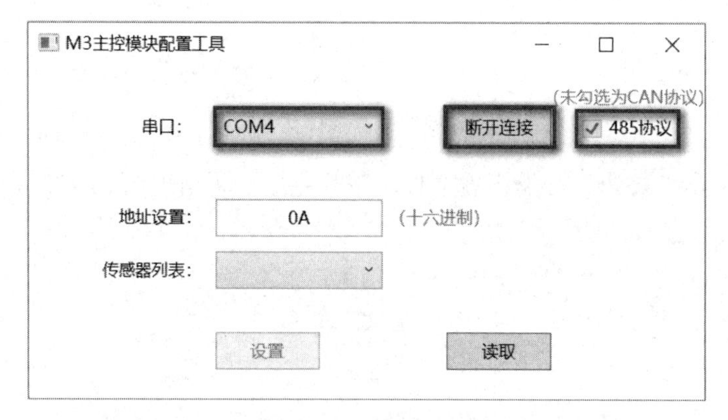


图 6-2-24　打开串口

接下来，根据代码对从节点的传感器类型及地址进行配置，如图 6-2-25 所示。

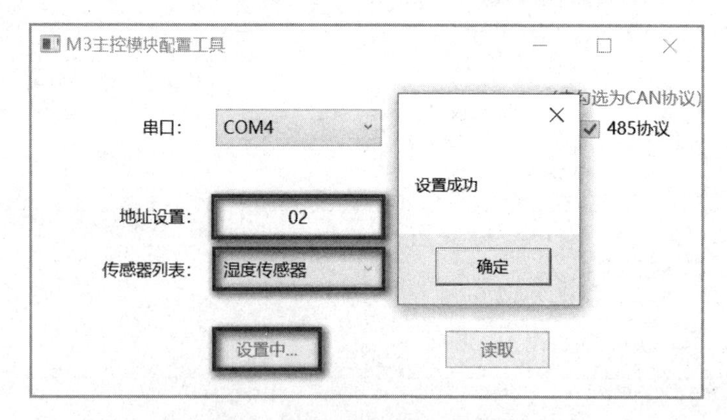


图 6-2-25　配置传感器类型及地址

以下面这段代码为例。

```
void master_get_slave(void)
{
    class_sen[0].add=1;
    class_sen[0].senty=Temp_Sensor;
    class_sen[1].add=2;
    class_sen[1].senty=Hum_Sensor;
    master_init=1;
}
```

上述代码指定地址 1 对应的传感器类型是温度传感器，地址 2 对应的传感器类型是湿度传感器。

**测一测**

简述 RS485 总线节点烧写方法。

**想一想**

程序烧写完成后为什么要进行节点配置？

## 任务实施

### 设备与资源准备

任务实施前必须准备好以下设备和资源。

| 序　号 | 设备/资源名称 | 数　量 | 是否准备到位 |
|---|---|---|---|
| 1 | 智慧盒 | 1 | |
| 2 | M3 主控模块 | 3 | |
| 3 | NEWLab 平台 | 1 | |
| 4 | ST-LINK 仿真器 | 1 | |
| 5 | USB 接口转串口连接线 | 1 | |
| 6 | 公母直连串口线 | 1 | |
| 7 | 计算机 | 1 | |

## 任务检查与评价

完成任务后，进行任务检查与评价，任务检查与评价表在本书配套资源中。

## 任务小结

### 知识与技能提升

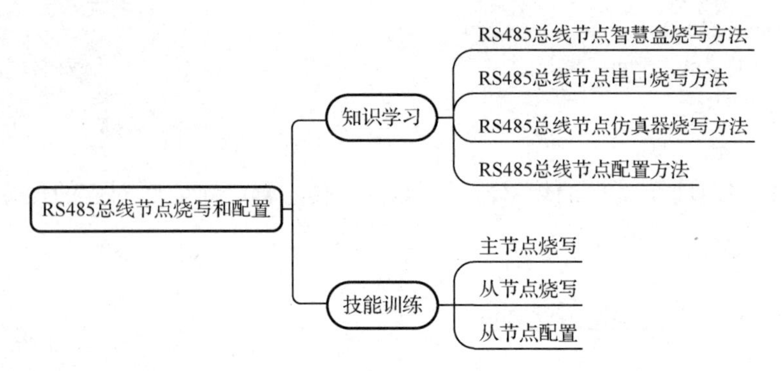


# 任务三　RS485 总线数据抓包和解析

## 职业能力目标

- 能对 RS485 总线数据进行抓包。
- 能对 RS485 总线数据进行解析。

## 任务描述与要求

任务描述：

某超市要求对超市购物环境进行 24 小时监测，监测内容包括温湿度、空气质量等。本任务在任务一和任务二的基础上对搭建好的商超环境监测系统进行数据抓包及串口打印。

任务要求：

- 了解 Modbus 协议。
- 掌握 RS485 总线数据抓包方法。
- 掌握 RS485 总线 Modbus 协议分析方法。

## 任务分析与计划

根据所学相关知识，完成本任务的实施计划。

| 项目名称 | 基于 RS485 总线的商超环境监测系统 |
|---|---|
| 任务名称 | RS485 总线数据抓包和解析 |
| 计划方式 | 分组完成、团队合作、分析调研 |
| 计划要求 | 能对 RS485 总线数据进行抓包并解析 |

续表

| 序　号 | 主 要 步 骤 |
|---|---|
| 1 | |
| 2 | |

### 1. Modbus协议概述

RS485接口是物理接口，RS485标准只对接口的电气特性做出了相关规定，却未对电缆、接插件及通信协议等进行标准化。硬件与硬件进行通信需要通信协议的支持。Modbus协议就是通信协议的一种。需要注意的是，同一种通信协议可以采用不同的传输媒介，但是同一传输线路上不能同时存在两种通信协议。

Modbus协议是由Modicon（现为施耐德电气公司的一个品牌）于1979年发明的，它是第一个真正用于工业现场的总线协议。Modbus协议定义了控制器能够识别和使用的消息结构，而不管它们是通过何种网络进行通信的。Modbus协议规定了消息和数据的结构、命令和应答的方式，数据通信采用主从模式，系统中只有一个主设备，从设备不能主动发送数据给主设备，主从模式中采用轮询的方式进行通信。

在Modbus网络中，主设备向从设备发送请求报文的模式有两种：单播模式和广播模式。在单播模式中，主设备发送请求报文至某个特定的从设备（每个从设备具有唯一的地址），从设备接收并处理完毕后向主设备返回一个响应报文。如图6-3-1所示为Modbus协议的请求与响应模型。在广播模式中，主设备可同时向多个从设备发送请求报文（设备地址0用于广播模式），从设备对广播请求不进行响应。

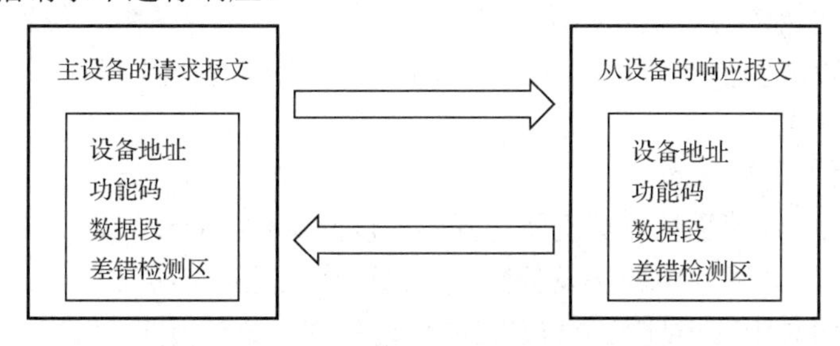


图6-3-1　Modbus协议的请求与响应模型

### 2. Modbus寄存器与功能码

寄存器是Modbus协议的重要组成部分，它用于存储数据。Modbus功能码是Modbus消息帧的一部分，它代表要执行的动作。Modbus协议规定了3类功能码：公共功能码、用户自定义功能码和保留功能码。常用的Modbus功能码见表6-3-1。

**表6-3-1　常用的Modbus功能码**

| 代码 | 功能码名称 | 位/字操作 | 操作数量 | 功　　能 |
|---|---|---|---|---|
| 0x01 | 读线圈寄存器 | 位操作 | 单个或多个 | 该功能码用于读取从设备的线圈或离散量（DO，数字量输出）的输出状态（ON/OFF） |

续表

| 代码 | 功能码名称 | 位/字操作 | 操作数量 | 功　　能 |
|---|---|---|---|---|
| 0x02 | 读离散输入寄存器 | 位操作 | 单个或多个 | 该功能码用于读取从设备的离散量（DI，数字量输入）的输入状态（ON/OFF） |
| 0x03 | 读保持寄存器 | 字操作 | 单个或多个 | 该功能码用于读取从设备保持寄存器中的二进制数据，不支持广播模式 |
| 0x04 | 读输入寄存器 | 字操作 | 单个或多个 | 该功能码用于读取从设备输入寄存器中的二进制数据，不支持广播模式 |
| 0x05 | 写单个线圈寄存器 | 位操作 | 单个 | 该功能码用于将单个线圈或单个离散量的输出状态设置为“ON”或“OFF”，0xFF00 表示状态“ON”，0x0000 表示状态“OFF”，其他值对线圈无效 |
| 0x06 | 写单个保持寄存器 | 字操作 | 单个 | 该功能码用于更新从设备单个保持寄存器中的数据 |
| 0x0F | 写多个线圈寄存器 | 位操作 | 多个 | 该功能码用于将连续的多个线圈或离散量的输出状态设置为“ON”或“OFF”，支持广播模式 |
| 0x10 | 写多个保持寄存器 | 字操作 | 多个 | 该功能码用于设置或写入从设备保持寄存器的多个连续的地址块，支持广播模式，数据字段保存需要写入的数据，每个寄存器可存放两字节 |

### 3. Modbus 串行消息帧格式

Modbus 协议是应用层协议，它定义了与基础网络无关的数据单元（ADU），可以在以太网（TCP/IP）或串行链路（RS232、RS485 等）上进行通信。在串行链路上，Modbus 协议有两种传输模式：ASCII 模式和 RTU 模式。ASCII 是英文“American Standard Code for Information Interchange”的缩写，中文翻译为“美国国家信息交换标准编码”；RTU 是英文“ Remote Terminal Unit” 的缩写，中文翻译为“远程终端设备”。在计算机网络通信中，帧是数据在网络中传输的一种单位，帧一般由多个部分组合而成，各部分执行不同的功能。这里主要介绍串行链路上的 Modbus 消息帧格式。

1）ASCII 模式消息帧格式

在 ASCII 模式下，消息帧以英文冒号开始，以回车换行符结束，允许传输的字符为十六进制的 0～9 和 A～F。网络中的从设备检测传输通路上是否有英文冒号，如果有，就对消息帧进行解码，查看消息中的地址是否与自己的地址相同，如果相同，就接收其中的数据；如果不同，则不做处理。ASCII 模式的好处是允许两个字符之间的时间间隔长达 1s 而不引发通信故障，该模式采用纵向冗余校验（Longitudinal Redundancy Check，LRC）的方法来检验错误。LRC 由两个字符构成，计算对象不包括开始的冒号及回车换行符。Modbus ASCII 模式消息帧格式见表 6-3-2。

表 6-3-2　Modbus ASCII 模式消息帧格式

| 起　始　位 | 从设备地址 | 功　能　码 | 数　　据 | LRC | 结　束　符 |
|---|---|---|---|---|---|
| 1 个字符 | 2 个字符 | 2 个字符 | 0～252 个字符 | 2 个字符 | 2 个字符 |

2）RTU 模式消息帧格式

RTU 模式没有开始和结束标记。其优点是在同样的波特率下，可以传送更多的数据。在 RTU 模式下，每字节可以传输两个十六进制字符，因此它的发送密度比 ASCII 模式高一倍；RTU 模式采用循环冗余校验（CRC），其由两字节构成。本书中使用的 CRC 计算器软件界面如图 6-3-2 所示。

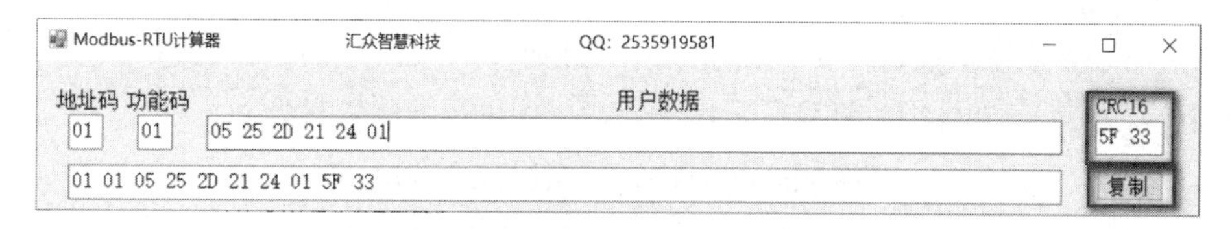


图 6-3-2　CRC 计算器软件界面

Modbus RTU 模式消息帧格式见表 6-3-3。

表 6-3-3　Modbus RTU 模式消息帧格式

| 起　始　位 | 从设备地址 | 功　能　码 | 数　　据 | CRC | 结　束　符 |
|---|---|---|---|---|---|
| ≥3.5 个字符 | 1 个字符 | 1 个字符 | 0～252 个字符 | 2 个字符 | ≥3.5 个字符 |

## 4. 部分 RTU 模式公共功能码报文解析

1）读线圈/离散量输出状态功能码 01

该功能码用于读取从设备的线圈或离散量（DO，数字量输出）的输出状态（ON/OFF）。ON 代表 1，OFF 代表 0。

例如，请求报文为 01 01 00 16 00 22 5D D7，对该报文的解析见表 6-3-4。

表 6-3-4　功能码 01 的请求报文解析

| 从设备地址 | 功　能　码 | 起 始 地 址 | 寄存器个数 | CRC |
|---|---|---|---|---|
| 01 | 01 | 00 16 | 00 22 | 5D D7 |

表 6-3-4 中的数据均为十六进制数据。从表 6-3-4 中可以看出，从设备地址为 01，起始地址为 22（0x16），结束地址为 55（0x37），共读取 34（0x22）个状态值。

假设地址为22～55 的线圈寄存器的值见表6-3-5，则响应报文为01 01 05 25 2D 21 24 01 5F 33，对响应报文的解析见表 6-3-6。

表 6-3-5　线圈寄存器的值

| 地 址 范 围 | 取　　值 | 字　节　值 |
|---|---|---|
| 22～29 | ON-OFF-ON-OFF-OFF-ON-OFF-OFF | 0x25 |
| 30～37 | ON-OFF-ON-ON-OFF-ON-OFF-OFF | 0x2D |
| 38～45 | ON-OFF-OFF-OFF-OFF-ON-OFF-OFF | 0x21 |
| 46～53 | OFF-OFF-ON-OFF-OFF-ON-OFF-OFF | 0x24 |
| 54～55 | ON-OFF | 0x01 |

表 6-3-6　功能码 01 的响应报文解析

| 从设备地址 | 功　能　码 | 数据域字节数 | 数　　据 | CRC |
|---|---|---|---|---|
| 01 | 01 | 05 | 25 2D 21 24 01 | 5F 33 |

2）读保持寄存器功能码 03

该功能码用于读取从设备保持寄存器中的二进制数据，不支持广播模式。

例如，请求报文为 02 03 00 D2 00 04 E4 03，对该报文的解析见表 6-3-7。

表 6-3-7　功能码 03 的请求报文解析

| 从设备地址 | 功　能　码 | 起 始 地 址 | 寄存器个数 | CRC |
|---|---|---|---|---|
| 02 | 03 | 00 D2 | 00 04 | E4 03 |

由表 6-3-7 可知，从设备地址为 02，需要读取地址为 0xD2～0xD5 的 4 个保持寄存器中的数据。响应报文为 02 03 08 02 74 56 1A 2C 33 44 55 71 19，对响应报文的解析见表 6-3-8。需要注意的是，Modbus 的保持寄存器和输入寄存器以字为基本单位，每个字包括两字节，所以响应报文中有 8 字节的数据。

表 6-3-8　功能码 03 的响应报文解析

| 从设备地址 | 功　能　码 | 数据域字节数 | 数　　据 | CRC |
|---|---|---|---|---|
| 02 | 03 | 08 | 02 74 56 1A 2C 33 44 55 | 71 19 |

**测一测**

画出 Modbus ASCII 模式和 RTU 模式的消息帧格式表格。

**想一想**

Modbus ASCII 模式和 RTU 模式的消息帧有哪些不同之处？

### 设备与资源准备

任务实施前必须准备好以下设备和资源。

| 序　　号 | 设备/资源名称 | 数　　量 | 是否准备到位 |
|---|---|---|---|
| 1 | NEWLab 平台 | 1 | |
| 2 | M3 主控模块 | 3 | |
| 3 | 温度/光照传感模块 | 1 | |
| 4 | 湿度传感模块 | 1 | |
| 5 | 杜邦线 | 若干 | |
| 6 | 香蕉插头连接线 | 若干 | |

续表

| 序　号 | 设备/资源名称 | 数　量 | 是否准备到位 |
|---|---|---|---|
| 7 | USB 接口转串口连接线 | 1 | |
| 8 | RS485 接口转串口连接线 | 1 | |

## 1. 数据抓包

（1）将 M3 主控模块烧写好，按照图 6-3-3 进行硬件连接，连接完成的实物图如图 6-3-4 所示。

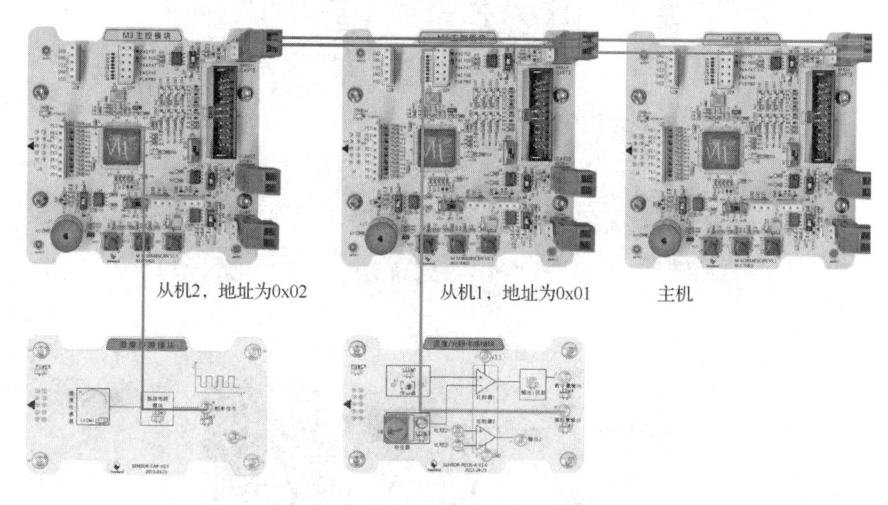


图 6-3-3　硬件连接示意图

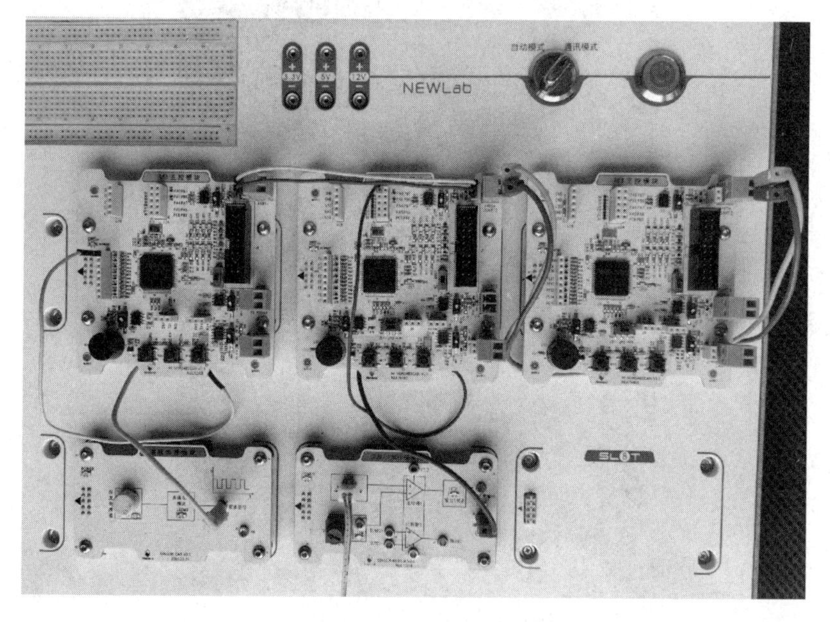


图 6-3-4　连接完成的实物图

（2）主机对应的 M3 主控模块如图 6-3-5 所示。将 RS485 接口转串口连接线连至主机的 J5 或 J4 接口，如图 6-3-6 所示。

图 6-3-5　主机对应的 M3 主控模块

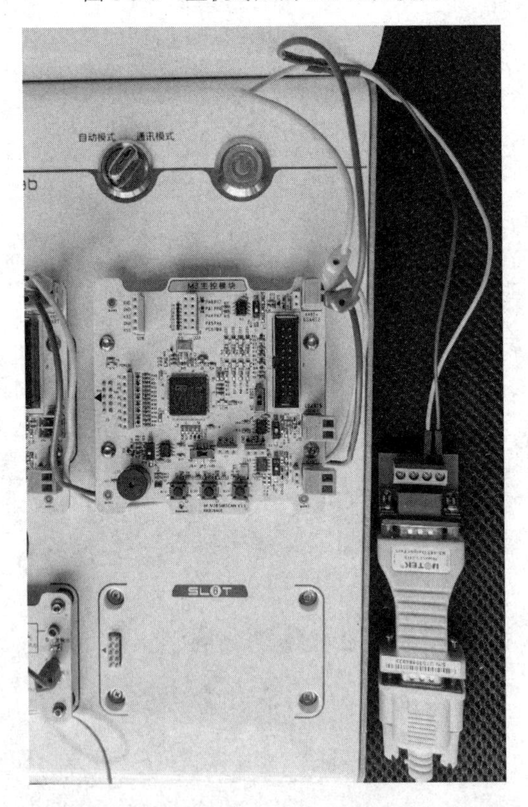


图 6-3-6　将 RS485 接口转串口连接线连至主机

（3）在串口调试软件界面中选择端口，将波特率设置为 115200，单击“打开串口”按钮，在右侧即可看到主机接收到的数据，如图 6-3-7 所示。

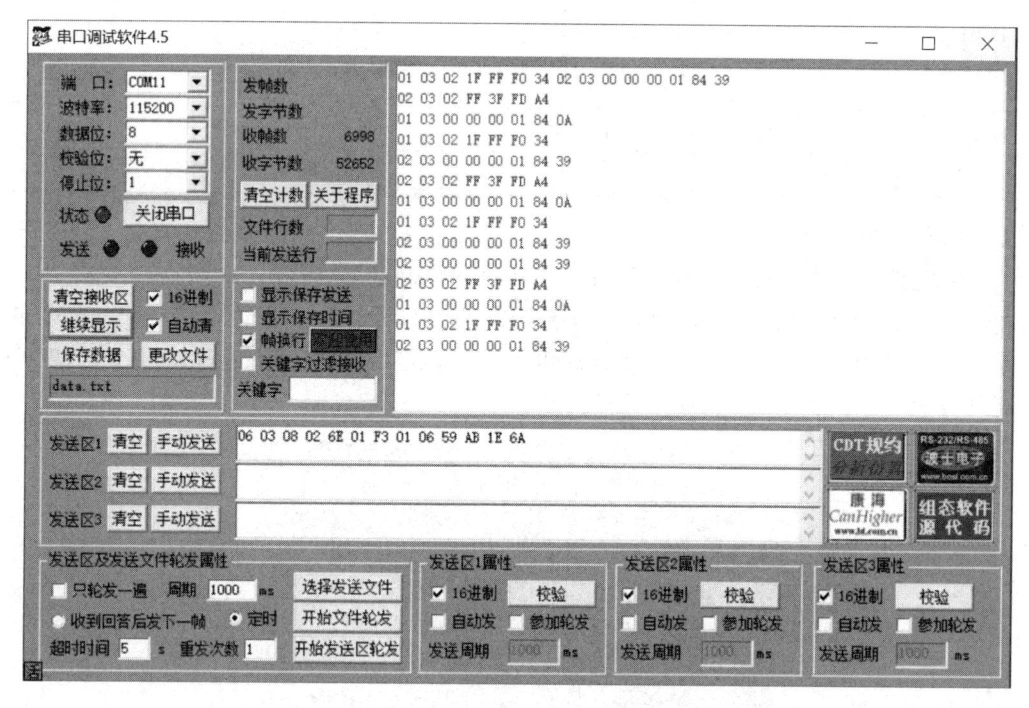


图 6-3-7 查看主机接收到的数据

### 2. 抓包数据解析

以图 6-3-7 中的两组数据为例，相关的报文解析见表 6-3-9～表 6-3-12。

由表 6-3-9 可知，从机地址为 01，需要读取一个保持寄存器中的数据。响应报文为 01 03 02 1F FF F0 34，对响应报文的解析见表 6-3-10。

表 6-3-9 主机对从机 1 的请求报文解析

| 从机地址 | 功 能 码 | 起 始 地 址 | 寄存器个数 | CRC |
|---|---|---|---|---|
| 01 | 03 | 00 00 | 00 01 | 84 0A |

表 6-3-10 从机 1 的响应报文解析

| 从 机 地 址 | 功 能 码 | 数据域字节数 | 数 据 | CRC |
|---|---|---|---|---|
| 01 | 03 | 02 | 1F FF | F0 34 |

由表 6-3-11 可知，从机地址为 02，需要读取一个保持寄存器中的数据。响应报文为 02 03 02 FF 3F FD A4，对响应报文的解析见表 6-3-12。

表 6-3-11 主机对从机 2 的请求报文解析

| 从 机 地 址 | 功 能 码 | 起 始 地 址 | 寄存器个数 | CRC |
|---|---|---|---|---|
| 02 | 03 | 00 00 | 00 01 | 84 39 |

表 6-3-12　从机 2 的响应报文解析

| 从机地址 | 功能码 | 数据域字节数 | 数据 | CRC |
|---|---|---|---|---|
| 02 | 03 | 02 | FF 3F | FD A4 |

### 3．查看串口打印数据

将 M3 主控模块烧写好并连接好硬件，然后将 NEWLab 平台调至“通讯模式”。

如果使用的计算机没有串口，可使用 USB 接口转串口连接线，RS232 接口接 NEWLab 平台（图 6-3-8），USB 接口接计算机。如果计算机有串口，可以使用公母直连串口线连接 NEWLab 平台与计算机。

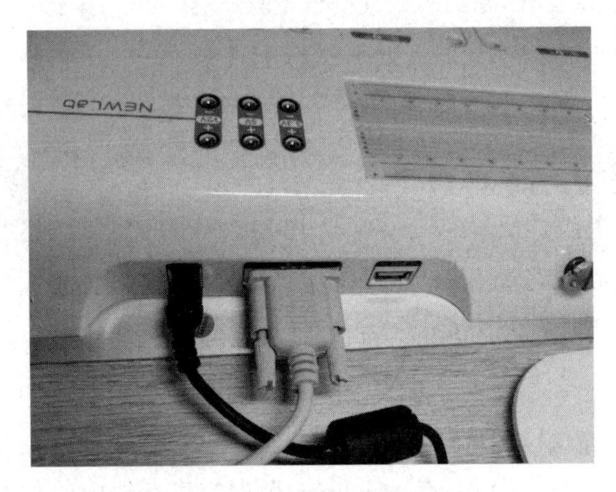

图 6-3-8　连接 NEWLab 平台

打开串口调试小助手软件，将波特率调至 115200，打开串口，即可看到主机接收到的数据，如图 6-3-9 所示。

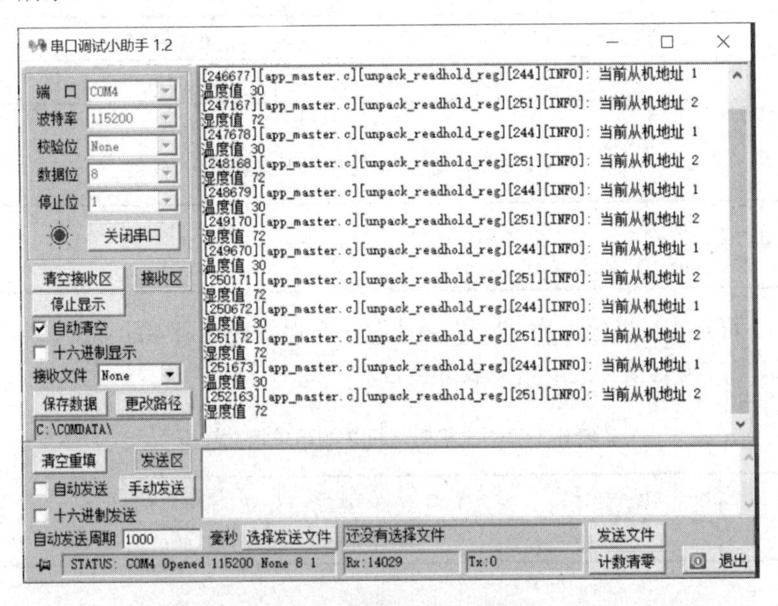


图 6-3-9　查看串口打印数据

注意：图 6-3-9 中的数据与图 6-3-7 中的数据不同。图 6-3-9 中从机 1 的数据为具体的温度值，而图 6-3-7 中为 1F FF。图 6-3-9 中从机 2 的数据为具体的湿度值，而图 6-3-7 中为 FF 3F。图 6-3-9 中的数据是由传感器响应数据计算并转换而来的。

## 任务检查与评价

完成任务后，进行任务检查与评价，任务检查与评价表在本书配套资源中。

## 任务小结

### 知识与技能提升

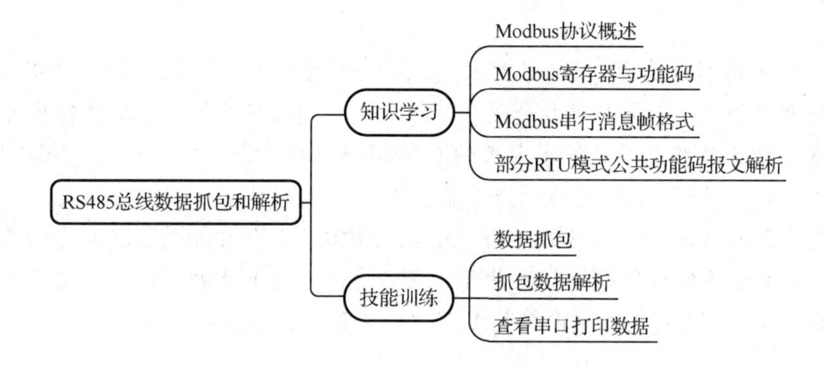

# 项目七 基于CAN总线的汽车监测系统

## 引导案例

随着社会经济的不断进步，汽车已经成为人们日常生活中不可或缺的一种交通工具。现代汽车中的传感器类型很多，如整车加速度传感器、车身高度传感器、方向盘转角传感器、曲轴传感器等，这些传感器都是通过汽车内部的CAN总线连接在一起的，如图7-0-1所示。

本项目重点讲解基于CAN总线的汽车监测系统。

本项目基于NEWLab平台，利用3个M3主控模块、1个直插式温湿度传感器、1个温度/光照传感模块、1个压电传感模块组成基于CAN总线的汽车监测系统，如图7-0-2所示。该系统支持通过CAN总线采集汽车内部的温湿度、光照度、座椅压力等信息。

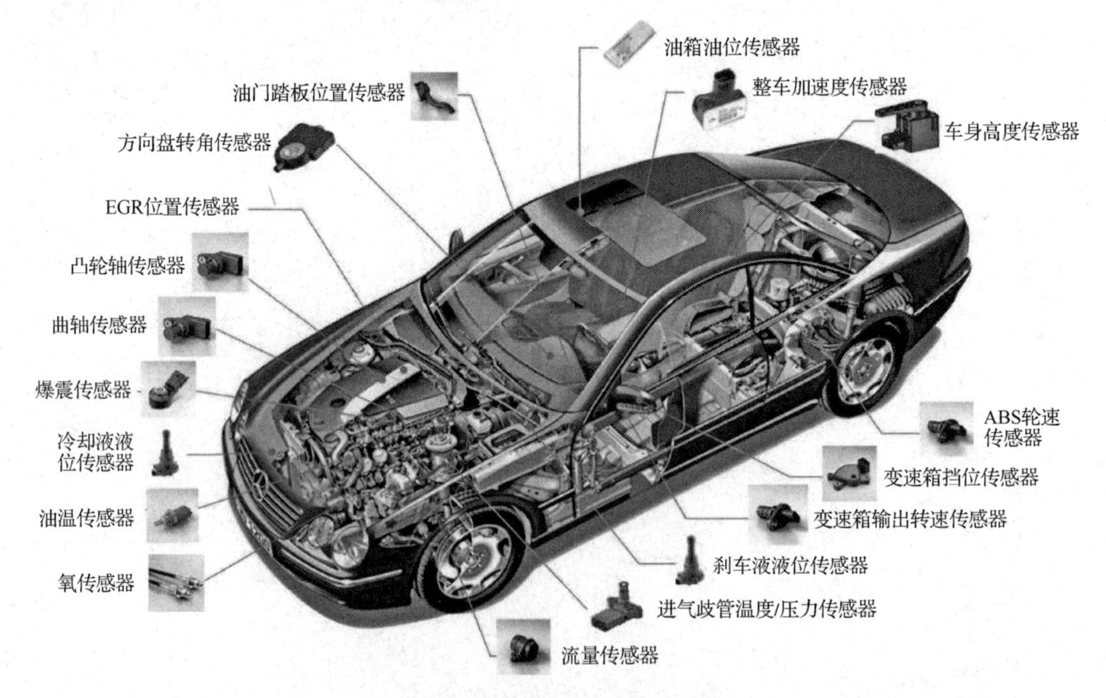


图7-0-1 汽车内部传感器示意图

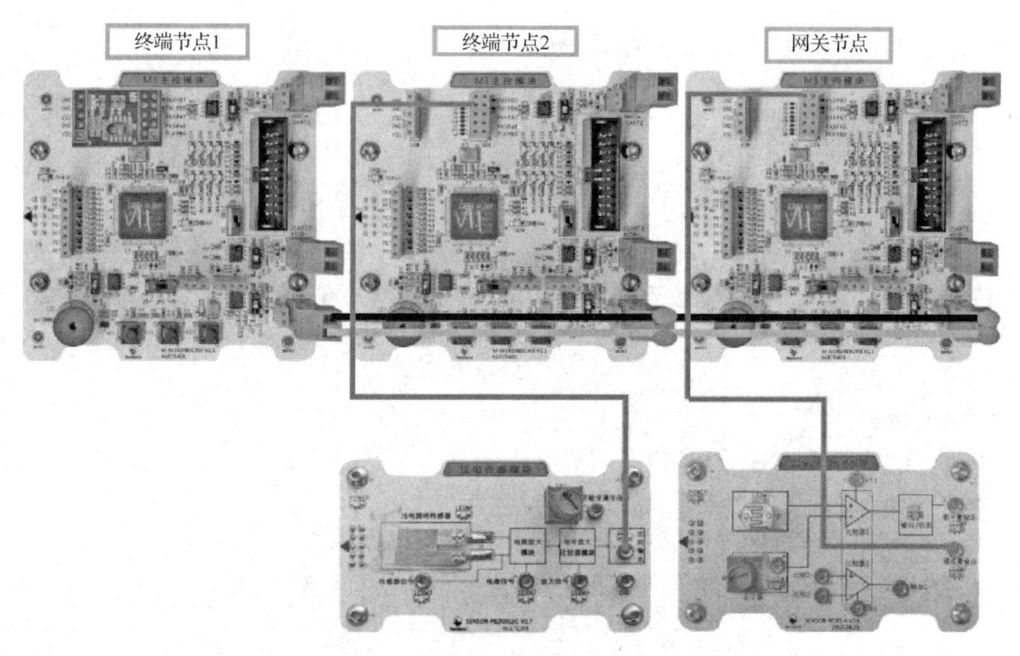


图 7-0-2　基于 CAN 总线的汽车监测系统

本项目学习目标如图 7-0-3 所示。

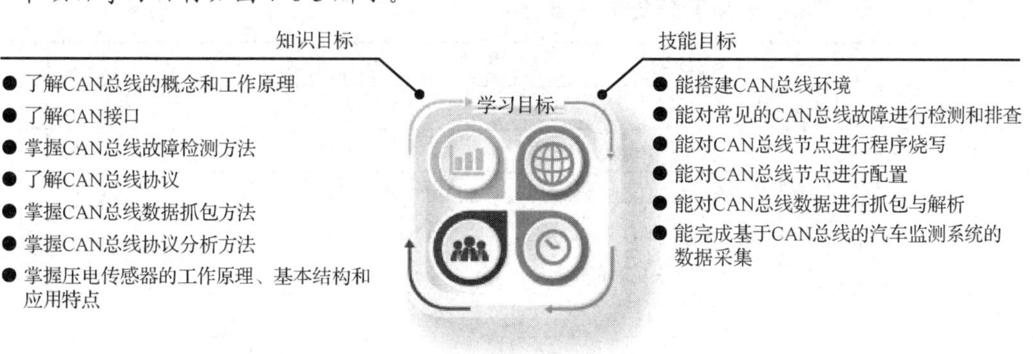


图 7-0-3　基于 CAN 总线的汽车监测系统项目学习目标

# 任务一　CAN 总线环境搭建

## 职业能力目标

- 了解 CAN 总线的概念和工作原理。
- 了解 CAN 接口。
- 掌握 CAN 总线故障检测方法。
- 掌握压电传感器的工作原理、基本结构和应用特点。
- 能搭建基于 CAN 总线的汽车监测系统。

● 能对常见的CAN总线故障进行检测和排查。

## 任务描述与要求

**任务描述：**

某汽车厂家在生产汽车时使用CAN总线系统进行通信，通过采集温湿度、光照度、座椅压力等数据来监控汽车运行状态。要完成该任务，必须了解CAN总线的基本概念、CAN总线故障检测方法，以及压电传感器的工作原理、基本结构和应用特点，以便搭建基于CAN总线的汽车监测系统。

**任务要求：**

● 能搭建基于CAN总线的汽车监测系统。
● 了解CAN总线信号电平及接口标准。
● 了解压电传感器的工作原理、基本结构和应用特点。
● 会使用示波器和万用表对常见的CAN总线故障进行检测和排查。

## 任务分析与计划

根据所学相关知识，完成本任务的实施计划。

| 项目名称 | 基于CAN总线的汽车监测系统 |
|---|---|
| 任务名称 | CAN总线环境搭建 |
| 计划方式 | 分组完成、团队合作、分析调研 |
| 计划要求 | 1．能看懂基于CAN总线的汽车监测系统硬件连接图<br>2．能搭建基于CAN总线的汽车监测系统<br>3．能利用示波器和万用表检测CAN总线故障 |
| 序　　号 | 主 要 步 骤 |
| 1 | |
| 2 | |
| 3 | |
| 4 | |

## 知识储备

### 1．CAN总线的概念和工作原理

1）CAN总线的概念

在汽车产业中，出于对安全性、舒适性、方便性、低公害、低成本的要求，各种各样的电子控制系统被开发出来。由于这些系统所用的数据类型及对可靠性的要求不尽相同，所以出现了多种总线，线束的数量也随之增加。为满足“减少线束的数量”“通过多个LAN进行大量数据的高速通信”的需求，1986年德国博世公司开发出面向汽车的CAN（Controller Area

Network）总线协议。此后，CAN 总线协议通过 ISO11898 及 ISO11519 进行了标准化，目前在欧洲已成为汽车网络的标准协议。

CAN 总线的高性能和可靠性已得到广泛认同。目前，它被广泛应用于工业自动化、船舶、医疗设备、工业设备等领域。

2）CAN 总线标准及网络拓扑图

CAN 总线有两个标准，分别为 ISO11898 和 ISO11519。

ISO11898 定义了通信速率为 125kbit/s～1Mbit/s 的高速 CAN 通信标准，属于高速 CAN 总线网络（500kbit/s）。高速 CAN 总线网络通常应用于汽车动力与传动系统，它是闭环网络，传输速率可达 1Mbit/s，总线最大长度为 40m，要求两端各有一个 120Ω 电阻。

ISO11519 定义了通信速率为 10～125kbit/s 的低速 CAN 通信标准，属于低速 CAN 总线网络（125kbit/s）。低速 CAN 总线网络通常应用于汽车车身系统，它的两根总线是独立的，传输速率为 40kbit/s 时，总线长度可达 1km，要求每根总线上各串联一个 2.2kΩ 电阻。CAN 总线的网络拓扑图如图 7-1-1 所示。

CAN 总线标准主要对 OSI 基本参考模型中的物理层和数据链路层进行了定义。对于物理层，ISO11898 和 ISO11519 定义的内容不同。对于数据链路层，ISO11898 和 ISO11519 定义的内容相同。OSI 结构与 CAN 分层结构的对比如图 7-1-2 所示。

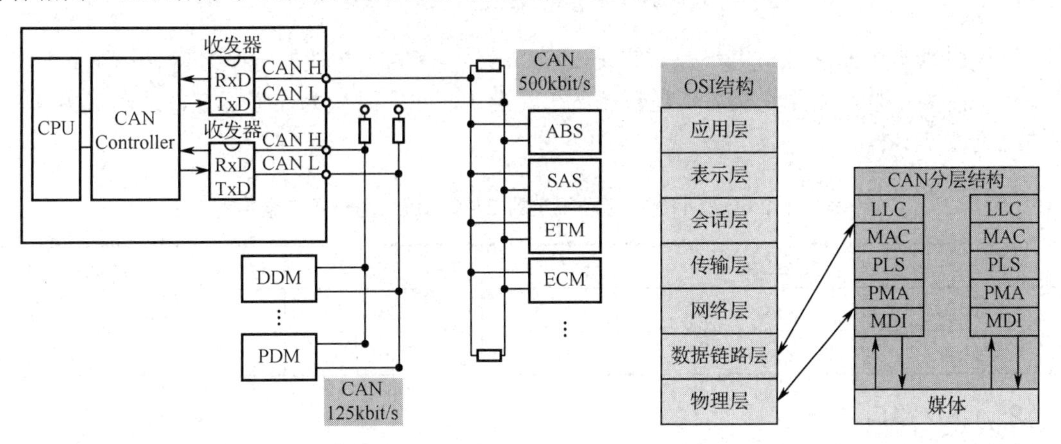


图 7-1-1　CAN 总线的网络拓扑图　　图 7-1-2　OSI 结构与 CAN 分层结构的对比

3）CAN 总线的工作原理

CAN 总线采用串行数据传输方式，且总线协议支持多主控制器。当 CAN 总线上的一个节点发送数据时，它以报文的形式将数据广播给网络中所有其他节点。报文开头的 11 个字符是标识符，定义了报文的优先级。

4）CAN 总线的主要特点

（1）数据通信没有主从之分，任意一个节点可以向任何其他（一个或多个）节点发起数据通信，根据各个节点的信息优先级来决定通信次序。

（2）支持时间触发通信功能，发送报文的优先级可通过软件配置。多个节点同时发起通信时，优先级低的避让优先级高的，不会对通信线路造成拥塞。

（3）CAN 总线是多主总线，通信介质可以是双绞线、同轴电缆或光导纤维。通信距离可达 10km（传输速率低于 5kbit/s），传输速率可达 1Mbit/s（通信距离小于 40m）。

（4）CAN 总线采用多主竞争式总线结构，具有多主站运行、分散仲裁及广播通信的特点。

5）CAN 总线信号电平

CAN 总线有两条导线，一条是黄色的，一条是绿色的，分别是 CAN_H 线和 CAN_L 线。当没有任何干扰的时候，这两条导线上的电平一样，大约为 2.5V。将这种状态称为隐性状态，对应的电平称为隐性电平。当有信号变化时，CAN_H 线上的电平会升高，通常会升高 1V，而 CAN_L 线上的电平会降低 1V。这时，CAN_H 线上的电平就是 2.5V+1V=3.5V，它就处于显性状态，而 CAN_L 线上的电平降为 2.5V−1V=1.5V，如图 7-1-3 所示。

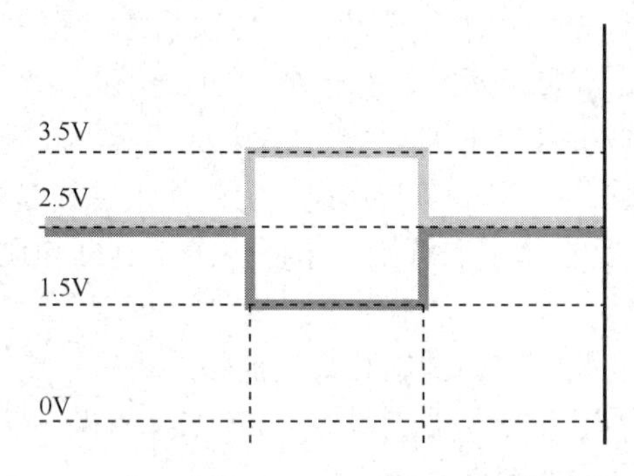


图 7-1-3　ISO11898 标准规定的 CAN 总线信号电平

这里引入一个概念——电平差，它是 CAN_H 线与 CAN_L 线的电平之差，用 $V_{diff}$ 表示。

当 $V_{diff}$=0V 时，为隐性状态，逻辑值为 0。当 $V_{diff}$=2V 时，为显性状态，逻辑值为 1。具体情况见表 7-1-1。

表 7-1-1　ISO 11898 标准规定的 CAN 总线信号电平与电平差

| 电　平 | CAN_H | CAN_L | $V_{diff}$ | 逻 辑 值 | 状　态 |
|---|---|---|---|---|---|
| 显性电平 | 3.5V | 1.5V | 2V | 1 | 显性状态 |
| 隐性电平 | 2.5V | 2.5V | 0V | 0 | 隐性状态 |

## 2．CAN 接口

1）DB_9 接口

DB_9 接口公母头实物图如图 7-1-4 所示，DB_9 接口引脚描述表见表 7-1-2。

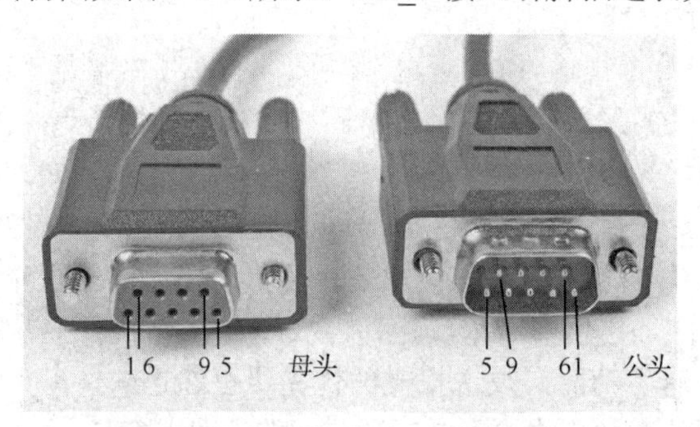


图 7-1-4　DB_9 接口公母头实物图

表 7-1-2　DB_9 接口引脚描述表

| DB_9 接口 | 引　脚 | 信　号 | 描　述 |
|---|---|---|---|
| 6 7 8 9　1 2 3 4 5 | 1 | NC | 未用 |
| | 2 | CAN_L | CAN_L 线（低电平） |
| | 3 | CAN_GND | 接地 |
| | 4 | NC | 未用 |
| | 5 | CAN_SHLD | 屏蔽线 |
| | 6 | CAN_GND | 接地 |
| | 7 | CAN_H | CAN_H 线（高电平） |
| | 8 | NC | 未用 |
| | 9 | NC | 未用 |

2）OPEN_5 接口

图 7-1-5 是 OPEN_5 接口示意图，OPEN_5 接口引脚描述表见表 7-1-3。

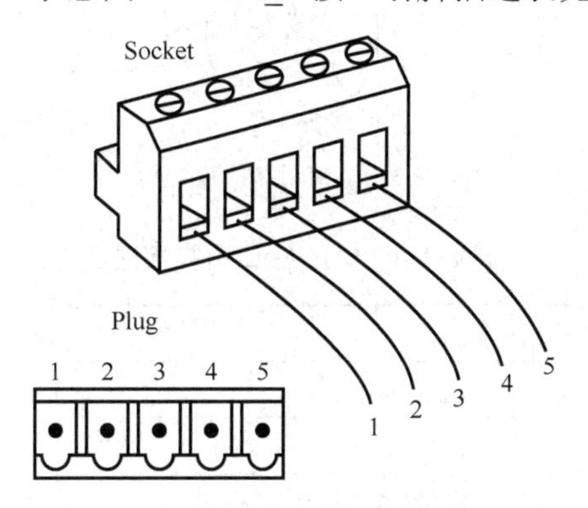


图 7-1-5　OPEN_5 接口示意图

表 7-1-3　OPEN_5 接口引脚描述表

| 引　脚 | 信　号 | 描　述 |
|---|---|---|
| 1 | CAN_GND | 接地 |
| 2 | CAN_L | CAN_L 线（低电平） |
| 3 | CAN_SHLD | 屏蔽线 |
| 4 | CAN_H | CAN_H 线（高电平） |
| 5 | CAN_V+ | 电源线 |

USB 接口与 OPEN_5 接口转换头如图 7-1-6 所示。OPEN_5 接口与 DB_9 接口转换头如图 7-1-7 所示。

3）M12 接口

图 7-1-8 为 M12 接口示意图，M12 接口引脚描述表见表 7-1-4。

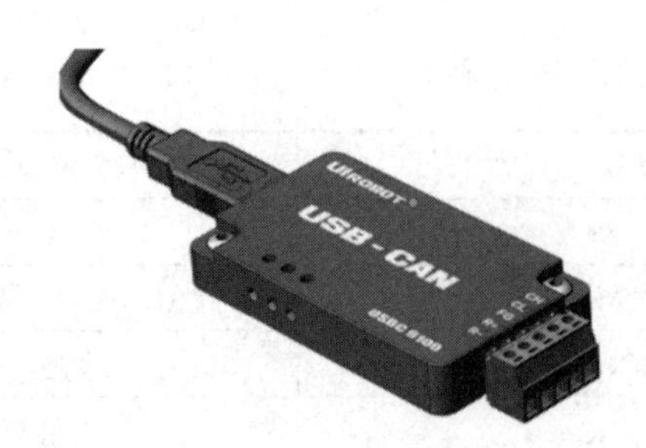


图 7-1-6 USB 接口与 OPEN_5 接口转换头

图 7-1-7 OPEN_5 接口与 DB_9 接口转换头

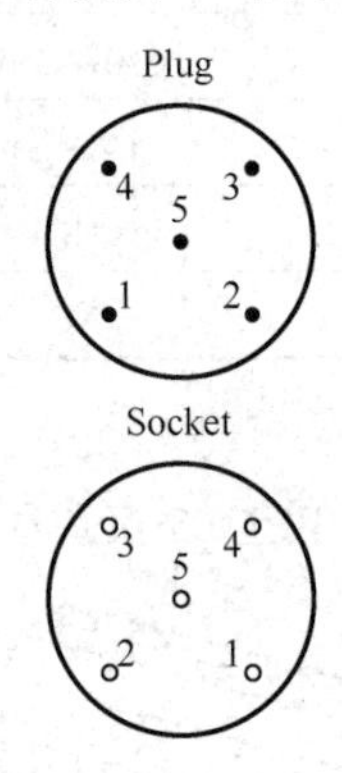


图 7-1-8 M12 接口示意图

**表 7-1-4 M12 接口引脚描述表**

| 引 脚 | 信 号 | 描 述 |
| --- | --- | --- |
| 1 | CAN_SHLD | 屏蔽线 |
| 2 | CAN_V+ | 电源线 |
| 3 | CAN_GND | 接地 |
| 4 | CAN_H | CAN_H 线（高电平） |
| 5 | CAN_L | CAN_L 线（低电平） |

### 3. CAN 总线常见故障

CAN 总线常见故障有以下三种。

（1）断路：即 CAN 总线上无电压，从诊断插头测量的总线电压为 0V。

（2）对电源短路：即 CAN 总线上无电压变化，从诊断插头测量的总线电压等于蓄电池的电压。

（3）对地短路：即 CAN 总线上无电压变化，从诊断插头测量的总线电压为 0V。

造成故障的原因有以下几个。

（1）导线断开。

（2）导线局部磨损。

（3）插头损坏。

（4）导线烧毁。

（5）控制单元供电或接地故障。

（6）控制单元损坏。

### 4．CAN总线故障检测工具

1）示波器

示波器是一种用途十分广泛的电子测量仪器。它能把肉眼看不见的电信号转换成看得见的图像，便于人们研究各种电现象的变化过程。将高速电子组成的电子束，打在涂有荧光物质的屏面上，就可产生微小的光点，这是传统的模拟示波器的工作原理。在被测信号的作用下，电子束就像一支笔，可以在屏面上描绘出被测信号瞬时值的变化曲线。利用示波器能观察各种信号随时间变化的波形曲线，还能测量电压、电流、频率、相位差等。图7-1-9为常用示波器实物图。

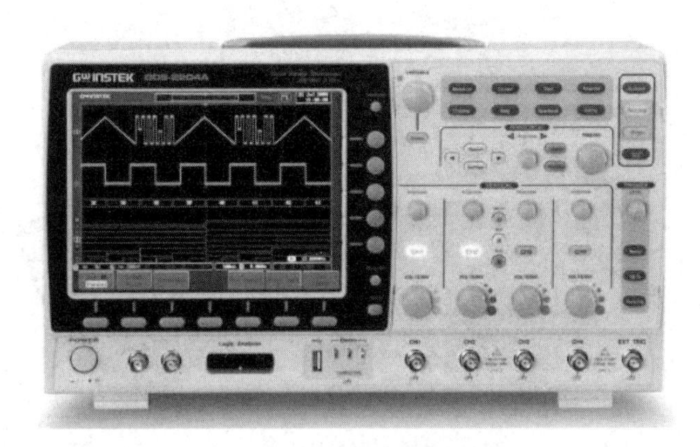


图7-1-9　常用示波器实物图

2）万用表

万用表也称多用表、三用表、复用表，是一种多功能、多量程的测量仪表，可测量直流电流、直流电压、交流电压、电阻和音频电平等。图7-1-10为常用万用表实物图。

3）汽车故障诊断仪

汽车故障诊断仪是一种专用于汽车检测的仪器，可实时检测车辆故障。常用汽车故障诊断仪实物图如图7-1-11所示。

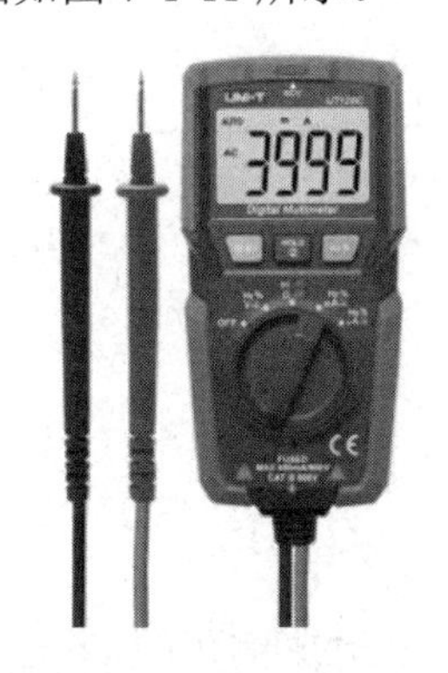


图7-1-10　常用万用表实物图

图7-1-11　常用汽车故障诊断仪实物图

### 5．使用示波器进行CAN总线故障检测

1）示波器的连接

有的示波器只有一个通道，一次只能测量一条数据传输线的波形图。有的示波器有两个

通道，可以同时测量两条数据传输线的波形图。这里以有两个通道的示波器为例，示波器连接步骤如下。

（1）将示波器探头鳄鱼夹接车身地或者直接接地（GND）。

（2）将示波器通道对应的两根表笔分别接 CAN 总线的两条数据传输线（CAN_H 线和 CAN_L 线），如图 7-1-12 所示。

（3）将示波器连至计算机，进行模拟信号的输出。

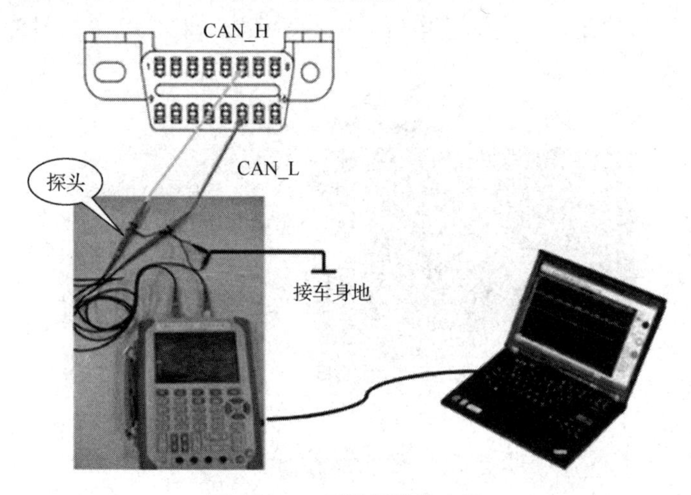


图 7-1-12　示波器连接方法

2）CAN 总线正常波形图分析

如图 7-1-13 所示为 CAN 总线正常波形图。由此波形图可以看出，在隐性状态下，CAN_H 线和 CAN_L 线的电压值均为 2.5V。在显性状态下，CAN_H 线的电压值为 3.5V 左右，CAN_L 线的电压值为 1.5V 左右。

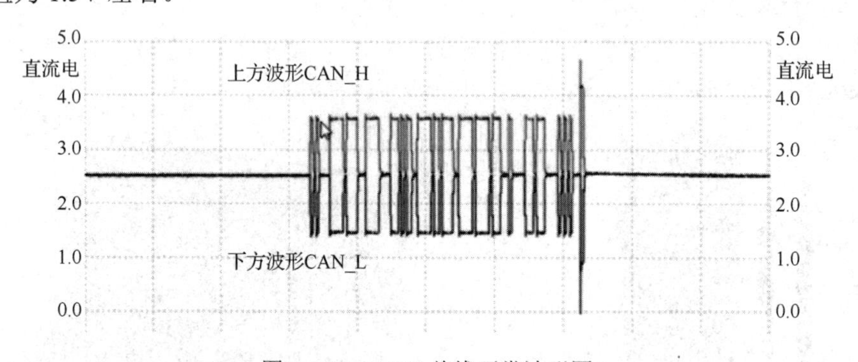


图 7-1-13　CAN 总线正常波形图

3）CAN 总线异常波形图分析——对地短路

如图 7-1-14 所示为 CAN 总线异常波形图（对地短路）。由此波形图可以看出，CAN_H 线的电压值一直显示为 0V，而 CAN_L 线的波形为正常波形。

解决方法：找到连接 CAN_H 线的引脚，查找是否有对地短路的情况，如导线断开、导线局部磨损、插头损坏等。

4）CAN总线异常波形图分析——对电源短路

如图7-1-15所示为CAN总线异常波形图（对电源短路）。由此波形图可以看出，CAN_H线的电压值一直显示为12V（电源电压值），而CAN_L线的波形为正常波形。

解决方法：找到连接CAN_H线的引脚，查找是否有对电源短路的情况。

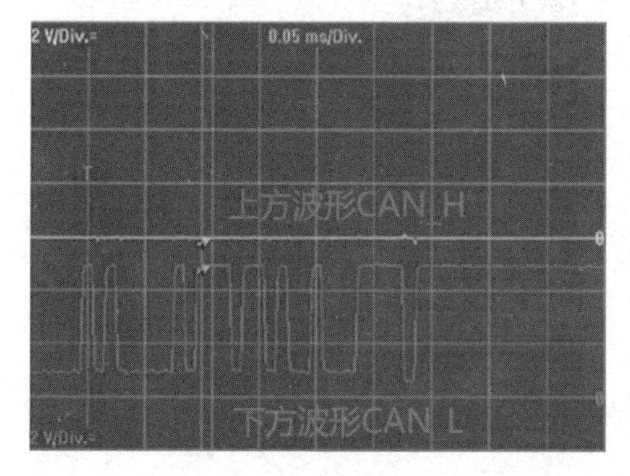


图7-1-14 CAN总线异常波形图（对地短路）

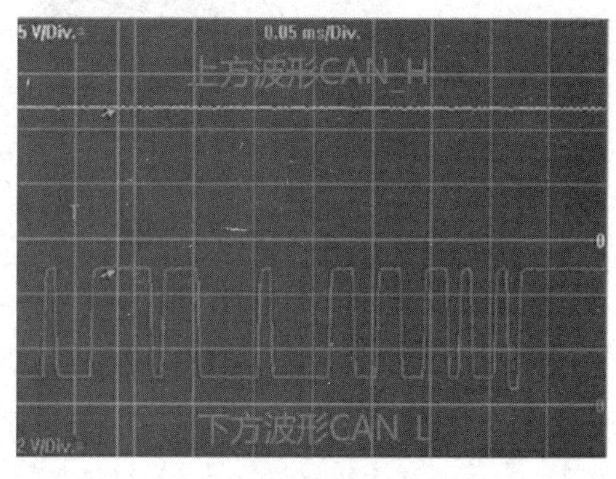


图7-1-15 CAN总线异常波形图（对电源短路）

5）CAN总线异常波形图分析——CAN_H线和CAN_L线相互短路

如图7-1-16所示为CAN总线异常波形图（CAN_H线和CAN_L线相互短路）。由此波形图可以看出， CAN_H线和CAN_L线均有波形，说明没有对地或对电源短路的情况，但这两个波形几乎相同，而不是互为镜像，由此判断CAN_H线和CAN_L线相互短路。

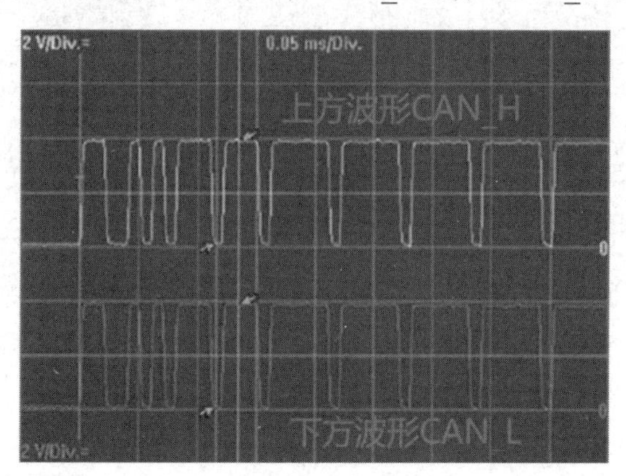


图7-1-16 CAN总线异常波形图（CAN_H线和CAN_L线相互短路）

解决方法：找到连接CAN_H线和CAN_L线的引脚，查找是否有相互短路的情况。

**6. 使用万用表进行CAN总线故障检测**

1）检测方法

（1）将万用表调至电压挡。

（2）打开汽车点火开关。

（3）测量CAN_H线和CAN_L线的对地电压值。

2）CAN总线无故障时的检测情况

在隐性状态下，CAN_H线和CAN_L线的电压值均为2.5V左右；在显性状态下，CAN_H

线的电压值为3.5V左右，CAN_L线的电压值为1.5V左右。以图7-1-17为例， CAN_H线的电压值显示为2.6V， CAN_L线的电压值显示为2.338V，检测结果正常，说明此CAN总线无故障。

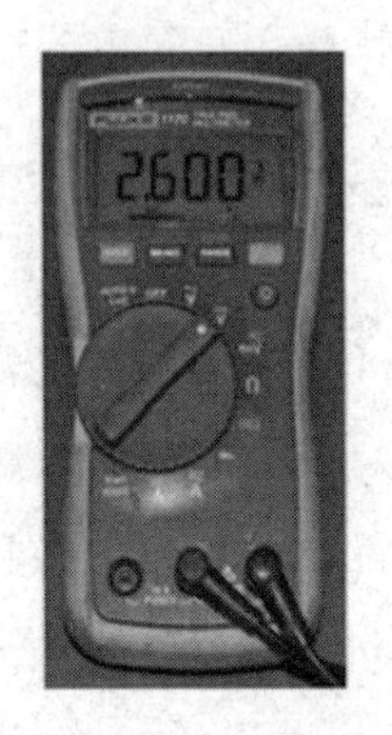


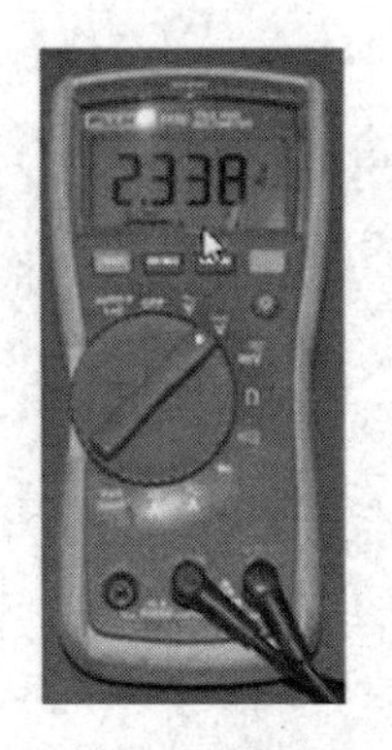


图7-1-17　CAN总线无故障时的检测结果

3）CAN总线有故障时的检测情况

以图7-1-18为例，电压值1为12.48V，电源电压值为12V，说明被测数据传输线对电源短路；电压值2为CAN_H线的电压值，显示为2.466V，而正常情况下，CAN_H线的电压值应为2.5～3.5V，这说明蓄电池电压相对较低；电压值3为0V，说明CAN总线出现断路，没有电压。

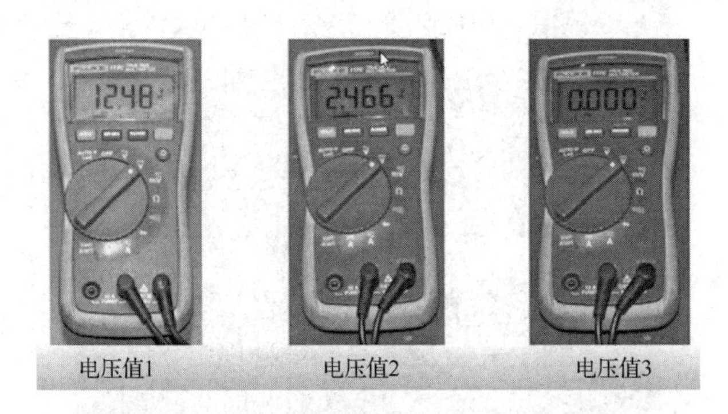


图7-1-18　CAN总线有故障时的检测结果

### 7．压电传感器

压电传感器是将被测量的变化转换成电荷或电压变化的传感器，其关键部件是压电元件。

压电传感器刚度大，固有频率高，并且配有电荷放大器，适合测量迅速变化的物理量。近年来，压电测试技术发展迅速，这使得压电传感器的应用越来越广泛。

1）压电传感器的工作原理

（1）压电效应。

某些晶体（如石英等）在一定方向的外力作用下，不仅几何尺寸会发生变化，而且内部会出现极化现象，使晶体表面产生电荷，形成电场，当外力去除后，晶体表面又会恢复到不带电状态，这种现象称为压电效应。图7-1-19为压电效应示意图。

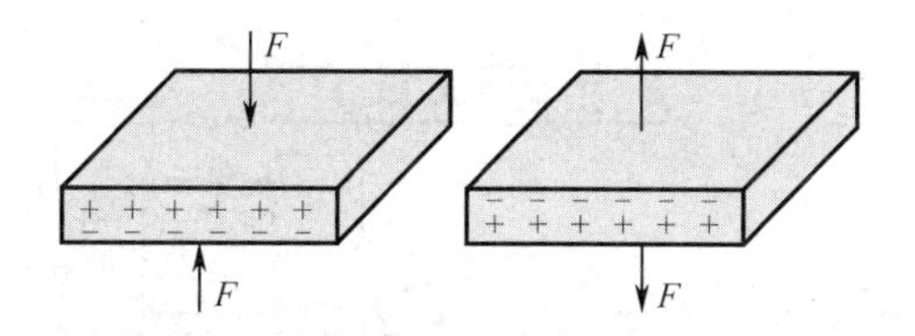

图 7-1-19 压电效应示意图

压电方程如下：

$$Q=d \cdot F$$

式中，$F$ 为作用在晶体上的外力；$Q$ 为晶体上产生的表面电荷；$d$ 为压电系数。

具有压电效应的物质称为压电材料。在自然界中，大多数晶体都具有压电效应。

压电效应是可逆的，若将压电材料置于电场中，其几何尺寸也会发生变化。这种由于外电场作用，导致压电材料产生机械变形的现象，称为逆压电效应或电致伸缩效应。

（2）等效电路。

当压电传感器的压电元件受力时，在电极表面就会出现电荷，且两个电极表面聚集的电荷电量相等、极性相反，因此可以把压电传感器看成一个电荷发生器，如图 7-1-20（a）所示；而压电元件是绝缘体，因此在这一过程中，可以将它看成一个电容器，如图 7-1-20（b）所示。两极间开路电压为 $U=Q/C_a$，因此，压电传感器可以等效为一个与电容器并联的电荷源，如图 7-1-20（c）所示；也可等效为一个与电容器串联的电压源，如图 7-1-20（d）所示。

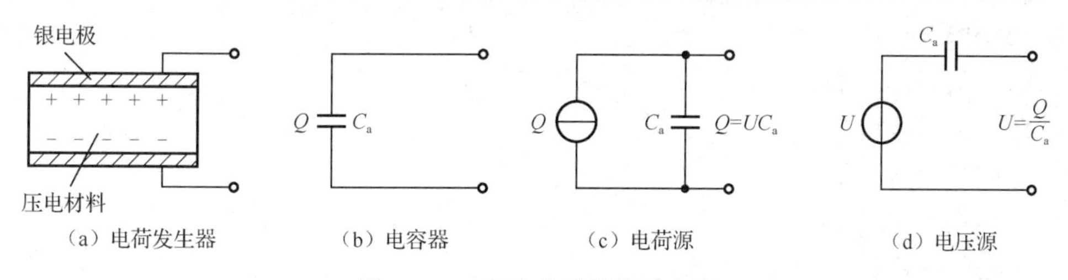


图 7-1-20 压电传感器等效电路

2）压电传感器的基本结构

这里以 NEWLab 平台上的压电传感模块为例来进行讲解，如图 7-1-21 所示为压电传感模块实物图，图 7-1-22 为压电传感模块电路板结构图。

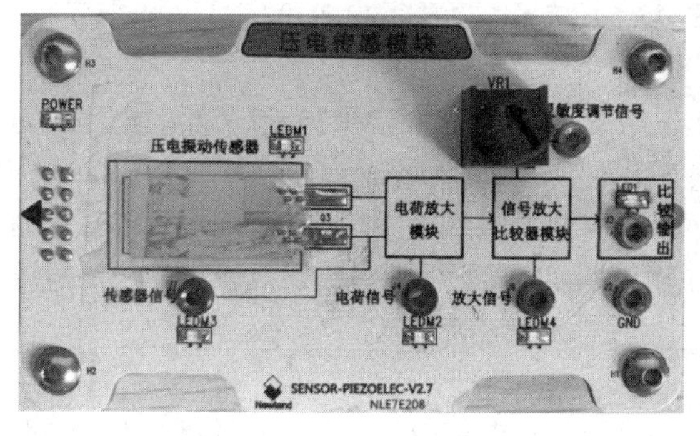


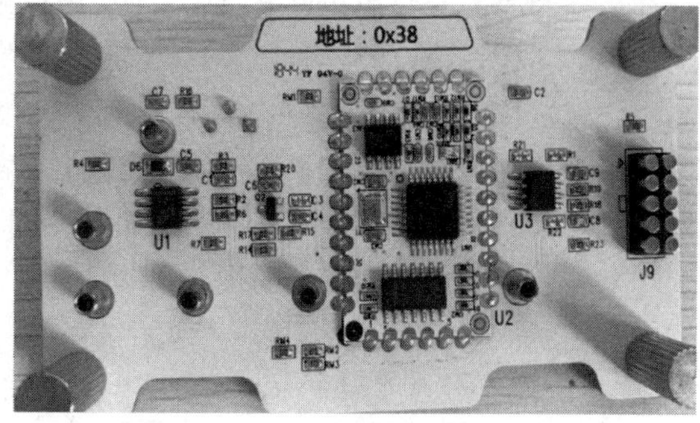


图 7-1-21 压电传感模块实物图

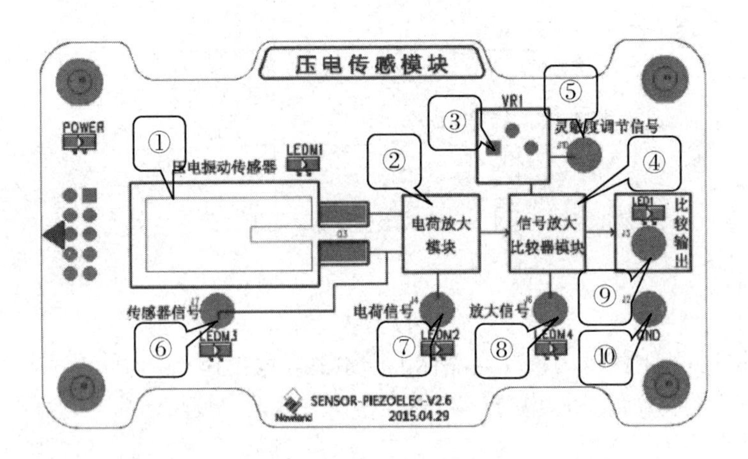


图 7-1-22　压电传感模块电路板结构图

图 7-1-22 中数字对应的部件如下：

① 压电振动传感器。

② 电荷放大模块。

③ 灵敏度调节电位器。

④ 信号放大比较器模块。

⑤ 灵敏度调节信号接口 J10。

⑥ 传感器信号接口 J7。

⑦ 电荷信号接口 J4。

⑧ 放大信号接口 J6。

⑨ 比较输出接口 J3。

⑩ 接地接口 J2。

3）压电传感器核心模块电路图

（1）电荷放大模块。

如图 7-1-23 所示为电荷放大模块电路图。其中的关键部件是运算放大器 CA3140。

（2）电荷信号放大模块。

电荷信号放大模块电路图如图 7-1-24 所示。它的主要作用是将电荷放大模块的输出信号进行适当的放大，叠加在直流电平上，作为比较器 1 的负端（2 脚）输入电压。

（3）比较器模块。

比较器模块电路图如图 7-1-25 所示，采集灵敏度调节电位器（VR1）调节端的电压作为比较器 1 的正端（3 脚）输入电压，比较器 1 的输出端（1 脚）根据对比情况输出相应的电压信号；将 D6 正端的电压信号作为比较器 2 的负端（6 脚）输入电压，将 R7 的电压信号作为比较器 2 的正端（5 脚）输入电压，比较器 2 的输出端（7 脚）根据对比情况输出相应的电压信号。

4）压电传感器的应用

（1）用于减振降噪。这方面的研究开展得最早，研究成果也较丰富，主要集中于大型航天柔性结构的振动控制。

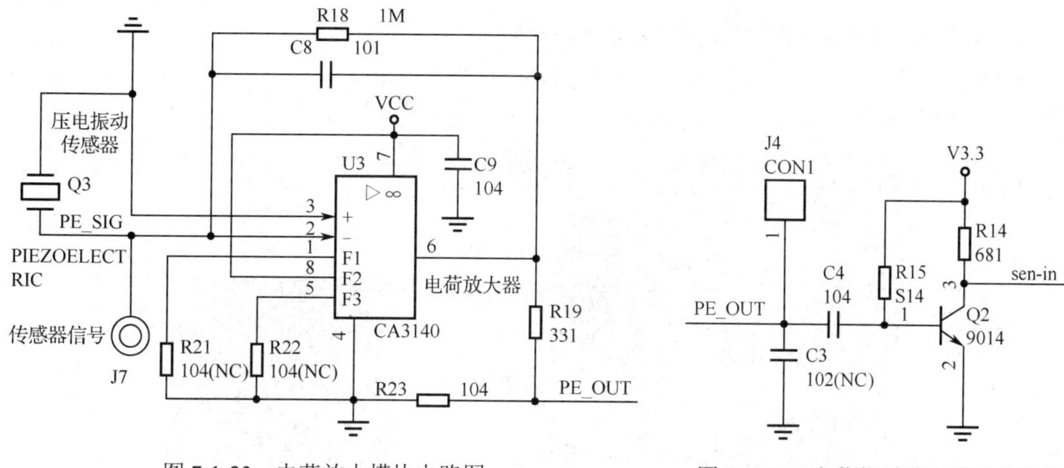


图 7-1-23 电荷放大模块电路图　　图 7-1-24 电荷信号放大模块电路图

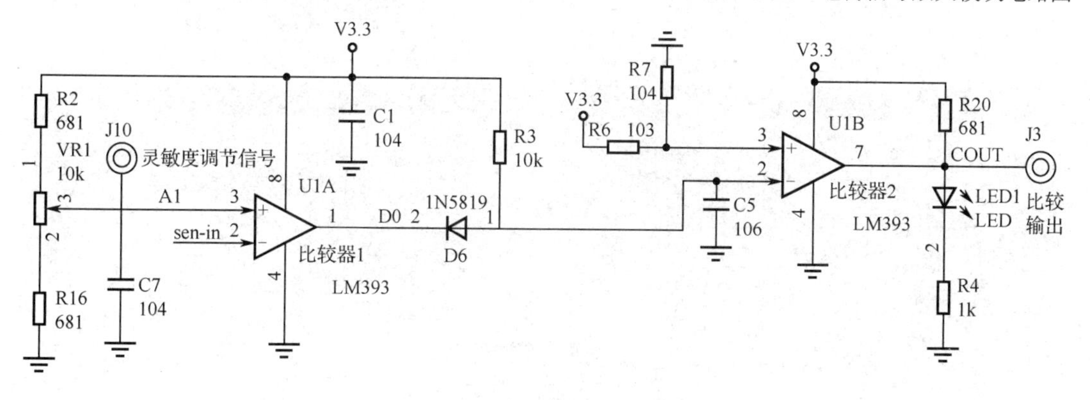


图 7-1-25 比较器模块电路图

（2）用于结构静变形控制。主要是调整结构的几何形状，维护结构准确的外形和位置，这在空间站及其他空间飞行器和柔性机械的控制中具有重要的应用价值。

（3）用于结构损伤预测。利用压电传感器进行结构损伤预测主要有两种方式：一是用压电传感器来精确感知结构力学性质的变化，并通过进一步计算和分析，对结构损伤进行预测；二是通过分析结构中传播的振动波来进行损伤预测。

（4）用于加工工艺监测。

（5）用于车辆行驶称重。压电传感技术与网络技术和视频技术相结合，可以实现对车轴数、车速、轴距、行驶中车辆载重量等信息进行收集并加以分析，从而在智能交通系统中发挥重大作用。本任务主要利用压电传感模块监测汽车座椅压力。

**测一测**

（1）CAN 总线标准有哪两种？它们各有什么特点？

（2）CAN 总线故障有哪几种？造成故障的原因有哪些？可以使用哪些方法进行 CAN 总线故障检测？

**想一想**

在实际生活中或者实训室中观察真实的 CAN 总线接口，想一想对应的 CAN_H 线和 CAN_L 线在哪里。

8．基于 CAN 总线的汽车监测系统结构分析

本任务利用 3 个 M3 主控模块、1 个直插式温湿度传感器、1 个温度/光照传感模块、1 个压电传感模块组成基于 CAN 总线的汽车监测系统。相关模块实物图如图 7-1-26 所示。

（a）M3 主控模块

（b）直插式温湿度传感器

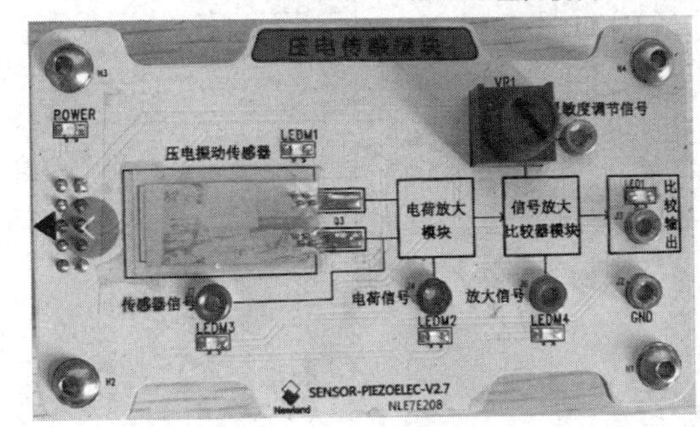


（c）压电传感模块

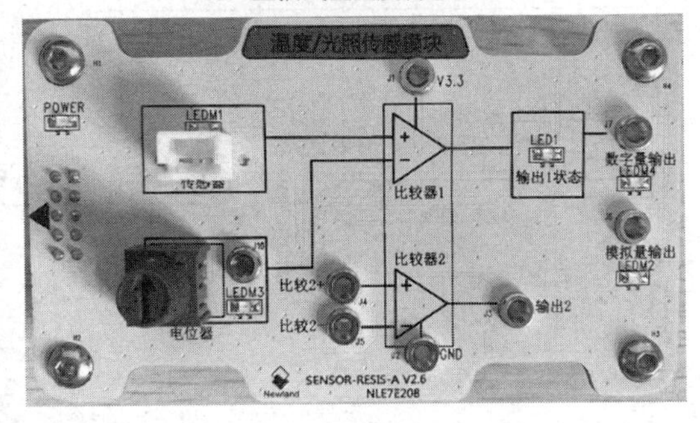


（d）温度/光照传感模块

图 7-1-26　相关模块实物图

参照图 7-1-27 所示的基于 CAN 总线的汽车监测系统拓扑图，在计算机上安装 USB 转 CAN 调试器和 CH340 驱动程序，然后连接相关硬件，构成一个通信网络。

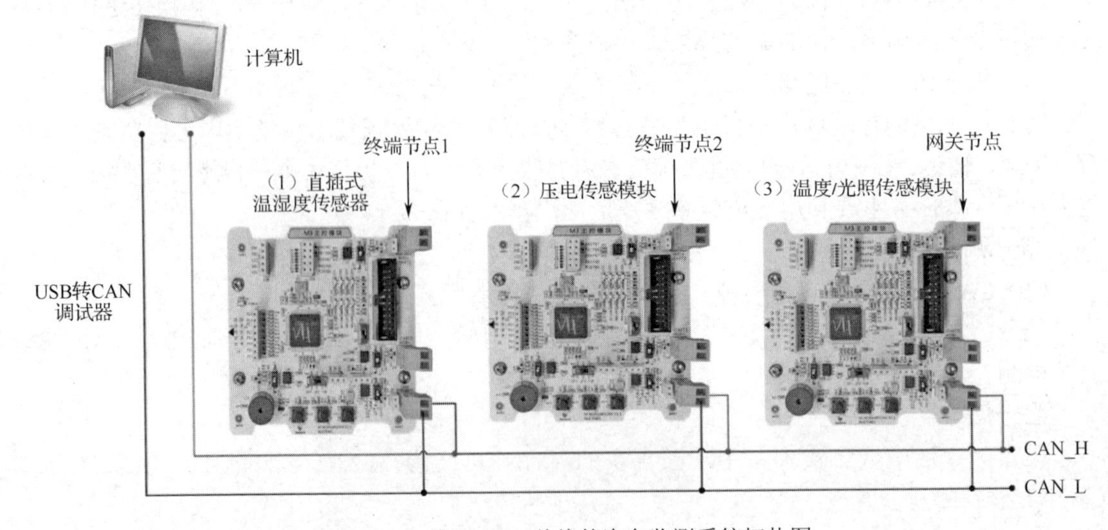


图 7-1-27　基于 CAN 总线的汽车监测系统拓扑图

两个终端节点分别对应直插式温湿度传感器、压电传感模块，用于测量汽车内部的温度和座椅压力。网关节点对应温度/光照传感模块，用于测量汽车内部的光照度。3 个 M3 主控模块的 CAN_H 接口串联后连接计算机，用于测量数据；CAN_L 接口串联后连接计算机，用于进行数据分析。

图 7-1-28 为基于 CAN 总线的汽车监测系统实物图。

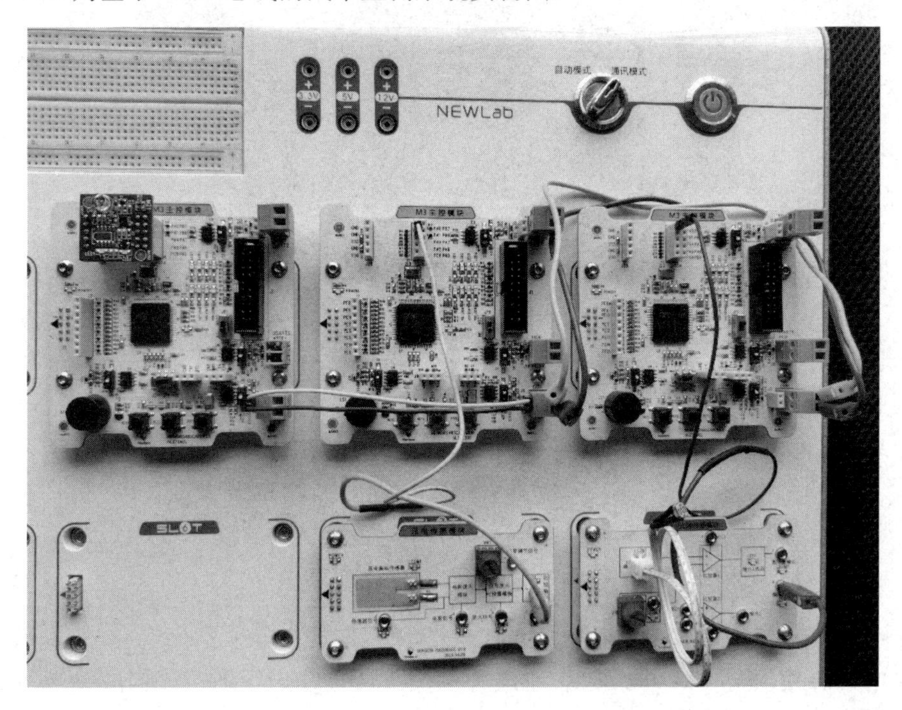


图 7-1-28　基于 CAN 总线的汽车监测系统实物图

### 设备与资源准备

任务实施前必须准备好以下设备和资源。

| 序　号 | 设备/资源名称 | 数　量 | 是否准备到位 |
|---|---|---|---|
| 1 | 计算机 | 1 | |
| 2 | NEWLab 平台 | 1 | |
| 3 | M3 主控模块 | 3 | |
| 4 | 直插式温湿度传感器 | 1 | |
| 5 | 温度/光照传感模块 | 1 | |
| 6 | 压电传感模块 | 1 | |
| 7 | 香蕉插头连接线 | 若干 | |

1．CAN 总线系统搭建

1）终端节点 1 硬件连接

将直插式温湿度传感器插到 M3 主控模块上，构成终端节点 1，如图 7-1-29 所示。

图 7-1-29　终端节点 1 硬件连接图

2）终端节点 2 硬件连接

将压电传感模块与 M3 主控模块通过香蕉插头连接线进行连接，构成终端节点 2，如图 7-1-30 所示。

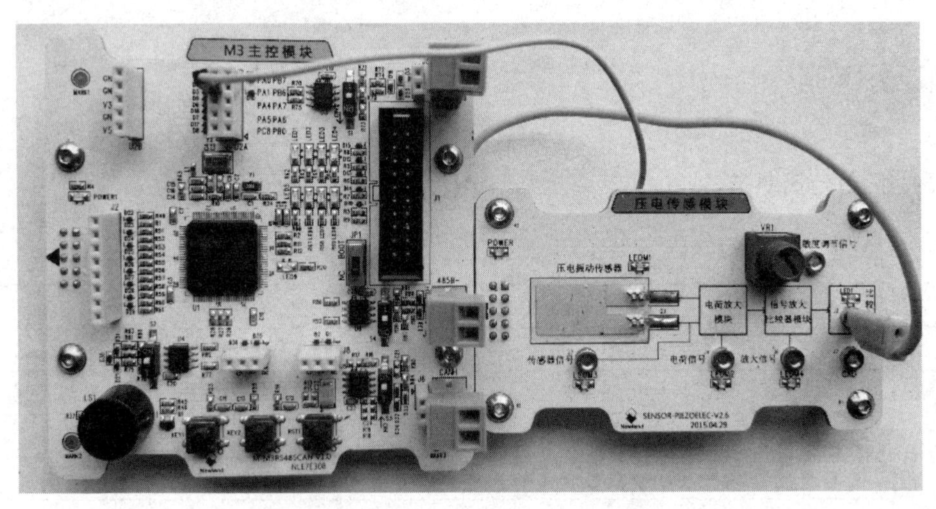


图 7-1-30　终端节点 2 硬件连接图

3）网关节点硬件连接

用香蕉插头连接线连接 M3 主控模块与温度/光照传感模块，构成网关节点，如图 7-1-31 所示。

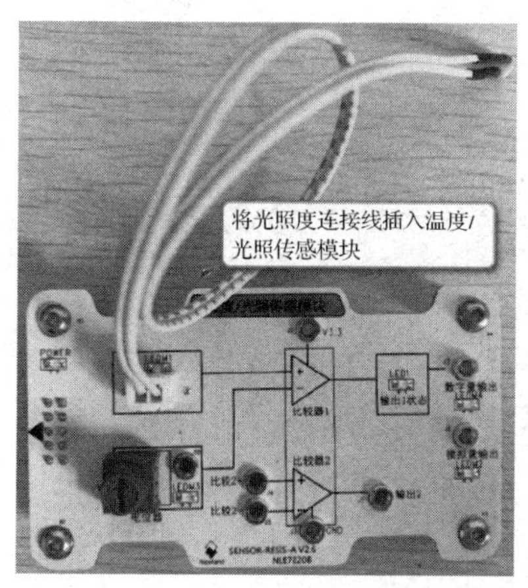


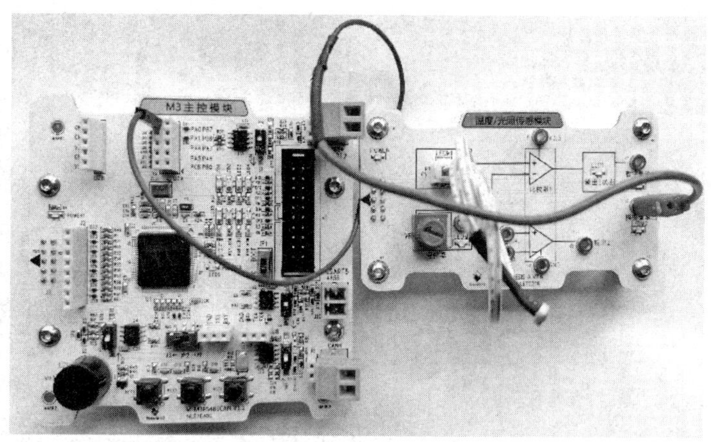

图 7-1-31　网关节点硬件连接图

4）连接终端节点与网关节点

如图 7-1-32 所示，将终端节点 1 的 CAN_H 接口、终端节点 2 的 CAN_H 接口、网关节点的 CAN_H 接口通过一条香蕉插头连接线相连，将终端节点 1 的 CAN_L 接口、终端节点 2 的 CAN_L 接口、网关节点的 CAN_L 接口通过另一条香蕉插头连接线相连。

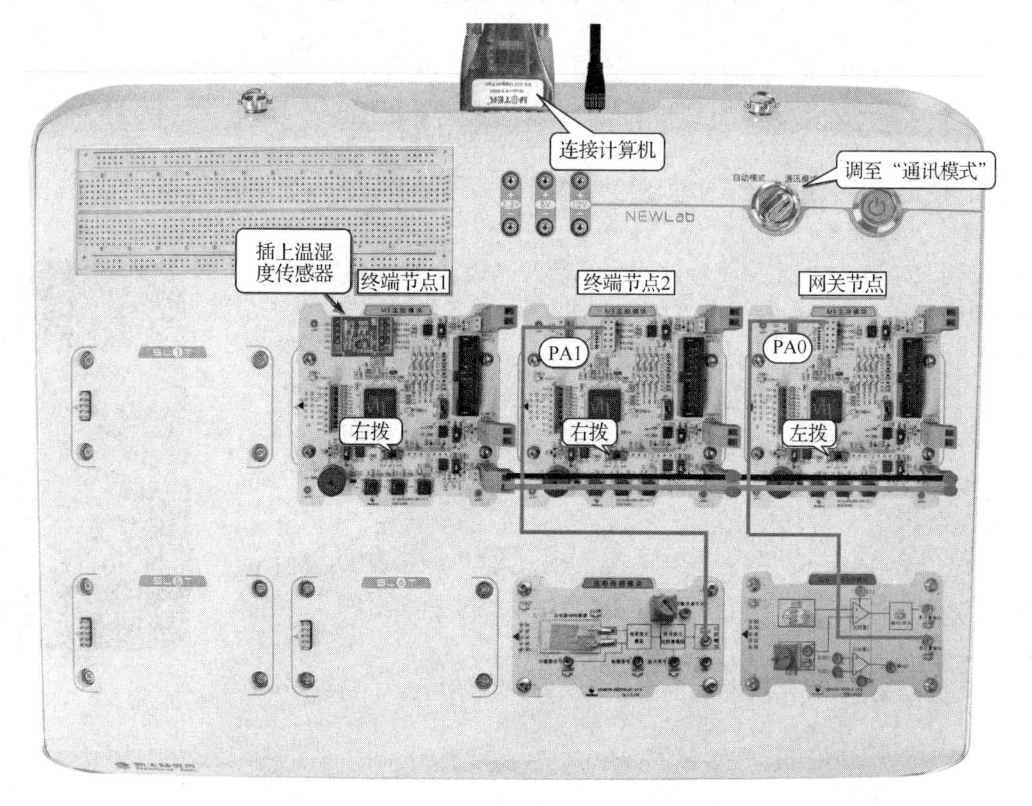


图 7-1-32　网关节点与终端节点连接图

5）连接计算机

最后，通过 USB 转 CAN 调试器连接计算机，如图 7-1-33 所示。

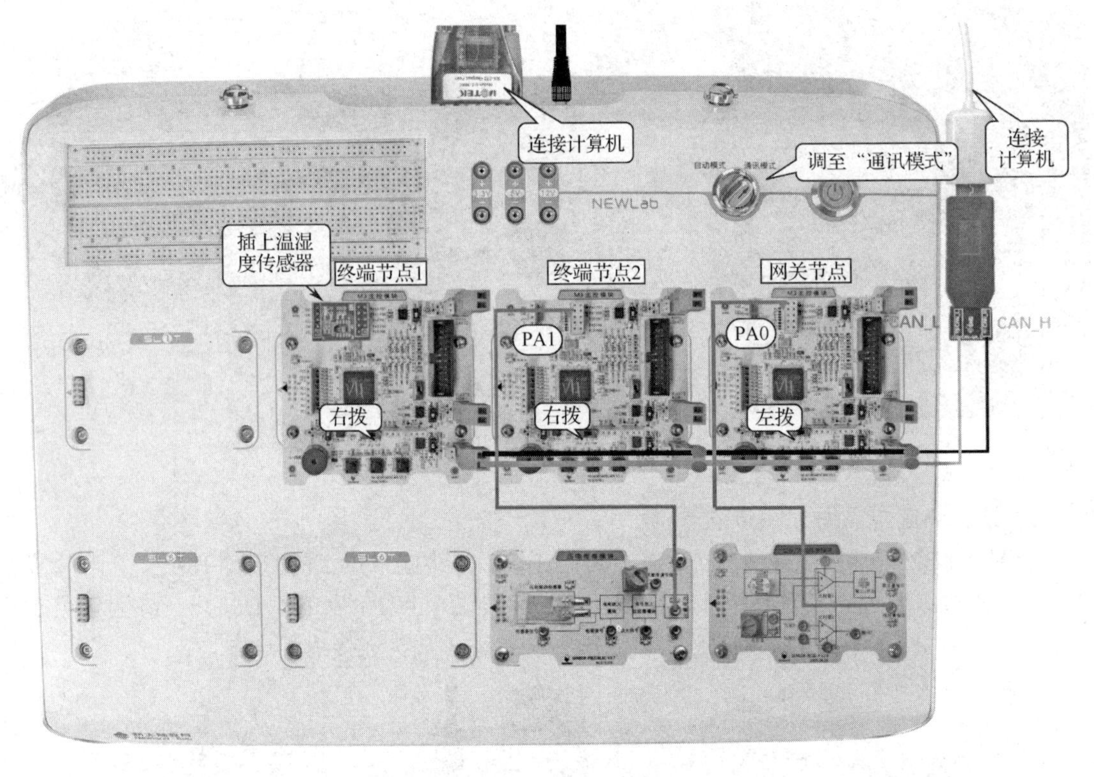


图 7-1-33 连接计算机

### 2．使用万用表进行 CAN 总线故障检测

1）万用表的使用

将黑表笔插入“COM”孔，红表笔插入“VΩ”孔，将万用表调至直流电压（20V）挡，如图 7-1-34 所示。

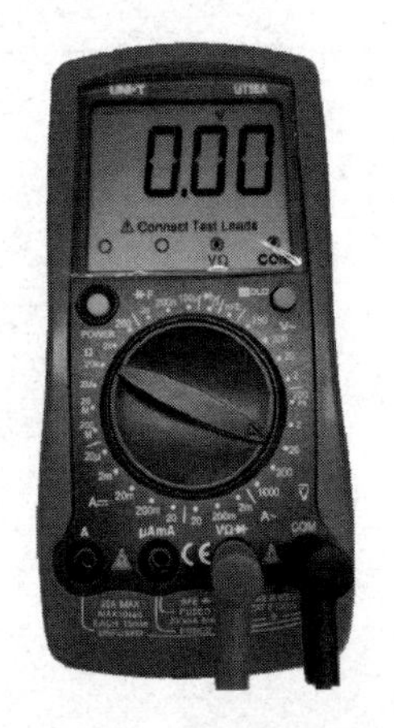


图 7-1-34 万用表的使用

2）CAN 总线无故障

如图 7-1-35 所示，将红表笔插入 CAN_L 接口，黑表笔接地，测出 CAN_L 接口的电压值为 2.27V，在显性状态下该电压值应介于 1.5V 和 2.5V 之间，由此可判断 CAN 总线无故障。

3）CAN 总线有故障

如图 7-1-36 所示，将红表笔插入 CAN_L 接口，黑表笔接地，测出 CAN_L 接口的电压值为 0V，由此判断 CAN 总线出现了断路的情况。

解决方法：查找系统中是否有导线断开、导线磨损、插头损坏等情况。

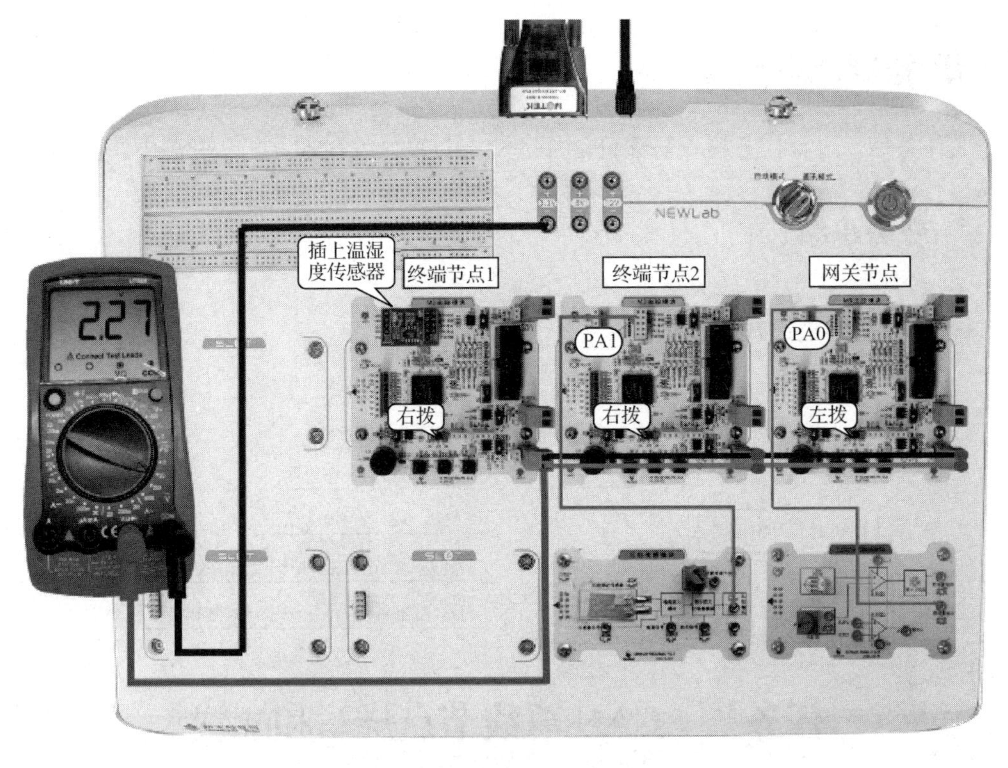


图 7-1-35　CAN 总线无故障

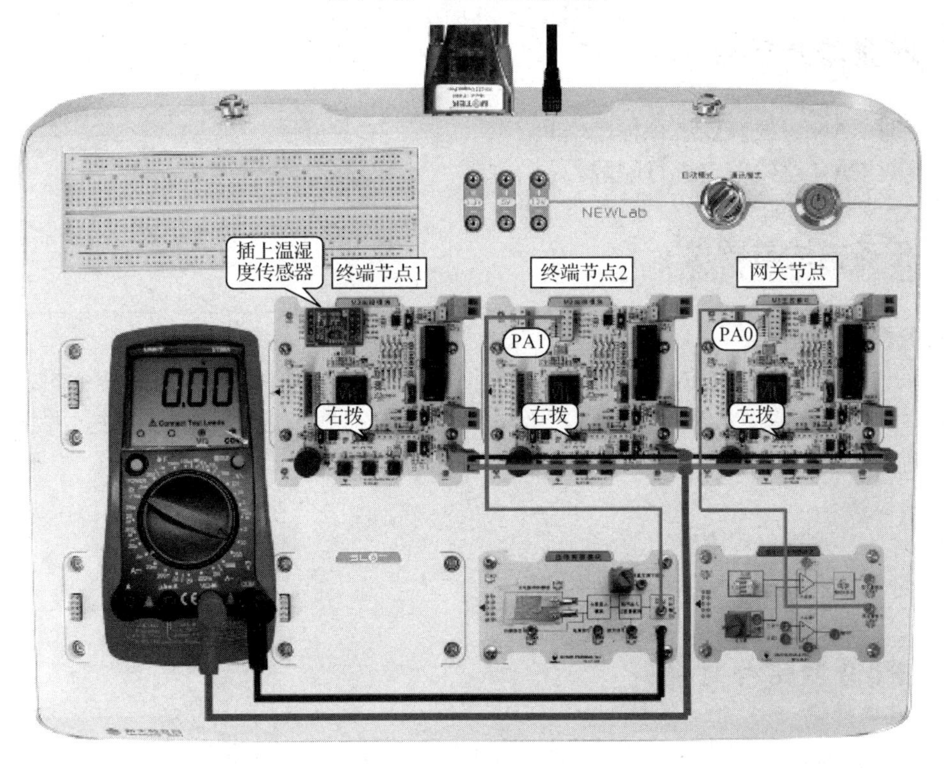


图 7-1-36　CAN 总线有故障

## 任务检查与评价

完成任务后，进行任务检查与评价，任务检查与评价表在本书配套资源中。

## 任务小结

### 知识与技能提升

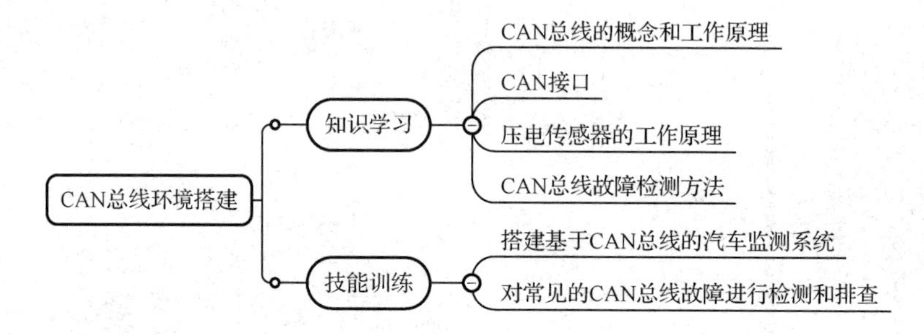


# 任务二　CAN 总线节点烧写和配置

## 职业能力目标

- 能对 CAN 总线节点进行程序烧写。
- 能对 CAN 总线节点进行配置。

## 任务描述与要求

任务描述：

任务一完成了基于 CAN 总线的汽车监测系统的搭建，接下来需要对系统中的各个节点进行程序烧写和配置。要完成该任务，必须了解 CAN 总线节点程序烧写方法，并学会对各个节点进行配置。

任务要求：

- 对各节点进行程序烧写。
- 对各节点进行相应的配置。

## 任务分析与计划

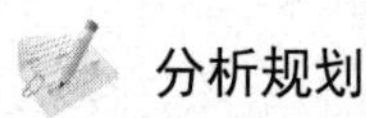

### 分析规划

根据所学相关知识，完成本任务的实施计划。

| 项目名称 | 基于 CAN 总线的汽车监测系统 |
| --- | --- |
| 任务名称 | CAN 总线节点烧写和配置 |
| 计划方式 | 分组完成、团队合作、分析调研 |
| 计划要求 | 1．会对 CAN 总线节点进行程序烧写<br>2．会对 CAN 总线节点进行配置 |
| 序　　号 | 主 要 步 骤 |
| 1 | |
| 2 | |
| 3 | |
| 4 | |

### 1．串口通信的基础知识

串口通信协议是一种通用的设备通信协议，可用于远程采集设备数据。

串口通信最重要的参数有波特率、数据位、串口号和奇偶校验位。串口通信参数配置如图 7-2-1 所示。

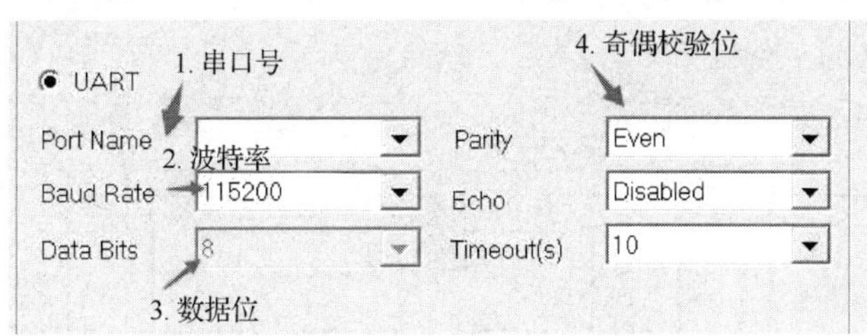


图 7-2-1　串口通信参数配置

在信息传输通道中，携带数据信息的信号单元称为码元，每秒通过信道传输的码元数称为码元传输速率，简称波特率。常用的波特率有 2400、4800、9600、57600、115200、128000 和 256000。

常用的数据位有 5、6、7 和 8。

奇偶校验位有三种：偶（Even）、奇（Odd）、无（None）。

### 2．CAN 控制器和收发器

#### 1）CAN 总线系统硬件架构

CAN 总线系统硬件架构如图 7-2-2 所示，通常包括 MCU、CAN 控制器、CAN 收发器及数据传输线（CAN_H 和 CAN_L），也有部分 MCU 集成了 CAN 控制器。

#### 2）CAN 控制器

CAN 控制器用于将欲收发的信息（报文）转换为符合 CAN 规范的通信帧，通过 CAN 收发器在 CAN 总线上传输。

（1）CAN 控制器的分类。

CAN 控制器分为两类：一类是独立 CAN 控制器，如 SJA1000；另一类是集成 CAN 控制器，通常和微控制器做在一起，如 NXP 公司的 LPC2000 系列微控制器。CAN 控制器的分类见表 7-2-1。

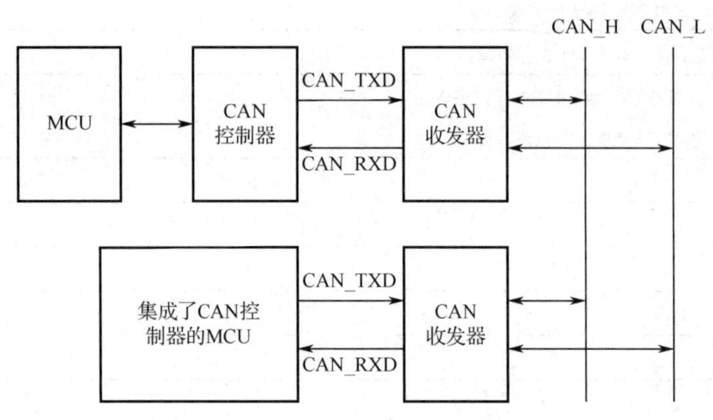


图 7-2-2 CAN 总线系统硬件架构

表 7-2-1 CAN 控制器的分类

| 类　别 | 产 品 举 例 |
|---|---|
| 独立 CAN 控制器 | NXP 公司的 SJF1000CCT、SJA1000、SJA1000T |
| 集成 CAN 控制器 | NXP 公司的 LPC2000 系列微控制器 |

（2）CAN 控制器的工作原理。

CAN 控制器结构示意图如图 7-2-3 所示。

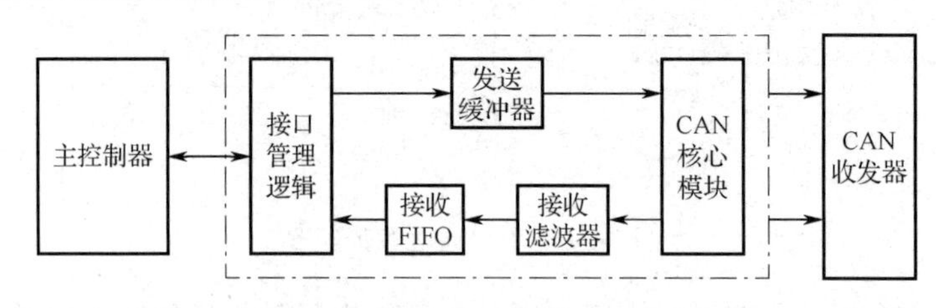


图 7-2-3 CAN 控制器结构示意图

① 接口管理逻辑。

接口管理逻辑用于连接外部主控制器，解释来自主控制器的命令，控制 CAN 控制器寄存器的寻址，并向主控制器提供中断信息和状态信息。

② CAN 核心模块。

接收报文时，CAN 核心模块根据 CAN 规范将串行位流转换成并行数据，发送报文时则相反。

③ 发送缓冲器。

发送缓冲器用于存储完整的报文，接口管理逻辑控制 CAN 核心模块从发送缓冲器读取报文。

④ 接收滤波器。

接收滤波器可以根据用户的编程设置，过滤掉无须接收的报文。

⑤ 接收 FIFO。

接收 FIFO 是接收滤波器和主控制器之间的接口，用于存储从 CAN 总线上接收的所有报文。

⑥ 工作模式。

CAN 控制器有两种工作模式：BasicCAN 和 PeliCAN。BasicCAN 仅支持标准模式，PeliCAN 支持 CAN2.0B 的标准模式和扩展模式。

3）CAN 收发器

CAN 收发器是 CAN 控制器和物理总线之间的接口，它将 CAN 控制器的逻辑电平转换为 CAN 总线的差分电平，在两条有差分电压的总线电缆上传输数据。

目前市场上常见的 CAN 收发器有以下几种。

（1）隔离 CAN 收发器：主要产品有 CTM8250 系列和 CTM8251 系列。

（2）通用 CAN 收发器：主要产品有 NXP 公司的 TJA1050、TJA1040 等。

（3）高速 CAN 收发器：支持较高的通信速率，主要产品有 NXP 公司的 TJA1041 等。

（4）容错 CAN 收发器：在物理总线出现破损或短路的情况下，容错 CAN 收发器依然可以维持运行，这类收发器对于容易出现故障的场合，具有重要的意义。主要产品有 NXP 公司的 TJA1054、TJA1054A、TJA1055、TJA1055/3 等。

### 3. CAN 总线节点烧写方法

1）CAN 总线主控芯片工作原理

这里以意法半导体公司出品的 STM32F103 芯片为例进行讲解。

图 7-2-4 和图 7-2-5 分别为 STM32F103 芯片部分引脚配置图和 CAN 总线电路图。将 PA9、PA10 分别配置为 USART 1（串口 1）的发送和接收端口，将 PA11、PA12 分别配置为 CAN 总线的接收和发送端口（CAN_RX 和 CAN_TX）。

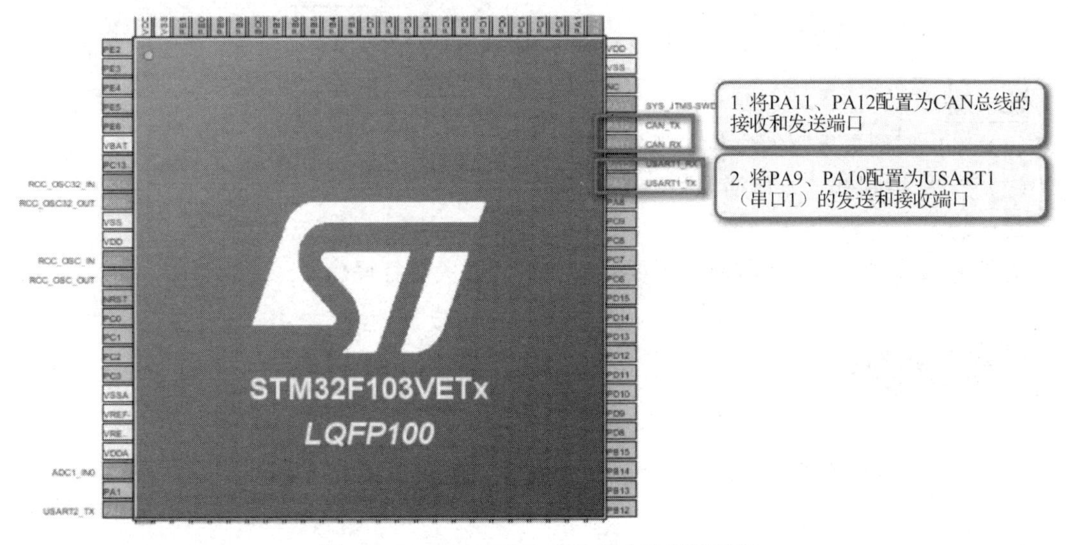


图 7-2-4 STM32F103 芯片部分引脚配置图

2）节点烧写方法

在烧写 CAN 总线节点时，需要将 M3 主控模块上的 JP1 拨码开关拨至 BOOT。图 7-2-6 是 JP1 拨码开关电路图。将 JP1 拨码开关拨至 BOOT（位置 3）时，M3 主控模块中的 PB2_BOOT1 为高电平，M3 主控模块进入工作状态，可以对其进行烧写和配置操作。将 JP1 拨码开关拨至 NC（位置 1）时，M3 主控模块不工作，无法对其进行烧写和配置操作。

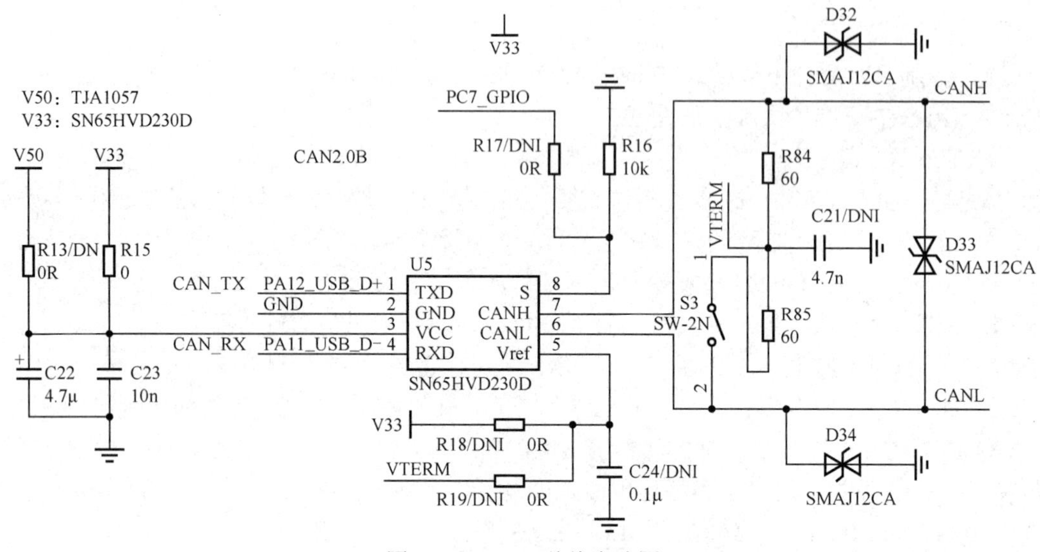


图 7-2-5　CAN 总线电路图

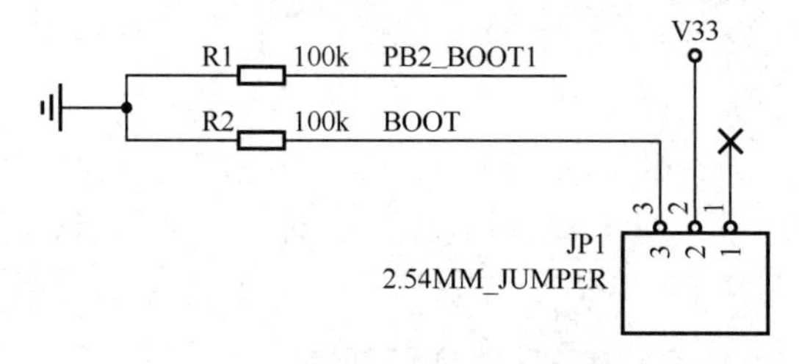


图 7-2-6　JP1 拨码开关电路图

**测一测**

（1）串口通信最重要的参数有哪些？

（2）CAN 控制器主要包括哪些硬件部分？

**想一想**

进行串口数据发送和接收时，需要对哪些拨码开关进行操作？

## 任务实施

### 设备与资源准备

任务实施前必须准备好以下设备和资源。

| 序　号 | 设备/资源名称 | 数　量 | 是否准备到位 |
|---|---|---|---|
| 1 | 计算机 | 1 | |
| 2 | NEWLab 平台 | 1 | |
| 3 | Flash Loader Demonstrator | 1 | |
| 4 | M3 主控模块配置工具 | 1 | |

1. CAN总线节点烧写

1）配置串口

使用在线编程工具Flash Loader Demonstrator进行节点烧写。首先，将M3主控模块上的JP1拨码开关拨至BOOT，如图7-2-7所示。

图7-2-7 将M3主控模块上的JP1拨码开关拨至BOOT

然后，选取两个M3主控模块，通过NEWLab平台（或智慧盒）给M3主控模块通电，烧写时只允许一个M3主控模块通电。

接下来，打开Flash Loader Demonstrator，配置串口参数，如图7-2-8所示。

最后，从目标列表中选择设备，如图7-2-9所示。

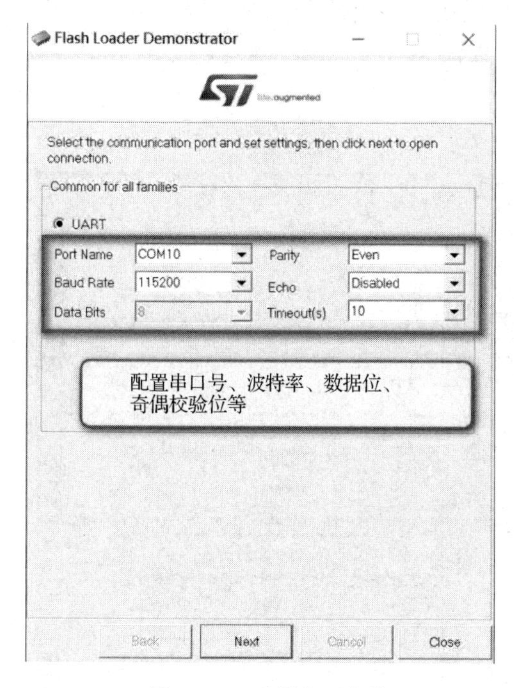


图7-2-8 配置串口参数

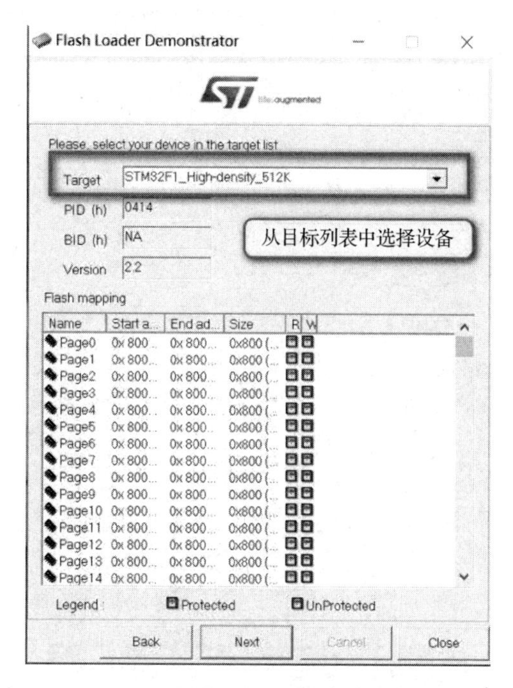


图7-2-9 从目标列表中选择设备

2）选择需要下载的文件

首先，对两个终端节点进行烧写。选择两个M3主控模块下载节点文件，路径为“\第七章--基于 CAN 总线的汽车监测系统\固件烧写\终端节点\CAN_New.hex”，如图 7-2-10 所示。

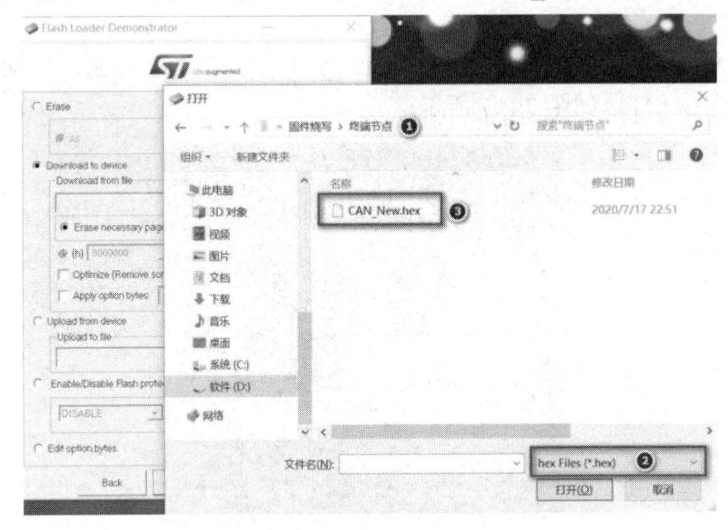


图 7-2-10　选择需要下载的文件

接下来，对网关节点进行烧写，选择一个 M3 主控模块下载节点文件，路径为“\第七章--基于 CAN 总线的汽车监测系统\固件烧写\网关节点\CAN_New.hex”。

烧写完成后会弹出图 7-2-11 所示的界面，接下来将 M3 主控模块上的 JP1 拨码开关拨至 NC，按一下复位键，准备进行节点配置。

注意：对 CAN 总线节点进行烧写时，经常会遇到以下问题。

（1）无反应，如图 7-2-12 所示。此时须重启设备。

（2）无法识别串口，此时应查看是否有其他软件或工具（如 M3 主控模块配置工具）占用串口。

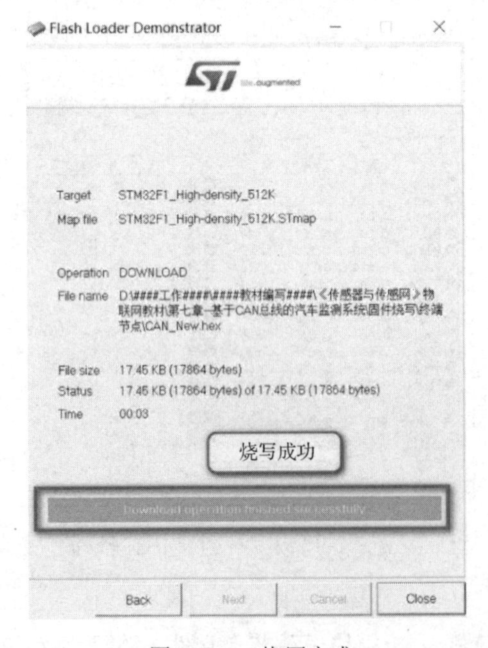


图 7-2-11　烧写完成

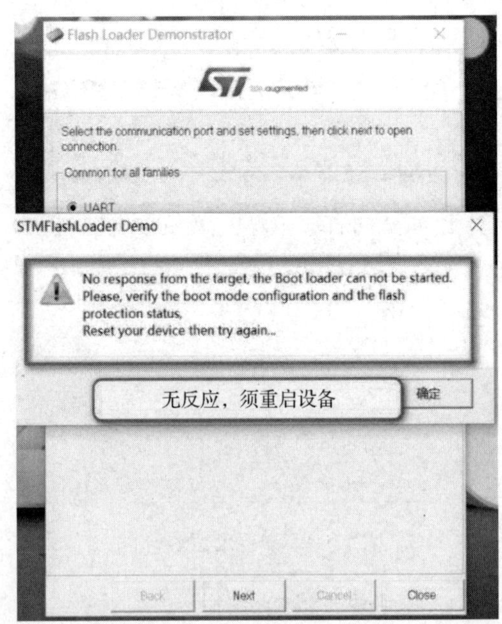


图 7-2-12　烧写错误提示

## 2. CAN 总线节点配置

利用 M3 主控模块配置工具进行节点配置。

M3 主控模块配置工具参数表见表 7-2-2。

表 7-2-2 M3 主控模块配置工具参数表

| 名　称 | 具 体 参 数 |
| --- | --- |
| 串口 | 具体串口号 |
| 地址设置 | 节点发送数据的标识符（ID） |
| 传感器类型 | 温湿度、人体红外、火焰、可燃气体、空气质量、光敏二极管、声音传感模块、红外传感模块、其他 |

各节点配置图分别如图 7-2-13、图 7-2-14、图 7-2-15 所示。

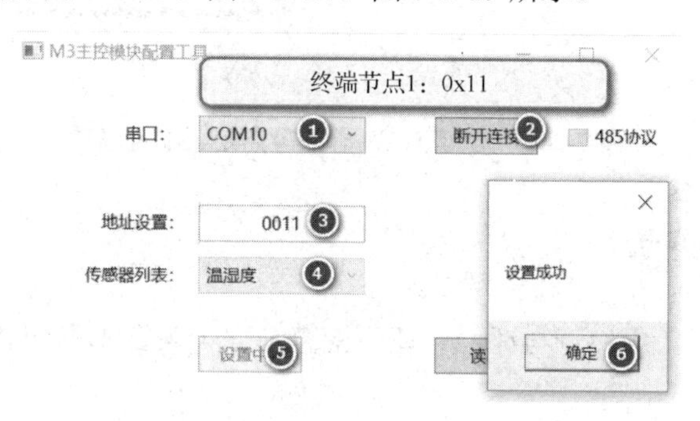


图 7-2-13 终端节点 1 配置图

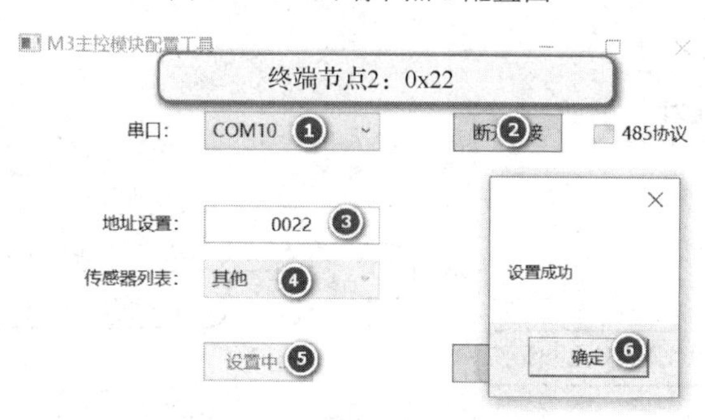


图 7-2-14 终端节点 2 配置图

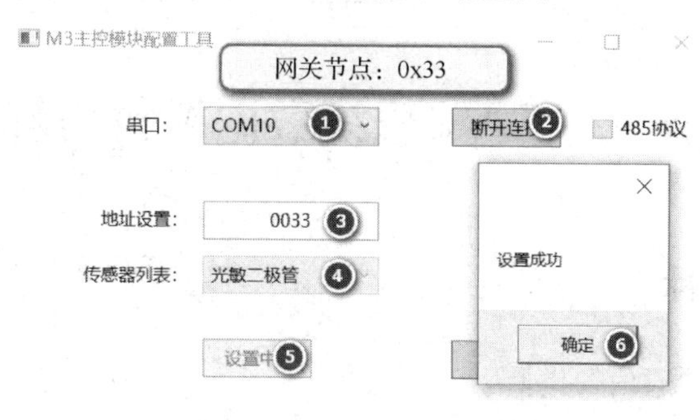


图 7-2-15 网关节点配置图

3．CAN 总线节点配置验证

同样使用 M3 主控模块配置工具验证 CAN 总线节点是否配置成功，具体步骤如下。

（1）在 M3 主控模块配置工具中断开连接。

（2）重新连接。

（3）单击“读取”按钮，查看各参数是否与之前的设置吻合，如图 7-2-16 所示。

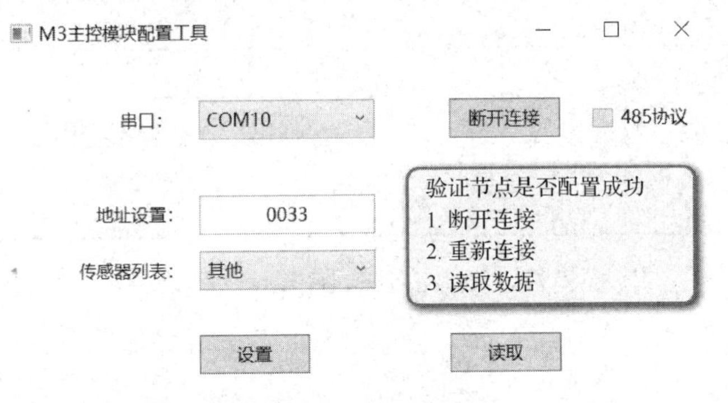


图 7-2-16　验证 CAN 总线节点是否配置成功

## 任务检查与评价

完成任务后，进行任务检查与评价，任务检查与评价表在本书配套资源中。

## 任务小结

### 知识与技能提升

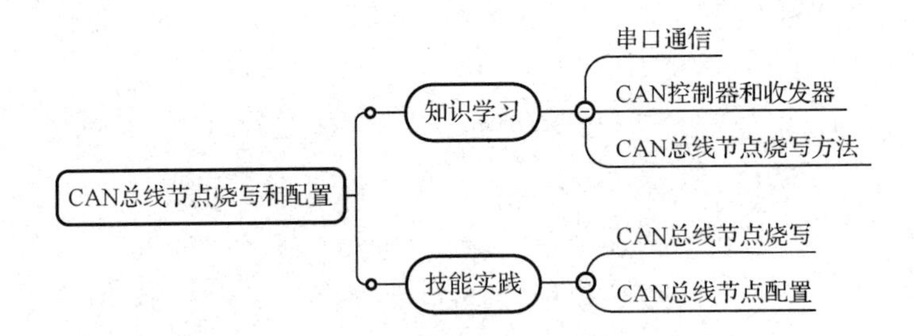


# 任务三　CAN 总线数据抓包与解析

## 职业能力目标

- 了解 CAN 总线的通信帧类型。
- 掌握 CAN 总线数据抓包方法。
- 掌握 CAN 总线协议分析方法。

## 任务描述与要求

**任务描述：**

完成任务一和任务二后，接下来需要对CAN总线获取的数据进行抓包与解析。要完成该任务，必须了解CAN总线数据抓包方法和协议分析方法。

**任务要求：**

- 对汽车监测系统中各节点数据进行抓包。
- 对汽车监测系统中各节点数据进行解析。

## 任务分析与计划

根据所学相关知识，完成本任务的实施计划。

| 项目名称 | 基于CAN总线的汽车监测系统 |
| --- | --- |
| 任务名称 | CAN总线数据抓包与解析 |
| 计划方式 | 分组完成、团队合作、分析调研 |
| 计划要求 | 1．会对CAN总线数据进行抓包<br>2．会对CAN总线数据进行解析 |
| 序　　号 | 主 要 步 骤 |
| 1 | |
| 2 | |
| 3 | |
| 4 | |

## 知识储备

### 1．CAN通信帧

CAN总线上传输的帧是CAN通信帧，CAN通信帧通常分为5种类型，具体见表7-3-1。

表7-3-1　CAN通信帧的类型和用途

| 序　　号 | 类　　型 | 用　　途 |
| --- | --- | --- |
| 1 | 数据帧 | 用于节点之间收发数据，是使用最多的帧 |
| 2 | 遥控帧（远程帧） | 接收节点用来请求数据的帧 |
| 3 | 错误帧 | 某节点发现错误时用来向其他节点发出通知的帧 |
| 4 | 过载帧 | 接收节点用来向发送节点告知自身接收能力的帧 |
| 5 | 帧间隔 | 将数据帧、遥控帧与前面的帧隔开的帧 |

### 2．数据帧

数据帧分为7段，即帧起始、仲裁段、控制段、数据段、CRC段、ACK段、帧结束。数据帧有标准帧和扩展帧两种类型，如图 7-3-1 所示。

帧结构
帧起始
仲裁段
控制段
数据段
CRC段
ACK段
帧结束
RTR
IDE
r0
标准帧
ID
DLC
Data
CRC
EOF
1
11
1
1
1
4
0～64
15
1
1
1
7
扩展帧
ID
ID
DLC
11
1
1
18
1
1
1
4
与标准帧相同
SRR
IDE
RTR
r1
r0

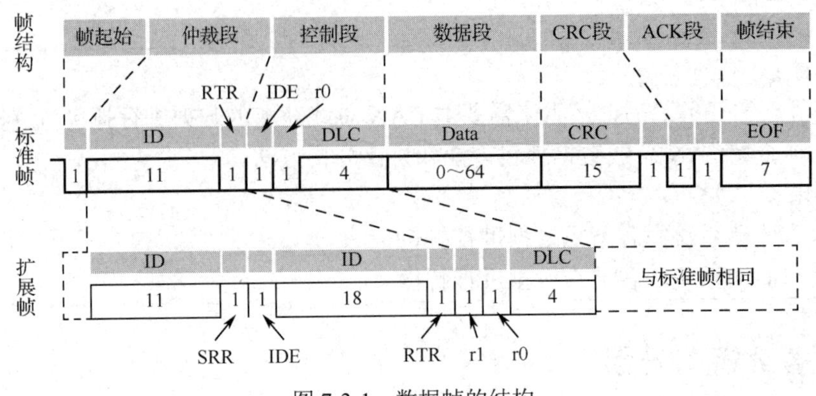

图 7-3-1　数据帧的结构

1）帧起始

帧起始由一个显性位（低电平）组成，发送节点发送帧起始，其他节点同步于帧起始；只有当总线处于空闲状态（总线电平呈隐性状态）时，才允许站点开始发送信号。

2）仲裁段

如果在 CAN 总线上同一时间段有多个节点需要发送数据，就需要由数据帧的仲裁段来进行仲裁。

CAN 总线控制器在发送数据的同时监控总线电平，如果电平不同，则停止发送并做其他处理。CAN 总线上同一时间段只能有一个节点发送数据，其他节点只能接收数据。显性电平的优先级高于隐性电平。具体示例如图 7-3-2 所示。

标准帧与扩展帧的仲裁段格式有所不同。标准帧的仲裁段由 11bit 的标识符（ID）和 RTR 位构成。扩展帧的仲裁段由 29bit 的标识符（ID）和 SRR 位、IDE 位、RTR 位构成。

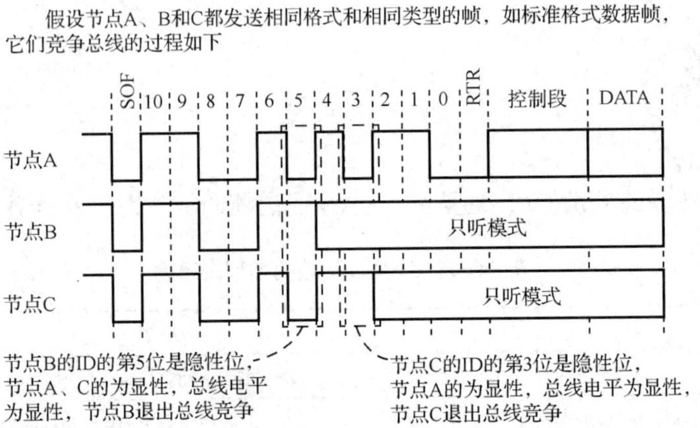

假设节点A、B和C都发送相同格式和相同类型的帧，如标准格式数据帧，
它们竞争总线的过程如下
SOF
10
9
8
7
6
5
4
3
2
1
0
RTR
控制段
DATA
节点A
节点B
只听模式
节点C
只听模式
节点B的ID的第5位是隐性位，
节点A、C的为显性，总线电平
为显性，节点B退出总线竞争
节点C的ID的第3位是隐性位，
节点A的为显性，总线电平为显性，
节点C退出总线竞争

图 7-3-2　节点竞争过程示例

3）控制段

控制段是表示数据的字节数和保留位的段，标准帧和扩展帧的控制段格式不同，具体如图 7-3-3 所示。

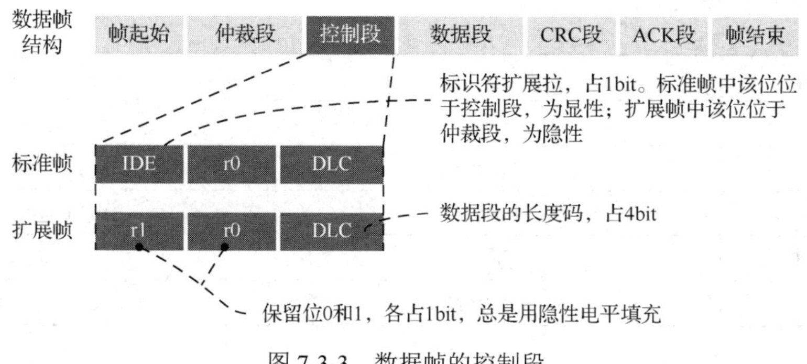


图 7-3-3　数据帧的控制段

4）数据段

数据段用于承载数据的内容，占 0～8 字节，为短帧结构，如图 7-3-4 所示。

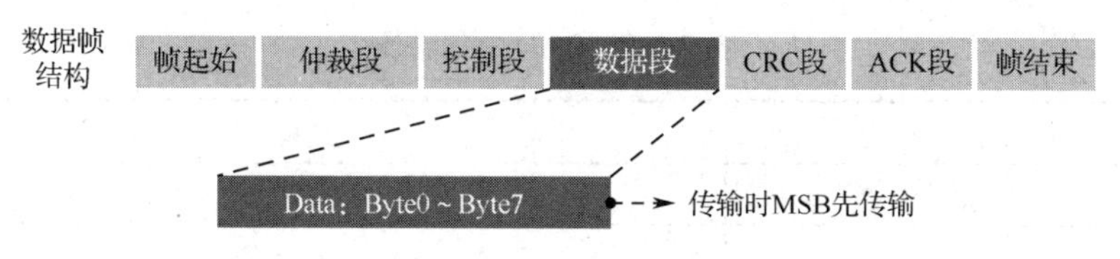


图 7-3-4　数据帧的数据段

5）CRC 段

CRC 段由 CRC 值和 CRC 界定符组成，如图 7-3-5 所示。

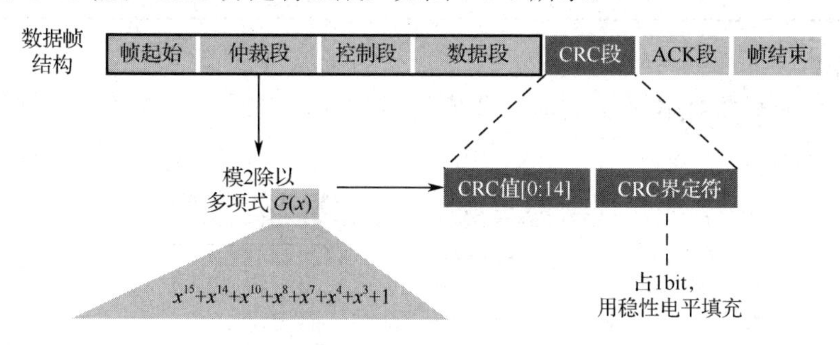


图 7-3-5　数据帧的 CRC 段

6）ACK 段

当接收节点接收到的帧起始到 CRC 段都没有错误时，它将在 ACK 段发送显性电平，发送节点发送隐性电平，线与结果为显性电平。

7）帧结束

帧结束用于表示数据帧结束，由 7 个隐性位（高电平）组成。

### 3．遥控帧

遥控帧分为 6 段，也有标准帧和扩展帧两种类型。数据帧和遥控帧的对比见表 7-3-2。

表 7-3-2　数据帧和遥控帧的对比

| 比较内容 | 数据帧 | 遥控帧 |
| --- | --- | --- |
| ID | 发送节点的 ID | 被请求发送节点的 ID |

续表

| 比较内容 | 数据帧 | 遥控帧 |
|---|---|---|
| SRR | 0（显性电平） | 1（隐性电平） |
| RTR | 0（显性电平） | 1（隐性电平） |
| DLC | 发送的数据长度 | 请求的数据长度 |
| 是否有数据段 | 是 | 否 |
| CRC 校验范围 | 帧起始+仲裁段+控制段+数据段 | 帧起始+仲裁段+控制段 |

### 4. 错误帧

CAN 总线是可靠性很高的总线，但它也会发生错误，具体见表 7-3-3。当 CAN 总线发生错误时，发送节点或接收节点将发送错误帧。

表 7-3-3　CAN 总线错误

| 序号 | 错误类型 | 解释 |
|---|---|---|
| 1 | CRC 错误 | 发送与接收的 CRC 值不同时发生该错误 |
| 2 | 格式错误 | 帧格式不合法时发生该错误 |
| 3 | 应答错误 | 发送节点在 ACK 阶段没有收到应答信息时发生该错误 |
| 4 | 位发送错误 | 发送节点在发送信息时发现总线电平与发送电平不符时发生该错误 |
| 5 | 位填充错误 | 违反通信规则时发生该错误 |

### 5. 过载帧

当某节点没有做好接收的准备时，将发送过载帧，以通知发送节点。过载帧的结构如图 7-3-6 所示。

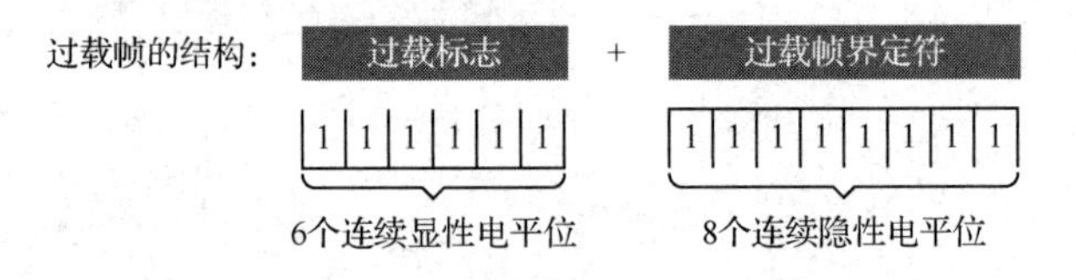


由于存在多个节点同时过载的情况，且过载帧发送有时间差，因此可能出现过载标志叠加后超过6位的现象

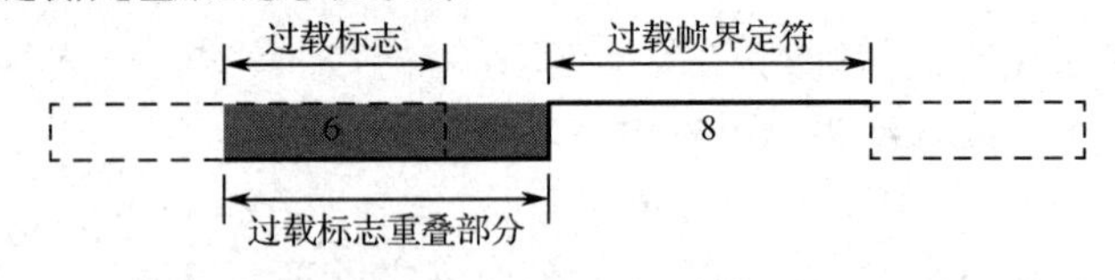


图 7-3-6　过载帧的结构

### 6. 帧间隔

帧间隔用于将数据帧、遥控帧与前面的帧隔开，错误帧和过载帧前面不加帧间隔。帧间隔如图 7-3-7 所示。

1. 帧间隔之后，如果无节点发送帧，则总线进入空闲状态

… 帧间隔 0～∞ …

2. 帧间隔之后，如果被动错误节点要发送帧，则先发送8个隐性电平位的传输延迟，再发送帧

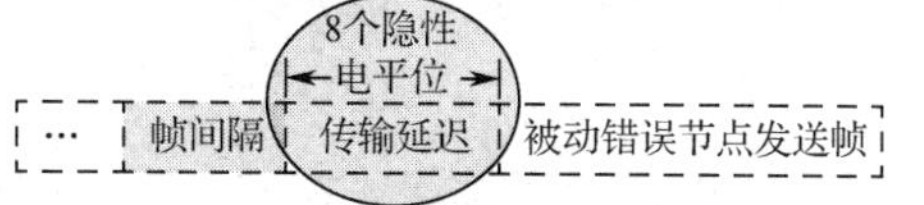


图 7-3-7 帧间隔

**测一测**

（1）CAN 总线的数据帧由哪几部分构成？它们分别有什么作用？

（2）CAN 总线错误有哪几种？

**想一想**

如果在 CAN 总线上同一时间段有多个节点需要发送数据，那么如何确定最终由哪个节点发送数据呢？

### 7．CAN 总线节点数据传输设置方法

CAN 总线节点分为网关节点和终端节点。在进行 CAN 总线节点数据抓包时，需要注意各节点对应的 M3 主控模块上 JP2 拨码开关的位置，具体如图 7-3-8 和表 7-3-4 所示。

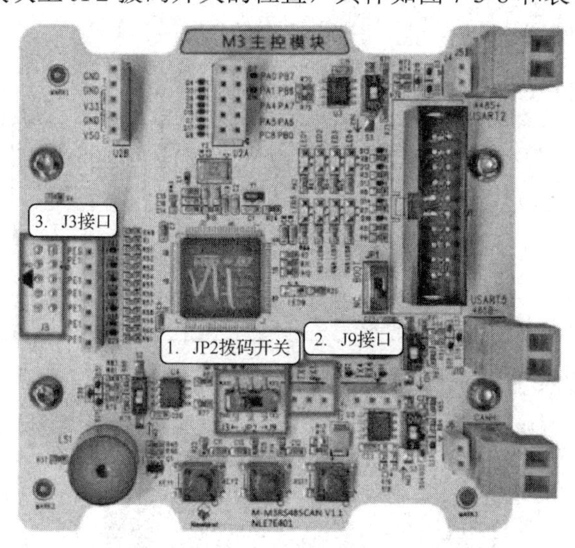


图 7-3-8 M3 主控模块上的 JP2 拨码开关

**表 7-3-4 各节点对应的传感器和 JP2 拨码开关位置**

| 节　点 | 传　感　器 | JP2 拨码开关位置 |
| --- | --- | --- |
| 终端节点 1 | 直插式温湿度传感器 | J9 |
| 终端节点 2 | 压电传感模块 | J9 |
| 网关节点 | 温度/光照传感模块 | J3 |

当 JP2 拨码开关拨向 J9 时，进行终端节点的数据发送和接收；当 JP2 拨码开关拨向 J3 时，进行网关节点的数据发送和接收。相关电路示意图如图 7-3-9 所示。

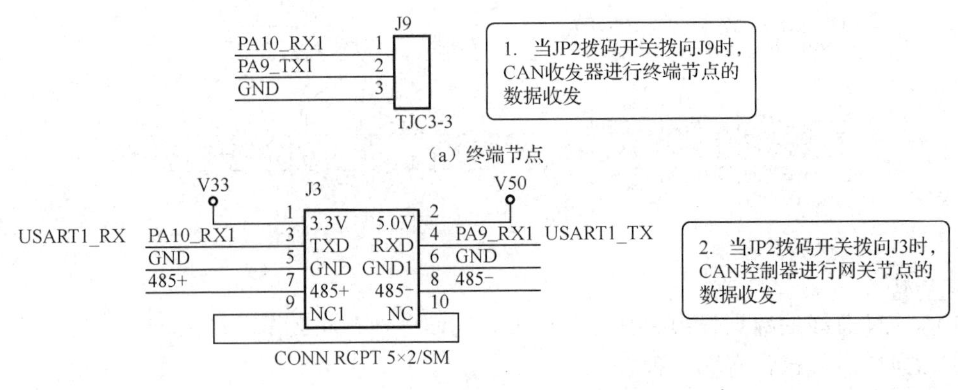


图 7-3-9 CAN 总线节点数据收发电路示意图

## 任务实施

### 设备与资源准备

任务实施前必须准备好以下设备和资源。

| 序　号 | 设备/资源名称 | 数　量 | 是否准备到位 |
|---|---|---|---|
| 1 | 计算机 | 1 | |
| 2 | NEWLab 平台 | 1 | |
| 3 | USB 转 CAN 调试器 | 1 | |
| 4 | USB_CAN_DebugTool | 1 | |

### 1. 连接 CAN 总线系统与计算机

使用 USB 转 CAN 调试器连接 CAN 总线系统与计算机，如图 7-3-10 所示。

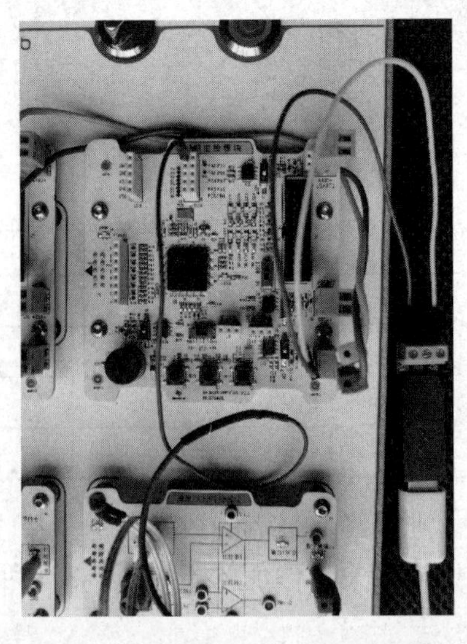

图 7-3-10 连接 CAN 总线系统与计算机

## 2．通信参数配置

通信参数配置如图7-3-11所示。

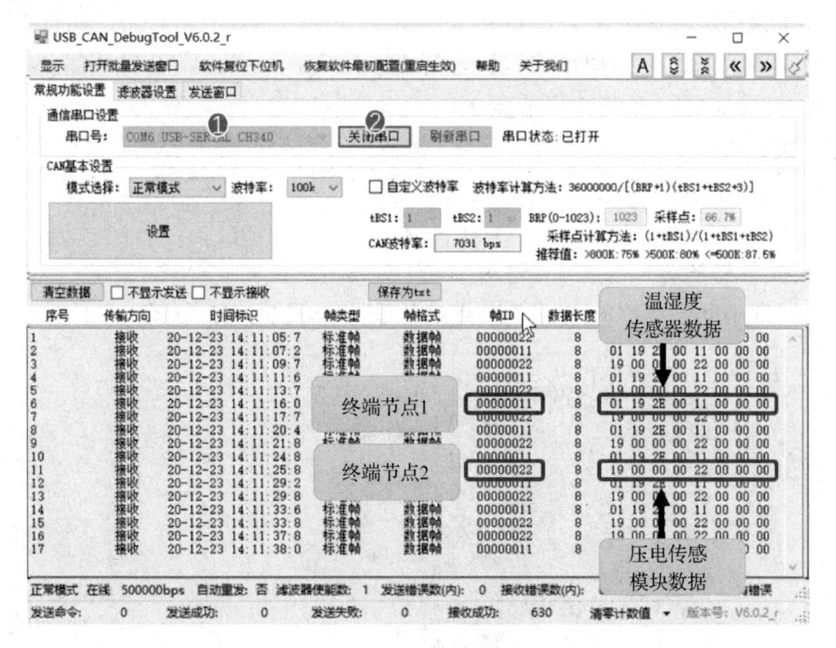


图7-3-11　通信参数配置

## 3．数据解析

1）USB转CAN调试器接收数据解析

（1）温湿度传感器数据解析。

对图7-3-11中的温湿度传感器数据进行解析。

- 帧ID：00000011，对应终端节点1。
- 数据长度：8。
- 01：代表温湿度传感器，传感器类型对应编号见表7-3-5。

表7-3-5　传感器类型对应编号

| 编　号 | 传感器类型 |
|---|---|
| 01 | 温湿度传感器 |
| 02 | 人体红外传感器 |
| 03 | 火焰传感器 |
| 04 | 可燃气体传感器 |
| 05 | 空气质量传感器 |
| 06 | 光敏二极管 |
| 07 | 声音传感模块 |
| 08 | 红外传感模块 |
| 19 | 压电传感模块 |

- 19：表示车内温度为 25℃。
- 2E：表示车内湿度为 46%。

（2）压电传感模块数据解析。

对图 7-3-11 中的压电传感模块数据进行解析。

- 帧 ID：00000022，对应终端节点 2。
- 数据长度：8。
- 19：代表压电传感模块。
- 00 00：0Pa。

2）串口接收数据解析

通过串口调试小助手可以查看网关节点的数据，如图 7-3-12 所示。

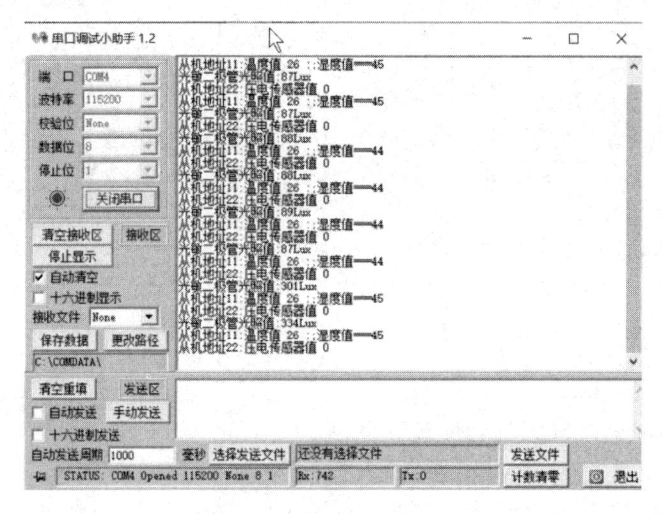


图 7-3-12　网关节点的数据

## 任务检查与评价

完成任务后，进行任务检查与评价，任务检查与评价表在本书配套资源中。

## 任务小结

### 知识与技能提升

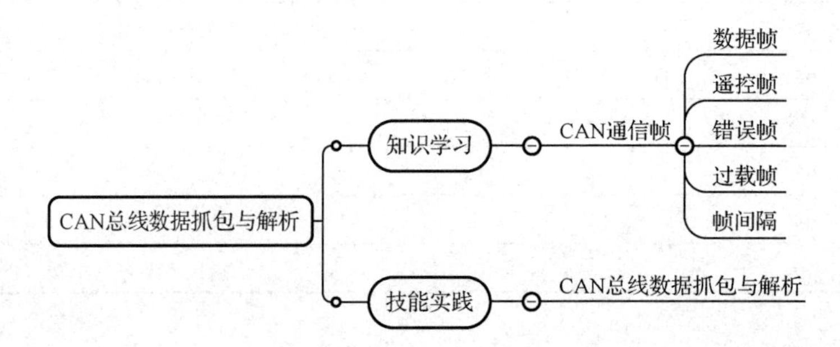

# 项目八 深井水位监测系统

## 引导案例

地下水供水稳定、水质良好，是农业、工业和城市生活用水的重要来源。地下水水位异常会造成巨大危害，水位过高会引起铁路、公路塌陷，淹没矿区坑道；水位过低会造成地面沉降、地下空洞、地层下陷等。因此，监测地下水水位对合理开发和保护地下水资源，维护地区生态平衡意义重大。

实际应用的深井水位监测系统如图 8-0-1 所示。

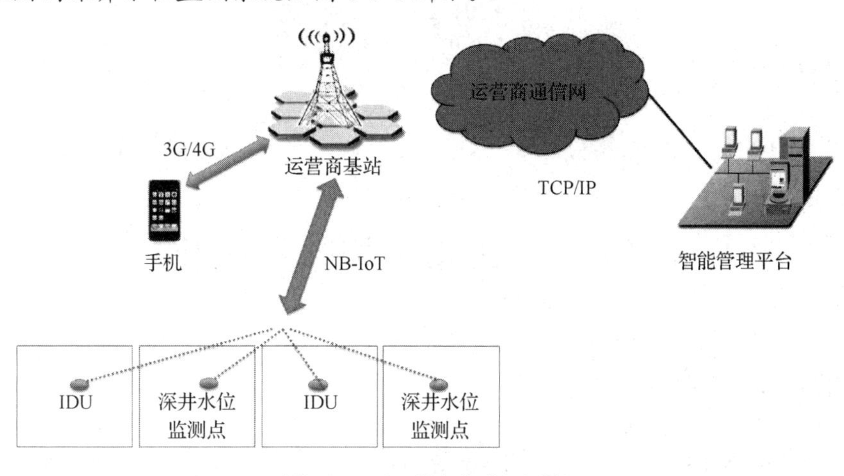


图 8-0-1 深井水位监测系统

在上述深井水位监测系统中，利用安装在深井内的液位计实时测量水位，将测得的数据经 NB-IoT 送入公共通信网络，最终发送到智能管理平台或手机等智能终端上，供管理人员远程监测水位并及时做出反应。

本项目将利用 NEWLab 平台及相关模块模拟深井水位监测系统，如图 8-0-2 所示。

本项目学习目标如图 8-0-3 所示。

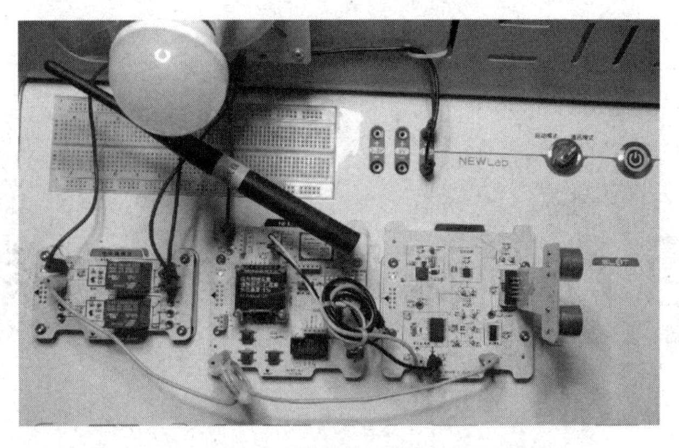

图 8-0-2　本项目模拟的深井水位监测系统

知识目标

● 掌握超声波传感器的构造、工作原理及应用
● 了解NB-loT、LoRa等组网技术的原理及特点
● 掌握与NB-loT有关的AT指令集，了解AT指令的用法
● 掌握NB-IoT模块的程序烧写方法
● 了解物联网云平台服务体系和构建思路

技能目标

● 能进行超声波传感器的选择、安装与测试
● 能进行低功耗、长距离组网技术的选型，完成基于NB-loT的深井水位监测系统的搭建与测试
● 能使用AT指令进行NB-loT模块的配置和程序烧写、上云及功能测试

图 8-0-3　深井水位监测系统项目学习目标

# 任务一　NB-IoT 模块初始化

## 职业能力目标

● 掌握 LoRa、NB-IoT 等组网技术的原理和特点。
● 掌握 AT 指令的使用方法。

## 任务描述与要求

任务描述：

某市水务部门打算在全市现有深井中安装地下水水位监测装置，并建立全市地下水水位集中化管理云平台，以实现对水位的定期观察和对水位异常的及时处理。为完成该任务，必须选择合适的组网技术构建深井水位监测系统。

任务要求：

● 了解 LoRa、NB-IoT 等组网技术的原理和特点。
● 深入了解 NB-IoT 模块的功能和入网方法，建立基于 NB-IoT 的深井水位监测系统。
● 利用 AT 指令完成 NB-IoT 模块的初始化。

## 任务分析与计划

根据所学相关知识，完成本任务的实施计划。

| 项目名称 | 深井水位监测系统 |
|---|---|
| 任务名称 | NB-IoT 模块初始化 |
| 计划方式 | 分组完成、团队合作、分析调研 |
| 计划要求 | 1．了解 NB-IoT 的网络架构<br>2．确定 NB-IoT 模块初始化状态<br>3．了解 AT 指令的格式和功能<br>4．完成 NB-IoT 模块初始化配置与状态检测 |
| 序　　号 | 主 要 步 骤 |
| 1 | |
| 2 | |
| 3 | |
| 4 | |
| 5 | |
| 6 | |
| 7 | |
| 8 | |

## 知识储备

低功耗广域网（Low-Power Wide-Area Network，LPWAN）是近年来出现的一种物联网接入技术，它与传统无线通信技术的比较如图 8-1-1 所示。

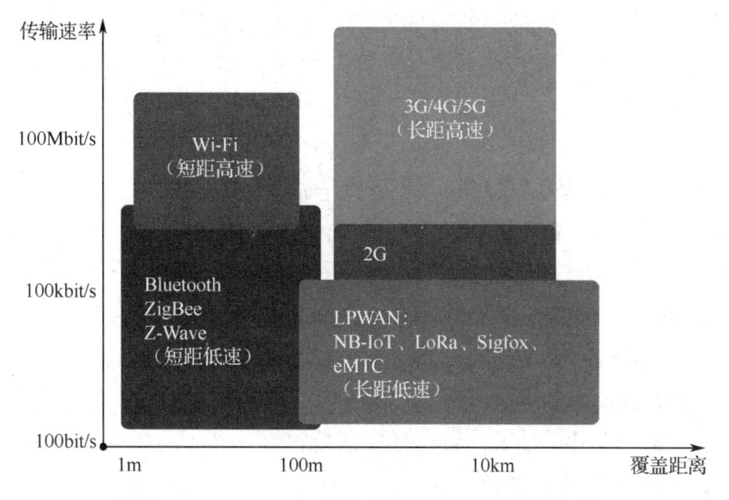


图 8-1-1　LPWAN 与传统无线通信技术的比较

LPWAN 具有覆盖范围广、终端节点功耗低、运营维护成本低、网络结构简单等特点，可以同时满足覆盖和续航的要求。LPWAN 虽然数据传输速率较低，但也足以支持智能抄表、智能停车、共享单车等上报数据量少的应用场景。

LPWAN 可分为两类，一类是工作于非授权频段的 LoRa、Sigfox 等技术，另一类是工作于授权频段的 EC-GSM、LTE Cat-M、NB-IoT 等技术。本任务主要对 LoRa 和 NB-IoT 技术进行介绍。

1．LoRa 技术

2018 年 7 月，Semtech 公司研发了基于扩频调制技术的超远距离无线传输方案 LoRa，并成立了遍及全球的 LoRa 联盟，使其成为目前应用最为广泛的 LPWAN 技术之一。

1）LoRa 网络架构

LoRa 采用 IEEE 802.15.4g 标准，工作于 Sub-1G 的 433MHz、868MHz、915 MHz 等 ISM 免授权频段，无须申请便可建立网络，不需要额外支付通信费用，网络架构相对简单。LoRa 网络架构如图 8-1-2 所示。

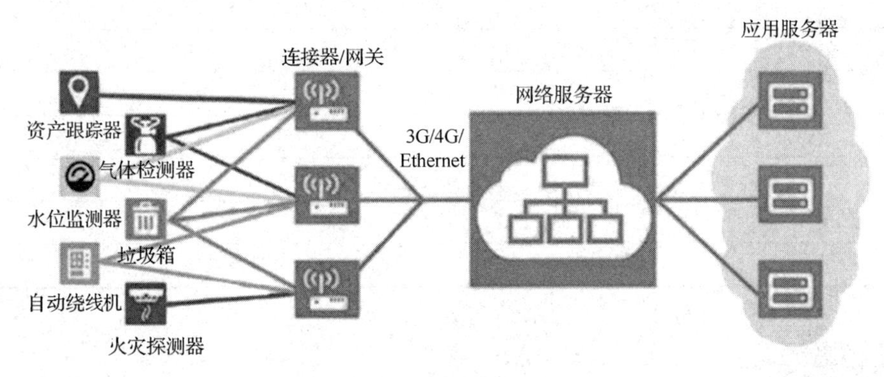


图 8-1-2　LoRa 网络架构

LoRa 采用典型的星形拓扑结构，由大量终端节点、连接器/网关、网络服务器、应用服务器等组成网络。终端节点可以是水表、气表、垃圾箱、资产跟踪器等设备，所有终端节点均经 LoRa 模块与连接器/网关建立多对一的双向通信。连接器/网关通过 3G/4G 网络或者以太网连接网络服务器，向其传输由终端节点采集的数据，供其汇总存储与分析，再将相关结果提供给应用服务器。

2）LoRa 的特点

（1）改善接收灵敏度，实现低功耗、远距离传输。

LoRa 信号穿透建筑物的能力很强，在 157dB 的链路预算下其通信距离可达 15km，比传统的无线射频通信距离大 3～5 倍，实现了低功耗和远距离的统一。以发射功率达 20dBm（100mW）的 LoRa 网关为例，在建筑物密集的城市中覆盖距离可达 2km，在建筑物密度较低的郊区覆盖距离可达 10km。

LoRa 接收电流仅 10mA，睡眠电流为 200nA，可以使用电池供电或者其他能量收集方式供电，电池寿命可达 3～10 年。LoRa 较低的数据传输速率延长了电池寿命，增大了网络容量。

（2）支持多信道并行处理，系统容量大。

LoRa 网关通过 2G/3G/4G 或者 Ethernet 技术，建立终端节点与 IP 网络间的连接。LoRa

网络中的节点数可高达万级甚至百万级，每个网关每天可以处理 500 万次节点之间的通信。

（3）基于终端节点和连接器/网关的系统支持测距和定位。

在 10km 以内，LoRa 定位精度可达 5m。

基于 LoRa 技术的网络能够提供安全的数据传输和远距离的双向通信，在智慧农业、智慧建筑、智慧物流等领域得到了广泛应用。

**测一测**

（1）结合智能抄表、共享单车等应用分析 LPWAN 的特点。

（2）LoRa 网络由哪些部分组成？

**想一想**

（1）共享单车适合采用 LoRa 技术吗？试说明原因。

（2）LoRa 技术工作于非授权频段，这使其具备哪些优势与劣势？

### 2. NB-IoT 技术

1）NB-IoT 的演进历程

NB-IoT 是窄带物联网（Narrow Band-Internet of Things）的英文缩写，它是 2015 年 9 月由 3GPP 标准组织提出的一种新型 LPWAN 技术，它由 LTE 网络架构演进而来，使用运营商专门划分的授权频段，聚焦于低功耗广域网，支持物联网设备在广域网中的蜂窝数据连接。其演进历程如图 8-1-3 所示。

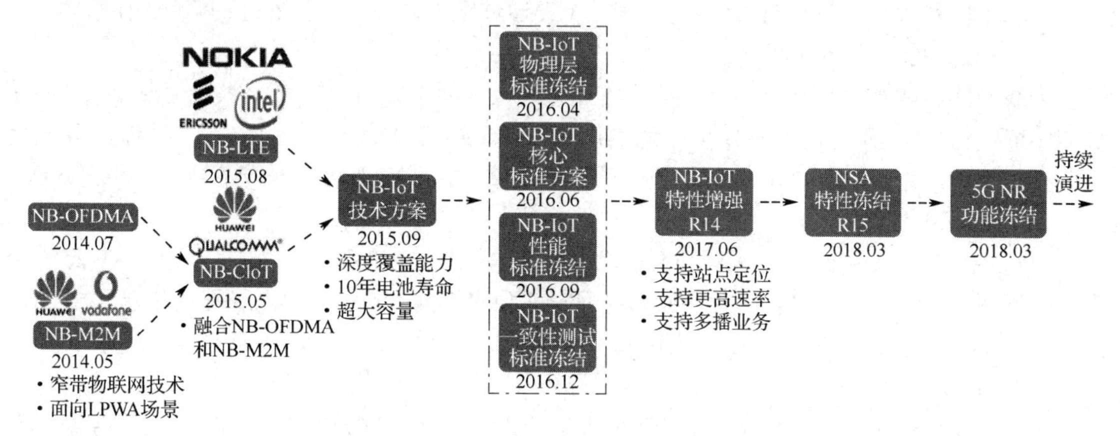


图 8-1-3 NB-IoT 的演进历程

NB-IoT 作为较早出现的 LPWAN 技术，一直随通信技术的发展在不断演进。早在 2013 年，相关业内厂商、运营商即开始发展窄带蜂窝物联网，命名为 LTE-M。2014 年 5 月，由沃达丰、华为、中国移动、Orange、意大利电信、诺基亚等公司支持的 LTE-M 在 3GPP GERAN 工作组立项，被重新命名为 Cellular IoT。2015 年 5 月，华为和高通共同宣布了 NB-CIoT 方案。同年 8 月，爱立信联合几家公司提出了 NB-LTE 方案。同年 9 月，NB-CIoT 和 NB-LTE 两个技术方案进行融合，NB-IoT 正式诞生。

在标准方面，2016 年 6 月实施的 3GPP R13 协议中 NB-IoT 核心标准已冻结。R15 协议更是支持 NR 与 NB-IoT 的共存部署方案，从而确保 5G 部署后存量的 NB-IoT 终端业务不受影响。在 R16 协议中，NB-IoT 仍是 LPWAN 的主要应用技术，且明确支持 NB-IoT 接入 5G 新核心网，确保 NB-IoT 在 5G 时代持续发展。

2）NB-IoT 网络架构

NB-IoT 网络架构如图 8-1-4 所示。

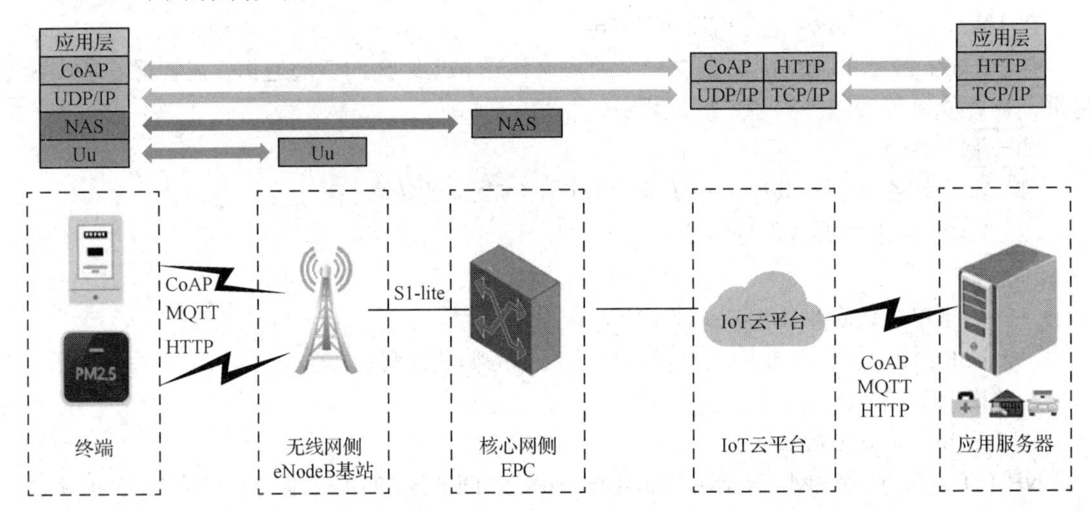


图 8-1-4　NB-IoT 网络架构

（1）终端（User Equipment，UE）。

终端主要包含行业终端与 NB-IoT 模块。UE 通过空中接口 Uu 连接到 eNodeB 基站。

（2）无线网侧 eNodeB 基站。

无线网侧有两种组网方式：一种是整体式无线接入网（Singel RAN），其中包括 2G/3G/4G 及 NB-IoT 无线网；另一种是 NB-IoT 独立组网。eNodeB 基站主要实现 Uu 接入处理、小区管理等相关功能，并通过 S1-lite 接口与核心网进行连接，将非接入层数据转发给高层网元处理。

（3）核心网侧 EPC。

EPC 主要实现与终端非接入层交互的功能，并且将关于 IoT 业务的数据转发到 IoT 云平台进行处理。其组网方式同样有两种：独立组网与非独立组网。其中，独立组网就是建立端到端的 5G 网络，非独立组网则是 5G 与 LTE 联合组网。

（4）IoT 云平台。

IoT 云平台汇聚从各种入网终端得到的 IoT 数据，并将数据分发给不同的应用服务器。

（5）应用服务器。

应用服务器根据客户的需求完成数据处理操作。考虑到代管和安全等因素，应用服务器通过调用开放 API 来控制设备，IoT 云平台则把设备上报的数据转发给应用服务器。

在 NB-IoT 通信方面，CoAP（Constrained Application Protocol，受限应用协议）是 IETF 专门为受限应用环境设计的物联网专用协议，其功能与 HTTP 类似，但更轻量化且高效。UE 的硬件资源配置一般很低，不适合使用 HTTP/HTTPS 等复杂协议，其与 IoT 云平台之间使用 CoAP 等协议进行通信。IoT 云平台与应用服务器功能都很强大，考虑到代管、安全等因素，两者间的通信一般使用 HTTP/HTTPS 应用层协议。

3）NB-IoT 关键技术

（1）NB-IoT 部署模式。

NB-IoT 终端发射带宽仅为 200kHz 的窄带信号，信号的功率谱密度、覆盖增益和频段利用效率都有大幅提升，终端基带的复杂度有所降低，数据包重复传输可获得更高的覆盖增益。NB-IoT 支持三种部署模式，具体如图 8-1-5 所示。

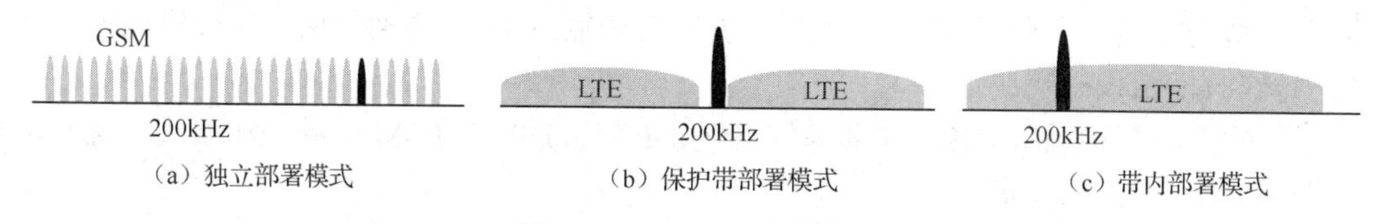

（a）独立部署模式　（b）保护带部署模式　（c）带内部署模式

图 8-1-5　NB-IoT 部署模式

① 独立部署模式。

这种部署模式不依赖 LTE，即与 LTE 完全解耦，适用于重耕 GSM 频段。GSM 的信道带宽为 200kHz，在为 NB-IoT 预留 180kHz 带宽的同时，两边还可留出 10kHz 保护间隔。这种部署模式可以利用 GSM 基站，覆盖能力强，网络容量大。

② 保护带部署模式。

这种部署模式不占用 LTE 资源，要求保护带部署带宽大于 200kHz，主要利用 LTE 边缘保护带中未使用的 180kHz 带宽的资源块。

③ 带内部署模式。

这种部署模式占用 LTE 的一个物理资源块，会产生额外的开销，可能会影响 LTE 峰值速率或容量。

在带内部署模式下，NB-IoT 沿用 LTE 定义的频段号，R13 协议为 NB-IoT 指定了 14 个频段，国内的 NB-IoT 主要运行在 B5 和 B8 频段，具体分配见表 8-1-1。

**表 8-1-1　国内 NB-IoT 频段分配表**

| 频　段 | 中心频率 | 上行频率 | 下行频率 | 运营商 |
|---|---|---|---|---|
| B5 | 850MHz | 824～849MHz | 869～894MHz | 中国电信 |
| B8 | 900MHz | 880～915MHz | 925～960MHz | 中国移动、中国联通 |

（2）NB-IoT 设备的状态转换与工作模式。

为实现低功耗，NB-IoT 设备在连接态、空闲态、节能态三个状态间转换，具体如图 8-1-6 所示。

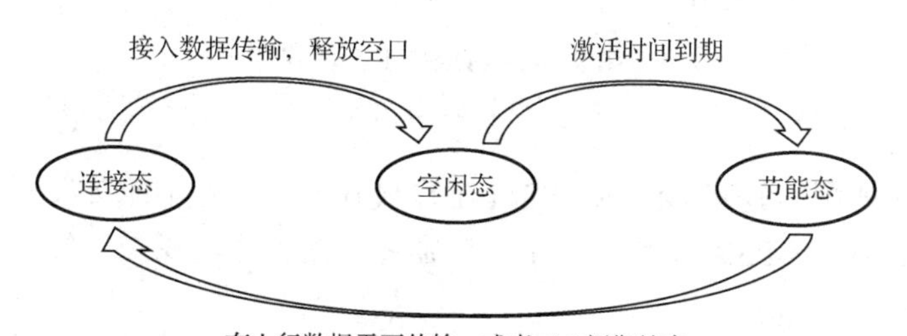


图 8-1-6　NB-IoT 设备的状态转换

连接态：设备注册入网后立刻进入连接态。数据交互停止一定时间后，设备进入空闲态，该时间由核心网决定，范围为 1～3600s。

空闲态：设备处于空闲态可收发数据，且收到下行数据后会进入连接态。无数据交互超过一定时间会进入节能态，该时间由核心网决定。

节能态：设备处于节能态时，会关闭收发信号机，功率很小，不再监听无线侧的寻呼，信令不可达，无法收到下行数据；有上行数据需要传输或TAU周期结束时，会进入连接态。节能态持续时间由核心网决定。

为了进一步降低功耗，NB-IoT设备又分为DRX、eDRX、PSM三种工作模式，且对每种模式的功耗都有明确的要求。

① DRX工作模式。

DRX工作模式如图8-1-7所示。若干DRX周期组成一个寻呼时间窗口（PTW），其大小可由定时器设置，范围为2.56～40.96s。DRX周期决定了寻呼时间窗口的大小和寻呼的次数。在DRX工作模式下能够随时找到设备。

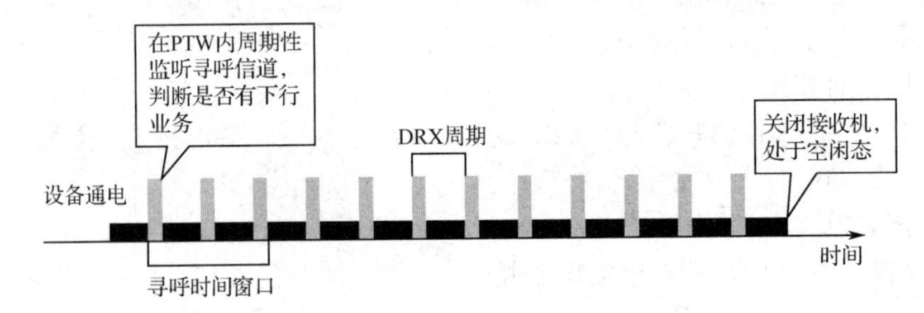


图8-1-7　DRX工作模式

② eDRX工作模式。

eDRX工作模式如图8-1-8所示。eDRX周期可用定时器配置，范围为20.48s～2.92h。每个eDRX周期中又包含若干DRX周期。此模式下设备的功耗很低。在eDRX工作模式下需要花几分钟甚至一两个小时才能找到设备。

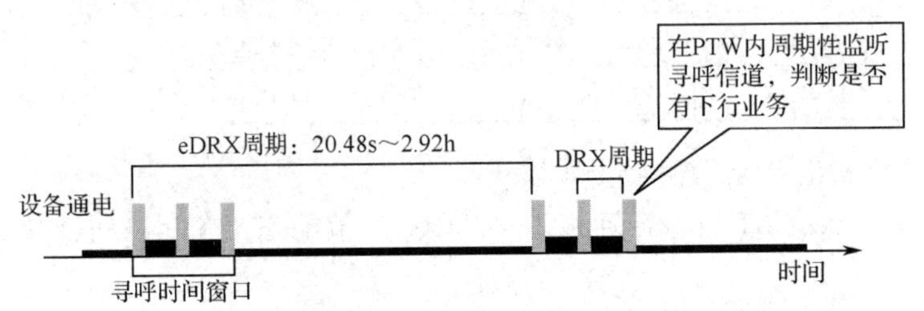


图8-1-8　eDRX工作模式

③ PSM工作模式。

PSM工作模式如图8-1-9所示。在PSM工作模式下，设备不能接收平台下发数据。此模式下设备的功耗极低。在PSM工作模式下可能需要一两天才能找到设备。

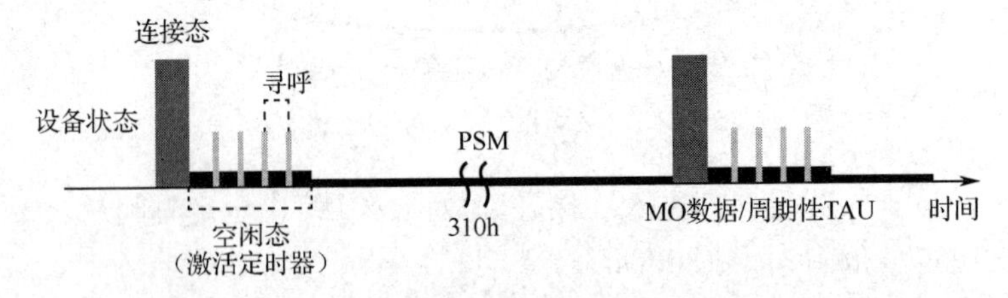


图8-1-9　PSM工作模式

在实际应用中需要根据具体场景合理选择工作模式，如共享单车开锁一般采用 DRX 工作模式，响应较快；物流监控每隔一两个小时观察一下货物位置即可，所以 eDRX 工作模式是比较合适的；远程水表每隔几天给服务器传输一次数据即可，所以应采用 PSM 工作模式。

图 8-1-10 展示了 TI 公司的 NB-IoT 终端及本任务所采用的 NB-IoT 模块。

（a）TI 公司的 NB-IoT 终端

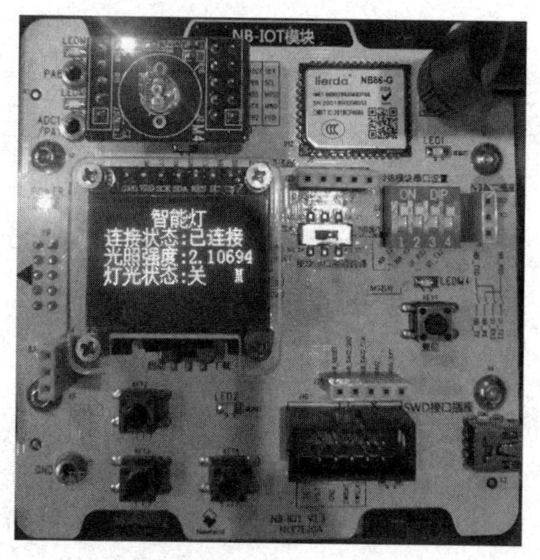


（b）本任务采用的 NB-IoT 模块

图 8-1-10　NB-IoT 设备

4）NB-IoT 技术的优点

（1）广覆盖。

与 GSM 相比，NB-IoT 技术的最大链路预算提升了 20dB，覆盖面积增大了 100 倍，能轻易覆盖地下车库、地下室、地下管道等场所；其上行工具谱密度增益为 17dB，2～16 倍的重传机制以延时为代价换取的增益为 3～12dB。

（2）低功耗。

NB-IoT 技术可以让设备一直在线，并通过减少不必要的信令、延长寻呼周期及终端进入空闲态等机制来达到省电的目的，有些场景的电池供电可达 10 年之久。NB-IoT 技术特别适用于一些不能经常更换电池的设备和场合，如安置于偏远地区的各类传感监测设备等。

（3）低成本。

NB-IoT 基于蜂窝网络，可直接部署于现有的 LTE 网络中，因此部署成本比较低。低速率、低功耗、低带宽同样给 NB-IoT 芯片及模块带来了低成本优势。

（4）大容量。

NB-IoT 基站的单区可支持超过 5 万个用户终端与核心网的连接，用户容量比现有 2G/3G/4G 移动网络提升了 50～100 倍。NB-IoT 终端 99%的时间都工作在节能模式，处于深度睡眠状态。

（5）授权频段。

NB-IoT 可直接部署于 LTE 网络中，也可以通过重耕 2G/3G 频段来部署，无论是数据安全和建网成本，还是产业链和网络覆盖，相对于非授权频段都具有很强的优越性。

（6）安全性。

NB-IoT 支持双向鉴权和空口加密机制，能确保 UE 在发送和接收数据时的空口安全性。

5）NB-IoT 技术的应用

NB-IoT 技术被广泛应用于公共事业、医疗健康、智慧城市、农业环境、物流仓储、智能楼宇等领域。例如，智慧停车解决方案采用 NB-IoT 技术实现了一键泊车、一键寻车、一键缴费和智慧监管等功能，既提升了停车位利用率，又降低了管理难度。利用 NB-IoT 技术还可构建智能抄表无线传感网体系，如图 8-1-11 所示。

图 8-1-11　智能抄表无线传感网体系

### 3．LoRa 与 NB-IoT 的对比

NB-IoT 和 LoRa 有各自的特点和适用范围。LoRa 的优势在于起步较早，联盟成员超过 400 家，目前正在 150 个城市进行试点部署。NB-IoT 在成本、覆盖范围、传输速率等多方面优势明显，而且它基于授权频段，因此稳定性好于 LoRa，但其硬件成本较高，这在一定程度上制约了 NB-IoT 的推广。表 8-1-2 对 NB-IoT 和 LoRa 做了对比。

表 8-1-2　NB-IoT 与 LoRa 的对比

| 项　目 | LoRa | NB-IoT |
|---|---|---|
| 频段安全性 | 安全性低 | 安全性高 |
| 建网成本 | 成本高 | 成本低 |
| 运营模式 | 多个局域网运营 | 运营商经营 |
| 信道带宽 | 7.8～500kHz | 200kHz |
| 调制方式 | 线性扩频调制 | 上行：SCFDMA；下行：OFDMA |
| 典型速率 | 0.018～37.5kbit/s | 上行：14.7～48bit/s；下行：>150kbit/s |
| 传输容量 | 2～50k | 50k |
| 覆盖距离 | 城区：2～5km；郊区：约 15km | 城区：1～8km；郊区：约 25km |
| 电池寿命 | >10 年 | >10 年 |

测一测

（1）简述 NB-IoT 技术的特点。

（2）简述 LoRa 网络的通信体系。

想一想

（1）NB-IoT 技术能给企业生产带来哪些变化？

（2）请调查 TI 公司的 NB-IoT 终端的参数及应用场景。

### 4．lierda NB86-G 模组

lierda NB86-G 模组（简称 NB86-G 模组）如图 8-1-12 所示，它基于海思 Hi2110 芯片开发，符合 3GPP 标准，是全球领先的 NB-IoT 无线通信模组。

图 8-1-12　lierda NB86-G 模组

1）NB86-G 模组简介

该模组采用 LCC and Stamp Hole 封装形式，外形尺寸为 20mm×16mm×2.2mm，质量为 1.3g，发射功率为 23dBm，最大耦合损耗为 164dBm，最大链路预算较 GPRS 或 LTE 提升 20dB，工作温度为-30～+85℃，具有 2 个 UART 接口、1 个 SIM/USIM 卡通信接口、1 个复位引脚、1 个 ADC 接口、1 个天线接口，支持 3GPP R13/14 NB-IoT 无线通信接口和协议，所有器件符合 EU RoHS 标准，内部 MCU 可供终端用户二次开发。NB86-G 模组传输距离远，抗干扰能力强，其支持的频段见表 8-1-3。

表 8-1-3　NB86-G 模组支持的频段

| 频　段 | 上 行 频 段 | 下 行 频 段 | 网 络 制 式 |
|---|---|---|---|
| Band 01 | 1920～1980MHz | 2110～2170MHz | H-FDD |
| Band 03 | 1710～1785MHz | 1805～1880MHz | H-FDD |
| Band 05 | 824～849MHz | 869～894MHz | H-FDD |
| Band 08 | 880～915MHz | 925～960MHz | H-FDD |
| Band 20 | 832～862MHz | 791～821MHz | H-FDD |
| Band 28 | 703～748MHz | 758～803MHz | H-FDD |

2）NB86-G 模组引脚描述

NB86-G 模组引脚图如图 8-1-13 所示。

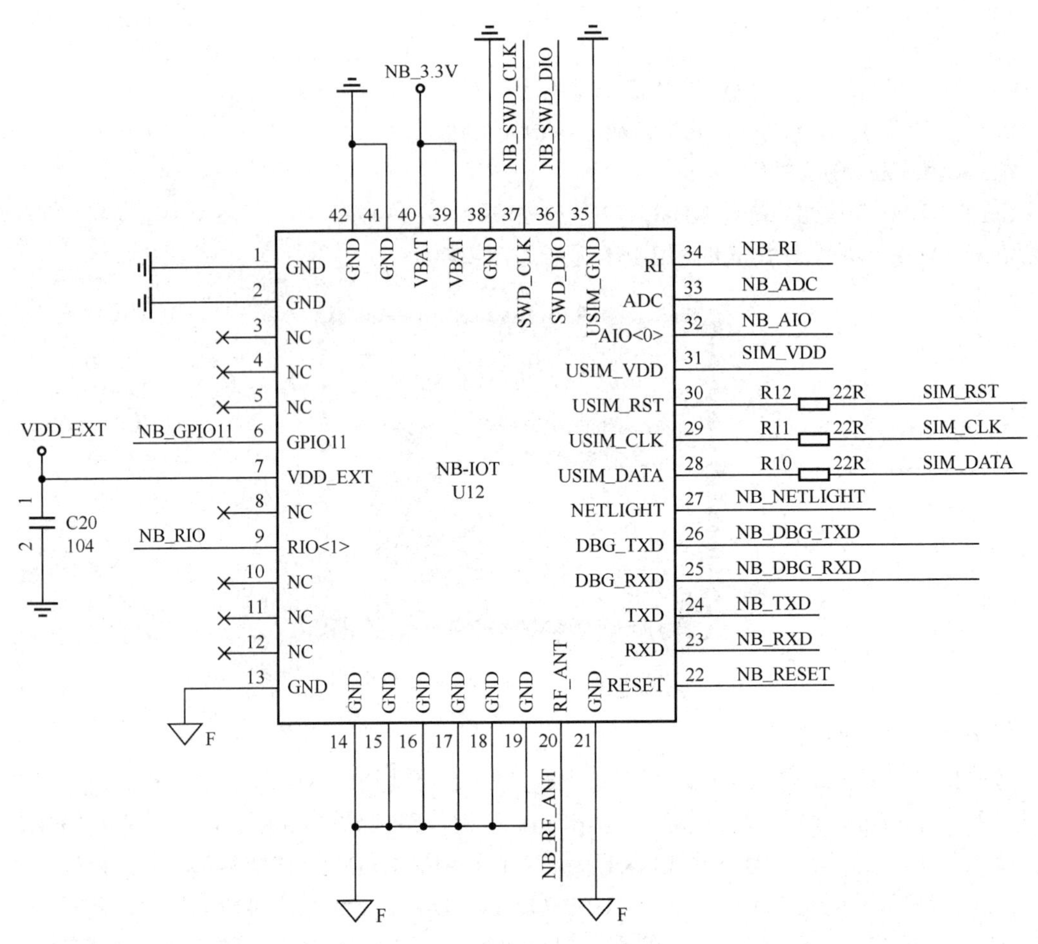


图 8-1-13 NB86-G 模组引脚图

NB86-G 模组引脚说明见表 8-1-4。

表 8-1-4 NB86-G 模组引脚说明

| 引 脚 号 | 引 脚 名 | I/O | 描 述 | DC 特性 | 备 注 |
|---|---|---|---|---|---|
| 39、40 | VBAT | PI | 模块电源 | $V_{max}$=4.2V<br>$V_{min}$=3.1V<br>$V_{norm}$=3.6V | 电源必须能提供 0.5A 电流 |
| 7 | VDD_EXT | PO | 输出范围:<br>1.7V～VBAT | $V_{norm}$=3.0V<br>$I_{omax}$=20mA | (1) 不用则悬空<br>(2) 用于给外部供电，推荐并联一个 2.2～4.7μF 的旁路电容 |
| 1、2、13～19、21、35、38、41、42 | GND | 地 | — | — | — |
| 22 | RESET | DI | 复位模块 | $R_{pu}$≈78KΩ<br>$V_{IHmax}$=3.3V<br>$V_{IHmin}$=2.1V<br>$V_{ILmax}$=0.6V | 内部上拉，低电平有效 |

续表

| 引脚号 | 引脚名 | I/O | 描述 | DC特性 | 备注 |
|---|---|---|---|---|---|
| 23 | RXD | DI | 主串口：模块接收数据 | $V_{ILmax}$=0.6V<br>$V_{IHmin}$=2.1V<br>$V_{IHmax}$=3.3V | 3.0V 电源域，进入 PSM 时不可悬空 |
| 24 | TXD | DO | 主串口：模块发送数据 | $V_{OLmax}$=0.4V<br>$V_{OHmin}$=2.4V | 3.0V 电源域，不用则悬空 |
| 34 | RI | DO | 模块输出振铃提示 | $V_{OLmax}$=0.4V<br>$V_{OHmin}$=2.4V | 3.0V 电源域 |
| 25 | DBG_RXD | DI | 调试串口：模块接收数据 | $V_{ILmax}$=0.6V<br>$V_{IHmin}$=2.1V<br>$V_{IHmax}$=3.3V | 3.0V 电源域，不用则悬空 |
| 26 | DBG_TXD | DO | 调试串口：模块发送数据 | $V_{OLmax}$=0.4V<br>$V_{OHmin}$=2.4V | 3.0V 电源域，不用则悬空 |
| 28 | USIM_DATA | IO | SIM 卡数据线 | $V_{OLmax}$=0.4V<br>$V_{OHmin}$=2.4V<br>$V_{ILmin}$=0.3V<br>$V_{ILmax}$=0.6V<br>$V_{IHmin}$=2.1V<br>$V_{IHmax}$=3.3V | USIM_DATA 外部的 SIM 卡要加上拉电阻到 USIM_VDD，外部 SIM 卡接口建议使用 TVS 管进行 ESD 保护，且布线距离不要超过 20cm |
| 29 | USIM_CLK | DO | SIM 卡时钟线 | $V_{OLmax}$=0.4V<br>$V_{OHmin}$=2.4V | — |
| 30 | USIM_RST | DO | SIM 卡复位线 | $V_{OLmax}$=0.4V<br>$V_{OHmin}$=2.4V | — |
| 31 | USIM_VDD | DO | SIM 卡供电电源 | $V_{norm}$=3.0V | — |
| 33 | ADC | AI | 通用模数转换 | 电压范围：<br>0V～$V_{BAT}$ | 不用则悬空 |
| 27 | NETLIGHT | DO | 网络状态指示 | $V_{OLmax}$=0.4V<br>$V_{OHmin}$=2.4V | — |
| 20 | RF_ANT | IO | 射频天线接口 | 50Ω 特性阻抗 | — |

**测一测**

NB86-G 模组有哪些特点？

**想一想**

NB86-G 模组通过什么方式实现终端入网？

### 5. AT 指令简介

NEWLab 平台中的 NB-IoT 模块采用 NB86-G 模组，运营商为中国电信。本任务中与 NB-IoT 模块相关的 AT 指令介绍如下。

（1）检测模组基本信息。

● AT：检测模组是否处于可用状态。

- AT+CGMI：请求制造商名称。
- AT+CGMM：请求生产编号。
- AT+CGMR：请求版本信息。

（2）检测通信参数。

- AT+CIMI：检测 IMSI 信息。如果返回具体数值，说明已经识别出 SIM 卡。
- AT+CSQ：检测信号强度。

（3）设置连接通知，支持通信状态跟踪。

- AT+CSCON=1：设置基站连接通知。
- AT+CEREG=2：设置核心网连接通知。
- AT+NNMI=1：开启下行数据通知。

（4）建立入网连接。

- AT+CFUN=1：开启 NB-IoT 模块射频单元。
- AT+CGATT=1：NB-IoT 模块尝试入网。
- AT+NCDP=IP，Port：建立 NB-IoT 模块与云平台服务器的连接。其中，IP 为服务器的 IP 地址；Port 为服务器为 NB-IoT 建立连接的端口，多为 5683。

（5）检测 NB-IoT 模块工作状态。

- AT+CFUN?：检测 NB-IoT 模块是否开启射频单元搜索信号。如果返回 0，表示射频单元未正常开启。
- AT+CSQ：检测信号强度。
- AT+CGATT?：检测 NB-IoT 模块是否入网成功。返回 1 表示成功，返回 0 表示未成功。
- AT+CEREG?：检测网络注册状态。
- AT+CSCON：检测 NB-IoT 模块工作状态。

测一测

按如下流程写出相应的 AT 指令序列：

（1）检测模组是否可用。

（2）检测信号强度。

（3）开启下行数据通知。

（4）建立 NB-IoT 模块与云平台服务器的连接。

### 6．本任务使用的 NB-IoT 模块简介

本任务使用的 NB-IoT 模块中两大部件的通信结构如图 8-1-14 所示。

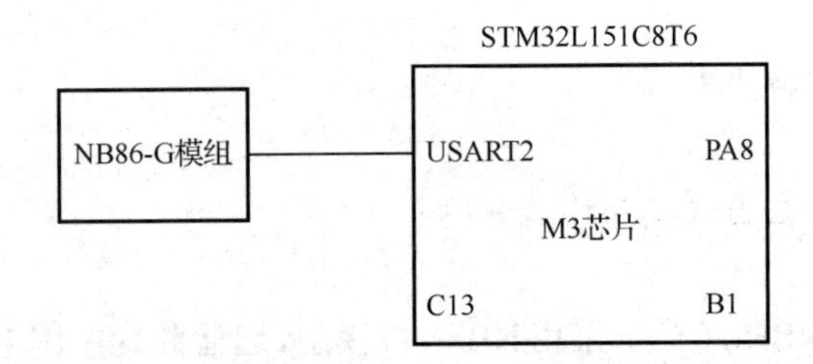


图 8-1-14　NB-IoT 模块两大部件的通信结构

M3 芯片通过串口 USART2 以 9600bit/s 的速率和 NB86-G 模组建立串行通信，向 NB86-G 模组发送 AT 指令，实现 NB86-G 模组配置管理、UE 入网及数据上报功能。计算机通过串口

USART1 以 115200bit/s 的速率向 M3 芯片烧写程序。

NB-IoT 模块实物图如图 8-1-15 所示。

（a）正面

（b）背面

图 8-1-15　NB-IoT 模块实物图

## 任务实施

### 设备与资源准备

任务实施前必须准备好以下设备与资源。

| 序　号 | 设备/资源名称 | 数　量 | 是否准备到位 |
|---|---|---|---|
| 1 | NB-IoT 模块 | 1 | |
| 2 | 串口通信电缆 | 1 | |
| 3 | 计算机 | 1 | |
| 4 | 串口调试助手软件 | 1 | |

#### 1．硬件连接

如图 8-1-16 所示，将 NB-IoT 模块正确放置在 NEWLab 平台上，并按照①、②、③所示完成硬件连接和模式选择，然后为 NEWLab 平台通电。

#### 2．M3 芯片与 NB86-G 模组间的连接

（1）把④处的拨码开关 1、2 拨向上方，拨码开关 3、4 拨向下方。

（2）把⑤处的拨码开关拨向右侧。

（3）把⑥处的拨码开关拨向左侧，使 NB-IoT 模块进入正常工作状态。

#### 3．设置串口通信参数

首先在计算机上查看当前连接 NB-IoT 模块的串口，如图 8-1-17 所示；然后打开串口调试助手软件，设置串口通信参数，如图 8-1-18 所示。

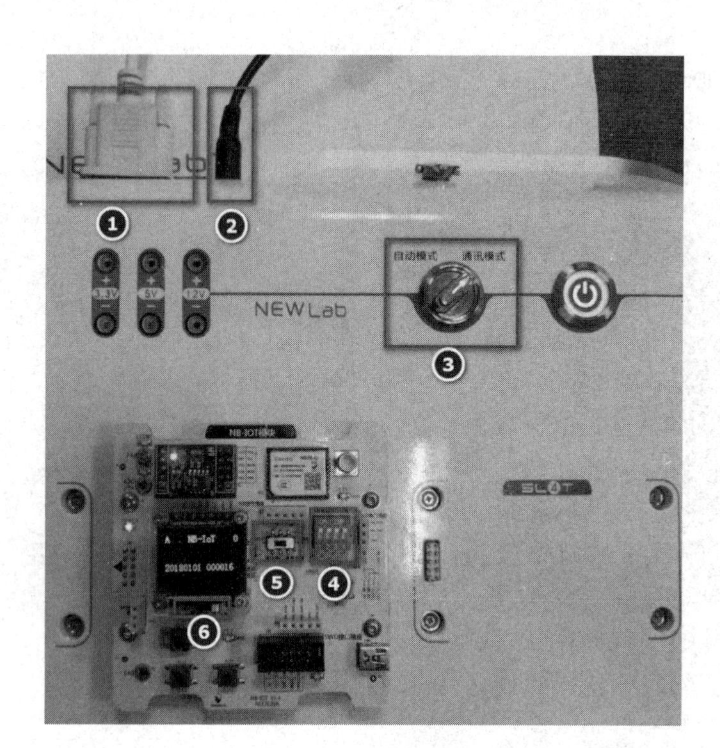


图 8-1-16　硬件连接

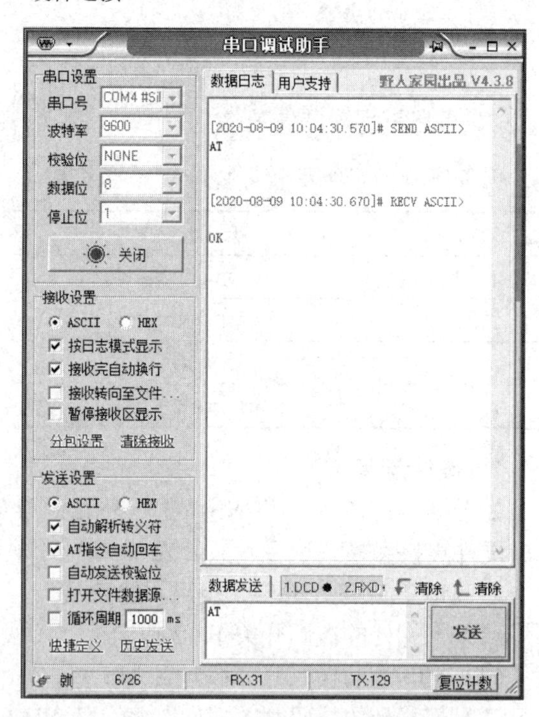


> 打印队列
∨ 端口 (COM 和 LPT)
Silicon Labs CP210x USB to UART Bridge (COM4)
> 计算机

图 8-1-17　在计算机上查看串口

图 8-1-18　设置串口通信参数

### 4．检测模组基本信息

如图 8-1-19 所示，在串口调试助手软件界面中输入“AT”，检测模组是否可用，若返回“OK”，则表示模组可用。如图 8-1-20 所示，继续输入指令，检测模组的相关信息。

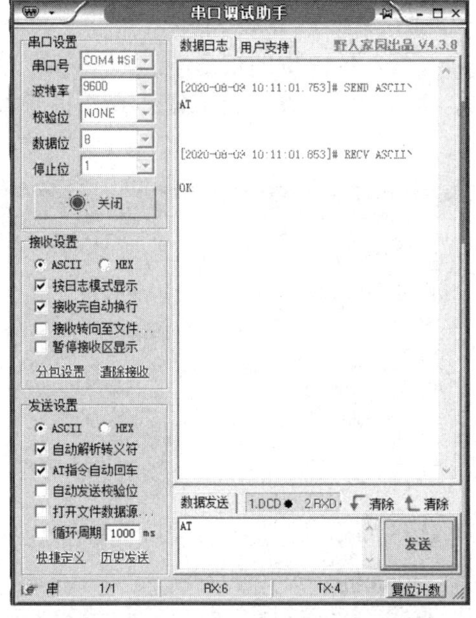


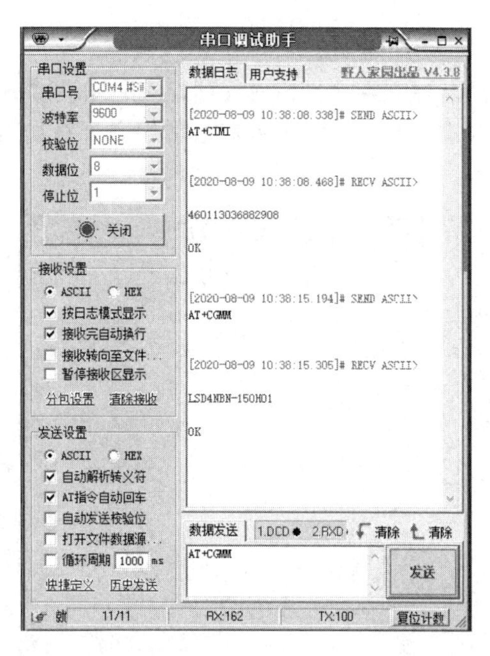

图 8-1-19 检测模组是否可用　　图 8-1-20 检测模组的相关信息

### 5. 建立入网连接

如图 8-1-21 所示，输入指令“AT+CSQ”，检测信号强度，返回结果为“31, 99”；然后输入指令“AT+CGATT=1”，尝试入网，返回“OK”表示入网成功。

如图 8-1-22 所示，输入指令“AT+NCDP=117.60.157.137,5683”，建立 NB-IoT 模块与云平台服务器之间的连接。

如图 8-1-23 所示，输入相应的指令，开启射频单元，设置连接通知。

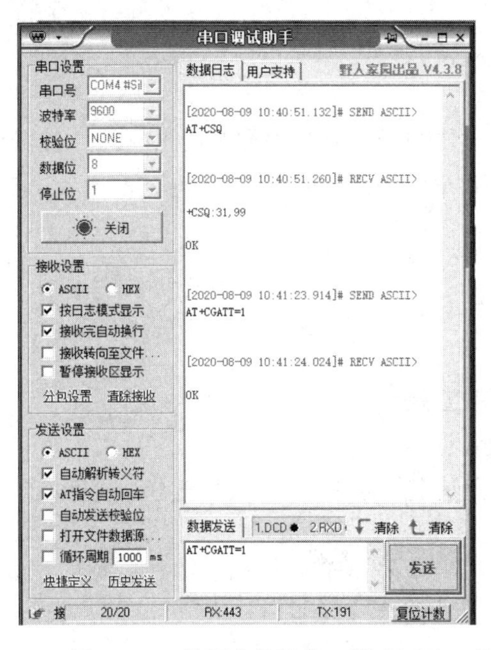


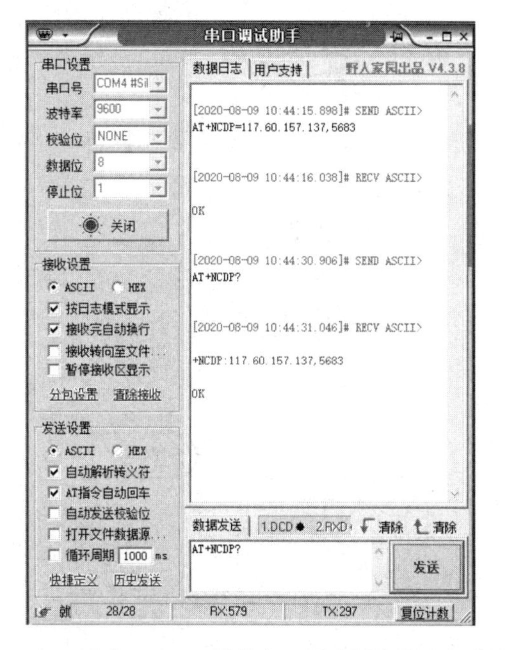


图 8-1-21 检测信号强度、尝试入网　　图 8-1-22 建立 NB-IoT 模块与云平台服务器之间的连接

### 6．检测 NB-IoT 模块的工作状态

成功建立连接且完成各项连接通知设置后，输入图 8-1-24 中的指令，检测 NB-IoT 模块的工作状态。其中，“AT+CEREG?”用于查询网络注册状态，“AT+CSCON?”用于查询模块连接状态。

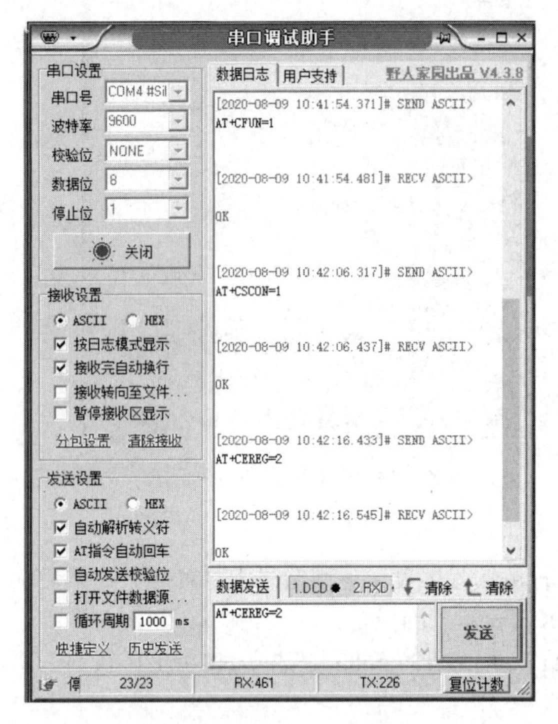


图 8-1-23 开启射频单元及设置连接通知

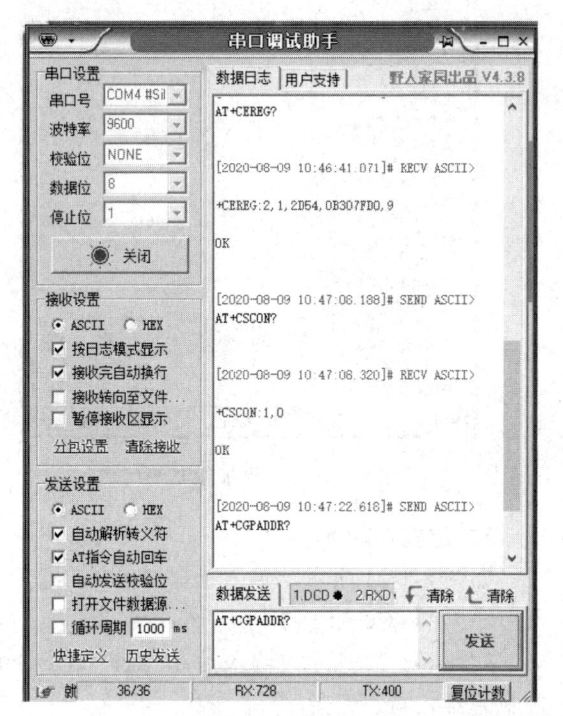


图 8-1-24 检测 NB-IoT 模块的工作状态

## 任务检查与评价

完成任务后，进行任务检查与评价，任务检查与评价表在本书配套资源中。

## 任务小结

### 知识与技能提升

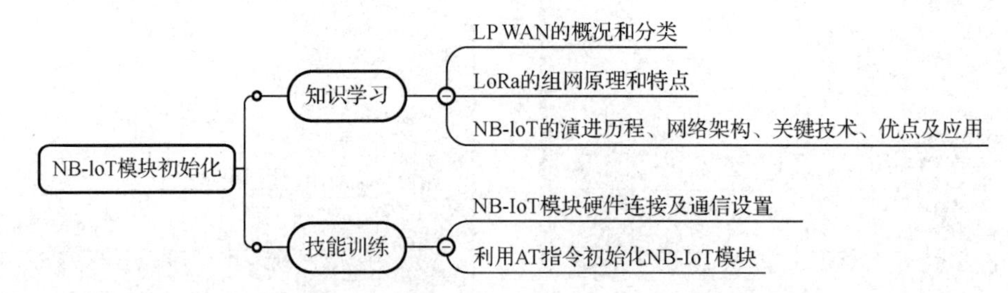

# 任务二　超声波传感器的应用

## 职业能力目标

- 掌握超声波传感器的工作原理、特性和应用。
- 掌握 NB-IoT 模块的烧写方法。

## 任务描述与要求

**任务描述：**

出于对检测的精度、可靠性、稳定性和设备使用寿命、安装维护等因素的考虑，深井水位监测系统中决定采用超声波传感器来检测水位。本任务将超声波传感器构成的水位检测装置接入网络，并将相关程序烧写入 NB-IoT 模块。

**任务要求：**

- 掌握超声波传感器的工作原理、特性和测量电路，完成超声波传感器的选择。
- 利用超声波传感器完成水位数据采集。
- 向 NB-IoT 模块烧写程序。

## 任务分析与计划

根据所学相关知识，完成本任务的实施计划。

| 项目名称 | 深井水位监测系统 |
|---|---|
| 任务名称 | 超声波传感器的应用 |
| 计划方式 | 分组完成、团队合作、分析调研 |
| 计划要求 | 1．了解超声波传感器的功能、分类、应用、工作原理等知识<br>2．了解本任务所用的超声波传感模块及相关电路<br>3．利用 Flash Loader Demonstrator 软件向 NB-IoT 模块烧写程序 |
| 序　　号 | 主 要 步 骤 |
| 1 | |
| 2 | |
| 3 | |
| 4 | |
| 5 | |
| 6 | |
| 7 | |
| 8 | |
| 9 | |

### 1．超声波传感器

1）简介

超声波的振动频率高于机械波（图 8-2-1），具有频率高、波长短、方向性好、穿透能力强、绕射现象小、有多普勒效应等特点。基于超声波的特性研制出的超声波传感器，在工业、生物、医学、国防等各个领域得到了广泛应用。

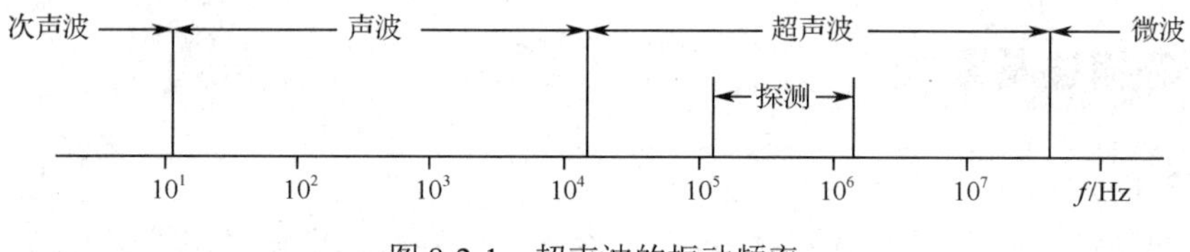


图 8-2-1　超声波的振动频率

超声波传感器类型较多，其中以压电式超声波传感器最为常见，因此本书重点介绍压电式超声波传感器。

超声波传感器是将超声波信号转换成电信号的传感器，其利用不同介质对超声波传播的影响来探测物体和进行测量，主要涉及超声波的产生、传播与接收，以及信号的加工处理。不同类型的超声波传感器形态各异，密封材料有塑料、不锈钢等，外形有圆形、柱形、方形等。

超声波传感器又称超声波探头。如图 8-2-2 所示为固体超声波探头，它分为单晶直探头、双晶直探头和接触式斜探头。单晶直探头发出一束持续时间很短的超声波，垂直投射到试件内后遇到反射界面被反射回探头，其发射与接收分时进行，测量精度低且控制电路复杂。双晶直探头将两个单晶直探头组合在一起，即将两片压电晶片装配在同一壳体内，分别完成超声波发射和超声波接收。双晶直探头结构稍显复杂，但收发同时进行，测量精度比单晶直探头高，控制电路也比单晶直探头简单。接触式斜探头是将压电晶片粘贴在与底面成 30°、45° 等角度的有机玻璃楔块上，当楔块与不同材料的试件接触时，超声波将按一定角度折射入试件中，经多次反射后到达接收探头。

（a）单晶直探头

（b）双晶直探头

（c）接触式斜探头

图 8-2-2　固体超声波探头

空气超声波探头如图 8-2-3 所示，它应用时不需要与试件接触。

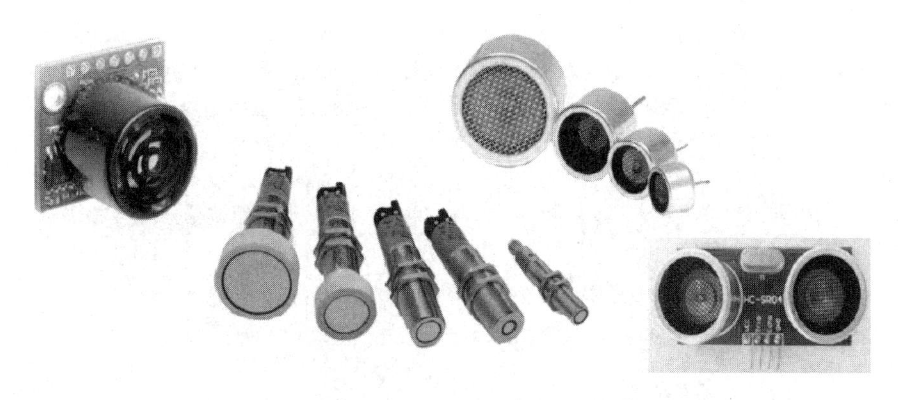

图 8-2-3　空气超声波探头

测一测

超声波传感器的信号检测依据是什么？涉及哪些环节？

想一想

各类超声波传感器虽然形态不同，但也存在不少共同点，请具体说一说。

2）超声波传感器的工作原理

以单晶直探头为例，超声波探头内部结构如图 8-2-4 所示。超声波探头的核心部件是压电晶片。当超声波探头外接高频电压脉冲时，压电晶片因电致伸缩效应将高频电振动转换成机械振动，产生超声波向外发射。当超声波探头检测到超声波时，压电晶片因压电效应将机械振动转换成电振动。

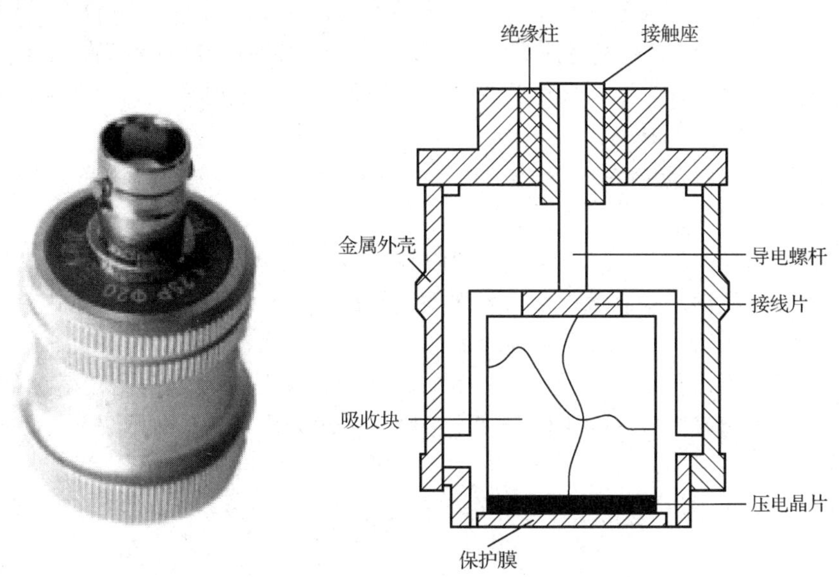


图 8-2-4　超声波探头内部结构

两个超声波探头分工收发，协作进行信息采集的过程如图 8-2-5 所示。

超声波探头的应用形式分为透射型、分离反射型、一体反射型三种，如图 8-2-6 所示。

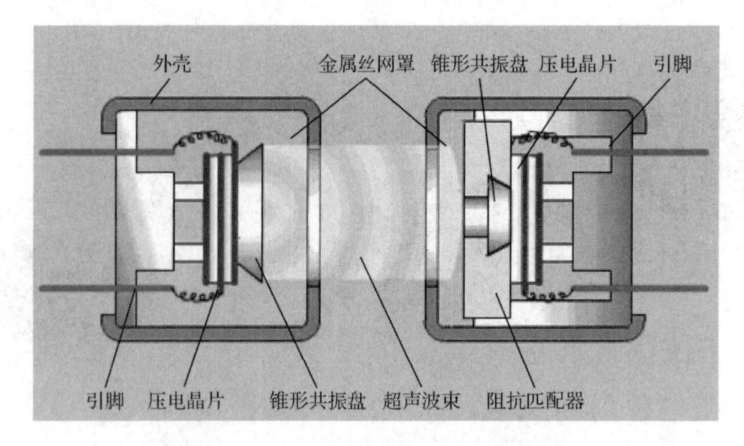


图 8-2-5 两个超声波探头的收发协作过程

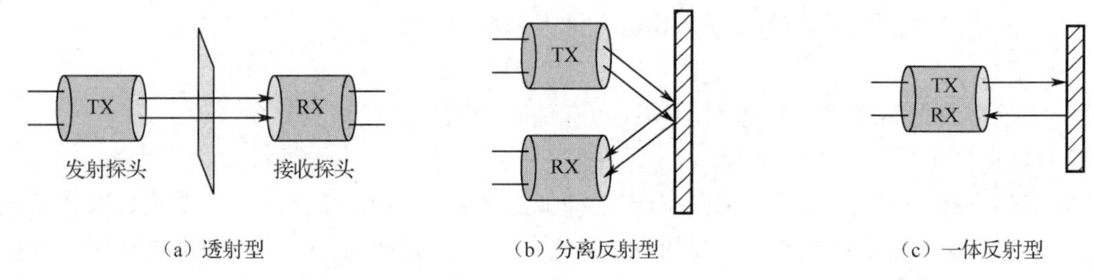


图 8-2-6 超声波探头的应用形式

将发射探头与接收探头分别置于被测物两侧的形式称为透射型。透射型可以用于遥控器、防盗报警器、接近开关等。将发射探头与接收探头置于被测物同侧的形式称为反射型，根据发射探头与接收探头是否合为一体又可分为分离反射型和一体反射型。反射型可用于测距、测液位或物位、金属探伤及测厚等。

3）超声波传感器的特性

● 工作频率。

工作频率就是压电晶片的共振频率。当加到压电晶片两端的交流电压的频率和压电晶片的共振频率相等时，输出的能量最大，灵敏度也最高。

● 工作温度。

由于压电材料的居里点一般比较高，所以超声波探头的工作温度比较低，可以长时间工作而不失效。医用超声波探头的工作温度比较高，需要采用单独的制冷设备。

● 灵敏度。

灵敏度主要取决于压电晶片的机电耦合系数。机电耦合系数大，则灵敏度高；反之，则灵敏度低。

● 方向性。

方向性表征超声波探头的探测范围。以圆形压电晶片构成的超声波探头为例，其方向性如图 8-2-7 所示。

4）超声波传感器的应用

超声波传感器应用广泛，图 8-2-8 所示的倒车雷达和停车位管理都是典型的超声波测距应用场景。

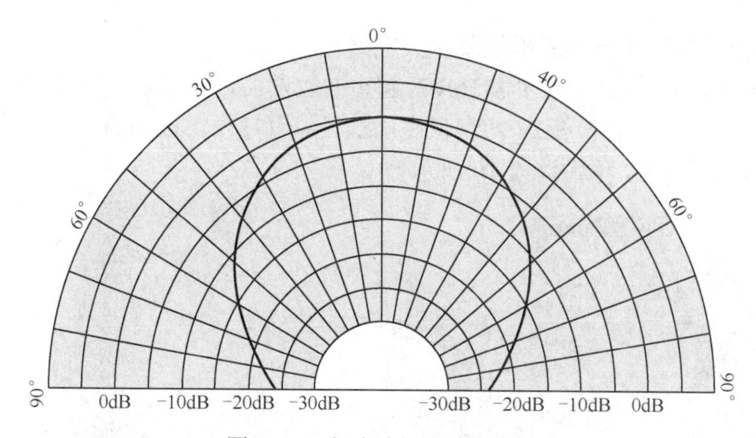

图 8-2-7 超声波探头的方向性

图 8-2-8 超声波测距应用场景

超声波测距系统电路如图 8-2-9 所示。控制电路产生的标准数字脉冲信号经具有放大功能的脉冲发送电路送至发送器，使发送器中的压电晶片产生电致伸缩效应，将高频电振动转换成机械振动，产生超声波向外发射。超声波传播至待测目标后被反射至接收器，产生周期性的电压脉冲信号，该信号经具有放大和锁相环检波功能的接收电路处理后被送至控制电路。

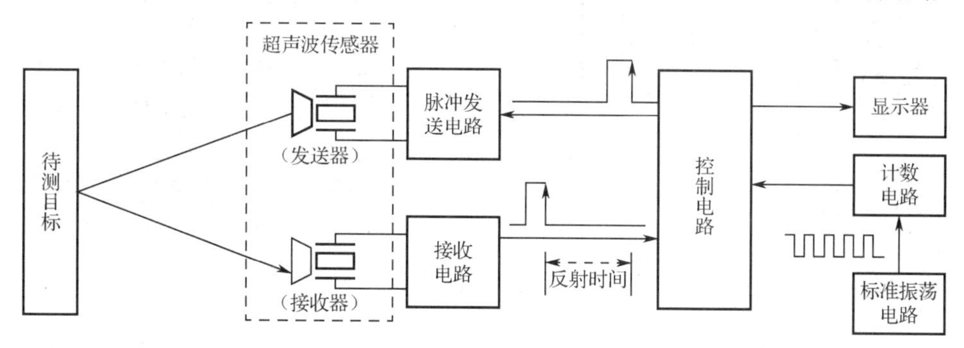

图 8-2-9 超声波测距系统电路

测一测

简述两个超声波探头的收发协作过程。

想一想

调查汽车倒车雷达中使用的超声波探头的参数，分析其特性。

2．本任务使用的超声波传感模块及相关电路

本任务采用双探头结构的 TCT40-16R/T 超声波收发器，其发射信号频率为 40kHz，测距可达 1.2m 以上，可采用 5V 和 3.3V 两种供电电源。应用时须将该超声波收发器安装在本任务所用的超声波传感模块上，如图 8-2-10 所示。

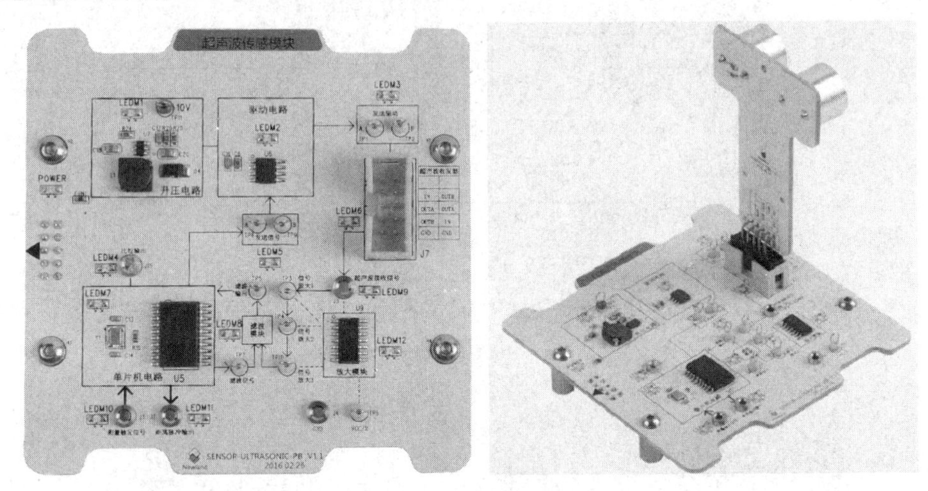


图 8-2-10　超声波传感模块与超声波收发器的组装

1）超声波发送电路

超声波发送电路如图 8-1-11 所示。由单片机 STC15W408AS 及外围电路构成超声波信号源电路。单片机通过引脚 SIG_OUTA（TP8）、SIG_OUTB（TP9）向 L9110 输入控制信号，使其驱动超声波发送器产生超声波向外发射。

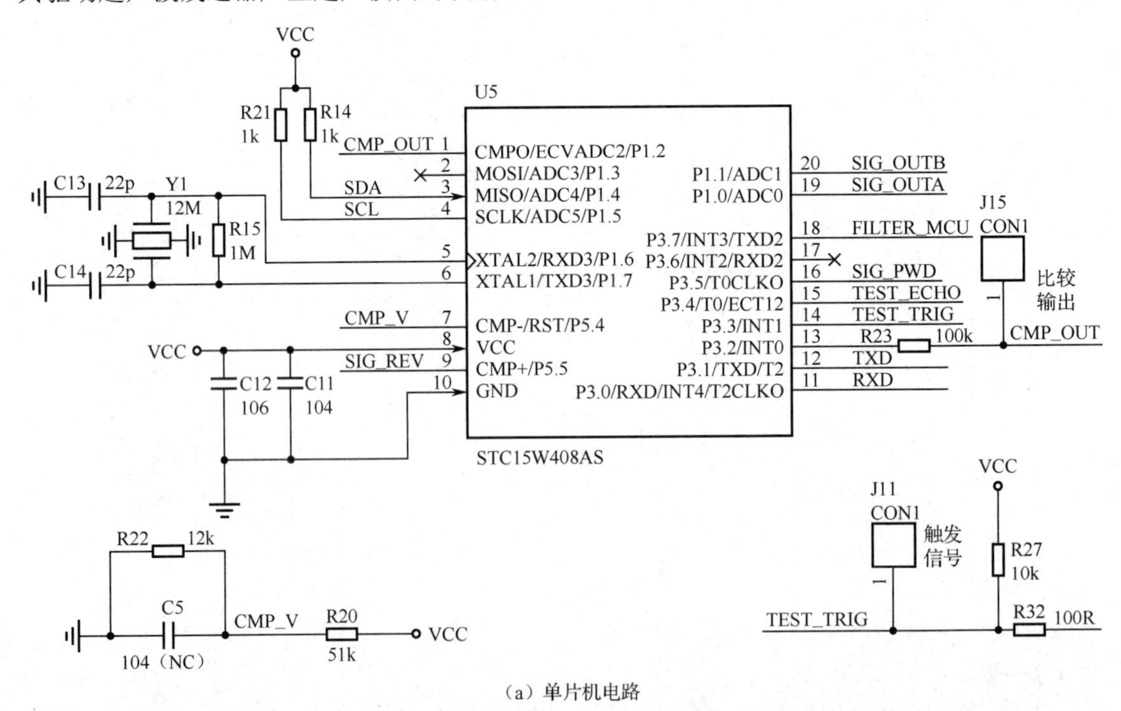


（a）单片机电路

图 8-2-11　超声波发送电路

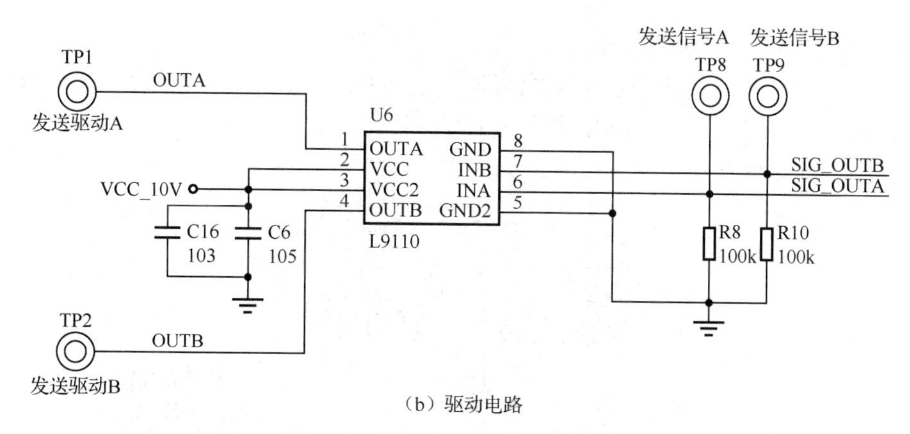


（b）驱动电路

图 8-2-11　超声波发送电路（续）

L9110 是一个两通道推挽式功率放大专用集成电路，具有良好的抗干扰性，这里用来驱动超声波发送器。

2）*超声波接收电路*

超声波接收电路如图 8-2-12 所示。

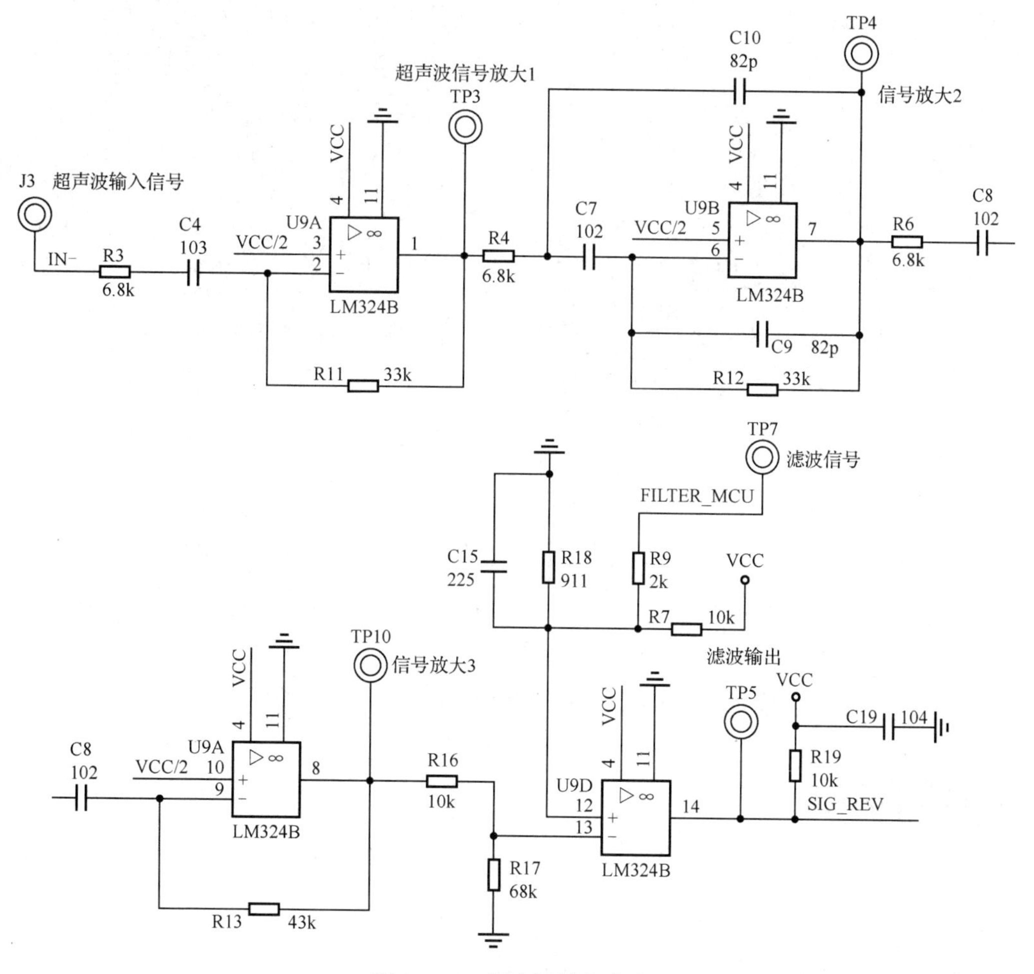


图 8-2-12　超声波接收电路

3）利用超声波传感模块检测模拟水位

本任务所用的超声波传感模块可测距离范围为 0.02～1.2m，应用时须将超声波收发器插到模块预留的接口上。超声波传感模块上的 J1 接口用于输入测量触发信号，J2 接口用于输出距离脉冲信号，其时序图如图 8-2-13 所示。

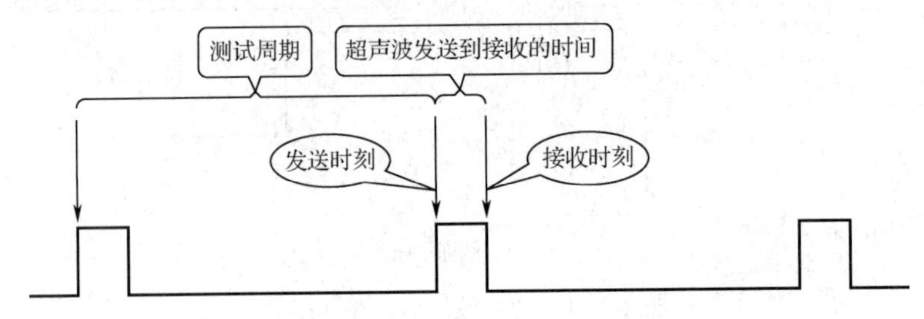


图 8-2-13　超声波传感模块时序图

将超声波传感模块上的 J1、J2 接口接到 NB-IoT 模块上的通用数字 I/O 接口，且分别设置为 GPIO 输出模式和输入模式。

### 3．NB-IoT 模块的烧写

利用 Flash Loader Demonstrator 软件进行程序烧写，如图 8-2-14 所示。

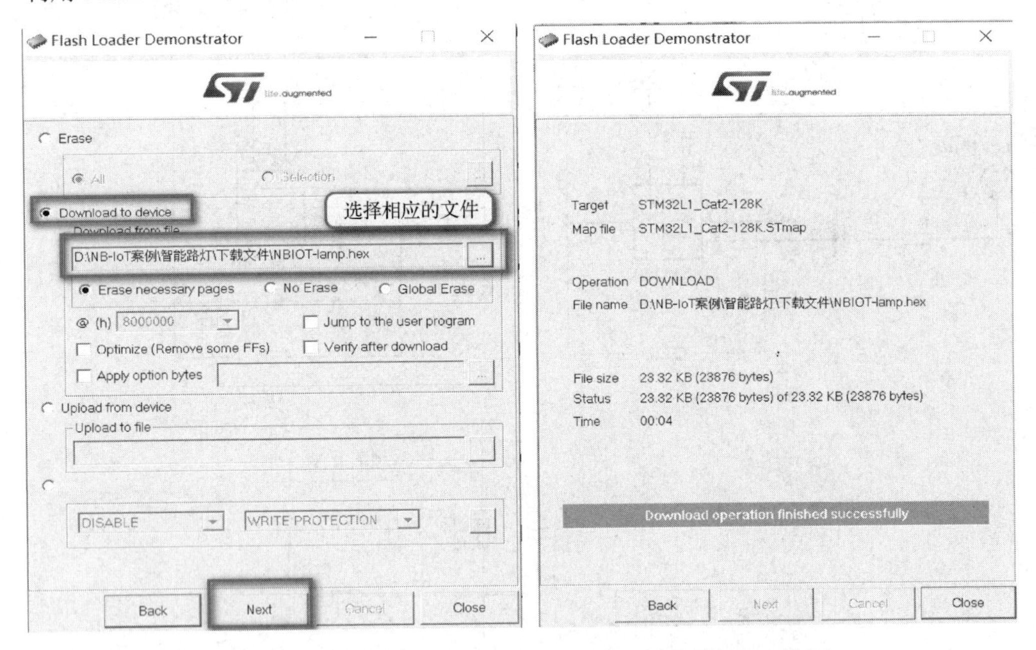


图 8-2-14　利用 Flash Loader Demonstrator 软件进行程序烧写

## 任务实施

### 设备与资源准备

任务实施前必须准备好以下设备和资源。

| 序　　号 | 设备/资源名称 | 数　　量 | 是否准备到位 |
|---|---|---|---|
| 1 | NB-IoT 模块 | 1 | |
| 2 | 串口通信电缆 | 1 | |
| 3 | 超声波传感模块 | 1 | |
| 4 | 超声波收发器 | 1 | |
| 5 | 计算机 | 1 | |
| 6 | 杜邦线 | 4 | |

### 1．硬件连接

深井水位监测系统硬件连接图如图 8-2-15 所示，按硬件连接图连接各个模块。

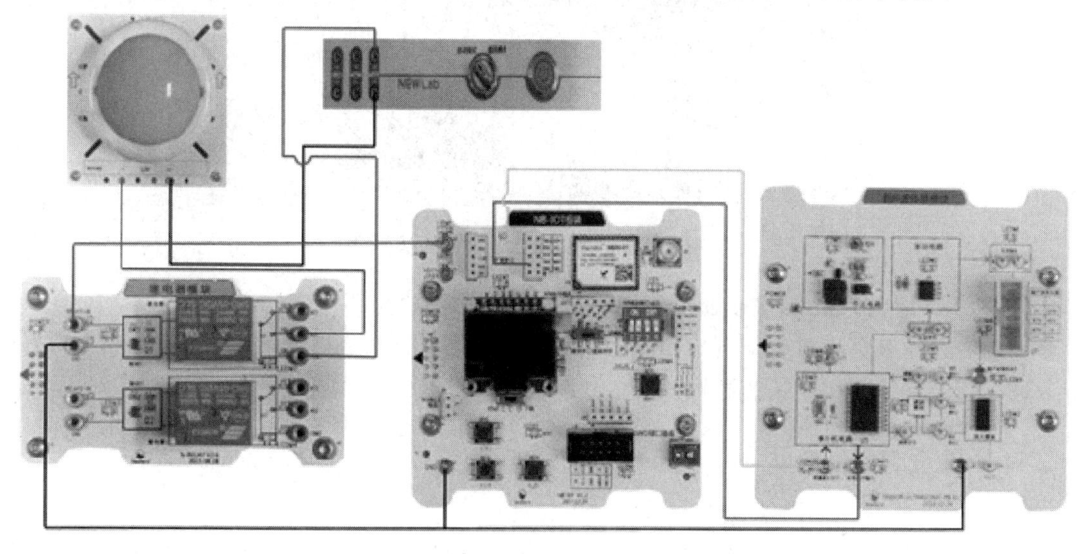

图 8-2-15　深井水位监测系统硬件连接图

用串口通信电缆连接 NEWLab 平台与计算机，并将 NEWLab 平台调至“通信模式”。

### 2．设置串口通信参数

如图 8-2-16 所示，在计算机上设置串口通信参数。

通信端口 (COM1) 属性

常规　端口设置　驱动程序　详细信息　资源

位/秒(B)：115200
数据位(D)：8
奇偶校验(P)：偶
停止位(S)：1
流控制(F)：无

高级(A)...　还原默认值(R)

确定　取消

图 8-2-16　设置串口通信参数

### 3．调整 NB-IoT 模块上的拨码开关，使其进入程序烧写状态

如图 8-2-17 所示，将①处的拨码开关拨向右侧，②处的拨码开关拨向左侧，③处的拨码开关 1、2 拨向下方，③处的拨码开关 3、4 拨向上方。

图 8-2-17　调整 NB-IoT 模块上的拨码开关

### 4．打开 Flash Loader Demonstrator 软件，进行程序烧写

如图 8-2-18 所示，首先配置串口参数，串口号必须与计算机连接 NB-IoT 模块的串口号保持一致，其余参数采用默认值即可。

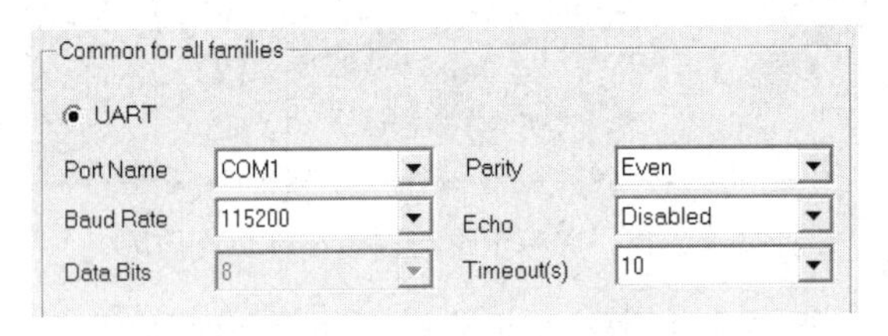


图 8-2-18　配置串口参数

如图 8-2-19 所示，按照实际情况选择 NB-IoT 模块的芯片类型。

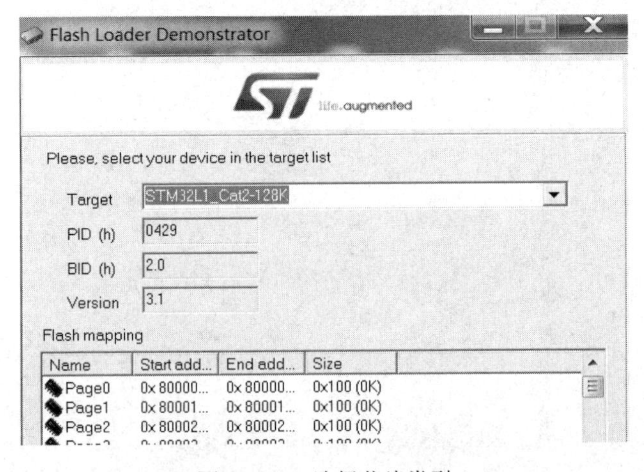


图 8-2-19　选择芯片类型

如图 8-2-20 所示，选择需要烧写的文件，然后等待程序烧写完成。

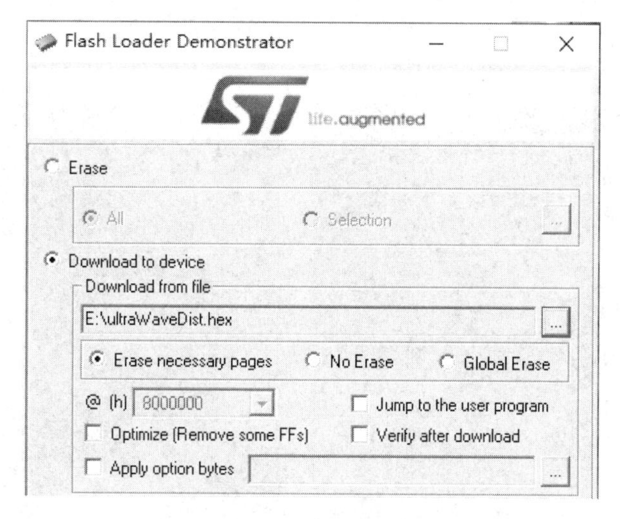


图 8-2-20　选择需要烧写的文件

## 5．调整 NB-IoT 模块上的拨码开关，使其进入程序执行状态

如图 8-2-21 所示，将①处的拨码开关拨向左侧，②处的拨码开关拨向右侧，③处的拨码开关 1、2 拨向上方，③处的拨码开关 3、4 拨向下方。按模块上的复位键，系统即进入程序执行状态。

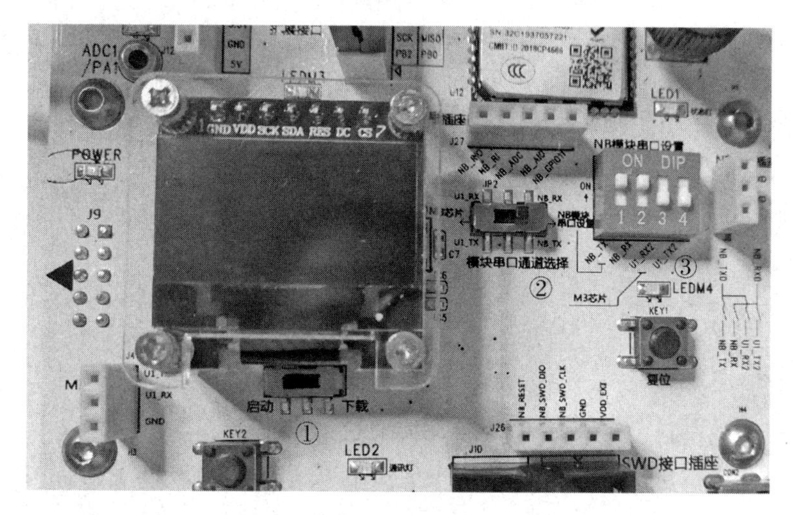


图 8-2-21　调整 NB-IoT 模块上的拨码开关

## 6．系统功能测试

（1）重启系统，待 NB-IoT 模块的显示屏上显示图 8-2-22（a）所示的文字，即表示系统初始化完毕。

（2）测试报警指示灯，反复按“KEY4”键，使报警指示灯开关若干次，确认其功能正常后，将报警指示灯切换至关闭状态，如图 8-2-22（b）所示。

（3）测试水位检测功能和自动报警功能，将一个足够大的平面遮挡物正对探头放置，按“KEY2”键启动测距，系统将自动检测模拟水位，测得的数值单位为 mm，再次按“KEY2”

键可结束测距。当测得的数据小于 120mm 时，报警指示灯将自动亮起，发出报警信号；当测得的数据等于或大于 120mm 时，报警指示灯熄灭。水位检测功能和自动报警功能测试如图 8-2-23 所示。

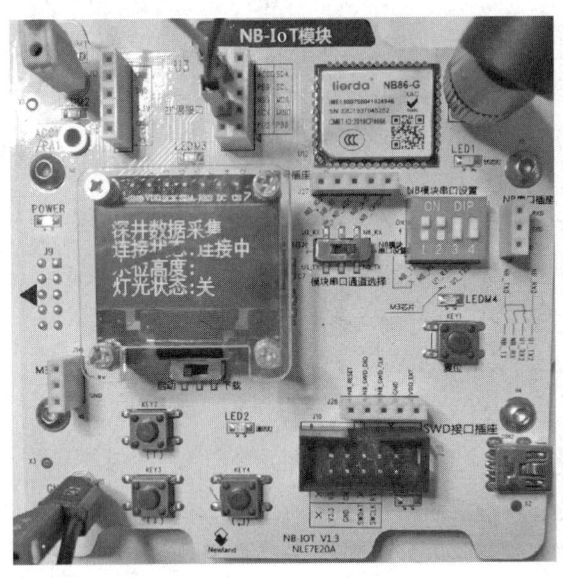


（a）系统初始化

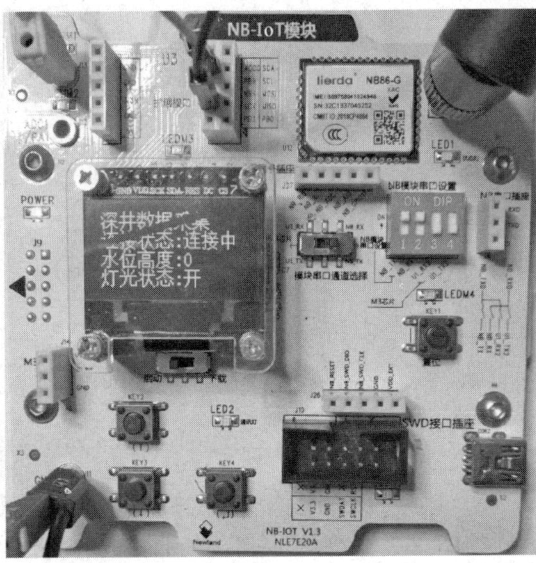


（b）报警指示灯测试

图 8-2-22　系统初始化及报警指示灯测试

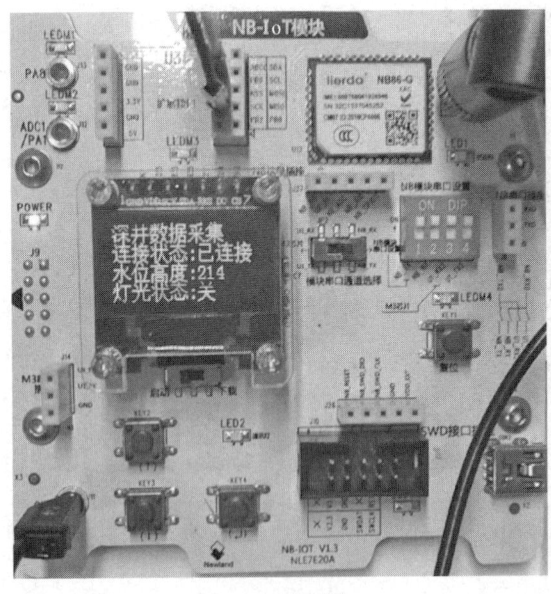


（a）水位正常

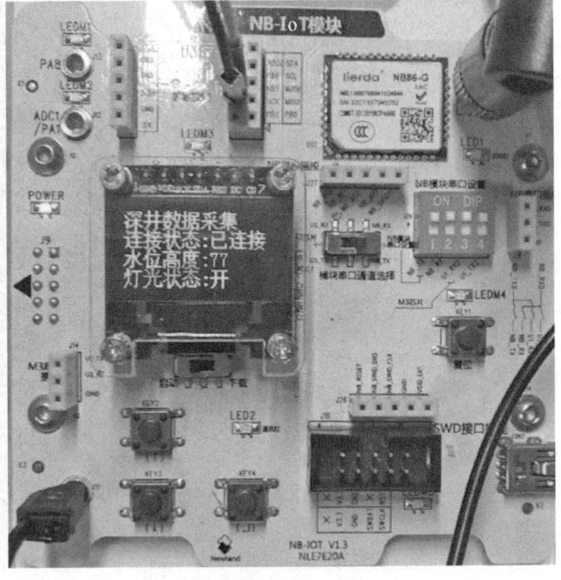


（b）水位异常，自动报警

图 8-2-23　水位检测功能与自动报警功能测试

## 任务检查与评价

完成任务后，进行任务检查与评价，任务检查与评价表在本书配套资源中。

## 任务小结

### 知识与技能提升

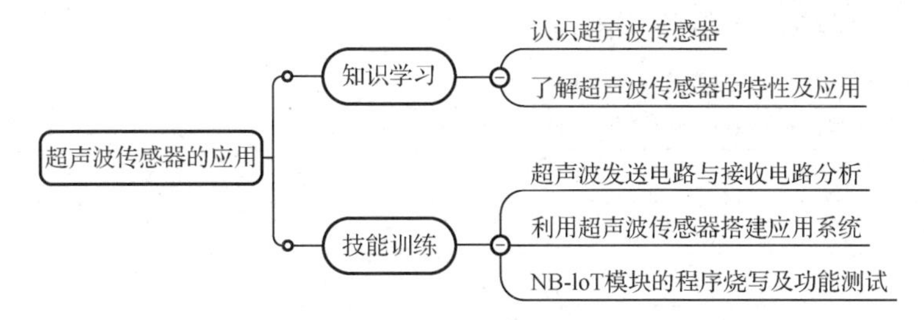


# 任务三　将系统采集数据接入云平台

## 职业能力目标

- 掌握 NB-IoT 终端的搭建方法和入网方法。
- 能够熟练完成 NB-IoT 终端的程序烧写和设备调试。
- 能够完成云平台项目创建、设备添加和云端系统运行管理。

## 任务描述与要求

任务描述：

在任务二的基础上，希望能在云平台上集中监测和分析水位数据，在水位出现异常时允许管理人员采取管控措施。本任务要求将相关的终端接入云平台，实现深井水位监测系统的模拟管控。

任务要求：

- 完成相关终端的硬件搭建、程序烧写和本地调试。
- 检查相关终端的入网情况。
- 将相关终端接入云平台，完成深井水位监测系统的功能测试。
- 熟练进行超声波传感器相关资料查阅，能够实现传感器的选择与应用。

## 任务分析与计划

### 分析规划

根据所学相关知识，完成本任务的实施计划。

| 项目名称 | 深井水位监测系统 |
|---|---|
| 任务名称 | 将系统采集数据接入云平台 |
| 计划方式 | 分组完成、团队合作、分析调研 |
| 计划要求 | 1．掌握终端的硬件连接方法<br>2．完成终端的程序烧写和功能测试<br>3．完成云平台项目创建和设备添加<br>4．通过云平台观察系统采集的数据并控制执行器 |
| 序　　号 | 主 要 步 骤 |
| 1 | |
| 2 | |
| 3 | |
| 4 | |
| 5 | |
| 6 | |

### 1．深井水位监测系统网络架构

NB-IoT 是基于蜂窝网络的窄带物联网技术，其网络层由互联网、广电网、网络管理系统和云平台等组成，支持物联网设备直接部署在 LTE 网络中。应用服务器通过 HTTP/HTTPS 协议和云平台通信，通过调用云平台的开放 API 来控制设备。

深井水位监测系统网络架构如图 8-3-1 所示。深井水位检测终端必须搜索到 NB-IoT 基站才能接入网络。NB-IoT 基站接收到深井水位检测终端的数据后，将数据和终端的唯一标识即 IMEI 一起经电信网络上传至云平台，云平台识别各终端且接收其上传的数据。在图 8-3-1 中，①是本任务实现的重点，需要根据功能要求搭建硬件体系，并完成程序烧写；②和③由电信运营商支持；④是云平台项目创建和运维管理，也是本任务的重点内容。

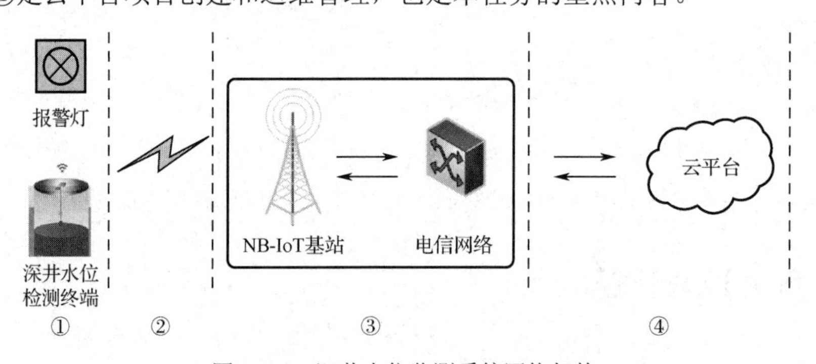


图 8-3-1　深井水位监测系统网络架构

目前已经有电信云、华为云、阿里云、腾讯云等多家物联网云平台支持 NB-IoT 设备接入。本任务基于电信网络建立物联网云平台，网址为 http://www.nlecloud.com/。

### 2．深井水位检测终端的设计

实际系统中的深井水位检测装置及安装方式如图 8-3-2 所示。

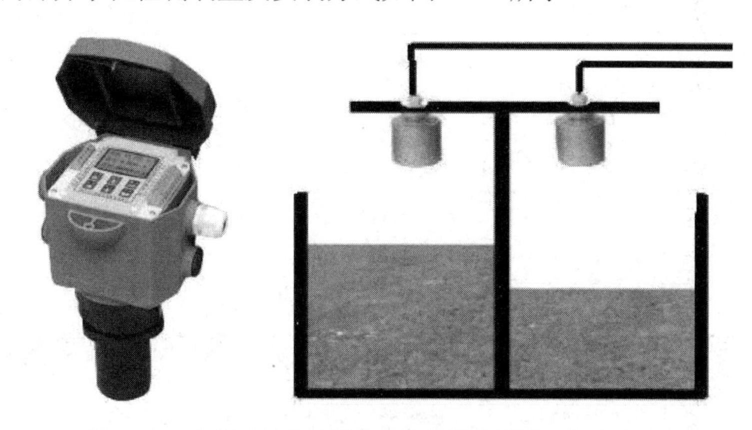

图 8-3-2　实际系统中的深井水位检测装置及安装方式

在模拟系统中，通过 NB-IoT 模块上的单片机将超声波传感模块检测的信号转换成具体数值，在 NB-IoT 模块的显示屏上实时显示，并根据预定的水位异常阈值自动在异常发生时打开报警灯。通过蜂窝网基站和公共通信网络，将水位数据、报警灯状态上传至云平台，从而实现集中化水位监测与异常处理。

**测一测**

简述深井水位监测系统网络架构。

**想一想**

在本任务中，若要实现超声波传感模块检测数据上云，应如何设置 NB-IoT 模块上的一系列拨码开关？

### 3．云平台项目创建和设备添加

在本任务中，首先需要在云平台上创建一个新项目，如图 8-3-3 所示。

图 8-3-3　创建新项目

接下来，需要在项目中添加设备并进行相关设置，如图 8-3-4 和图 8-3-5 所示。

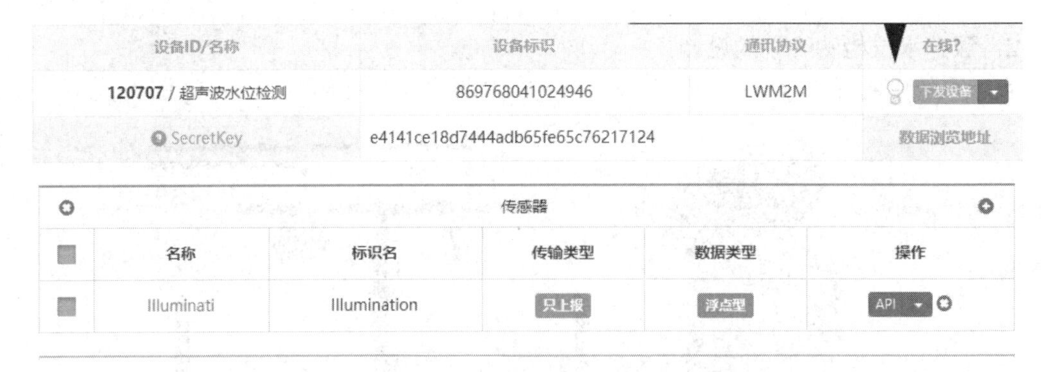


图 8-3-4　添加水位检测传感器

图 8-3-5　配置灯光报警执行器

## 任务实施

### 设备与资源准备

任务实施前必须准备好以下设备和资源。

| 序　号 | 设备/资源名称 | 数　量 | 是否准备到位 |
|---|---|---|---|
| 1 | NB-IoT 模块 | 1 | |
| 2 | 串口通信电缆 | 1 | |
| 3 | 超声波传感模块 | 1 | |
| 4 | 超声波收发器 | 1 | |
| 5 | 继电器模块 | 1 | |
| 6 | 指示灯模块 | 1 | |
| 7 | 计算机 | 1 | |
| 8 | 杜邦线 | 若干 | |

### 1．搭建硬件系统，完成 NB-IoT 模块程序烧写

首先，参照任务二搭建硬件系统，如图 8-3-6 所示。然后，利用 Flash Loader Demonstrator 软件为 NB-IoT 模块烧写程序。最后，为整个系统通电。

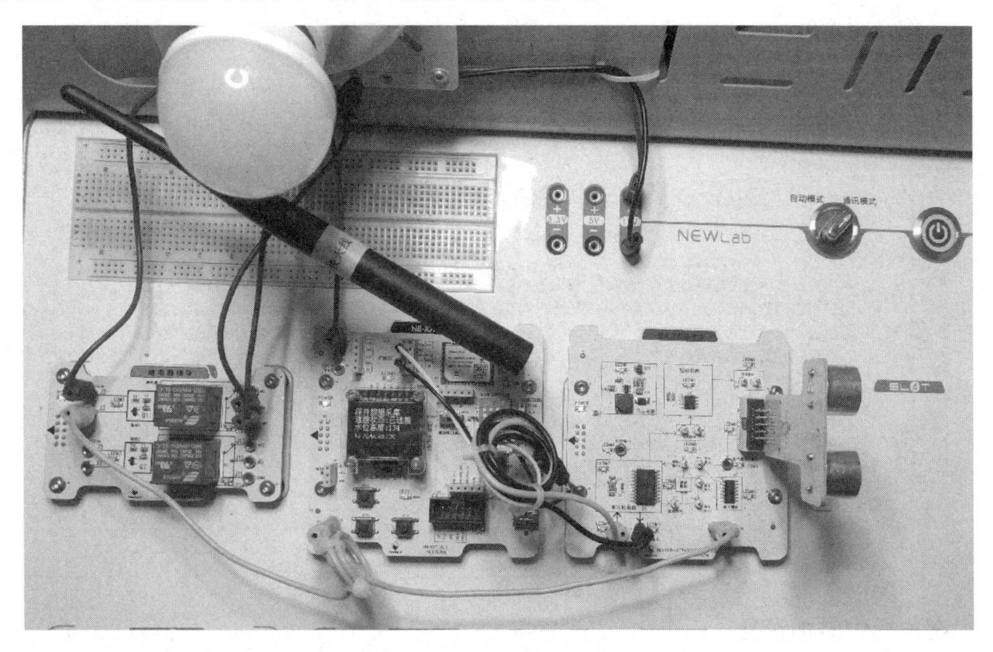


图 8-3-6 搭建硬件系统

### 2．登录云平台，创建新项目

在浏览器地址栏中输入网址 http://www.nlecloud.com/，进入云平台登录界面，如图 8-3-7 所示。输入相关信息登录云平台或进行注册。

图 8-3-7 云平台登录界面

在云平台上为深井水位监测系统创建新项目，如图 8-3-8 所示。

图 8-3-8　在云平台上创建新项目

### 3．在项目中添加设备

如图 8-3-9 所示，在新建的项目中添加设备。

设备添加完成后，在“开发者中心”页面中查看设备及设备配置情况，如图 8-3-10 和图 8-3-11 所示。

图 8-3-9　在项目中添加设备

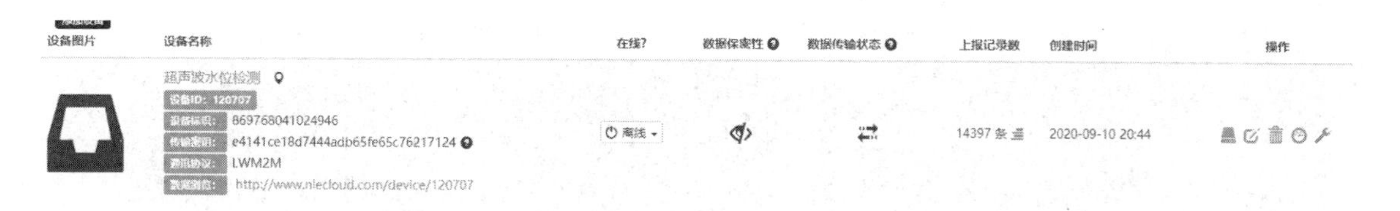


图 8-3-10　查看设备

云平台 / 开发者中心 / 超声波 / 设备管理 / 设备传感器

返回上一页　编辑设备　删除设备　一键生成传感器件　策略　历史数据　历史在线　历史命令

| 设备ID/名称 | 设备标识 | 通讯协议 | 在线? | 离线IP:120.77.58.34 | 离线时间 | 上报记录数 | 数据保密性 | 数据传输状态 |
| --- | --- | --- | --- | --- | --- | --- | --- | --- |
| 120707 / 超声波水位检测 | 869768041024946 | LWM2M | 下发现集 | | 2020-09-11 18:20:22 | 14397 | | |

SecretKey　e4141ce18d7444adb65fe65c76217124　数据浏览地址　www.nlecloud.com/device/120707　获取设备信息API　api.nlecloud.com/devices/120707

传感器

| 名称 | 标识名 | 传输类型 | 数据类型 | 操作 |
| --- | --- | --- | --- | --- |
| Temperatur | Temperature | 只上报 | 浮点型 | API |
| Illuminati | Illumination | 只上报 | 浮点型 | API |
| Humidity | Humidity | 只上报 | 浮点型 | API |

执行器

| 名称 | 标识名 | 传输类型 | 数据类型 | 操作 |
| --- | --- | --- | --- | --- |
| Light | Light | 上报和下发 | 浮点型 | API |

图 8-3-11　查看设备配置情况

### 4. 测试系统本地功能和入网情况

系统本地功能测试与任务二相同，这里不再细述。NB-IoT 模块的工作状态和计算机上的查看结果如图 8-3-12 所示。NB-IoT 模块在完成初始化配置、基站搜索、入网等操作后，会反复执行相关指令上报数据。

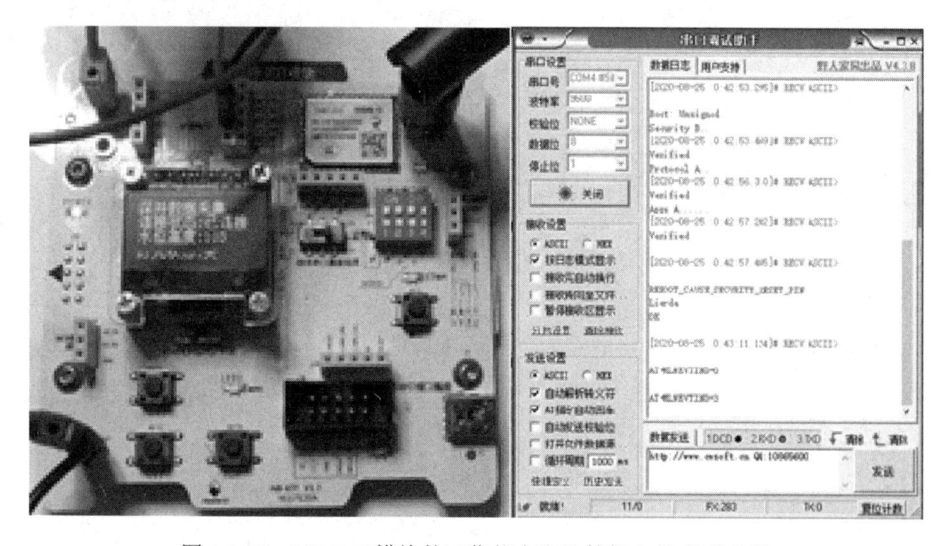


图 8-3-12　NB-IoT 模块的工作状态和计算机上的查看结果

### 5. 云平台数据监测和报警控制

在图 8-3-11 所示的页面中，单击“数据浏览地址”按钮，可查看设备上报的数据，如图 8-3-13 所示。

在图 8-3-11 所示的页面中，单击右上方的“历史数据”按钮，可查看设备历史数据，如图 8-3-14 所示。

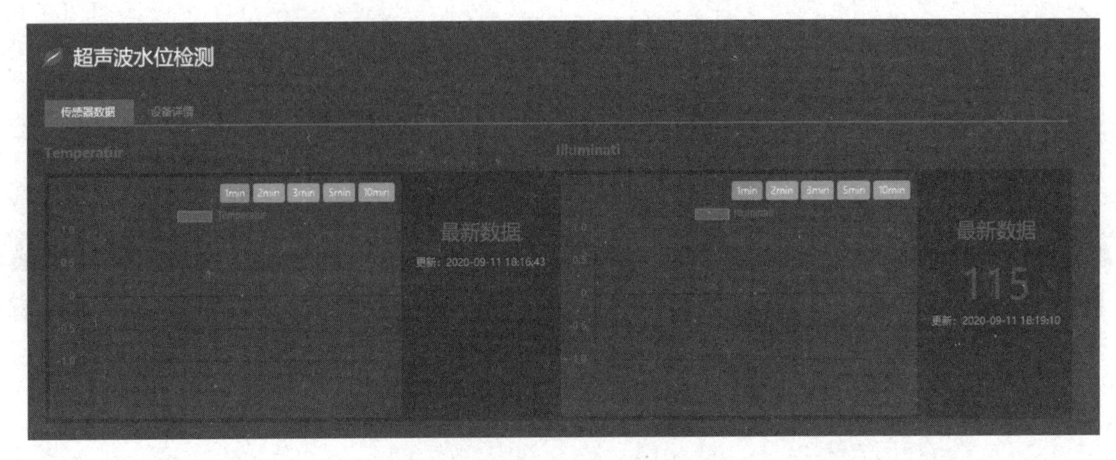


图 8-3-13　查看设备上报的数据

| 记录ID | 记录时间 | 传感ID | 传感名称 | 传感标识名 | 传感值/单位 | 设备标识 |
|---|---|---|---|---|---|---|
| 1560664936 | 2020-09-11 18:19:10 | 549274 | Light | Light | 0 | 869768041024946 |
| 1560664935 | 2020-09-11 18:19:10 | 549273 | Illuminati | Illumination | 115 | 869768041024946 |
| 1560664447 | 2020-09-11 18:19:07 | 549274 | Light | Light | 0 | 869768041024946 |
| 1560664446 | 2020-09-11 18:19:07 | 549273 | Illuminati | Illumination | 115 | 869768041024946 |
| 1560663965 | 2020-09-11 18:19:04 | 549274 | Light | Light | 0 | 869768041024946 |
| 1560663964 | 2020-09-11 18:19:04 | 549273 | Illuminati | Illumination | 115 | 869768041024946 |
| 1560663485 | 2020-09-11 18:19:01 | 549274 | Light | Light | 0 | 869768041024946 |
| 1560663484 | 2020-09-11 18:19:01 | 549273 | Illuminati | Illumination | 115 | 869768041024946 |
| 1560662965 | 2020-09-11 18:18:58 | 549274 | Light | Light | 0 | 869768041024946 |

图 8-3-14　查看设备历史数据

## 任务检查与评价

完成任务后，进行任务检查与评价，任务检查与评价表在本书配套资源中。

## 任务小结

### 知识与技能提升

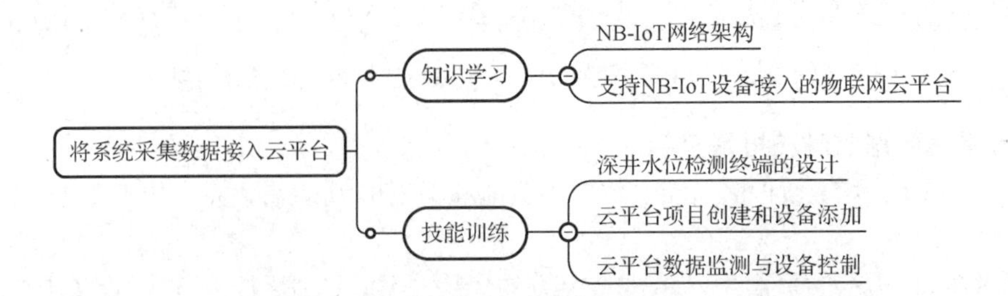